工 程 地 质 学

主　编　李伍平　郑明新　赵小平
副主编　赵秀绍　胡永强　郑先昌

中南大学出版社
www.csupress.com.cn

普通高校土木工程专业系列精品规划教材

编审委员会

总　序

　　土木工程是促进我国国民经济发展的重要支柱产业。近30年来，我国公路、铁路、城市轨道交通等基础设施以及城市建筑进入了高速发展阶段，以高速、重载和超高层为特征的建设工程的安全性、经济性和耐久性等高标准要求对传统的土木工程设计、施工技术提出了严峻挑战。面对新挑战，国内外土木工程行业的设计、施工、养护技术人员和科研工作者在工程实践和科学研究工作中，不断提出创新理念，积极开展基础理论和技术创新，研发了大量的新技术、新材料和新设备，形成了成套设计、施工和养护的新规范和技术手册，并在工程实践中大范围应用。

　　土木工程行业的发展日新月异，对现代土木工程专业技术人才培养提出了迫切需求。教材建设和教学内容是人才培养的重要环节。为面向普通高校本科生全面、系统和深入阐述公路、铁路、城市轨道交通以及建筑结构等土木工程领域的基础理论和工程技术成果，由中南大学出版社、中南大学土木工程学院组织国内土木工程领域一批专家学者组成"普通高校土木工程专业系列精品规划教材"编审委员会，共同编写这套系列教材。通过多次研讨，确定了这套土木工程专业系列教材的编写原则：

　　1. 系统性

　　本系列教材以《土木工程指导性专业规范》为指导，教材内容满足城乡建筑、公路、铁路以及城市轨道交通等领域的建筑工程、桥梁工程、道路工程、铁道工程、隧道与地下工程和土木工程管理等方向的需求。

　　2. 先进性

　　本系列教材与21世纪土木工程专业人才培养模式的研究成果密切结合，既突出土木工程专业理论知识的传承，又尽可能全面反映土木工程领域的新理论、新技术和新方法，注重各领域内容的充实与更新。

　　3. 实用性

　　本系列教材针对"90"后学生的知识与素质特点，以应用型人才培养为目标，注重理论知识与案例分析相结合，传统教学方式与基于现代信息技术的教学手段相结合，重点培养学生的工程实践能力，提高学生的创新素质。这套教材可作为普通高校土木工程专业本科生的课程教材，还可作为其他层次学历教育和短期培训的教材和广大土木工程技术人员的专业参考书。

4. 严谨性

本系列教材的编写出版要求严格按照国家相关规范和标准执行，认真把好编写人员遴选关、教材大纲评审关、教材内容主审关和教材编辑出版关，尽最大努力提高教材编写质量，力求出精品教材。

根据本套系列教材的编写原则，我们邀请了一批长期从事土木工程专业教学的一线教师负责本系列教材的编写工作。但是，由于我们的水平和经验所限，这套教材的编写可能有不尽如人意的地方，敬请读者朋友们不吝赐教。编委会将根据读者意见、土木工程发展趋势和教学手段的提升，对教材进行认真修订，以期保持这套教材的时代性和实用性。

最后，衷心感谢全套教材的参编同仁，因为他们的辛勤劳动，编撰工作才能顺利完成。真诚感谢中南大学校领导、中南大学出版社领导的大力支持和编辑们的辛勤工作，本套教材才能够如期与读者见面。

2014 年 7 月

前　言

　　本书依据土木工程专业人才的培养目标和培养方案要求、高等学校土木工程专业指导委员会编制的教学大纲和高等学校土木工程本科指导性专业规范，本着"打破传统的教材出版模式，精益求精，面向实践、面向未来、面向世界的教育理念，培养符合社会主义现代化建设需要，面向国家未来建设，适应未来科技发展，具有国际视野的土木工程专业高素质人才"的教材编写指导思想编写的。全书共分8章：主要介绍工程地质学的任务及其在土木工程中的作用；矿物的物理性质及常见主要造岩矿物，岩石组成物质、结构构造及其主要岩石类型；地质年代、褶皱和断裂构造、新构造运动和活断层、地质图的阅读和分析；岩石及特殊土的工程性质、风化作用；地表水和地下水的地质作用，以及地下水对工程建设的影响；岩体工程性质及其稳定性；滑坡、崩塌、泥石流、岩溶和土洞、地震等常见的不良地质作用；工程地质勘察及其方法，室内及原位测试等。鉴于工程地质问题的定量分析会在岩石力学、土力学等有关课程中介绍，为了避免重复，本书仅对一些定量分析内容作简略介绍。为便于读者复习，各章均附有重点与难点，思考与练习。另外，还附有工程地质学室内实验课指导书和专业词汇中英文对照。

　　本书由广州大学李伍平教授、华东交通大学郑明新教授和赵小平副教授任主编，华东交通大学赵秀绍副教授、广州大学胡永强讲师、郑先昌教授为副主编共同编写。全书由李伍平统稿。编写人员分工如下：第1章、第2章和第3章由李伍平编写；第4章和附录由胡永强、郑先昌和李伍平编写；第5章由赵小平、赵秀绍编写；第6章、第7章由郑明新、赵小平编写；第8章由赵秀绍编写。华东交通大学艾瑶副教授和广州大学袁杰博士参与了本书的部分内容的编写，并提出了宝贵意见。

　　编者虽力图想把这本书编好，但因水平及编写时间有限，书中不足和疏漏之处在所难免，恳请读者批评指正！

　　编者向中南大学出版社以及在本书编写过程中提供过支持和帮助的所有专家和同行表示感谢。

编　者

2015 年 9 月

目　录

第1章
绪　言

1.1　工程地质学的任务及其研究内容

1.1.1　工程地质学的含义

工程地质学是研究与人类工程建筑等活动有关的地质问题的学科，它是地质学的一个分支。工程地质学的研究目的在于查明建设地区或建筑场地的工程地质条件，分析、预测和评价建设地区或建筑场地可能存在和发生的工程地质问题及其对建筑物和地质环境的影响和危害，提出防治不良地质现象的措施，为保证工程建设的合理规划以及建筑物的正确设计、顺利施工和正常使用，提供可靠的地质科学依据。

地球上现有的一切工程建筑物都建造于地壳表层一定的地质环境中。地质环境包括地壳表层和深部的地质条件，会以一定的作用影响建筑物的安全和正常使用；而建筑物的兴建又反作用于地质环境，使自然地质条件发生变化，最终影响到建筑物本身。二者处于相互联系、相互制约的矛盾之中。研究地质环境与工程建筑物之间的关系，促使二者之间的矛盾转化与解决，就成了工程地质学的研究对象。

1.1.2　工程地质学的任务

1. 工程地质学的主要任务

工程地质学是为工程建设服务的。它是通过工程地质勘察手段来实现的。通过勘察和分析研究，阐明建设地区或建筑场地的工程地质条件，指出和解决业已存在的工程地质问题，为建筑物的设计、施工和使用提供所需的地质资料。它的主要任务有：

①阐明建筑场地的工程地质条件，并指出其对建筑物有利的和不利的因素。

②论证建筑场地存在的工程地质问题，进行定性和定量评价，给出确切的结论。

③选择地质条件优良的建筑场地，并根据场地的地质条件合理配置各个建筑物。

④根据建筑场地的具体地质条件，提出有关建筑物类型、规模、结构和施工方法的合理化建议，以及保证建筑物正常使用所应注意的地质要求。

⑤研究工程建筑物兴建后对地质环境的影响，预测其发展演化趋势，并提出对地质环境合理利用和保护的建议。

⑥为拟订改善和防治不良地质作用的措施方案提供地质依据。

2. 工程地质学的核心任务

显然，阐明工程地质条件是工程地质工作的基础，而论证和解决工程地质问题则是工程地质工作的核心。因而，明确工程地质条件和工程地质问题的含义很有必要。

（1）工程地质条件

工程地质条件是与工程建筑有关的地质因素的综合。一般包括以下六方面的因素。

1）岩土的类型及其工程性质

最基本的工程地质因素包括岩层的成因、时代、岩性、产状、成岩作用特点、变质程度、风化特征、软弱夹层和接触带，以及物理力学性质等。

2）地质构造

地质构造是工程地质工作研究的基本对象，包括褶皱、断层、节理构造的分布和特征。地质构造，特别是规模大的活动性断层，对地震等灾害具有控制作用，因而对建筑物的安全稳定、沉降变形等具有重要意义。

3）水文地质条件

水文地质条件是重要的工程地质因素，包括地下水的成因、埋藏、分布、动态和水质等。地下水既是降低岩土体稳定性的重要因素，又能在某些情况下对建筑物的某些部位（如基础）发生侵蚀作用，影响建筑物的安全。

4）动力地质作用

动力地质作用与建筑场地的地形、气候、岩性、构造、地下水和地表流水作用密切相关，主要包括内动力地质作用和外动力地质作用，对评价建筑物的稳定性和预测工程地质条件的变化具有重要意义。

5）地形、地貌条件

地形反映了地表的高低起伏状况、山坡陡缓程度、沟谷宽窄及其形态特征等。地貌则说明地形形成的原因、过程和时代。平原区、丘陵区和山岳地区的地形起伏、土层厚薄和基岩出露情况、地下水埋藏特征和地表地质作用现象都具有不同的特征，这些因素都直接影响到建筑场地的选择。

6）天然建筑材料

工程中常用的天然建筑材料包括黏性土料、砂土、砂卵砾石料、碎石、块石石料等。在大型土木及水利工程中，天然建筑材料的量、质及开采运输条件等，直接关系到建筑场地选择、工程造价、工期长短等。因此，它也是工程地质条件评价的重要内容，有时甚至可以成为选择工程建筑物类型的决定性因素。

（2）工程地质问题

工程地质问题指已有的工程地质条件在工程建筑和运行期间产生的一些新的变化和发展，构成威胁影响工程建筑的安全。由于工程地质条件复杂多变，不同类型的工程对工程地质条件的要求又不尽相同，所以工程地质问题是多种多样的。就土木工程而言，主要的工程地质问题可归纳为以下四点。

1）地基稳定性问题

它是工业与民用建筑工程、公共设施工程（如公路、铁路等）常遇到的主要工程地质问题，包括地基强度和变形两个方面。此外，岩溶、土洞等不良地质作用都会影响地基稳定。

2）斜坡稳定性问题

　　自然界的天然斜坡是经受长期地质作用达到相对协调平衡的产物，人类工程活动，尤其是道路工程需开挖和填筑人工边坡，斜坡稳定对防止地质灾害发生及保证地基稳定十分重要。斜坡地层岩性、地质构造特征是影响其稳定性的物质基础，内外动力作用（如火山、地震、风化、地表水和地下水等）对斜坡软弱岩层结构面作用往往会破坏斜坡的稳定性；其次，地形、地貌和气候条件也是影响其稳定的重要因素。

　　3）洞室围岩稳定性问题

　　地下洞室或地铁隧道被包围于岩土体介质（围岩）中，在洞室开挖和建设过程中破坏了地下岩体的原始平衡条件，便会出现一系列不稳定现象，常遇到的有围岩塌方、地下水涌水等。因此，为了防止工程失误和事故，保证洞室围岩稳定，需要研究地质体在地质历史中的受力状况和变形过程，做好山体稳定性评价，研究岩体结构特性，预测岩体变形破坏规律，进行岩体稳定性评价以及研究建筑物和岩体结构的相互作用。

　　4）区域稳定性问题

　　地震、震陷和液化以及活断层对工程稳定性会造成很大的影响，1976 年唐山大地震后土木工程界加强了对地震自然灾害的注意。对于大型核电站工程、水利水电工程、地下工程以及建筑群密布或高层至超高层建筑密集区，在工程建设规划和场地选址时区域稳定性评价应该是首先需要论证的问题。

1.1.3　工程地质学的研究内容

　　工程地质学的主要任务，决定了其研究内容。归纳起来工程地质学的研究内容有四个方面。

1. 岩土工程性质的研究

　　确定岩土组分、结构（微观结构）、物理、化学与力学性质（特别是强度及应变）及其对建筑工程稳定性的影响，进行岩土工程地质分类，提出改良岩土的建筑性能的方法。有关这方面的研究，由工程地质学的分支学科工程岩土学来进行。

2. 工程动力地质作用的研究

　　分析和预测在自然条件和工程建筑活动中可能发生的各种地质作用和工程地质问题（例如：地震、滑坡、泥石流，以及诱发地震、地基沉陷、人工边坡和地下洞室围岩的变形；因破坏、开采地下水引起的大面积地面沉降；地下采矿引起的地表塌陷）及其发生的条件、过程、规模和机制，评价它们对工程建设和地质环境造成的危害程度，研究防治不良地质作用的有效措施，成为工程地质学的分支学科工程动力地质学的研究内容。

3. 工程地质勘查理论和技术方法的研究

　　为了查明建筑场地的工程地质条件，论证工程地质问题，正确地提出工程地质评价，提供建筑物设计、施工和使用所需要的地质资料，就必须进行工程地质勘查。由于不同类型、结构和规模的建筑物，对工程地质条件的要求以及所产生的工程地质问题各不相同，因而选择的勘查方法和布置原则，以及投入的工作量也不尽相同。为了保证各类建筑物的安全和正常使用，首先必须详细而深入地研究可能产生的工程地质问题，在此基础上安排勘查工作，制定适用于不同类型工程建筑的各种勘查规范或工程手册，作为勘查工作的指南，确保工程地质勘查的质量和精度。有关这方面的研究，由专门工程地质学这一分支学科来进行。

4. 区域工程地质的研究

研究区域工程地质条件的特征和规律，预测其在自然条件下和工程建设活动中的变化，和可能发生的地质作用，评价区域稳定性和工程建设的适宜性，进行工程地质分区和编图。

工程地质学是一门应用性非常强的地质科学，在工程建设中占有非常重要的地位。随着大规模工程建设的发展，它的服务对象越来越广，研究领域和内容也日益扩大。除以上的已有的分支学科外，一些新的分支学科正在逐渐形成和发展，如采矿工程地质学、海港和海洋工程地质学、城市工程地质学、道路工程地质学、水利水电工程地质学、工程地震学、环境工程地质学和军事工程地质学等。

1.2　工程地质学的发展历史、现状与展望

1.2.1　工程地质学的发展历史与现状

工程地质学产生于地质学的发展和人类工程活动经验的积累中。17 世纪之前，许多国家成功地建成了享有盛名的建筑物，但人们在建筑实践中对地质环境的考虑，完全依赖于建筑者个人的感性认识。17 世纪以后，由于产业革命和建设事业的发展，出现并逐渐积累了关于地质环境对建筑物影响的文献资料。尽管 18 世纪地质研究工作已经存在，但到 19 世纪末和 20 世纪早期，工程地质科学及其实践还没有被当作一个公认的学科。1880 年，W. T. 彭宁出版了首部题名为《工程地质》的书。20 世纪早期，美国地质学家，查尔斯·伯基被认为是美国第一个工程地质学家，他曾参与纽约市多个供水项目和后来的胡佛大坝等其他工程项目的工作。第一次世界大战结束后，整个世界进入了大规模建设时期。1914 年，美国地质学家 H. 里斯和 T. L. 沃森出版了美国首部《工程地质学》教材。1929 年，K. A. 雷德利克等在柏林也出版了《工程地质学》教材。1937 年，苏联的 Ф. П. 萨瓦连斯基教授也出版了《工程地质学》教材。

1928 年 3 月 2 日美国加利福尼亚的圣·弗兰西斯水坝坍塌，死亡 426 人，工程项目的安全性得到了世界范围的广泛关注。随后的几年中，频繁发生的工程事故也促进了工程地质学家致力于对大型工程项目安全性的研究。

1951 年，美国地质学会的工程地质执行委员会最早提出了"工程地质学家"或"专业工程地质学家"的定义。20 世纪 50 年代以来，在世界工程建设发展中，工程地质学逐渐吸收了土力学、岩石力学和计算数学中的理论方法，更加完善和发展了本身的内容和体系。随着全球经济的发展，各类工程建设的规模越来越大，对地质体的干扰也更加严重。如 1963 年意大利维昂特水坝滑坡引起的泥石流事件就与地质问题密切相关。因此，国际工程地质界认识到有必要成立一个国际学术性组织，共同商讨重大的工程地质问题，进行学术交流，探讨发展趋势。1968 年，在布拉格召开的第 23 届国际地质大会上成立了国际地质学会工程地质分会（后改名为国际工程地质协会），首次提出了环境地质学与环境工程地质学问题。此后，国际工程地质协会每四年召开一次国际工程地质大会，定期进行专题学术讨论。20 世纪 70 年代末至 80 年代初，代表当时国际工程地质水平的专著相继出版。1976 年，Q. 扎鲁巴和 V. 门斯出版了《工程地质学》；同年，P. B. 艾德威和 I. W. 法默出版了《工程地质学原理》；1980 年和 1983 年，F. G. 比尔先后出版了《工程地质学与土力学》和《工程地质学》。1980 年，在法国巴

黎第 26 届国际地质大会上，地质学家们一致通过了《国际工程地质协会关于解决环境问题的宣言》，标志着现代工程地质学向环境地质学发展。1997 年，在希腊雅典召开的一次专题讨论会议上，国际工程地质协会正式改名为国际工程地质与环境协会。

到 21 世纪初，世界工程地质学已有 70 多年的发展历史，工程地质研究已经由欧美国家向发展中国家扩展并稳定发展。由于发展中国家各类工程建设以前所未有的规模和速度向前发展，将会遇到各种不同复杂程度的地质环境问题和工程地质问题，给工程地质学家提出了许多研究课题。工程地质学除了吸收了土力学、岩石力学和计算数学中的理论和方法，不断创新和改进工程地质勘查技术手段外，更加完善和发展了自身的研究内容和学科体系。今后还将与工程科学、环境科学以及地球科学的其他分支学科更加紧密相连，与各相关学科更好地交叉和结合，促进基本理论、分析方法和研究手段等各方面不断更新和前进，进而使工程地质学的内涵不断变化、外延扩展。同时，工程地质学必将融入现代数理化、计算机科学、空间科学及材料科学等更多的新鲜知识。

我国工程地质学的发展始于 20 世纪 50 年代。经过地质工作者 60 多年的努力，我国工程地质学取得了举世瞩目的成就，已接近国际水平。我国工程地质学的发展大体经历了以下三个发展阶段。

1. 奠基时期

20 世纪 50 年代到 70 年代中期，是我国工程地质学的形成和初步发展阶段。20 世纪 50 年代，我国工程地质学主要是引进苏联的理论、方法和技术，为我国工程地质学的发展奠定了基础。

2. 独立发展时期

20 世纪 50 年代末，我国学者谷德振和刘国昌倡导研究"区域地壳稳定性"，指出区域地壳稳定性是岩石圈内正在进行的地质、地球物理作用对地壳表层及工程建筑安全的影响，即地壳现代活动对工程安全的影响程度。从 20 世纪 60 年代到 70 年代中期，随着我国大型基础项目的建设(如刘家峡、龙羊峡等水利枢纽，成昆、兰新等铁路干线，南京、九江长江大桥等的工程地质勘察)，积累了丰富的资料和实际经验，促进我国工程地质学进入了独立发展的阶段，逐步形成和建立了中国特色的工程地质学的学科体系。特别是区域工程地质学和各种专门性工程地质学发展较快，创立了中国特色的工程地质力学及其地质结构控制论等基础理论。如 20 世纪 60 年代初，工程地质学家和地质力学家谷德振院士建立了岩体结构的概念，在岩体稳定性问题中提出了结构控制论，1972 年创立了"岩体工程地质力学"；1965 年，工程地质与水文地质学家刘国昌教授创立了"区域工程地质学"。这些研究成果对我国工程地质勘察，尤其在指导重大工程场址的选择上具有重要意义，如 1979—1983 年的雅砻江二滩水电站和 1979 年我国第一座核电站——大亚湾核电站的成功选址。但是，与世界工程地质学相比，中国工程地质学在理论、方法和技术等方面还有很大的差距。

3. 顺利发展时期

我国对环境工程地质的正式研究始于 20 世纪 60 年代的新丰江水库诱发地震和上海的地面沉降。20 世纪 70 年代后期到 80 年代初期，是我国工程地质学开始顺利发展的阶段。在这个阶段，由于加强了国际交流与合作，不断引进西方发达国家的理论、方法和技术，并逐渐形成和完善了我国工程地质勘察的理论体系，重视了防治工程地质灾害，适应了现代环境科学的迅速发展，使工程地质学的发展进入了"防灾工程地质学"阶段。尤其是 20 世纪 70 年代以后，对天津、北京等地的地面沉降和西安、大同等地的地裂缝的研究，使我国城市地质灾害防治逐渐得到重视，有关研究主要是由工程地质界承担的。1979 年 11 月成立了中国地质学会工程地质委员会。1989 年 1 月召开的全国地质灾害防治工作会议期间，成立了主要由工程地质学家参加的全国地质灾害研究会，次年又创办了《中国地质灾害及防治学报》，对地质灾害的研究起了促进作用。20 世纪 90 年代还编制了中国地质灾害类型图，1993 年出版了段永侯等编著的《中国地质灾害》。此外，成都理工大学是国家工程地质重点学科和国家重点实验室的唯一单位，1981 年，张倬元等编著的《工程地质分析原理》（工程地质专业用）至今已出版了三版。众多的研究成果及具体防治工程的成功，确立了我国在这一领域的国际地位。

同时，我国工程地质勘察工作也进入了一个新的历史阶段，逐渐形成了较为完整的工程地质勘察体制，制定了新的勘察规范，与国际接轨，勘察质量大大提高。如在土木工程中引进欧美国家的岩土工程技术体制，一些重大工程采取国际招标方式，引进国外先进的勘察技术和资金。逐渐形成和完善了我国工程地质勘察的理论体系，即"以工程地质条件的研究为基础，以工程地质问题的分析为核心，以工程地质勘查技术方法为手段，以工程地质评价决策为目的"。这一理论体系在张咸恭等著《中国工程地质学》（2000）中得到了充分体现，这是一部代表当前中国工程地质学科发展水平又具有中国特色的重要著作。我国的工程地质勘察事业在上述勘查理论体系的指引下取得了巨大成就。此外，在勘察基础上，相继形成了"水利水电工程地质""铁路工程地质""矿山工程地质"和"城市及房屋建筑工程地质"等专门工程地质系列。

4. 快速发展时期

1979 年在苏州召开的第一次全国工程地质大会上，环境工程地质问题引起了普遍关注。1982 年在孝感召开的第一次全国环境工程地质学术讨论会，标志着我国环境工程地质学诞生。此后，我国地矿部系统和其他有关部门、研究机构，设置了环境工程地质队组，开展了环境工程地质课题。地质院校也开始培养环境工程地质硕士生，开设了"环境工程地质"课程。从 20 世纪 80 年代中期开始，中国工程地质学进入了现代工程地质学快速发展的阶段，相继召开了多次全国性的环境工程地质学术研讨会，涉及的内容丰富多彩，有些研究成果在国际上处于先进地位。同时，随着世界科学技术的飞速发展，地球科学向着国际化和统一化方向迅速发展，我国通过国际交流和技术引进与创新，加强基础理论、方法和技术的研究，用先进的理论、方法和技术武装自己，逐步实现学科现代化，并促进了中国环境工程地质理论体系的形成和发展。20 世纪 90 年代到 21 世纪初，我国特殊土体工程地质特性研究取得了丰硕成果。对特殊土（如淤泥土、黄土类土、膨胀土、盐渍土、红黏土、多年冻土等）微结构特征和分类、物质成分、工程特性及指标、建筑稳定性评价以及地基处理措施等都进行了深入的研究。1995 年，刘传正出版了我国第一部系统的环境工程地质学论著——《环境工程地质学导论》，该书全面论述了环境工程地质的理论体系、基本研究内容与方法，展示了环境工程地质的前景。近年来，工程地质开始关注寒旱区环境工程地质问题、资源开发的地质环境效应、重大工程的工程地质问题和资源枯竭型城市工程地质问题等，进一步开展工程地质新理论和新技术的研究。

1.2.2 我国工程地质学的展望

21 世纪上半叶，根据国家发展战略，我国现代化建设步伐不断加速，综合国力得到空前提高。为保证可持续发展和维持国民经济常态化发展，国家需要稳定的能源和矿产资源供应。随着国家一路一带战略的实施、亚洲投资银行的成立、经济自贸区建设和城市化建设，我国和亚洲其他国家将会在核电站、高铁、港口、道桥、隧道或水下隧道等大型基础设施建设等方面投入巨额资金。为了保证国家这一发展战略的实施，需要重视环境保护和加强对地质灾害的预防与治理。我国工程地质学应在环境工程地质和地质灾害防治等方面的理论与复杂地质体建模理论技术方面有所突破。

（1）未来工程地质学的主要任务

今后 30 年，工程地质学的主要任务将会侧重于以下七个方面：

①深埋长大隧道地质灾害评价及预测。

②地下开挖的地面地质效应研究。

③区域开发及重大工程建设的环境地质效应评价。

④城市或重大工程建设区的环境地质信息系统及防灾减灾决策支持系统。

⑤沿海地区海面上升对地质环境的影响研究。

⑥城市垃圾卫生填埋场的选址及其垃圾处置的环境地质效应分析。

⑦核电站选址及核废料处置的环境地质效应研究。

（2）工程地质学新理论与新技术研究

依据以上主要任务，今后工程地质学将重点发展以下五个方面的理论与技术：

①复杂地质体的建模理论与技术研究。如开挖卸荷条件下节理岩体的力学响应及其地质－力学模型、深埋条件下岩溶介质的地质－水动力学模型和强震条件下水－岩力学作用模型等。

②崩滑地质灾害发生机理及其非线性评价预测理论，建立灾害性地质过程的全息预报系统理论。

③新一代地质灾害评价与防治理论－地质灾害全过程动态模拟与过程控制。全过程动态模拟的主攻关键问题是复杂地质结构体的三维描述、崩滑地质灾害全过程的数学－力学描述及结构关系和全过程模拟的数学力学算法等。

④高精度工程地质解释系统。包括三维地质数据库管理系统、二维和三维地质资料分析处理及成图、图形分析处理系统、高精度层析成像技术和高精度定量分析预测技术。

⑤区域地质灾害及其地质环境评价与预测的 3S 技术。这方面的研究在国内外地学研究领域尚属起步阶段。其中，3S 技术的核心是地理信息系统（GIS）。在环境工程地质领域，GIS 技术应用于空间环境、灾害、工程地质信息系统及数字制图，建立地质环境质量综合评价与管理系统以及建立地质灾害动态监测、评价与空间预测系统。

显然，通过以上任务的实施，相关理论和技术将得到迅速发展，工程地质研究将开辟一个全新的更加广阔的研究领域，工程地质学理论也将会与有关的学科理论相联系、交叉，形成新的独立学科。

1.3　工程地质学与其他学科的关系

工程地质学所涉及的知识范围很广。它包含了地质学各分支学科（如地质学原理、矿物学、岩石学、构造地质学、地质历史学、第四纪地质学、地貌学和水文地质学等）的理论基础，同时也吸收了其他学科的知识作为自己的理论基础。工程地质学的研究对象是岩土体，有关岩土体中的大量计算问题及其有关定量评价，都需要数学和力学学科的知识作为它的基础。因此，高等数学、应用数学、工程力学、弹性力学、土力学和岩体力学等都与工程地质学有着十分密切的关系。此外，工程地质学还吸收了物理学、化学、物理化学和胶体化学，以及工程建筑学、环境学和生态学等学科知识。近 20 年来，随着电子计算机的广泛使用和各种相关分析软件投入市场，工程地质学的研究内容更加深入。

工程地质学是土木工程专业的一门专业基础课程，与土木工程专业的岩土工程有着密切联系，二者既互相联系又互相区别。工程地质学是地质学的一个分支，研究与工程建设有关的地质问题，其本质是一门应用性很强的科学。各种工程的规划、设计、施工和运行都要做工程地质研究，使工程与地质相互协调。这样既能保证工程的安全可靠、经济合理、正常运行，又能保证地质环境不因工程建设而恶化。从事工程地质工作的是地质专家（地质师），侧重于地质现象、地质成因和演化、地质规律、地质与工程相互作用的研究。岩土工程是土木工程的分支，其理论基础主要是工程地质学、土力学和岩石力学，是解决各类工程中关于岩土的工程技术问题的科学，即岩石和土的利用、处理或改良，其本质是一种工程技术。其研究内容是岩土体作为工程的承载体，研究其工程荷载、工程材料、传导介质或环境介质等方面，也包括岩土工程的勘察、设计、施工、检测和监测等。从事岩土工程的是工程师，他们关心的是如何根据工程目标和地质条件，建造满足使用要求和安全要求的工程岩土，解决工程建设中的岩土技术问题。

虽然工程地质与岩土工程分属不同的学科，但二者关系非常密切。工程地质是岩土工程的基础，岩土工程是工程地质的延伸。工程地质学的产生源于土木工程的需要，而岩土工程则是以传统的力学理论为基础发展起来的。但单纯的力学计算不能解决实际问题，因此，从一开始岩土工程就和工程地质结下了不解之缘。与工程地质比较，结构工程面临的是混凝土、钢材等人工制造的材料，材质相对均匀，材料和结构都是工程师自己选定或设计的，是可控的。计算条件十分明确，因而建立在材料力学和结构力学基础上的计算是可信的。而岩土材料，无论性能或结构都是自然形成的，都是经过了漫长的地质历史时期、多种复杂地质作用下的产物，对其组成、结构和性能，工程师不能任意选用和控制，只能通过勘察查明，而实际上又不可能完全查明，需要依据地质规律推测或预测。尤其在地质构造复杂的山区，有经验的工程地质学家，通过地面调查就可大致判断地质构造的轮廓，利用物探、钻探和槽井探等，就可以由浅而深地获得工程地质模型。显然，在地质条件复杂的地区，岩土工程师离开了工程地质专家将寸步难行。岩土工程师也不敢相信单纯的计算结果，原因就在于工程地质条件的不确知性和岩土参数的不确定性，不同程度地存在计算条件下的模糊性和信息的不完全性。虽然土力学、岩石力学和计算技术都取得了长足进步，并在岩土工程设计中发挥了重要作用，但由于计算假定、计算模式、计算方法和计算参数等与工程实际有相当大的差别，因而需要进行综合判断。

1.4　本课程的学习要求

我国地域辽阔，自然地理和地质条件复杂。在工程建设中常遇到各种各样的自然条件和地质问题。如宝成铁路、成昆铁路、渝怀铁路、宜万铁路、青藏铁路及近 10 年修建的高速铁路，青藏公路和天山公路等，三峡、龙滩和小浪底水利工程等，都是以地质条件复杂著称于世。近年来，城市公共基础设施建设（如地铁和地下空间开发）、港口建设、高层（超高层）民用和商用住宅密集区建设、超深基坑的开挖等，都面临着各种复杂的地质问题。工程地质师和岩土工程师都面临着巨大的机遇和挑战。

　　本课程是土木工程、交通工程、港口与海岸工程等专业的专业基础课，属于必修课程。作为土木工程师或岩土工程师，务必重视建筑场地和地基的勘察工作，对勘察内容和勘察方法有所了解，以便正确地向勘察部门提出勘察任务和要求。为此，必须具备系统的工程地质学的基础知识，了解各类地质现象和问题对建筑物和建筑场地的影响；了解地质勘察的基本内容、方法和程序，能根据具体的工程情况正确地提出工程地质勘察任务和要求；通过一些基本技能的训练，懂得搜集、分析和利用工程地质勘察报告，并正确应用工程地质勘察数据和资料进行设计和施工，对工程地质问题能进行分析和初步评价，对不良地质现象能采取正确的处理措施。通过本课程的学习，在今后工作中能够将理论与实践相结合，学会具体问题具体分析，解决实际问题。

=== 重点与难点 ===

重点：工程地质条件和工程地质问题。
难点：无。

=== 思考与练习 ===

1. 何谓工程地质学？
2. 何谓工程地质学的主要任务？
3. 何谓工程地质学的研究内容？
4. 何谓工程地质条件？
5. 何谓工程地质问题？
6. 简述工程地质学与岩土工程的关系。
7. 简述工程地质学的发展历史、现状和趋势。
8. 简述本课程的学习要求。

第 2 章

矿物与岩石

2.1 地壳和地壳运动

2.1.1 地壳及其组成

根据地球物理资料,地球内部具有圈层构造,在地表以下 30～80 km 和 2900 km 处存在两个不连续的界面,分别称为莫霍面和古登堡面。根据这两个界面将地球内部从外到内划分为地壳、地幔和地核三个圈层(图 2-1)。

1. 地壳

地壳是地球最外部的圈层,内含 92 种元素以及 300 多种同位素,主要由氧、硅、铝、铁、钙、钠、镁、钾、钛和氢十种元素组成,占地壳总重量的 98%。地壳中各种化学元素平均含量的原子百分数称为原子克拉克值,又称元素丰度。地壳分为上下两层,上层地球化学成分以氧、硅、铝为主,或称为硅铝层,主要成分与花岗岩相似,也称为花

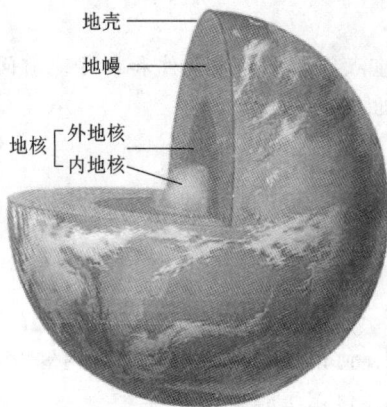

图 2-1 地球内部的圈层构造

岗岩层,主要分布在大陆地壳,在海底很薄甚至缺失;下层地壳富含硅镁,主要成分与玄武岩相似,称玄武岩层,或称为硅镁层,在大陆和海洋均有分布。上下两层以康拉德不连续面隔开。

2. 地幔

地幔位于地壳下面的圈层。主要由致密的造岩物质构成,这是地球内部体积最大、质量最大的一层。地幔又可分成上地幔和下地幔两层。上地幔上部存在一个软流层(或软流圈),岩石因高温软化并造成局部熔融,很可能是岩浆的发源地。软流层以上的地幔是岩石圈的组成部分。上地幔的成分接近于超基性岩(二辉橄榄岩)的组成。下地幔温度、压力和密度均增大,物质呈可塑性固态,其成分可能含有更多的铁镁物质。

3. 地核

地核位于地球的最内部,主要由铁、镍元素组成。高密度,地核物质的平均密度约 10.7 g/cm³,占地球总质量的 31.5%。温度非常高,达 6680℃。根据地震波的变化情况,地

核分为外核和内核。外核可能是由铁、镍、硅等物质构成的熔融态或近于液态的物质组成；内核可能是由固态的铁和镍组成。地球内部各圈层特征见表 2 - 1。

表 2 - 1　地球内部各圈层特征

圈层	物质组成		厚度 /km	密度 /(g·cm^{-3})	P - 波速 /(km·s^{-1})
地壳 (体积占 1.5%)	硅铝层	沉积岩、花岗岩	大洋 10，大陆 30，高山及高原 60~75	2.7	6.5
	硅镁层	玄武岩		2.9	6.9
地幔 (体积占 82.3%)	岩石圈	橄榄岩	50	3.3	8.1
	软流圈	熔融的橄榄岩	200	3.3	7.8
	中间层	稠密的橄榄岩	750	4.3↓	10.7↓
	下部	稠密的橄榄岩	2000	5.7	13.6
地核 (体积占 16.2%)	外核	液态的 Ni - Fe	2000	9.7~11.8	8.1~10.3
	内核	固态的 Ni - Fe	1400	14~16	11.2

注：根据 P. B. Attewell 和 I. W. Farmer(1976)改编。

2.1.2　地壳运动及其类型

由地球内部营力引起组成地球的物质的机械运动称为地壳运动，也称构造运动。它不仅引起地壳结构改变、地壳内部物质变位，还可以引起岩石圈的演变，促使大陆碰撞、洋底的增生和消亡，形成海沟和山脉，同时，还导致地震、火山爆发等(图 2 -2)。

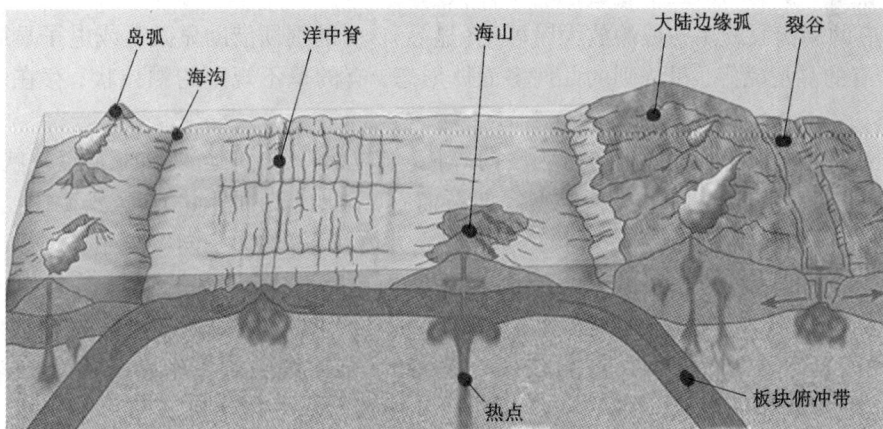

图 2 - 2　板块构造示意图

按运动方向，地壳运动简单地分为水平运动和垂直运动两类。水平运动，也称造山运动，指组成地壳的岩层沿平行于地球表面方向的运动，其结果常形成巨大的褶皱山系、巨形凹陷、岛弧、海沟等。垂直运动又称升降运动，它引起岩层隆起和相邻区的下降，形成高原、断块山及拗陷、裂谷、盆地和平原等，甚至引起海陆变迁。按运动规律来讲，地壳运动以水平运动为主,有些升降运动是水平运动派生出来的一种现象。

按照速度,地壳运动又分为长期缓慢的运动和较快速的运动。例如大陆和海洋的形成、古大陆的分裂和漂移、大陆碰撞形成山脉和盆地等造山运动,都是长期缓慢的地壳运动。又如地震、火山爆发、日月引力造成固体地球部分形成固体潮等,都是较快速的地壳运动。

2.2　主要造岩矿物

2.2.1　矿物形态及物理性质

1. 矿物的基本概念

在自然条件下形成的具有一定化学成分和物理性质的自然元素或化合物,称为矿物。岩石是由矿物组成的。组成岩石的主要矿物,对鉴定和区别岩石起重要作用的矿物称为造岩矿物。

造岩矿物可分为结晶的和非结晶的,结晶的占绝大多数。结晶的矿物,由于内部质点(原子、离子)呈有规律的排列,形成稳定的结晶格子构造,在适合生长的条件下,能生成具有一定几何外形的晶体(图2-3)。

2. 矿物的形态

在自然界,矿物的形态千姿百态。个体大

图2-3　奈卡水晶洞中生长的巨型石膏晶体
(2000年墨西哥奈卡金银铅锌矿区,在地下约274 m处发现了一处世界上最大的晶洞——奈卡晶洞。在红色岩石构成的晶洞中,有大量巨大的天然石膏晶体柱。石膏晶莹透明,长达11 m,重达55 t。资料源于http://share.youthwant.com.tw/D93047409.html)

小悬殊,有的用肉眼或用一般的放大镜可见(显晶),有的则须借助显微镜或电子显微镜辨认(隐晶);有的晶形完好,呈规则的几何多面体形态,有的呈不规则的颗粒状,存在于岩石或土壤之中。

按照矿物单体形态,大体上可分为三向等长(如粒状)、二向延展(如板状、片状)和一向延展(如柱状、针状、纤维状)三种类型。如石榴石(菱形十二面体状)、黄铁矿(立方体状)、方铅矿(立方体状)、金刚石(八面体状)、萤石(立方体状)等均为三向等长生长[图2-4(a),图2-4(b),图2-4(c)];斜长石(板状)、钾长石(板状)、黑(白)云母(片状)、石墨(片状)和辉钼矿(片状)等均为二向延展生长[图2-4(d),图2-4(e),图2-4(f)];辉石(短柱状)、角闪石(长柱状)、绿柱石(长柱状)、辉锑矿(长柱状)、石英水晶(柱状)、蛇纹石(纤维状)等均为一向延展生长[图2-4(g),图2-4(h),图2-4(i)]。

同种矿物单体间可以产生规则的平行连生,或按一定对称规律形成双晶,非同种晶体间的规则连生称浮生或交生。

同种矿物的多个单体聚集在一起的整体称为矿物集合体。自然界中矿物多以集合体形式产出,集合体的形态取决于其单体的形态和集合方式。矿物集合体可以是显晶或隐晶的。对于显晶质,常见的有柱状、针状(辉铋矿)、纤维状(石膏、石棉等)、粒状(石榴子石、橄榄石、萤石、方铅矿等)、片状(云母、辉钼矿等)、放射状(红柱石、叶蜡石等)、簇状集合体(水晶、辉锑矿等)。

隐晶或胶态的集合体常具有各种特殊的形态，如葡萄状(孔雀石)、结核状(如结核状磷灰石)、肾状或鲕状(如肾状赤铁矿)、树枝状(如树枝状自然铜)、晶腺状(如玛瑙)、土状(如高岭石)集合体等。

有些矿物晶体表面具有生长条纹，是鉴定矿物的主要特征之一。如水晶和刚玉柱面上常具横纹，黄铁矿立方体晶面上具有三组互相垂直的晶面条纹，金刚石表面具有三角形凹坑等。

3. 矿物的物理性质

矿物的物理性质，取决于矿物的化学成分和内部结构。由于化学成分和内部结构不同，不同矿物体现出不同的物理性质。根据这些物理性质，可以鉴定矿物。

(1)矿物的颜色

颜色是矿物的重要光学性质之一。不少矿物有着特殊的颜色。

矿物呈色的原因：一是白光通过矿物时，原子内部发生电子跃迁过程而引起对不同色光的选择性吸收所致；二是物理光学过程所致，前者是因为矿物中存在色素离子(主要为过渡元素)，如 Fe^{3+} 使赤铁矿呈红色，Cu^{2+} 使孔雀石呈绿色，V^{3+} 使钒榴石呈绿色等；后者是因为晶格缺陷形成色芯，如萤石的紫色、金刚石的粉红色等。

矿物的颜色一般分为三类：①自色，矿物固有的颜色；②他色，由混入物引起的颜色；③假色，因某种物理光学过程所致。如斑铜矿新鲜面为古铜红色，氧化后因表面的氧化薄膜引起光的干涉而呈现蓝紫色的锖色。

矿物在白色无釉的瓷板上划擦时所留下的粉末痕迹称为条痕。矿物的条痕可以与其本身的颜色一致，也可以不一致。条痕色可消除假色，减弱他色，是鉴定矿物的重要标志之一。如黄铁矿颜色为黄色，其条痕为黑色。

在不同的地质条件下所生成的同一种矿物，往往在颜色上也有所差别。

(2)矿物的密度

矿物的密度指纯净、均匀的单矿物在空气中的重量与同体积的水在4℃时的重量之比。矿物的密度即相对密度。

矿物密度的变化幅度很大。自然金属元素矿物的密度最大，盐类矿物密度较小。

矿物的密度取决于其化学成分和内部结构，主要与组成元素的原子量、原子、半径离子半径及堆积方式有关。例如金刚石的密度为 $3.47 \sim 3.56 \ g/cm^3$。

(3)矿物的硬度

矿物的硬度指矿物抵抗外来机械作用力侵入的能力。

摩氏硬度计：德国矿物学家腓特烈·摩斯(1812)选择用 10 种软硬不同的矿物作为标准，组成 1～10 度的相对硬度系列，称为摩氏硬度计。按照从小到大分为十级，即(1)滑石，(2)石膏，(3)方解石，(4)萤石，(5)磷灰石，(6)正长石，(7)石英，(8)黄玉，(9)刚玉，(10)金刚石。

各级之间硬度的差异不是均等的，等级之间只表示硬度的相对大小。

某种矿物的硬度在两种标准矿物之间，则会用带点数表示，例如指甲的硬度为2.5，小刀的硬度为5.5，因而可把矿物的硬度粗略地划分为小于指甲(<2.5)、指甲与小刀之间(2.5～5.5)和大于小刀(>5.5)三个级别。

风化、裂隙、杂质以及集合体方式等因素会影响矿物的硬度。

图 2-4　几种矿物晶体及其集合体形态

(a)石榴石(菱形十二面体);(b)萤石(正方体);(c)金伯利岩中的金刚石晶体(八面体);
(d)黑云母(片状);(e)辉钼矿(片状);(f)钾长石(板状);(g)石英(柱状);(h)绿柱石(六方柱);
(i)石棉(纤维状);(j)孔雀石(葡萄状);(k)玛瑙(晶腺状);(l)赤铁矿(肾状)

有时在同一矿物(如蓝晶石)的相同晶面的不同方向上,会测定出不同的硬度数值,这就是矿物晶体硬度的异向性。

矿物的硬度是矿物的重要物理常数和鉴定标志。

(4)解理

解理指矿物晶体在外力作用下严格沿着一定结晶方向破裂并且能裂出光滑平面的性质,这些平面称为解理面。

　　解理是晶体异向性的表现之一，矿物晶体的解理严格受其内部结构的控制。解理面一般平行于面网密度最大的面网、阴阳离子电性中和的面网、两层同号离子相邻的面网以及化学键力最强的方向。

　　根据晶体在外力的作用下裂成光滑的解理面的难易程度，可以把解理分成下列五级：

　　①极完全解理。矿物在外力作用下极易裂成薄片。解理面光滑、平整，很难发生断口，例如云母、石墨等。

　　②完全解理。矿物在外力作用下，很容易沿解理方向裂成平面。解理面平滑，较难发生断口。如方解石、方铅矿、萤石、角闪石、金刚石等[图 2 - 5(a)，图 2 - 5(b)]。

　　③中等解理。矿物在外力作用下，可以沿着解理方向裂成平面。解理面不太平滑，断口易出现，如斜长石、普通辉石等。

　　④不完全解理。矿物在外力作用下，不容易裂出解理面。解理面不平整，容易成为断口，如磷灰石等。

　　⑤极不完全解理。矿物受外力作用后，极难出现解理面，即无解理。在碎块上常为断口，如石英、石榴子石等。

　　根据解理面的发育方向或组数，矿物解理可以分为四类(图 2 - 6)：一向(组)解理，如云母、石墨[图 2 - 6(a)]；两向(组)解理，如辉石[图 2 - 6(b)]、角闪石[图 2 - 5(b)，图 2 - 6(c)]、长石；三向(组)解理，如方铅矿[图 2 - 6(d)]、方解石[图 2 - 5(a)，图 2 - 6(e)]；四向(组)解理，如萤石、金刚石等[图 2 - 6(f)，图 2 - 6(g)]。一个方向称为一组解理。

　　(5)断口

　　断口指矿物在外力作用下发生无规律破裂的性质。断口在晶体或非晶体矿物上均可发生。断口常具有一定的形态，因此也是鉴定矿物的特征之一。

　　按照形态，矿物断口有下列几种：

　　①贝壳状断口。贝壳状断口呈圆形的光滑曲面，面上常出现不规则的同心条纹，如石英和玻璃质体[图 2 - 5(c)]。

　　②锯齿状断口。锯齿状断口呈尖锐的锯齿状。延展性很强的矿物具有此种断口，如自然铜。

　　③参差状断口。参差状断口断面参差不齐，粗糙不平，如磷灰石。

　　④土状断口。土状断口断面呈细粉状，断口粗糙，为土状矿物所特有，如高岭石。

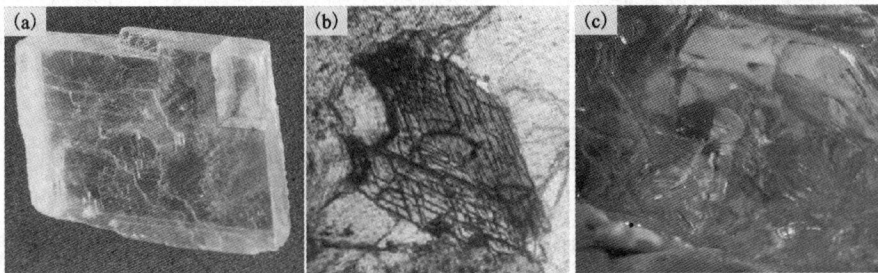

图 2 - 5　几种矿物的解理和断口

(a)方解石的三组完全解理；(b)角闪石两组完全解理(夹角 56°和 124°，单偏光)；(c)石英贝壳状断口

（6）矿物的弹性和挠性

矿物的弹性指矿物在外力作用下发生弯曲形变，当外力作用消失后能使弯曲形变恢复到原状的性质；当外力作用消失后歪曲了的形变不能恢复原状的性质，称为矿物的挠性。云母、石棉等矿物均具有弹性；滑石、绿泥石、蛭石等矿物均具有挠性。

弹性的实质是一些层状结构的矿物，其单位层之间存在着一定的离子键联结力，当受外力弯曲时，这些离子键也被拉长或压短，各单位层能够变弯和移动。当外力作用消失后，这些离子键恢复正常，并使各个单位层恢复到原位。具挠性的矿物，在其内部结构中，单位层与层之间靠余键相连，当它受外力弯曲时，两层之间可相对移动，能够形成新的余键而处于平衡状态，没有恢复力，因而弯曲后不能恢复原状。

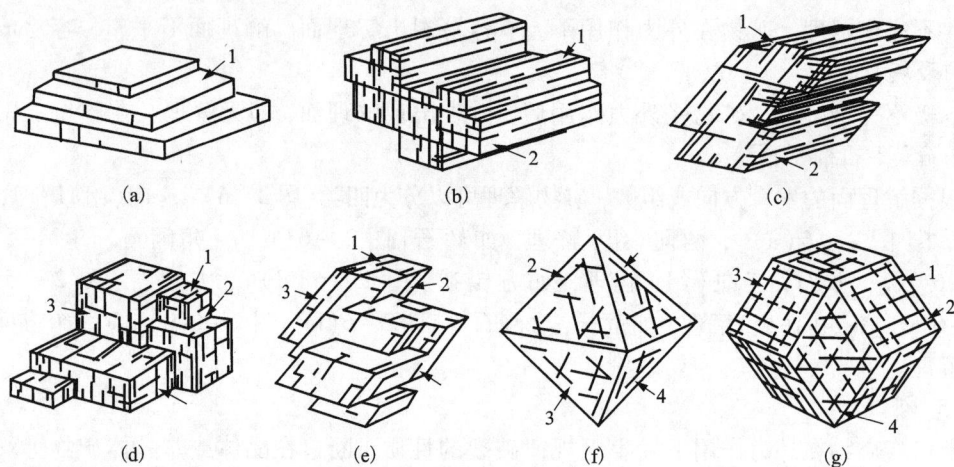

图 2 - 6　解理的分类

（a）一组解理；（b），（c）两组解理，夹角不等；（d），（e）三组解理，夹角不等；（f），（g）四组解理

1，2，3，4—解理面方向

（7）矿物的延展性

矿物的延展性指矿物在锤击或拉引下容易形成薄片和细丝的性质。通常温度升高，矿物的延展性增强。

延展性是金属矿物的一种特性。具有金属键的矿物在外力作用下的一个典型特征就是产生塑性形变，这就意味着离子能够重新排列而失去联结力，这是金属键矿物具有延展性的根本原因。金属矿物不同，其延展性也有差异。自然金属矿物，如自然金、自然银、自然铜等都具有良好的延展性。

（8）矿物的透明度

矿物的透明度指矿物透过可见光的能力。矿物的透明度大小可以用透射系数来表示。

根据矿物在专门磨制的岩石薄片（厚度约 0.03 mm）中透明的程度，可将矿物分为透明矿物（如石英、长石等）、半透明矿物（如闪锌矿、辰砂等）和不透明矿物（如黄铁矿、磁铁矿等）。几种矿物的透明度可见图 2 - 7。

同一种矿物的透明度因受矿物中的杂质、包裹体、气泡、裂隙、放射性的影响以及集合体方式的不同而产生差异。自然界没有绝对透明或绝对不透明的矿物。

图 2 - 7　几种矿物的透明度及其光泽

(a)石英(紫水晶,透明,玻璃光泽);(b)闪锌矿(半透明,半金属光泽);

(c)黄铁矿(不透明,金属光泽,表面有生长条纹)

(9)矿物的光泽

矿物的光泽指矿物表面反光的能力。矿物的光泽强弱取决于矿物对可见光的吸收特性,吸收性越大则反射越大、光泽越强。光泽是鉴定矿物的依据之一,也是评价宝石的重要标志。

矿物的光泽一般分为金属光泽、半金属光泽和非金属光泽,非金属光泽又分为金刚光泽、玻璃光泽等(图 2 - 7)。常见矿物光泽及其特点如下:

①金属光泽。金属光泽呈明显的金属状光亮,不透明,条痕为黑色,如自然铜、方铅矿、磁铁矿等。

②半金属光泽。半金属光泽呈弱金属状光亮,半透明,条痕以深彩色为主,如辰砂、闪锌矿等。

③金刚光泽。金刚光泽呈金刚石状光亮,半透明或透明,条痕为浅彩色、无色或白色,如金刚石等。

④玻璃光泽。玻璃光泽呈玻璃状光亮,透明,条痕为无色或白色,如水晶、正长石、冰洲石等。

⑤特殊光泽。特殊光泽如丝绢光泽、珍珠光泽、油脂光泽、沥青光泽和土状光泽。

丝绢光泽:透明矿物,呈纤维状集合体时,表面具丝绢光亮,如纤维状石膏、石棉等。

珍珠光泽:透明矿物,在极完全的解理面上具珍珠状光亮,如云母、石膏等。

油脂光泽:透明矿物,解理不发育,在不平坦的断口上具油脂状光亮,如石英、石榴子石、磷灰石等。

沥青光泽:半透明或不透明的黑色矿物,解理不发育,在不平坦的断口上具沥青状光亮,如锡石、磁铁矿、沥青铀矿等。

土状光泽:粉末状和土状集合体的矿物,表面暗淡无光,如高岭石、褐铁矿等。

(10)矿物的发光性

矿物的发光性指矿物在外加能量,如紫光、紫外光和 X 射线等的照射下能发射可见光的性质,其实质是矿物晶格吸收了较高的外加能量,然后再以较低能量(可见光)发射出来造成的。除发射可见光外,有些矿物还能发射红外光。

在外界能量作用下,矿物晶体结构中原子或离子的外层电子从基态激发到能量较高的激发态，当被激发到能量较高的激发态的电子落回到较低能量轨道时，发射出光子，如果这两种轨道之间的能量间隔相当于某可见光子的能量，则发射出的光呈现一定的颜色，这种发光性称为荧光。如金刚石在 X 射线照射下会发出荧光。

如果一些矿物晶体结构中激发的电子被晶体缺陷所捕获，如果捕获是暂时的，激发电子以一定速度落回到基态，能持续地发射出一定能量的可见光。在外加能量停止后，仍然继续发光，此种缓慢衰退的发光现象称为磷光。

影响矿物发光性的因素主要是矿物成分中含有的过渡元素，特别是与稀土元素的种类和数量有关。

(11)矿物的磁性

矿物的磁性主要是由于矿物成分中含有铁、钴、镍、钛等元素所致，主要取决于组成矿物元素的电子构型和磁性结构。根据磁化率的大小，矿物的磁性可分为抗磁性、顺磁性及铁磁性三种：

①抗磁性。抗磁性指矿物在外磁场作用下，只有很弱的感应磁性，其磁化方向与外磁场方向相反，磁化率很小，为负值，表现为受磁场的排斥。当磁场移去，抗磁性便消失。

②顺磁性。顺磁性指矿物在外磁场作用下，产生的感应磁性稍大，其磁化方向与外磁场方向相同，磁化率不大，为正值，表现为受磁场的吸引。顺磁性通常是由矿物成分中含有的微量过渡金属元素所引起的。这类矿物较多，他们不能被永久磁铁吸引，但可被强的电磁铁所吸引。

③铁磁性。铁磁性指当具有磁矩的原子或离子之间存在很强的相互作用力时，在低于一定温度和无外磁场情况下，它们的磁矩在一定区域内呈方向性地有序排列，也就是说，它们具有自发磁化的性质，因此磁化率较大。属于铁磁性的矿物很少，如磁铁矿、磁黄铁矿等。

利用磁性不仅可以鉴定和分选矿物，而且磁性还是磁法探矿的依据。

(12)矿物的放射性

矿物的放射性指放射性元素能够自发地从原子核内部放出粒子或射线并同时释放出能量的现象，这一过程叫作放射性衰变。含有放射性元素(如 U、Th、Ra 等)的矿物叫作放射性矿物。

原子序数在 84 以上的元素都具有放射性，原子序数在 83 以下的某些元素(如 K、Rb、C 等)也具有放射性。放射性元素的原子核不稳定，它通过一次衰变或一系列衰变最后形成稳定的元素或同位素的原子核。

利用矿物的放射性不仅可以鉴定放射性元素矿物和找寻放射性元素矿床，而且对于计算矿物及地层的绝对年龄也极为重要。

(13)矿物的其他物理性质

矿物的其他物理性质包括导电性、导热性和压电性等。这些性质在鉴定矿物、找矿以及应用上都有重要意义。如石墨具有导电性、金刚石具有导热性、石英具有压电性等。

2.2.2　常见矿物及其鉴定特征

常见的主要矿物及其鉴定特征见表 2-2。

表 2 - 2　常见矿物及其鉴定特征

矿物	化学成分	晶形或集合体形状	颜色	条痕	透明度	光泽	解理/断口	硬度	密度/(g·cm^{-3})	其他特征
石墨	C	片状、块状	钢灰色至铁黑色	灰黑色	不透明	金属光泽	一组解理	1	2.2	易污手，有滑感
石英	SiO$_2$	六边柱状和锥状，柱面有横纹；晶簇状、致密块状等	无色或乳白色、紫色、烟灰色、黑色等		透明（水晶）至不透明	玻璃光泽，断口为油脂光泽	无解理、贝壳状断口	7	2.65	易碎，具有压电性
赤铁矿	Fe$_2$O$_3$	多见肾状、块状、粉末状	暗红色	樱红色	不透明	半金属或暗淡光泽	无解理	沉积型 2.0	5.0~5.3	无磁性
磁铁矿	FeFe$_2$O$_4$	多见粒状、致密块状	铁黑色	黑色	不透明	金属或半金属光泽		5.5~6	4.9~5.2	性脆，强磁性
褐铁矿	Fe$_2$O$_3$·nH$_2$O	多见土状、块状、结核状、肾状、钟乳状、葡萄状等；疏松多孔状	黄褐色、黑褐色以至黑色	黄褐色（铁锈色）	不透明	半金属或土状光泽		1~4	2.7~4.3	在试管中加热失水
石盐	NaCl	粒状、块状；立方体	无色或白色质纯	白色	透明	玻璃光泽，表面具有油脂光泽	三组完全解理	2~2.5	2.1~2.2	性脆，易溶于水，味咸，燃烧有黄色火焰
萤石	CaF$_2$	立方体；晶簇、粒状、块状、隐晶质等	绿色、紫色、黄色、白色等	杂	透明至微透明	玻璃光泽	四组完全解理	4	3~3.2	性脆，加热或阴极射线照射后发荧光
方解石	CaCO$_3$	菱面体；晶簇、粒状、块状、隐晶质等	无色或白色质纯	白色	透明至半透明，无色透明者称冰洲石	玻璃光泽	三组完全解理	3	2.6~2.8	性脆，遇稀盐酸剧烈起泡
白云石	CaMg(CO$_3$)$_2$	与方解石相似	灰白色，或带浅红色、黄色、褐色等	白色	透明	玻璃光泽	三组完全解理	3.5~4	2.8~2.9	性脆，与浓盐酸起反应，粉末与冷的稀盐酸起反应
孔雀石	Cu$_2$CO$_3$(OH)$_2$	针状、板状；葡萄状或钟乳状	翠绿色、暗绿色	淡绿色	半透明至不透明	无、玻璃或丝光泽		3.5~4	3.5~4	易脆

续表 2-2

矿物	化学成分	晶形或集合体形状	颜色	条痕	透明度	光泽	解理断口	硬度	密度/(g·cm⁻³)	其他特征
黄铁矿	FeS_2	立方体或五角十二面体，立方体面上有三组互相垂直的生长条纹；致密块状、粒状、结核状	浅黄(铜黄)色	绿黑色	不透明	金属光泽	无解理，参差状断口	6~6.5	4.9~5.2	性脆，燃烧时有硫磺臭味
黄铜矿	$CuFeS_2$	粒状、块状	铜黄色	绿黑色	不透明	金属光泽	无解理	3~4	4.1~4.3	导电性强
方铅矿	PbS	立方体；粒状、块状等	铅灰色	铅灰色	不透明	金属光泽	三组完全解理	2~3	7.3~7.6	具导电性、检波性
闪锌矿	ZnS	粒状	浅黄色到铁黑色	红棕色	不透明	半金属光泽	菱形十二面体完全解理	3~4	3.5~4	性脆，不导电
石膏	$CaSO_4 \cdot 2H_2O$	板状；纤维状、致密块状或粒状	白色、浅黄色，有时被染成灰色、褐色、黄色等	白色	透明至半透明	玻璃光泽或丝绢光泽或珍珠光泽	一组极完全解理，贝壳状断口，有时纤维状	2	2.31~2.33	加热失水成硬石膏，水化后又变成石膏
磷灰石	$Ca_5(PO_4)_3(F, Cl, OH)$	六方柱状、块状、粒状、结核状等	灰色、黄色、褐色、绿色等	白色	透明至不透明	玻璃光泽、油脂光泽	参差状、贝壳状断口	5	2.9~3.2	性脆，有荧光
正长石	$K(AlSi_3O_8)$	板状、粒状、块状等	肉红色、浅黄色	白色	透明至不透明	玻璃光泽	两组中等解理	6~6.3	2.55~2.63	
斜长石	$Na(AlSi_3O_8) - Ca(Al_2Si_2O_8)$	板状、粒状、块状等	白色至灰色，带有灰蓝色	白色	半透明	玻璃光泽	两组中等解理	6~6.5	2.61~2.76	解理面上有条纹
普通角闪石	$Ca_2Na(Mg,Fe)_4(Al,Fe)[(Si,Al)_4O_{11}](OH)_2$	长柱状，横切面近似菱形六边形；纤维状、致密块状	暗绿色至黑色	白色带绿	近不透明	玻璃光泽	两组完全解理	5.5~6	3.1~3.4	

续表 2－2

矿物	化学成分	晶形或集合体形状	颜色	条痕	透明度	光泽	解理断口	硬度	密度/(g·cm⁻³)	其他特征
普通辉石	$(Ca, Na)(Mg, Fe, Al)[(Si, Al)_2O_6]$	短柱状，横切面近八边形；裂密粒状	绿黑色至黑色	浅灰绿色	近不透明	玻璃光泽	两组中等解理	5~6	3.2~3.6	
橄榄石	$(Mg, Fe)_2SiO_4$	多见粒状	橄榄绿色，风化后为黄色、褐红色等	白色	透明至半透明	玻璃光泽，断口油脂光泽	贝壳状断口	6.5~7	3.3~3.5	性脆
石榴子石	$(Ca, Mg)_3(Al, Fe)_2[SiO_3]_3$	菱形十二面体；粒状	多种	白色	半透明	玻璃光泽	无解理	6.5~7.5	3~4	性脆
白云母	$KAl_2(AlSi_3O_{10})(OH, F)_2$	假六方柱状、板状、片状	无色	白色	透明	玻璃光泽，解理面珍珠光泽	一组极完全解理	2.5~3	2.7~3.1	薄片有挠性，耐热性，绝缘性特强
黑云母	$K(Mg, Fe)_2(AlSi_3O_{10})(OH, F)_2$	假六方柱状、板状、片状	褐绿色至黑色	浅绿色	透明至不透明	玻璃光泽，解理面珍珠光泽	一组极完全解理	2~3	3~3.1	具弹性，无绝缘性
绿泥石	$(Mg, Fe, Al)_6[(Si, Al)_4O_{10}](OH)_8$	片状、鳞状、致密块状	浅绿色至深绿色	浅绿至深绿色	半透明	玻璃或油脂光泽，解理面为珍珠光泽	极完全解理能使晶体裂成薄片	2~2.5	3.6	薄片有挠性
高岭石	$Al_4(Si_4O_{10})(OH)_8$	多见隐晶质，分散粉末状，致密块状	白色，或带浅黄色、浅红色等	白色	透明至半透明	土状光泽	无解理，贝壳状或带粗糙短状断口	2~2.5	2.58~2.60	干燥时吸水，黏舌；掺水后有可塑性
蒙脱石	$Al_2Mg_3(Si_4O_{10})(OH)_2·nH_2O$	细小鳞片状；隐晶质块状、土状	白色，黄色、粉红、浅蓝色					2~2.5	2~2.7	柔软，有滑感，吸水膨胀
滑石	$(Mg)_3[Si_4O_{10}](OH)_2$	叶片状至纤维状、块状	白色、黄色、粉红色、灰白色至淡绿色	白色	半透明	油脂或珍珠光泽	一组完全解理，参差状断口	1	2.5~2.8	有滑感，具弯曲性，但无弹性

2.3　岩石类型及其特征

自然界中存在着各种各样的岩石。根据成因，岩石分为岩浆岩(火成岩)、沉积岩和变质岩三大类型。

2.3.1　岩浆岩

1. 岩浆作用及岩浆岩的形成

岩浆是产生于地下深处(地壳深处或地幔上部)含有多种挥发性组分的具有高温高压高黏稠的硅酸盐熔融体。自岩浆的产生、上升到岩浆冷凝固结成岩的过程称为岩浆活动，或岩浆作用，最后冷凝形成的岩石称为岩浆岩或火成岩。喷出地表的岩浆活动称为火山活动或火山作用，它是地球内动力地质作用之一。

岩浆在地表以下冷凝形成的岩石称为侵入岩。在较深处(深度 > 3 km)形成的侵入岩叫作深成岩，在较浅处(深度 < 3 km)形成的侵入岩叫作浅成岩。岩浆喷出地表后称为熔岩，冷凝形成的岩石称为喷出岩或火山岩。火山喷发的产物主要有气体、固体和液体三种类型。

(1)气体喷发物

气体喷发物以水蒸气为主，水蒸气一般含量为 60% ~ 80%。此外，含有 CO_2、H_2S、S、CO、H_2、HCl、NH_3、NH_4Cl、HF 等。

(2)固体喷出物

固体喷出物即火山碎屑物，其来源是火山通道中原先冷凝的熔岩和通道四周的围岩，经爆炸成碎块或粉末射入空中，喷射到空中的液态熔岩有的冷凝成固体，有的降落地面时尚未完全冷凝而成塑性块体。按照碎屑物大小和物质成分，固体喷出物分为：

①火山灰。粒径 < 2 mm 的火山碎屑物质[图 2 - 8(a)]。

②火山角砾。粒径为 2 ~ 50 mm 的火山碎屑物质[图 2 - 8(b)]。

③火山集块。粒径 > 50 mm 的火山碎屑物质，为块状，大小悬殊，棱角分明，分选性极差[图 2 - 8(c)]。多分布于火山口附近或充填于火山口中。

④火山弹。粒径 > 50 mm 的火山碎屑物质。在火山喷发时熔岩被抛到空中，在快速旋转飞行过程中经迅速冷凝而形成的岩石团块，其形态多种多样，有面包状、纺锤状、椭球状、麻花状、流弹状和不规则状等[图 2 - 8(d)]，多含气孔构造，外壳多为玻璃质。火山弹的成分以基性熔岩为主，酸性熔岩的较少见。

(3)液体喷发物

液体喷发物即失去了大量气体的岩浆，又称熔岩。岩浆从火山口中流出，呈舌状，沿地面斜坡和山谷流动，称熔岩流，大面积分布称为熔岩被，若遇地形成陡坎，则形成熔岩瀑布(图 2 - 9)等。

2. 岩浆岩的产状

岩浆岩的产状主要指火成岩岩体的形态、大小及其与围岩接触关系的总和，可分为侵入岩产状和火山岩产状。

(1)侵入岩产状

侵入岩形成后，受构造运动和剥蚀作用的影响，侵入体的整体形态多已保存不完整，只

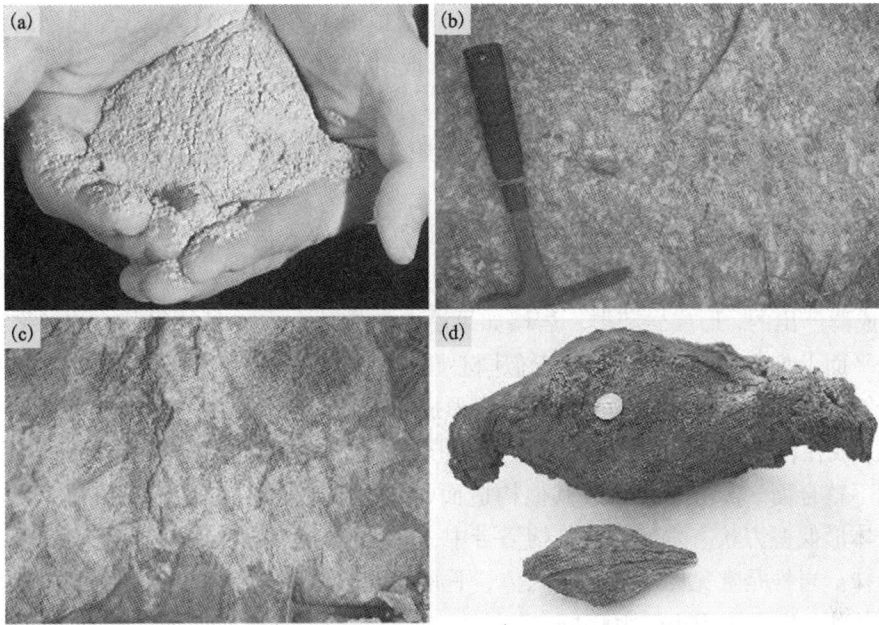

图 2 - 8　火山固体喷出物

(a)火山灰；(b)火山角砾(中生代火山角砾岩，河北北戴河板厂峪)

(c)火山集块(中生代火山集块岩，河北北戴河板厂峪)；(d)火山弹

能根据其在地表的出露情况来判断和恢复。

　　根据侵入体与围岩的接触关系，把侵入体的产状划分为整合侵入和不整合侵入两类。整合侵入产状指侵入体与围岩的接触面平行于围岩的层理或片理，是岩浆沿层理或片理灌入而形成。

　　1)整合侵入产状

　　根据侵入体的形态，整合侵入产状分为以下几种类型(图2-10)：

　　①岩盆。岩盆是侵入岩层之间、形似盆状的岩浆岩体，由于重力的作用，中央微向下凹陷，下部有岩浆通道。构成岩盆的岩石主要为基性岩，岩盆规模一般较大，大的面积可达几万平方千米。世界上最大的岩盆是美国明尼苏达州的德鲁斯岩盆，出露面积达 $40000\ km^2$。

　　②岩盖。岩盖也称岩盘，是上凸下平的穹窿状的水平整合侵入体，中央较厚，边部较

图 2 - 9　夏威夷火山爆发形成的熔岩瀑布

薄，平面上近似为圆形。岩盖规模一般不大，直径多为 $3\sim6\ km$，厚度不超过 $1\ km$，多见于中酸性岩中。

　　③岩床。岩床也称岩席，以厚度小、面积大为特征，一般是一种厚薄均匀、近似水平产出与围岩整合接触的板状侵入体。岩床厚度大小不一，厚的可达几千米，薄的只有几十厘米。岩床在基性－超基性岩中常见。

④岩鞍。岩鞍又称岩脊，产在向斜槽部或背斜顶部的整合侵入体。常与强烈的褶皱作用同时形成，其剖面的形状似马鞍状或半月形，常成组出现，规模一般不大。

2）不整合侵入产状

不整合侵入产状指那些切过围岩层理或片理的侵入体，是岩浆沿斜交层理或片理的裂隙侵入而成。根据其形态特征，不整合侵入体可进一步分为以下几种（图 2 – 10）：

①岩墙。岩墙一般为形态比较规则而又近似直立的侵入体，如果形态不很规则，常称为岩脉。岩墙的长宽比一般相差很大，长度一般为宽度的几十倍以至几百倍。岩墙除单独出现外，也有成群产出的，形成岩墙群。岩墙如果沿一个或几个中心呈放射状产出，称为放射状岩墙。在平面上如果成环形、弧形或近似同心圆状产出的岩墙，称为环状岩墙或锥状岩墙。

②岩镰。岩镰是一种多为中酸性侵入岩形成的不整合侵入体，是岩浆侵入于已变形的岩层中而成，或在侵入的同时与围岩一起受水平挤压或造山作用的影响经变形而成。但有时岩浆侵入到不整合面、软弱的层面或其他构造面时，局部上侵方向发生变化，也可形成岩镰，剖面上岩体形似镰刀状。岩镰多产在褶皱带中，典型的岩镰见于德国巴伐利亚地区。

③岩株。岩株是常见的不整合侵入体，平面上近似圆形、椭圆或不规则的等轴状，与围岩接触面较陡，出露面积小于 100 km²。有些岩株深部与岩基连成一体，成为岩基的一部分。岩株周围伸出的枝状侵入体称为岩枝，如形态不规则称为岩瘤。

④岩基。岩基是规模巨大的侵入体，主要由花岗岩类岩石构成，面积大于 100 km²，最大可达数万平方千米。平面上岩基常为椭圆形，长轴方向可达数十至上千千米，短轴方向可达 100 km 以上。岩基主要分布于褶皱区的核部隆起带中，延伸方向常与褶皱轴向一致。

（2）火山岩产状

火山岩产状与火山喷发类型有关，常见的有以下三种：

①熔透式喷发。美国岩石学家 R. A. 戴利首先提出这种模式，他认为花岗岩岩浆大规模侵入上升时，由于较高的温度及化学能，顶盘岩石被熔透，因而岩浆大量溢出地表。熔透式喷发的特点是火山岩分布范围很大，火山岩和侵入岩过渡相连，喷出通道大，而且不规则。熔透式喷发被认为是地球早期火山喷发的一种类型，纯属理论推断。

②裂隙式喷发。岩浆沿某一大断裂或断裂带上升喷出地表，火山口常呈带状或串珠状分布，向下则连成岩墙状通道，如冰岛火山喷发、大洋中脊火山的喷发。玄武岩浆沿裂隙溢出，向四周广泛流动而形成熔岩被，其面积达几千平方千米至几万平方千米、甚至几十万平方千米，厚达几百米至 2000 m，也称为熔岩高原。

③中心式喷发。这是现代陆地或岛弧中常见的一种火山喷发形式。岩浆沿颈状通道喷发，在火山口周边形成一个上陡下缓的火山锥，由熔岩构成的火山锥称为熔岩锥，由火山碎屑物构成的称为碎屑锥，由熔岩和火山碎屑物互层构成的称为复合锥。火山锥中间有一个盆状的凹陷称为火山口。由于大量火山物质的喷出，造成岩浆房空虚，且受上覆岩层的压力，使得火山口周围岩层沿环状断裂向下塌陷，形成破火山口。破火山口一般呈圆形或椭圆形，直径可达 10～15 km，甚至达 20～30 km。破火山口常形成火山洼地，或者蓄水形成火口湖，如中国吉林长白山天池就是著名的火口湖。

火山岩常见产状类型有熔岩高原、熔岩台地、熔岩流、熔岩脊、熔岩被、熔岩瀑布、熔岩丘、熔岩锥、熔岩针等。

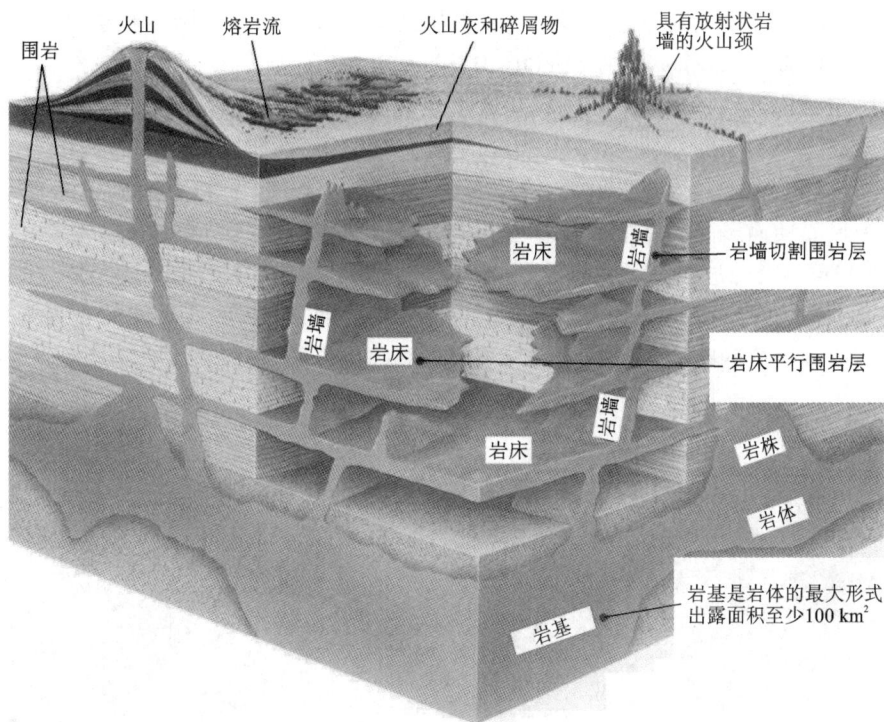

图 2-10　不整合侵入体产状

3. 岩浆岩的矿物成分、结构和构造

（1）岩浆岩的矿物成分

岩浆岩的矿物成分主要有石英、钾长石、斜长石、角闪石、辉石、橄榄石和黑云母等。前三种矿物中硅、铝含量高，颜色浅，称为浅色矿物；后四种矿物中铁、镁含量高，颜色深，称为暗色矿物。不同类型的岩浆岩，有不同的矿物成分及其含量，其岩石颜色也有明显差异。

（2）岩浆岩的结构与构造

1）岩浆岩的结构

岩浆岩的结构指组成岩石的矿物的结晶程度、晶粒大小、形态及其相互关系的特征。岩浆岩的结构特征是岩浆成分和岩浆冷凝环境的综合反映。

按结晶程度，岩浆岩的结构可分为全晶质结构、半晶质结构和非晶质结构。

①全晶质结构。岩石全部由矿物晶体组成，是在温度、压力降低缓慢、结晶充分的条件下形成的。这种结构是侵入岩的结构，尤其是深成侵入岩的结构，如辉长岩、花岗岩等。

②半晶质结构。岩石由矿物晶体和部分未结晶的玻璃质组成，多见于喷出岩和浅成岩，如英安岩和粗安岩等。

③非晶质结构。非晶质结构又称为玻璃质结构。岩石全部由火山玻璃组成，是在岩浆温度、压力快速下降时冷凝形成的。这种结构多见于喷出岩，也可见于浅成侵入体边缘。

按矿物颗粒大小，岩浆岩的结构可分为等粒结构和不等粒结构。

①等粒结构。岩石中矿物为全晶质，同种矿物颗粒大小相近。按粒径大小可分为肉眼（包括用放大镜）可识别出矿物颗粒的显晶质结构和需要显微镜才能识别矿物颗粒的隐晶质结构。

显晶质结构又可根据颗粒大小进一步分为：粗粒结构（$d > 5 \text{ mm}$）、中粒结构（$d = 2 \sim 5 \text{ mm}$）、细粒结构（$d = 0.2 \sim 2 \text{ mm}$）和微粒结构（$d < 0.2 \text{ mm}$）。

②不等粒结构。岩石中同种矿物粒径大小悬殊，矿物颗粒可以从大到小连续变化，也可以明显地分成大小不同的两部分，其中晶形比较完好的粗大颗粒称为斑晶，小的结晶颗粒称为基质。如果基质为隐晶质或玻璃质，岩浆岩的典型结构如图 2 – 11 所示，则称为斑状结构；如果基质为显晶质而斑晶与基质成分基本相同者，则称为似斑状结构，它是岩浆在地下深处温度、压力较高，上升过程中温度、压力缓慢降低、部分先结晶的矿物形成个体大的斑晶，随着岩浆上升到地壳浅部或喷出地表，未凝固的岩浆在温度、压力降低较快的条件下迅速冷凝形成隐晶质或玻璃质的基质。斑状结构是浅成岩和喷出岩的重要特征之一，似斑状结构主要见于深成岩中。岩浆岩的典型结构如图 2 – 11 所示。

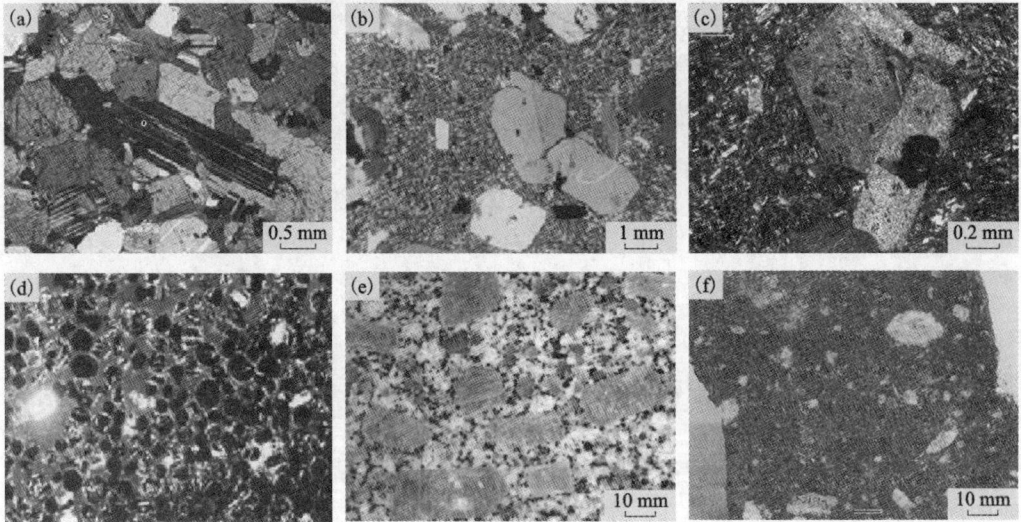

图 2 – 11　岩浆岩的典型结构

（a）全晶质结构（辉长岩，正交偏光）；（b）斑状结构 – 半晶质结构（英安岩，正交偏光）；

（c）斑状结构 – 不等粒结构（粗安岩，正交偏光，斑晶为斜长石）；

（d）非晶质结构（月岩，橙色玻璃，Apollo17，正交偏光）；

（e）似斑状结构 – 不等粒结构（花岗岩）；（f）斑状结构 – 不等粒结构（闪长玢岩）

2）岩浆岩的构造

岩浆岩的构造指岩石中不同矿物与其他组成部分的排列填充方式所表现出来的外貌特征。它主要取决于岩浆冷凝时的环境。岩浆岩最常见的构造有以下五种：

①块状构造。组成岩石的矿物颗粒没有沿一定方向排列，而是均匀地分布在岩石中，呈致密块状，这种构造是侵入岩常见的构造。

②流纹状构造。岩石中不同颜色的条纹、拉长的气孔、斑晶或火山碎屑等沿一定方向排列所形成的外貌特征，这种构造是喷出地表的岩浆在流动过程中冷凝形成的［图 2 – 12（a）］。

③气孔状构造。岩浆凝固时，挥发性气体未能及时逸出，以致在岩石中留下许多圆形、椭圆形或长管形的孔洞。玄武岩中常可见到气孔构造［图 2 – 12（b）］。

④杏仁状构造。岩石中的气孔为后期矿物（如方解石、石英等）充填所形成的一种形似杏

图 2 - 12　岩浆岩的典型构造

(a)流纹岩中的流纹状构造(河北秦皇岛板厂峪中生代流纹岩中火山碎屑定向排列,虚线为流面);

(b)、(c)分别为玄武岩中的气孔状构造和杏仁状构造(云南腾冲芒棒街第四纪玄武岩)

仁状的构造。如某些玄武岩和安山岩中常见到杏仁状构造[图 2 - 12(c)]。

⑤柱状节理。几组不同方向的节理将岩石切割成多边形柱状体,柱体垂直于火山岩的基底面(或层面)。如火山熔岩均匀冷却,形成横断面为六边形或五边形柱体,常见于厚层状玄武岩和流纹岩中(图 2 - 13)。

结构和构造特征反映了岩浆岩的生成环境,因此它是岩浆岩分类和鉴定的重要标志,也是研究岩浆作用方式的依据之一。

图 2 - 13　玄武岩和流纹岩的柱状节理

(a)云南腾冲火山地质公园;(b)河北秦皇岛板厂峪

4. 岩浆岩的分类

按照国家标准(GB/T 17412.1—1998)和岩石中的 SiO_2 含量多少,岩浆岩主要分为以下四类(图 2 - 14)。

(1)酸性岩类

岩石中 SiO_2 含量 >63%,矿物成分主要为石英、钾长石和(酸性)斜长石,其次为黑云母和角闪石,其中的石英含量占岩石的 1/4 ~ 1/3。岩石的颜色浅,重度小。代表性的深成岩、浅成岩和喷出岩分别为花岗岩、花岗斑岩和流纹岩等。

(2)中性岩类

岩石中 SiO_2 含量为 52% ~63%,矿物成分主要为钾长石、(中性)斜长石和角闪石,其次为辉石、石英和黑云母。岩石的颜色比较深,重度比较大。代表性的深成岩、浅成岩和喷出岩分别为闪长岩、闪长玢岩和安山岩等。

(3)基性岩类

岩石中 SiO_2 含量为 45% ~52%,矿物成分主要为(基性)斜长石和辉石,其次为橄榄石和角闪石,不含石英或石英含量极少。岩石的颜色深,重度比较大。代表性的深成岩、浅成岩和喷出岩分别为辉长岩、辉绿岩和玄武岩等。

（4）超基性岩类

岩石中 SiO_2 含量 <45%，矿物成分主要为橄榄石和辉石，其次为（基性）斜长石。岩石的颜色很深，重度很大。代表性的深成岩和喷出岩分别为橄榄岩和科马提岩，其中科马提岩在地表出露很少。需要指出的是，超基性岩中有一种特殊的偏碱性岩石——金伯利岩，金伯利岩是具斑状结构和（或）角砾状构造的云母橄榄岩，是盛产金刚石的最主要火成岩之一。

另外，有两类火成岩，即超酸性岩和碱性岩比较少见。其中，超酸性岩 SiO_2 含量 >75%，几乎不含暗色矿物，浅色矿物主要为碱性长石和石英，代表性岩石为白岗岩和白云母花岗岩等。碱性岩 SiO_2 含量一般较低而碱质较高，主要矿物成分为碱性长石（微斜长石、正长石和钠长石）、各种副长石（霞石、方钠石、钙霞石等）以及碱性暗色矿物（霓石、霓辉石、钠铁闪石、钠闪石等）。碱性岩代表性的深成岩、浅成岩和喷出岩分别为霞石正长岩、霞石正长斑岩和响岩。

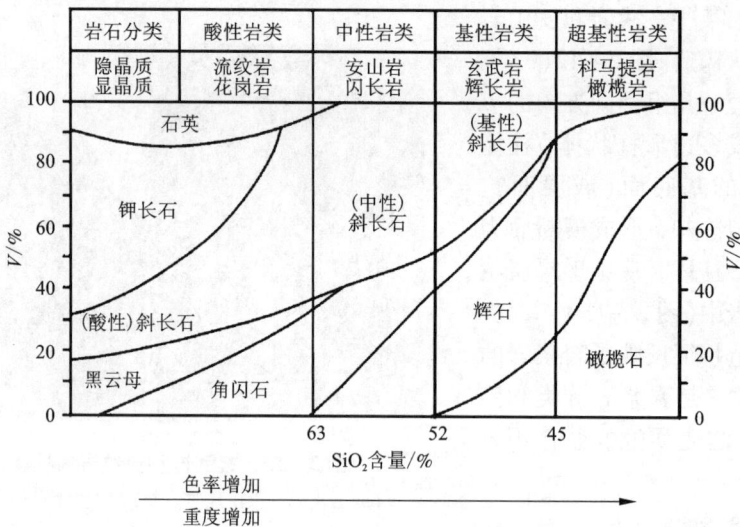

图 2－14　岩浆岩分类图

5. 主要岩浆岩

常见的岩浆岩的主要岩石类型及其特征如下所述。

（1）花岗岩

花岗岩是一种酸性深成侵入岩，岩石颜色多为肉红色、灰色或灰白色。矿物成分主要为石英（含量大于20%）、钾长石和斜长石，其次为黑云母和角闪石。花岗岩为全晶质等粒结构或不等粒结构或似斑状结构，块状构造。根据所含暗色矿物的不同，花岗岩可进一步分为黑云母花岗岩、角闪石花岗岩等。花岗岩分布广泛，性质均匀坚固，是良好的建筑石料。

（2）花岗斑岩

花岗斑岩是一种酸性浅成侵入岩，为斑状结构，斑晶为钾长石或石英，基质多由细小的长石、石英及其他矿物组成。颜色和构造同花岗岩。

（3）流纹岩

流纹岩是一种酸性喷出岩，常呈灰白色、浅灰色或灰红色，细小的斑晶常由石英或钾长石组成，具有流纹状构造。

（4）闪长岩

闪长岩是一种中性深成侵入岩，呈灰白色、深灰色至灰绿色，主要矿物为斜长石和角闪石，其次有黑云母、辉石和石英。全晶质中粗粒等粒结构，块状构造。闪长岩结构致密，强度高，且具有较高的韧性和抗风化能力，是良好的建筑石料。

（5）闪长玢岩

闪长玢岩是一种中性浅成侵入岩，呈灰色或灰绿色，矿物成分与闪长岩相同，为斑状结构，斑晶多为斜长石或角闪石。基质为中细粒或微粒结构。

（6）安山岩

安山岩是一种中性喷出岩，呈灰色、紫色或绿色，主要矿物为斜长石、角闪石，无石英或石英极少。安化岩为斑状结构，斑晶常为（中性）斜长石、角闪石、辉石等。有时具有气孔状或杏仁状构造。

（7）辉长岩

辉长岩是一种基性深成侵入岩，呈灰黑色、暗绿色，为全晶质中至粗粒等粒结构，块状构造。矿物以（基性）斜长石和辉石为主，含少量橄榄石和角闪石。辉长岩强度高，抗风化能力强。

（8）辉绿岩

辉绿岩是一种基性浅成侵入岩，呈灰绿色或黑绿色，为结晶质细粒结构 – 辉绿结构，块状构造。矿物成分与辉长岩相似，强度也高。

（9）玄武岩

玄武岩是一种基性喷出岩，呈灰黑色至黑色，矿物成分与辉长岩相似。玄武岩为具隐晶、细晶或斑状结构，常具气孔或杏仁状构造。玄武岩致密坚硬，性脆，强度很高，是建筑工程的好石料。

（10）橄榄岩

橄榄岩是一种超基性深成岩，呈暗绿色或黑色，主要矿物为橄榄石和辉石，其次为基性斜长石。橄榄岩为中粒等粒结构、块状构造。

（11）正长岩

正长岩是一种碱性的中性深成侵入岩，呈肉红色、浅灰色或浅黄色，为全晶质中粒等粒结构，块状构造，主要矿物成分为正长石、黑云母和碱性角闪石，石英含量极少。正长岩的物理力学性质与花岗岩相似，但不如花岗岩坚硬，且易风化。

（12）正长斑岩

正长斑岩是一种碱性的中性浅成侵入岩，为斑状结构，斑晶主要是正长石，基质比较致密。正长斑岩一般呈棕灰色或浅红褐色。

（13）金伯利岩

金伯利岩是一种碱性或偏碱性的超基性岩，呈黑色、暗绿色、灰等色。斑晶主要为橄榄石和金云母，基质具有显微斑状结构，主要由橄榄石、金云母、铬铁矿、钛铁矿、钙钛矿和磷灰石等组成。金伯利岩分布在古老的克拉通，多呈岩筒（墙）群成群出现，少数呈环状岩墙或岩床。与之有关的矿产主要为金刚石，它是金刚石的母岩。

2.3.2　沉积岩

1. 沉积岩的形成过程

沉积岩是在地表或接近地表的条件下,由母岩(岩浆岩、变质岩和早已形成的沉积岩)风化剥蚀的产物经过水流或冰川的搬运、沉积、成岩作用形成的岩石。沉积岩是地表分布最广的一种层状岩石,约占地壳、地表岩石的70%。

出露地表的各种岩石,经过长期的物理风化、化学风化和生物风化等作用的破坏,逐渐形成岩屑、细粒黏土矿物或其他可溶解物质。这些风化产物,大部分被流水等运动介质搬运到河、湖、海洋等低洼的地方沉积下来,成为松散的堆积物。这些松散的堆积物经过长期压密、胶结、重结晶等复杂的成岩过程,形成了沉积岩。

2. 沉积岩的成分

沉积岩的成分常见有矿物、岩屑、化学沉淀物、有机质和胶结物等。矿物的成分指母岩风化后经搬运沉积下来的碎屑物质,如石英、长石、白云母等,以及在风化作用过程中形成的黏土矿物;另一种是沉积过程或成岩过程中的新生矿物,如方解石、白云石、石膏、岩盐、铁和锰的氧化物或氢氧化物等,它们也是化学沉淀物。岩屑是母岩风化剥蚀搬运沉积下来的岩石碎屑,部分可能来自火山碎屑或宇宙物质。有机质包括动物遗体或植物碎片。有些岩石本身就是由有机体或由有机体的碎屑组成的,如煤、珊瑚礁、生物

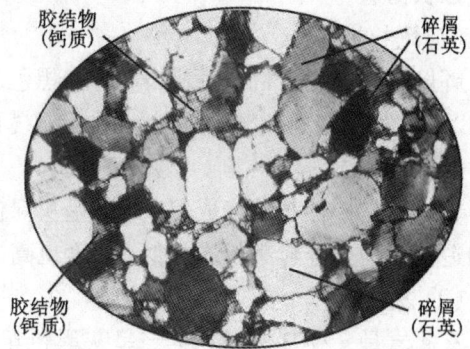

图 2 – 15　沉积岩的碎屑结构

[显微镜下的碎屑结构,砂岩由石英碎屑(磨圆度很好)和胶结物(钙质碳酸盐岩)组成(寒武纪,苏格兰)]

碎屑灰岩等。矿物碎屑或岩屑之间常被胶结物黏结起来,形成沉积岩的碎屑结构(图2 – 15)。常见的胶结物成分有钙质($CaCO_3$)、硅质(SiO_2)、铁质(FeO 或 Fe_2O_3)和泥质等。按胶结物或填隙物的分布状况及其与碎屑颗粒的接触关系,可将胶结类型分为基底式、孔隙式和接触式三种基本类型。

①基底式胶结。基底式胶结指碎屑颗粒呈漂浮状分布于填隙物中,且互不接触。填隙物成分常以黏土物质或碳酸盐为主,一般填隙物含量 >25%,是泥质、砂质或钙质砂岩向砂质泥岩或砂质灰岩过渡的类型[图2 – 16(a)]。

②孔隙式胶结。孔隙式胶结指碎屑颗粒构成支架状接触,填隙物分布在颗粒间的孔隙中。颗粒之间多呈点状接触,一般填隙物含量在 5% ~25% 之间[图2 – 16(b)]。

③接触式胶结。接触式胶结指碎屑颗粒呈支架状接触,填隙物分布在颗粒接触处。一般填隙物含量 <5%[图2 – 16(c)]。

3. 沉积岩的结构和构造

(1)沉积岩的结构

沉积岩的结构指组成沉积岩的组分的大小、形状和排列方式,一般分为碎屑结构、泥质结构、结晶结构和生物结构四种。

1)碎屑结构

碎屑结构是由碎屑颗粒经胶结物质胶结所形成的一种沉积岩特有的结构(图 2-15)。按碎屑颗粒粒径大小,碎屑结构分为砾状结构($d > 2$ mm)、砂状结构($d = 0.05 \sim 2$ mm)和粉砂状结构($d = 0.005 \sim 0.05$ mm),分别为砾岩、砂岩和粉砂岩所具有的结构。

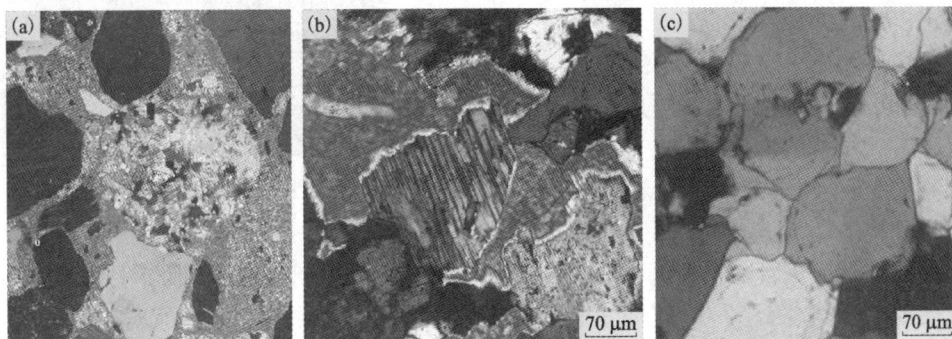

图 2-16　沉积岩的碎屑结构及其胶结类型

(a)基底式胶结(正交偏光,碎屑为石英和长石,胶结物以碳酸盐灰泥为主);

(b)孔隙式胶结(正交偏光,碎屑为石英和长石,胶结物为硬石膏);

(c)接触式胶结(单偏光,碎屑为石英,胶结物为石英)

2)泥质结构

泥质结构是由黏土矿物组成的结构,颗粒粒径 < 0.005 mm。泥质结构是泥岩、页岩等黏土岩的主要结构。

3)结晶结构

结晶结构是由化学沉淀的结晶矿物组成的结构。结晶结构进一步分为结晶粒状结构、鲕状结构[图 2-17(a)]、豆状结构和隐晶质致密结构等。结晶结构是石灰岩、白云岩等化学岩的主要结构。

4)生物结构

生物结构是由生物遗体或碎片所组成的结构,是生物碎屑岩所具有的结构[图 2-17(b)],如硅藻土。

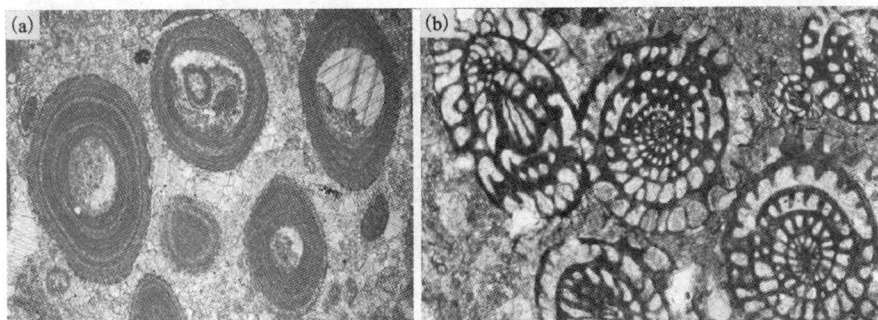

图 2-17　沉积岩的结晶生物结构

(a)鲕状结构(单偏光镜下,甘肃龙首山寒武系鲕粒灰岩);

(b)生物碎屑结构(单偏光镜下,华北二叠系生物碎屑灰岩,生物碎屑为蜓化石)

（2）沉积岩的构造

沉积岩的构造指沉积岩各组成部分的空间分布及其相互间的排列关系，是由沉积物的成分或粒径大小沿垂直于沉积物层面方向及侧向延伸变化而显示出来的一种层状构造。常见的沉积岩构造有层理构造、层面构造和结核构造。沉积岩最主要的构造是层理构造和层面构造，这两种构造不仅反映了沉积岩的形成环境，而且是有别于岩浆岩和某些变质岩的构造特征。

图 2-18 沉积岩的层理构造
（甘肃张掖丹霞地貌）

1）层理构造

层理构造是沉积岩中先后沉积的物质，在颗粒大小、形状、颜色和成分上所显示出来的一种成层现象（图 2-18）。层理是沉积岩成层的性质。层与层之间的界面，称为层面。上下两个层面间成分基本均匀一致的岩石称为岩层，它是层理最大的组成单位。

一个岩层上下层面之间的垂直距离称为岩层的厚度。

在短距离内岩层厚度的减小称为变薄，厚度变薄以致消失称为尖灭，两端尖灭成为透镜体。大厚度岩层中所夹的薄层称为夹层。沉积岩内岩层的变薄、尖灭和透镜体，可使其强度和透水性在不同的方向发生变化。软弱夹层，容易引起上覆岩层发生顺层滑动，形成滑坡。

因形成条件不同，层理具有不同的形态类型。因此，根据层理可以推断沉积物的沉积环境和搬运介质的运动特征。常见的层理构造有四种：

①水平层理。水平层理由一系列与层面平行的细层组成的层理，一般形成于平静的或微弱流动的水环境中 [图 2-19（a）]。

②斜层理。斜层理由一系列与层面斜交的细层组成的层理，一般是在单向水流（或风）的作用下形成的，常见于河床沉积物中。斜层理的形式表现多样，如单向斜层理和交错层理等 [图 2-19（b），图 2-19（c）]。

③交错层理。交错层理是有些斜层理与原来生成的斜层理呈一定角度相交，相互交错（切蚀）而形成的 [图 2-19（c）]。

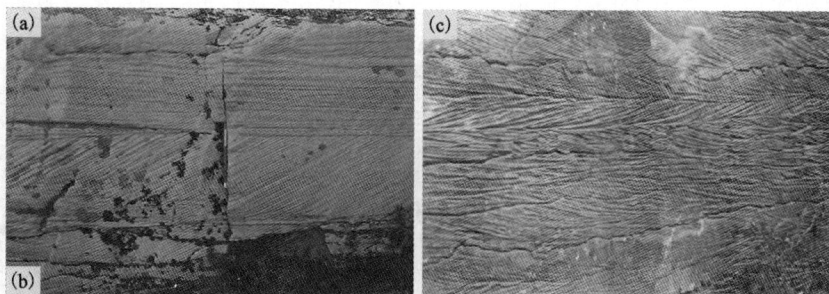

图 2-19 沉积岩的层理构造
（a）水平层理；（b）斜层理；（c）交错层理

④递变层理。递变层理也称粒级层理，组成岩层的碎屑颗粒在岩层垂直方向上颗粒粒度呈韵律变化，如果同一层内碎屑颗粒粒径向上逐渐变细，说明在水介质中水动力由强逐渐减

弱(图 2 – 20)。

2)层面构造

层面构造指在沉积岩层面上常保留有其形成时的某些痕迹,不仅标志着岩层的某些特性,更重要的是记录了岩层沉积时的地理环境,如波痕、雨痕、冰雹印痕、泥裂、盐晶体假象、槽模及动物活动留下的痕迹等。

①波痕。波痕是在还没有固结的沉积层面上,由流水、风或波浪等作用形成的波浪起伏的表面,经过成岩作用保存下来[图 2 – 21(a)]。

图 2 – 20 沉积岩中的粒级层理
(铅笔指向岩层顶面)

②泥裂。泥裂也称干裂,指没有固结的沉积物露出水面干涸时,经过脱水收缩干裂而形成的裂缝[图 2 – 21(b)]。

③雨痕、冰雹印痕。雨痕、冰雹印痕是雨滴或冰雹打击沉积物时留下的痕迹。

④盐晶体假象。盐晶体假象是盐晶体溶解,留下空间被泥土物质填充形成,反映干燥浅海环境。

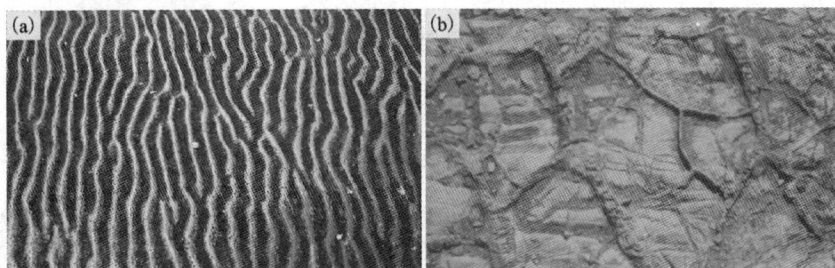

图 2 –21 波痕和泥裂
(a)波痕(石英砂岩,山西太行山);(b)泥裂(中元古代石灰岩,中国房山)

在沉积岩中还可看到许多化石,它们是经石化作用保存下来的动植物的遗骸或遗迹。

3)结核构造

在沉积岩中常含有与围岩成分有显著差异的某些矿物质团块,称为结核。结核的形状有球状、椭球状、透镜体状、柱状和姜状等,如中国西北地区风成黄土中发育大量的姜状结石(成分为碳酸钙)。

按成因,结核可分为原生结核和后生结核,原生结核又称同生结核,是在沉积岩形成时同时形成的结核,即在沉积过程中某些矿物质围绕他种物体质点层层凝聚而成,其特点是结核体不穿过层理。结核大小从小于 1 cm 到数十厘米。如石灰岩中的燧石结核、砂岩中的铁结核、现代海底的锰结核等都是原生结核。在沉积物形成岩石的过程中,由于物质重新分配,也可形成扁平状结核,部分切穿层理,部分被层理包围,这种结核叫成岩结核,也属原生结核的一种。

后生结核是岩石形成以后,由于含矿物质溶液从层间渗入沉淀或交代形成的结核,其特点是外形一般不规则,结核体穿过层理。

沉积岩的层理构造、层面构造和化石是沉积岩在构造上区别于岩浆岩和变质岩的重要特征。

利用层面构造可以用来鉴别岩层的顶面和底面，或判断岩层形成的新老顺序。

利用斜层理中的细层和层系界面的关系可以确定岩层的顶面和底面。在斜层理中，细层撒开一端指向岩层的顶面，收敛一端指向岩层的底面。

对于递变层理而言，正常的粒级层理从底面到顶面的粒度由粗渐细，根据这种变化规律确定顶面和底面。粒级层理普遍出现在各种类型的沉积岩和火山沉积岩中，如砂岩、碎屑灰岩、凝灰岩等，其中以砂岩的粒级层理最清晰。

波痕最常见的两种基本类型分别是流动波痕和浪成波痕。流动波痕在横剖面中是不对称的，而浪成波痕是对称的。后者由尖棱状波峰和圆弧状波谷组成，用它能够确定岩层顶、底面、波峰指向顶面，波谷指向底面。

正常的泥裂在垂直断面上呈"V"形，即其中的充填物一般上宽下窄，可用以判定岩层的顶面和底面。泥裂变窄的尖端指向岩层底面，开口端指向顶面。

雨点或冰雹颗粒落在松软的泥质沉积物上，冲击出近圆形的凹坑，后被沉积物充填并呈半圆形突起，形成雨滴或冰雹印痕。根据雨滴或冰雹印痕所保存的凹坑和半圆形突起可以确定岩层的顶面和底面。

古生物化石或遗迹，古动物和古植物的生长状态及其死亡后在岩层中的保存状态具有一定的规律。如叠层石（前寒武纪未变质的碳酸盐沉积中最常见的一种"准化石"，由原核生物如蓝藻等的生命活动所形成的一种叠层状的生物沉积构造）由一些圆锥形或圆拱形的薄层叠置而成，圆锥形或圆拱形在横剖面上向上指向岩层的顶面（图2-22）。另外，在沉积岩中还可看到一些动植物的遗骸或遗迹，如恐龙足迹、三叶虫、树叶等化石，常沿层面平行分布［图2-23(a)］；或者垂直层理方向会看到生物活动留下的洞穴［图2-23(b)］。其中，恐龙足迹是恐龙走路时留下的脚印的痕迹，可根据恐龙脚趾留下的凹坑和突起面来判断岩层的顶面和底面。地质历史古生物学家，根据生物化石可以推断岩石形成的地理环境和确定岩层的地质年代。

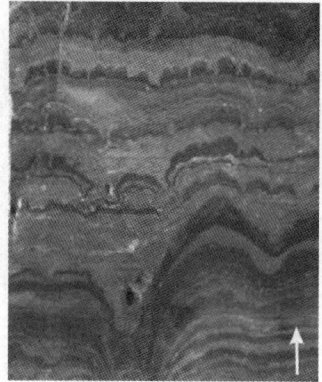

图2-22　叠层石
（暗色为藻，箭头指向叠层石的生长方向）

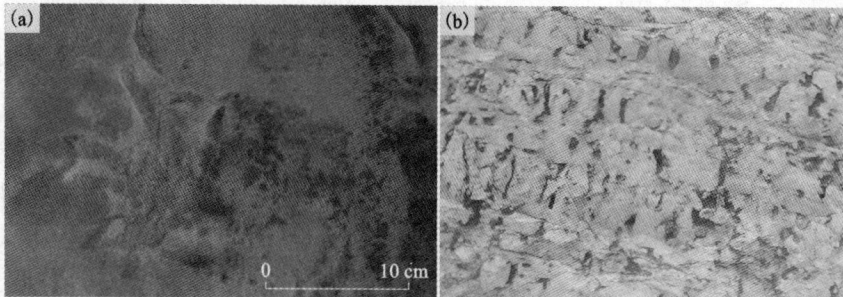

图2-23　恐龙三趾脚印和石灰岩中的虫迹

(a)恐龙三趾脚印(侏罗纪，陕西神木县李家南瓦村，陕西日报，2009)；(b)石灰岩中的虫迹(奥陶系，河北秦皇岛石门寨)

4. 沉积岩的分类

按成因和组分沉积岩主要分为碎屑岩类、化学岩及生物化学岩类(表 4 – 5)。

(1)碎屑岩类

根据碎屑物质的来源,碎屑岩类分为沉积碎屑岩和火山碎屑岩两个亚类。

1)沉积碎屑岩亚类

沉积碎屑岩亚类是由母岩风化和剥蚀作用的碎屑物质所形成的岩石又称陆源碎屑岩。除小部分在原地沉积外,大部分都经历搬运、沉积等过程。根据组成碎屑岩的碎屑颗粒大小,可进一步分为:

①砾岩类。碎屑粒径 >2 mm 以上。

②砂岩类。碎屑粒径在 0.05 ~2 mm 之间。

③粉砂岩类。碎屑粒径在 0.005 ~0.05 mm 之间。

④黏土岩类。碎屑粒径 <0.005 mm。

上述各碎屑岩类的相应粒级所对应碎屑含量应占碎屑总量的 50% 以上,如砾岩中大于 2 mm 的砾石碎屑含量应占一半以上;如果其中含有 25% ~50% 的砂,则可称为砂质砾岩;如果其中含有 5% ~25% 的砂,则可称为含砂砾岩。其余岩类命名原则,依此类推。

对于砾岩类,根据碎屑的磨圆程度,可分为角砾岩和砾岩两类。角砾岩中的砾石碎屑有棱角,分选性一般不好或未经分选,多为搬运距离很近或未经搬运堆积而成。砾岩中的砾石碎屑多为次圆状或圆状,一般磨圆和分选性较好,砾岩中一般少有化石或生物碎屑化石。

对于砂岩类,砂质碎屑被胶结形成的岩石称为砂岩,其主要矿物成分通常为石英颗粒,其次为长石、白云母、黏土矿物以及各种岩屑。根据粒级大小,砂岩可以分为粗粒砂岩($d = 0.5 ~2$ mm)、中粒砂岩($d = 0.25 ~0.5$ mm)和细粒砂岩($d < 0.25$ mm)。砂岩可以作为建筑材料,胶结不好的砂岩可形成含水层或含油层。

对于粉砂岩类,其矿物成分比较复杂,以石英为主,长石为次,并有较多的云母和黏土类矿物,显微镜下观察多具棱角。胶结物以铁质、钙质和黏土质为主。粉砂岩一般具有明显的层理构造,如水平层理、斜层理和交错层理等。分布在陕甘宁晋等地的风成黄土,是一种未充分胶结或半固结的黏土粉砂岩,颜色为黄灰色或棕色,粉砂含量一般为 40% ~60%,其次为黏土,并多含有 10% 以下的砂粒。黄土一般没有层理,但发育有直立节理,常形成峭壁。

对于黏土岩类,主要矿物成分为黏土矿物,如高岭石、水云母和蒙脱石等,结晶微小(0.001 ~0.002 mm),多呈片状、板状和纤维状等,其中的黏土矿物主要来源于母岩的风化产物,部分来源于沉积或成岩过程中的次生黏土矿物。此外,在沉积和成岩过程中还形成一些胶体和化学沉积物。黏土岩具有致密均一、质地较软的泥质结构,属于介于碎屑岩和化学岩之间的过渡类型,在沉积岩中分布最广。常见的岩石类型有页岩、泥岩和黏土岩等。

2)火山碎屑岩亚类

火山碎屑岩亚类主要是火山喷发碎屑由空中坠落就地沉积或经一定距离的流水冲刷搬运沉积而成。物质成分与火山活动有关,从沉积成岩过程看具有沉积岩成层特点。按照碎屑颗粒大小分为火山集块岩、火山角砾岩和凝灰岩等。

(2)化学岩及生物化学岩类

化学岩及生物化学岩类是由岩石风化产物、剥蚀产物中的溶解物质和胶体物质通过化学作用方式沉积而成的岩石或者是通过生物化学作用或生物生理活动使某种物质聚集而成的岩石,前者属于化学岩,后者属于生物化学岩。

这类沉积岩多形成于海、湖盆地中,一小部分在地下水作用下形成,成分常较单一,具有结晶粒状结构、隐晶质结构、鲕状结构、豆状结构或生物结构、生物碎屑结构等。

常见的岩石类型有石灰岩、白云岩、硅质岩和磷块岩等。其中,许多岩石本身就是有重要意义的沉积矿产,如石盐、钾石盐、石膏、芒硝、石灰石、白云石、铁矿、锰矿、铝土矿、磷矿和硅藻土等。

5. 主要沉积岩

常见的主要沉积岩有以下几种。

(1)砾岩

砾岩主要由粒径 >2 mm 的粗大碎屑和胶结物组成。岩石中 >2 mm 的碎屑含量在50%以上。砾岩中碎屑呈浑圆状[图 2-24(a)],主要是岩屑,只有少量矿物碎屑,填隙物为砂、粉砂、黏土物质和化学沉淀物质。胶结物的成分有钙质、泥质、铁质及硅质等。根据砾石大小,砾岩分为漂砾($d>256$ mm)砾岩、大砾($d=64\sim256$ mm)砾岩、卵石($d=4\sim64$ mm)砾岩和细砾($d=2\sim4$ mm)砾岩。根据砾石成分的复杂性,砾岩可分为单成分砾岩和复成分砾岩。根据砾岩在地质剖面中的位置,可分为底砾岩和层间砾岩。底砾岩位于海侵层序的底部,与下伏岩层呈不整合或假整合接触,代表了一定地质时期的沉积间断。

(2)角砾岩

角砾岩与砾岩一样,但碎屑有明显棱角。角砾岩的岩性成分复杂多样。胶结物成分有钙质、泥质、铁质及硅质等。依据成因,角砾岩分为火山角砾岩、断层角砾岩、岩溶角砾岩和冰川角砾岩等。

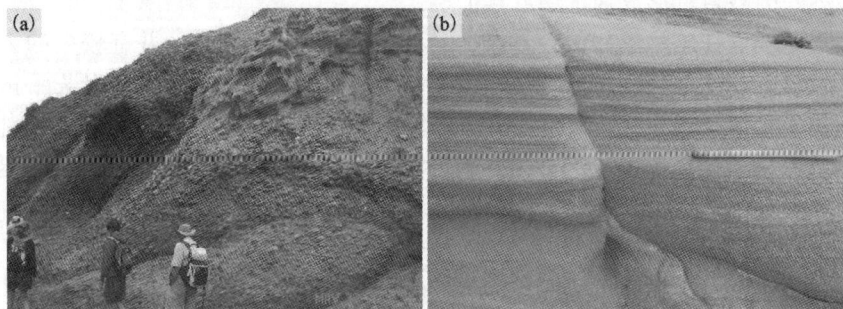

图 2-24 砾岩(a)和砂岩(b)
(铅笔指向岩层层面)

(3)砂岩

砂岩由粒径介于 $0.05\sim2$ mm 的砂粒胶结而成,且这种粒径的碎屑含量超过50%。砂岩按照其矿物组成、颗粒大小和胶结物类型可进一步分类。

按砂粒的矿物组成,砂岩可分为石英砂岩或石英杂砂岩、长石砂岩或长石杂砂岩、岩屑砂岩或岩屑杂砂岩等。石英砂岩中,石英砂粒含量 >90%,磨圆度高、分选性好、纯净(SiO_2含量 >95%),颜色呈白色、黄白色、灰白色和粉红色等,说明这种砂岩是原岩经过长期破坏冲刷分选而成[图 2-24(b)]。长石砂岩由石英和长石颗粒组成(长石颗粒含量 >25%),通常为粗粒或中粒,常呈淡红色、米黄色等,碎屑多为棱角或次棱角状,胶结物多为碳酸盐或铁质,表明此种砂岩多为花岗岩类岩石经风化残积而成,或在构造上升地区强烈风化、迅速堆积而成。

按砂粒粒径的大小,砂岩可分为巨粒砂岩($d = 1 \sim 2$ mm)、粗粒砂岩($d = 0.5 \sim 1$ mm)、中粒砂岩($d = 0.25 \sim 0.5$ mm)、细粒砂岩($d = 0.125 \sim 0.25$ mm)和微粒砂岩($0.0625 \sim 0.125$ mm),这些砂岩中,相应粒级含量应在 50% 以上。

根据胶结物的成分,砂岩又分为硅质砂岩、铁质砂岩、钙质砂岩和泥质砂岩等。胶结物的成分对砂岩的物理力学性质有重要影响。硅质砂岩的颜色浅,强度高,抵抗风化的能力强。泥质砂岩一般呈黄褐色,吸水性大,易软化,强度低。铁质砂岩常呈紫红色或棕红色。钙质砂岩呈白色或灰白色,强度介于硅质砂岩与泥质砂岩之间。

砂岩分布很广,易于开采加工,是工程上广泛采用的建筑石料。

(4)粉砂岩

粉砂岩由粒径介于 $0.005 \sim 0.05$ mm 的碎屑胶结而成,且这种粒径的碎屑含量 > 50%。矿物成分与砂岩近似,但黏土矿物的含量一般较高。胶结物的成分有钙质、泥质、铁质及硅质等,其结构较疏松,强度不高。

(5)页岩

页岩由黏土脱水胶结而成,以黏土矿物为主,常含石英、长石、白云母等细小碎屑,具薄层状页理构造,页理主要是鳞片状黏土矿物层层累积、平行排列并压紧而成。页岩属于黏土岩类中固结较强的岩石,岩石致密不透水。页岩有各种颜色,含有机质者呈黑色,含氧化铁者呈红色,含绿泥石、海绿石者呈绿色。根据胶结物成分,页岩分为硅质页岩、黏土质页岩、砂质页岩、钙质页岩和碳质页岩。除硅质页岩强度稍高外,其他页岩岩性软弱,强度低,抗风化能力弱,易风化成碎片,在地形上常表现为低山、低谷,与水作用易软化而降低其强度。

(6)泥岩

泥岩成分与页岩相似,是一种厚层状、致密、页理不发育的黏土岩。以高岭石为主要成分的泥岩,常呈灰白色或黄白色,吸水性强,遇水后易软化;以微晶高岭石为主要成分的泥岩,常呈白色、玫瑰色或浅绿色,表面有滑感,可塑性小,吸水性高,吸水后体积急剧膨胀。泥岩夹丁坚硬岩层之间,形成软弱夹层,浸水后易软化,致使上覆岩层发生顺层滑动。

(7)石灰岩

石灰岩简称灰岩,主要成分为方解石,含有少量的白云石和黏土矿物。岩石呈深灰色、浅灰色、灰黑色、浅红色、浅黄色等,纯质灰岩呈白色。性脆,硬度不大,小刀能刻动,与稀盐酸(5%)剧烈反应。由于灰岩易溶蚀,在石灰岩发育地区常形成石林、溶洞等喀斯特地貌。石灰岩分布相当广泛,岩性均一,易于开采加工,是一种用途很广的建筑石料和板材。石灰岩是制造石灰、水泥的主要原料和冶炼钢铁的熔剂,也是制造化肥、电石的原料,广泛用于制碱、制糖、陶瓷、玻璃和印刷等工业中。

根据岩石结构和成因,石灰岩可分为以下七种岩石类型。

1)竹叶状灰岩

竹叶状灰岩也称砾屑灰岩,是一种典型的内碎屑灰岩[图 2 - 25(a)]。它是由沉积于水盆地底部(如潮汐、波浪活动频繁的海滩地区)尚未完全固结或已固结的碳酸盐沉积物,经水流或波浪作用破碎、搬运、磨蚀而成的碎屑(即内碎屑)堆积而成。这些碎屑按大小不同,分别称为砾屑、砂屑、粉屑和泥屑等。竹叶状灰岩是由灰岩扁砾被钙质胶结而成的典型砾屑灰岩,其砾屑为扁圆或长椭圆形,垂直层面切开形似竹叶,故而得名。砾屑含量占60%~70%,大小不一,磨圆度高,其表皮常有一层紫红色或黄色铁质氧化圈;砾屑成分单一,多为泥晶方解石;胶结物和填充物多为微晶或细晶方解石,含量占30%~40%。

有些灰岩是由砂屑或粉屑胶结而成的,称为砂屑灰岩或粉屑灰岩。这类灰岩可具交错层理、干裂、波痕等构造。

2)生物碎屑灰岩

生物碎屑灰岩是由各种生物碎屑被碳酸钙胶结而成的灰岩,常见的有生物碎屑(贝壳碎屑)灰岩[图2-25(b)],它多形成于水流或波浪作用强烈的地区或生物礁的侧翼。

图2-25　竹叶状灰岩(奥陶系,河北秦皇岛石门寨)(a)和生物碎屑灰岩(b)

3)鲕状灰岩

鲕状灰岩也称鲕粒灰岩(图2-26),鲕粒粒径<2 mm,鲕粒含量>50%。若粒径>2 mm者则称豆粒。一般认为是海水中溶解的$CaCO_3$呈过饱和状态,沉积环境为潮汐和波浪作用强烈的浅海,海水中富含泥沙等陆源碎屑、内碎屑、生物碎屑,且比较混浊。在潮汐和波浪作用下,搅动海水使各种碎屑处在悬浮状态,并促使CO_2从海水中逸出,导致海水中过饱和的$CaCO_3$发生沉淀,并以各种细小碎屑为结核中心层层围绕,形成鲕粒。如此周而复始,鲕粒越

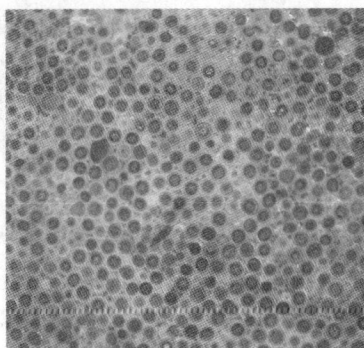

图2-26　鲕状灰岩

来越大,堆积在水底,并被$CaCO_3$胶结,形成鲕状灰岩。这是一种化学成因和机械成因共同作用形成的灰岩,如我国北方中寒武统张夏组发育典型的鲕状灰岩。

4)化学石灰岩

化学石灰岩是通过化学和生物化学方式在海、湖盆地中沉淀形成的一种石灰岩,多具隐晶或结晶结构,致密均一。这种灰岩多形成于温暖浅海地区,气候温暖,有利于海水蒸发及水生植物进行光合作用,使海水中的CO_2释出或被植物吸收,导致$CaCO_3$沉淀。另外,在泉水出口处,由于压力减小,造成水中的CO_2逸出,导致$CaCO_3$的沉淀,形成疏松多孔的石灰岩。

5)结晶灰岩

结晶灰岩由泥晶灰岩(由粒径0.001~0.004 mm的灰泥组成)及其他灰岩重结晶形成,主要成分为方解石晶粒。

6）泥灰岩

泥灰岩属于碳酸盐岩与黏土岩之间的一类过渡类型岩石。当石灰岩中泥质（黏土）成分达到 25% ~50% 时称为泥灰岩；若白云岩中泥质（黏土）成分增加到 25% ~50% 则称为泥云岩。岩石颜色呈黄色、灰色、绿色、紫色等，岩石致密，具有微粒或泥状结构，常分布于石灰岩和黏土岩的过渡地带，多呈薄层状或透镜体状产出，或夹于薄层灰岩和黏土岩之间。加冷盐酸起泡（泥云岩起泡微弱或不起泡），并有泥质残余物出现。

7）白云岩

白云岩是一种以白云石为主要组分（石灰石含量 >50% ）的碳酸盐岩。常混入方解石、黏土矿物、石膏等杂质。颜色呈白色或灰色，主要是结晶粒状结构。外貌、岩性与石灰岩相似，但硬度略大，较坚韧，刀砍状节理发育，也是一种良好的建筑石料。与稀盐酸反应不剧烈，滴加稀盐酸（浓度为 5% ）不起泡或微弱起泡，粉末起泡强烈，利用这点在野外可以区分石灰岩。

按岩石结构，白云岩可分为碎屑白云岩、微晶白云岩和结晶白云岩等。按成因，白云岩可分为原生白云岩和交代白云岩（或次生白云岩）等。其中，原生白云岩是在干热气候条件下的高盐度海湾、泻湖、咸化海或内陆咸水湖泊中通过化学沉淀而成的白云岩；或者是咸水中 Mg^{2+} 离子交代置换底部 $CaCO_3$ 灰泥中一部分 Ca^{2+} 离子（这种作用叫作同生交代作用）而成的白云岩。原生白云岩的特征是成层稳定、生物化石稀少、常和石膏等共生。交代白云岩是在成岩过程中沉积的碳酸钙和被渗透下来的咸水中的硫酸镁、氯化镁等反应交代而成，这种作用叫作白云岩化作用。这种白云岩层位不稳定，常呈似层状、透镜状、斑块状产于灰岩中，横向常过渡为白云质灰岩或灰岩。由于方解石被白云石交代后体积缩小13%，故成岩白云岩孔隙发育。白云岩在冶金工业中可作熔剂和耐火材料，部分用来提炼金属镁，也可用作化肥、陶瓷、玻璃工业的配料和建筑石材。

（8）铝土岩

铝土岩又称铝矾土，是一种富含铝质矿物的化学沉积岩，主要矿物有三水铝石（ $Al[OH]_3$ ）、软水铝石（ $AlO[OH]$ ）和硬水铝石（ $AlO[OH]$ ）等，常含有 SiO_2、Fe_2O_3 等。岩石中 $Al_2O_3 : SiO_2 > 1$。外貌与黏土岩相似，但岩性致密、硬度和密度较大、没有可塑性、常具有鲕状或豆状结构，致密块状构造。因含杂质不同，颜色有白色、灰色、黄色等。铝土岩的成因不一，主要是由铝硅酸盐类矿物（如长石）受强烈化学风化、半风化带溶解出的氧化铝、高岭石等搬运到海、湖盆中沉积而成，也有一部分是残积而成。铝土岩是工业提炼铝的主要原料。

（9）硅质岩

硅质岩是一种以 SiO_2 为主要化学成分的岩石。SiO_2 是通过化学或生物化学沉积作用或某些火山作用生成的，岩石坚硬，主要矿物成分是玉髓、蛋白石、石英，常混入碳酸盐、氧化铁、黏土矿物等。

（10）盐岩

盐岩由钾、钠、钙、镁等卤化物及硫酸盐矿物为主要成分的纯化学沉积岩。这种岩石广泛分布于闭塞海湾、泻湖和内陆盐湖等沉积中。它们是在干燥气候条件下，由于海、湖水分强烈蒸发，卤水浓度增大，致使其中盐类结晶析出沉淀而成。常见盐岩的有石盐（ $NaCl$ ）、钾石盐（ KCl ）、石膏（ $CaSO_4 \cdot 2H_2O$ ）、硬石膏（ $CaSO_4$ ）、芒硝（ $Na_2SO_4 \cdot 10H_2O$ ）、苏打（$Na_2CO_3 \cdot 10H_2O$）、硼砂（$Na_2B_4O_7 \cdot 10H_2O$）等，混入物有黏土、碎屑物及方解石、白云石、氧化铁凝胶等，还经常伴生溴、碘等元素。尽管盐岩在沉积岩中所占比例很小，但对岩石的工程地质性质却影响很大。

2.3.3　变质岩

1. 变质作用及变质岩的形成

在地壳形成发展过程中，早先形成的岩石（包括岩浆岩、沉积岩和变质岩）为了适应新的地质环境和物理化学条件的变化，在固态情况下发生矿物成分、结构构造的重新组合，甚至包括化学成分的改变，这个变化过程称为变质作用。由变质作用形成的岩石称为变质岩。变质作用绝大多数与地壳演化进程中地球内部的热流变化、构造应力或负荷压力等密切相关，少数是由陨石冲击地表岩石形成。

按照原岩性质，一般变质岩分为两大类：一类是由岩浆岩或先形成的变质岩经变质作用形成的变质岩称为正变质岩；另一类是由沉积岩经变质作用形成的变质岩，称为副变质岩。

（1）变质作用的方式

变质作用的方式包括重结晶作用、变质结晶作用、变质分异作用、交代作用和变形与碎裂作用。其中，重结晶作用指在原岩基本保持固态的条件下，同种矿物的化学组分的溶解、迁移和再次沉淀结晶，使矿物粒度不断加大，而不形成新的矿物相的作用。如石灰岩变质成为大理岩。变质结晶作用指在原岩基本保持固态条件下，原有矿物发生部分分解或全部消失，形成新矿物（即变质矿物），这种过程一般是通过变质反应来实现的。大部分变质岩都是通过变质结晶作用形成的。

影响变质作用的因素主要是温度、压力和具化学活动性的流体。其中，温度的改变一般是引起变质作用的主要因素，多数变质作用是在温度升高（一般温度范围为 200～900℃）的情况下进行的。化学活动性流体的成分以 H_2O 和 CO_2 为主。随着温度和压力的升高，化学活动性流体的活动性也随之增强，一般可以起溶剂作用，促进组分溶解，并加强其扩散速度，从而促进重结晶和变质反应，或者直接参与水化和脱水等变质反应。

（2）变质作用的类型

常见的变质作用类型有以下几种。

1）区域变质作用

区域变质作用常与地壳活动、构造运动和岩浆活动等密切相关，泛指在广大面积内所发生的变质作用，变质范围可达数万平方千米，如前寒武纪的古老地块几乎都是由变质岩构成的，有的呈狭长带状分布，长可达数百、数千千米，宽可达数十、数百千米，如许多褶皱山脉（天山、祁连山、昆仑山、秦岭等）均有和其走向一致的变质岩带分布。常见的变质岩有石英岩、大理岩、板岩、千枚岩、片岩和片麻岩等。

2）接触变质作用

接触变质作用指因岩浆活动在侵入体和围岩的接触带所产生的变质现象。通常形成于地壳浅部的低压、高温条件下，在围岩中一般只波及一定范围，距离侵入体越近变质程度越高，距离越远变质程度越低，并逐渐过渡到不变质的岩石。常见的变质岩有石英岩、角岩、大理岩和矽卡岩等。

根据岩浆与围岩之间是否发生过交代作用，进一步分为热接触变质作用和接触交代变质作用。

①热接触变质作用。热接触变质作用指侵入体释放热能使围岩的化学成分、矿物成分、结构构造发生变化的一种变质作用。表现为：原岩成分的重结晶，使矿物颗粒变粗，如石灰岩变为大理岩，石英砂岩变为石英岩，泥质岩或粉砂岩变成角岩等；原岩的化学成分重新组合形成新的矿物，如硅质灰岩变成硅灰石灰岩，含镁质灰岩变成蛇纹石大理岩，泥质岩变成红柱石角岩等。由于没有明显的交代作用，岩石变质前后的化学成分基本没有变化。

②接触交代变质作用。接触交代变质作用指岩浆结晶晚期析出大量挥发性组分和热液，通过交代作用使接触带附近的侵入体与围岩的岩性和化学成分均发生变化的一种变质作用。所谓交代作用，就是侵入体的挥发性组分和热液进入岩石裂隙，在一定的温度、压力条件下，与围岩发生化学反应，使原有矿物成分发生破坏，同时形成新的矿物，其结果是原有矿物逐渐被新矿物所代替。这种变质作用可形成各种接触交代变质岩，如矽卡岩等。从岩浆中析出的气水热液，往往携带有某些金属和非金属元素，通过接触交代作用可形成接触交代矿床，如碳酸盐岩与中、酸性岩浆交代形成的矽卡岩矿床。

3）动力变质作用

动力变质作用指岩层因受到构造运动所产生的强烈应力的作用而使岩石及其矿物发生变形、破碎，并常伴随一定程度的重结晶作用。其变质因素以机械能及其转变的热能为主，常沿断裂带呈条带分布，形成断层角砾岩、碎裂岩、糜棱岩等，而这些岩石又是判断断裂带的重要标志。

4）气液变质作用

气液变质作用是由化学性质比较活泼的气体和热液与固态岩石发生交代作用，使原来岩石的矿物成分和化学成分发生变化的一种变质作用。

5）冲击变质作用

冲击变质作用指宇宙物质（如陨石）冲击地表产生高温高压所形成的瞬间变质作用。

2. 变质岩的矿物成分、结构和构造

（1）变质岩的矿物成分

变质岩的矿物成分极为复杂多样，其矿物成分取决于原岩成分和变质条件。原岩成分决定变质岩中可能出现什么样的矿物或矿物组合，如原岩为硅质石灰岩，主要成分为 $CaCO_3$ 和 SiO_2，经变质作用可能出现的矿物是石英、硅灰石等；如原岩为富镁、铁的基性岩和超基性岩，则变质后可以形成滑石、蛇纹石、叶蜡石、硬玉、绿辉石、绿泥石等；原岩为富铝的沉积岩，则可形成董青石、十字石、红柱石、矽线石、蓝晶石、绢云母等；原岩为中酸性岩浆岩，则会保留石英、长石、角闪石和黑云母等。

变质条件决定了一定的原岩经变质作用后，具体出现什么矿物或矿物组合，如原岩为硅质石灰岩，在热接触变质作用中，在较低温、低压条件下可形成石英和方解石，在高温（温度 >470℃）条件下，则形成方解石和硅灰石或石英和硅灰石；同样，原岩为富铝的沉积岩，在低温、低压条件下可可形成董青石，高温条件下可形成红柱石、矽线石，高压条件下可形成蓝晶石等。除原岩和变质条件外，还与交代作用的性质和强度有关。

变质岩中常见的矿物有石英、长石、橄榄石、辉石、角闪石、云母等造岩矿物，还有变质岩中特有的变质矿物，如硅灰石、滑石、绿帘石、叶蜡石、红柱石、蓝晶石、夕线石、十字石和董青石等。

（2）变质岩的结构

变质岩的结构指变质岩中矿物的粒度、形态及晶体之间的相互关系。按成因，变质岩结构可划分为以下四类。

1）变余结构

变余结构也称残留结构，由于原岩矿物成分重结晶作用不完全，使变质岩仍残留有原岩的结构特征，如沉积形成的砂砾岩，变质后还保留着砾石和砂粒的外形，有时甚至砾石成分发生了变化，其轮廓仍然很清楚。变余结构的命名可在原岩结构之前加"变余"两个字，如变余辉绿结构、变余花岗结构、变余斑状结构、变余砾状结构、变余砂状结构等。

2）变晶结构

变晶结构指原岩在固态条件下因变质作用使矿物重结晶所形成的一种结构，是变质岩最常见的一种结构。根据矿物晶形的完整程度和形状，变晶结构分为鳞片变晶结构、纤维变晶结构和粒状变晶结构等。当片状变晶矿物沿一定方向排列形成片理时，即为鳞片变晶结构；当纤维状、柱状变晶矿物沿定向排列时，即为纤维变晶结构；由粒状矿物（如长石、石英或方解石等）彼此之间镶嵌排列、定向排列不明显时所显示的结构，即为粒状变晶结构或花岗变晶结构[图2-27(a)]，如石英岩、大理岩具有典型的粒状变晶结构。

3）交代结构

交代结构指由交代作用形成的结构，即矿物或矿物集合体被另一种矿物或矿物集合体取代所形成的一种结构。矿物之间的取代常常引起物质成分的变化，矿物集合体的取代过程不仅会造成物质成分的改变，还会引起结构的重新组合。如果交代作用进行得不完全，会留下原有矿物呈岛屿状残余或被分割成零星孤立的残留体，称为交代残留结构[图2-27(b)]；如果交代彻底，被交代的矿物仅留有假象（如晶形或解理等），其矿物成分已完全被另一种矿物取代，这种结构称为交代假象结构。

4）碎裂结构

碎裂结构也称压碎结构，与变形作用有关。根据岩石（矿物）的破碎变形程度，碎裂结构可分为压碎角砾结构、碎裂结构、碎斑结构和糜棱结构。若原岩受到极轻微破碎，形成角砾状的岩石碎块，则称为压碎角砾结构。若岩石或矿物破碎或裂开，形成不规则的棱角状碎屑，碎屑边缘常呈锯齿状，具有裂纹、扭曲变形及波状消光或其边缘被辗细等现象，但仍保留矿物原型的结构，称为碎裂结构。岩石破碎剧烈时，在粉碎的矿物极细颗粒中（称碎基）还残留较大的矿物碎粒，很像"斑晶"即碎斑，称为碎斑结构，具有碎裂结构或碎斑结构的岩石称为碎裂岩[图2-27(c)]。当应力十分强烈时，矿物颗粒几乎全部被破碎成微粒状（或细粒至隐晶质），甚至形成少量绢云母、绿泥石等新生矿物，并在应力作用下发生了矿物的韧性流变现象，即发生韧性变形，破碎的微粒呈明显的定向排列，形成明显的定向构造（条带、条纹），其中可残留少量稍大的矿物碎片，常为石英、长石等，称为糜棱结构。当碎粒粒径<0.02 mm时，可称为超糜棱结构。具有糜棱结构的变质岩称为糜棱岩，具有超糜棱结构的变质岩称为超糜棱岩[图2-27(d)]。

（3）变质岩的构造

变质岩的构造指变质岩中各种矿物的空间分布和排列方式，可分为变成构造和变余构造。

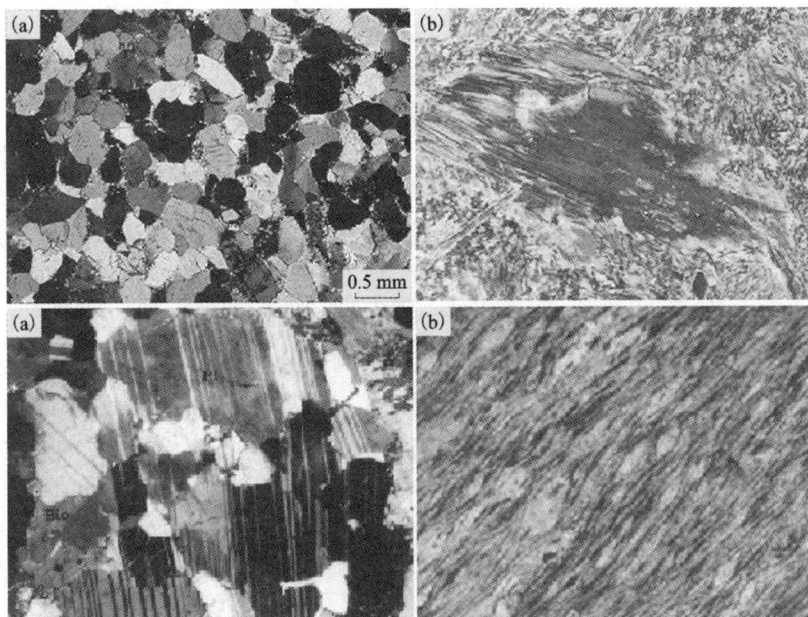

图 2 - 27　变质岩的变晶结构

(a)等粒变晶结构(正交偏光,石英岩);(b)交代残留结构(正交偏光,斑晶为残留的透闪石);

(c)碎裂结构(正交偏光,碎裂岩);(d)超糜棱结构(超糜棱岩)

1)变成构造

变成构造指变质作用过程中由变形作用和重结晶作用所形成的构造,是变质岩中最常见、最带有特征性的构造。变成构造又分为片理构造和块状构造等。

①片理构造。一般变质岩中矿物定向排列明显,即所谓的片理。矿物平行排列所成的面称为片理面。片理构造分为斑点状构造、板状构造、千枚状构造、片状构造和片麻状构造。

②斑点状构造。变质岩中矿物集合体呈近等轴状斑点,斑点大小较均匀,粒径多数可达0.5 cm,分布较均匀且无方向性,主要见于轻微热接触变质的泥质岩石中。斑点成分常为碳质、铁质或新生成的红柱石、堇青石等的雏晶。当温度升高后,这些斑点可重结晶形成变斑晶。当斑点形状不规则,大小不一,且分布不均匀时,称斑杂状构造。

③板状构造。板状构造又称板劈理,是板岩的特征构造,由泥质岩低级区域变质作用形成。在应力作用下,岩石中出现了一组互相平行的劈理面,使岩石沿劈理面形成板状。它与原岩层理平行或斜交。劈理面常整齐而光滑,有时有少量绢云母、绿泥石等,显微弱的丝绢光泽。

④千枚状构造。千枚状构造是区域变质岩石的一种构造,且是千枚岩的典型构造。特征是岩石中的鳞片状矿物呈定向排列,但因粒度较细,肉眼不能分辨矿物颗粒,仅在片理面上见有强烈的丝绢光泽,这是由绢云母微细鳞片平行排列所致[图 2 - 28(a)]。通常在片理面上还有许多小弯曲和皱纹。千枚状构造的变质重结晶程度不高,矿物颗粒肉眼还不能分辨。

⑤片状构造。片状构造是片岩的典型构造。特征是岩石中片状矿物(如云母、绿泥石、滑石)或柱状矿物(如角闪石)呈连续的平行排列,形成薄层片状[图 2 - 28(b)]。一般粒度

较粗，肉眼能分辨矿物颗粒，以此区别于千枚状构造。

⑥片麻状构造。片麻状构造又称片麻理，是片麻岩的典型构造。变质程度较深，主要由浅色粒状矿物和一定数量呈不均匀的断续分布且定向排列的深色片状或柱粒状矿物组成，形成断续条带状[图2-28(c)]。

⑦眼球状构造。眼球状构造是一种变质程度较深(如眼球状混合岩)的典型构造，如混合岩化的变质岩构造。在混合岩化过程中，外来物质沿着片状、片麻状岩石注入时形成眼球状或透镜状的团块，断续分布，常呈定向排列[图2-28(d)]。眼球多为钾长石，大小不一，有时晶形较好，呈卵形、长方形，有时眼球为长英质的长石或石英集合体所组成。当眼球含量增多时，可成串珠状断续连接，并逐步过渡为条带状构造。

⑧条带状构造。条带状构造指变质岩中各种矿物成分分布不均匀，以石英、长石、方解石等粒状矿物为主的浅色条带和以黑云母、角闪石、磁铁矿等为主的暗色条带，各以一定的宽度呈互层状出现，形成颜色不同的条带状构造[图2-28(e)]。若条带的宽度变化较大，呈不连续分布，则称为条痕状构造。

⑨块状构造。块状构造由粒状矿物组成且矿物颗粒无定向排列而表现的均一性构造，常发育有强烈的重结晶作用[图2-28(f)]。常见块状变质岩有大理岩、石英岩、变粒岩和麻粒岩等。

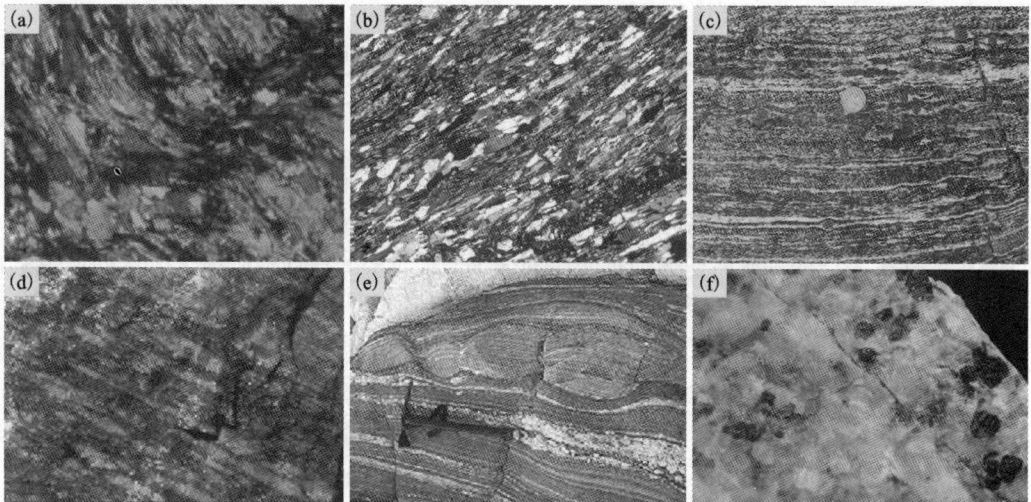

图2-28 变质岩的构造

(a)千枚状构造(正交偏光，千枚岩)；(b)片状构造(正交偏光，白云母石英片岩)；(c)片麻状构造(石榴石片麻岩)；
(d)眼球状构造(混合岩)；(e)条带状构造(混合岩)；(f)块状构造(石榴石变粒岩)

2)变余构造

变余构造一般指变质岩中仍保留的原岩构造特征。某些原岩矿物和组构虽已变化但仍能反映其构造特征。

由火山碎屑岩和火山沉积岩变质所成的变质岩中，最常见的变余构造往往是变余层理构造。

由岩浆侵入岩和火山熔岩所形成的变质岩中，最常见的变余构造有变余气孔构造、变余杏仁构造、变余枕状构造(中基性变质熔岩)和变余流纹构造(酸性变质熔岩)以及各种条带状构造。

3. 变质岩分类

按变质作用类型和成因,变质岩可分为以下六类。

(1)区域变质岩类

区域变质岩类由区域变质作用形成。按照变质作用的物理条件,可以将区域变质作用分为区域中高温变质作用、区域动力热流变质作用、埋藏变质作用和洋底变质作用等类型,分别形成不同类型的变质岩。如区域中、高温变质作用可形成各种片麻岩、麻粒岩、角闪岩和混合岩等。区域动力热流变质作用可形成不同变质程度的变质岩,如混合岩、片麻岩、片岩到千枚岩、板岩等。埋藏变质作用可形成低温高压或高温高压变质岩,如麻粒岩和榴辉岩等。

(2)热接触变质岩类

热接触变质岩类由热接触变质作用形成,如斑点板岩、角岩、大理岩和石英岩等。

(3)接触交代变质岩类

接触交代变质岩类由接触交代变质作用形成,如矽卡岩等。

(4)动力变质岩类

动力变质岩类由动力变质作用形成,如压碎角砾岩、碎裂岩、碎斑岩和糜棱岩等。

(5)气液变质岩类

气液变质岩类由气液变质作用形成,如云英岩、次生石英岩和蛇纹岩等。

(6)冲击变质岩类

冲击变质岩类由冲击变质作用形成,如撞击熔融岩和撞击角砾岩。

4. 主要的变质岩

常见的变质岩主要有以下岩石类型。

(1)石英岩

石英岩多由区域变质作用和接触变质作用形成,但区域变质作用下形成的石英岩,其成分稍复杂或具条带状构造。石英岩主要由石英(石英含量 一般 >85%)组成,含少量长石、白云母及其他矿物等,其原岩为石英砂岩或硅质岩,具等粒变晶结构,块状构造,在断口上看不出石英颗粒界限。纯石英岩呈白色,含铁质者则呈红色、紫红色等,或具铁矿斑点。岩石致密坚硬,强度很高,抗风化的能力很强,是良好的建筑石料和玻璃原料。

(2)大理岩

大理岩多由区域变质作用和接触变质作用形成,但区域变质作用所见大理岩往往具条带状构造。大理岩由灰岩或白云岩经重结晶变质形成,具等粒变晶结构、块状构造或条带状构造。

主要矿物为方解石,遇稀盐酸强烈起泡。岩石呈白色、浅红色、淡绿色、深灰色以及其他各种颜色,有时含少量的蛇纹石、石墨和其他副矿物成分等,呈现出美丽的花纹或弯曲状纹。大理岩强度中等,易于开采加工,色泽美丽,是一种很好的建筑装饰石料,或加工成各种艺术装饰品。

(3)板岩

板岩是由黏土岩、粉砂岩或中酸性凝灰岩经轻微变质而成的变质岩,矿物成分基本没有重结晶,或只有部分重结晶,外表呈致密隐晶质,具明显的板状构造。在板理面上略显丝绢光泽,岩石致密,比原岩硬度高,敲之有清脆响声。根据颜色和杂质,可进一步命名,如黑色炭质板岩、灰绿色钙质板岩等。由热接触变质作用形成的板岩,原岩中的某些杂质常集中成为斑点状矿物或矿物集合体,称为斑点板岩。板岩可作为板材,用作建筑材料。

（4）千枚岩

千枚岩由黏土岩、粉砂岩或中酸性凝灰岩经低级区域变质作用而成。变质程度比板岩稍高,原岩成分基本上已全部重结晶,主要由细小的绢云母、绿泥石、石英和钠长石等新生矿物组成,呈绿色、灰色、黄色、黑色和红色等,具细粒鳞片变晶结构,片理面上具有明显的丝绢光泽,常有皱纹构造。千枚岩的质地松软,强度低,抗风化能力差,容易风化剥落,沿片理倾斜方向容易产生塌落。

（5）片岩

片岩一般属于中级(部分低级)变质岩,变质程度较千枚岩高,具明显的鳞片状变晶结构和片状构造,主要由片状矿物(如云母、绿泥石、滑石和石墨)、一些柱状矿物(角闪石等)和粒状矿物(石英、长石、石榴子石等)组成,并呈定向排列形成片理,有时出现由变质矿物形成的变斑晶(即变斑晶结构)。根据主要矿物成分,片岩可进一步分类,如云母片岩、绿泥片岩、滑石片岩、蛇纹石片岩、角闪石片岩、石英片岩、绿片岩和蓝闪石片岩等。不同种类的片岩,其原岩成分和变质条件不尽相同,如绿片岩(由绿泥石、绿帘石等绿色矿物组成)通常是基性火山岩经低级到中级变质作用的产物;蓝闪石片岩(或称蓝片岩)是高压低温区域变质作用形成的典型岩石。片岩中片状矿物含量高、片理发育,因此岩石强度低,抗风化能力差,极易风化剥落,岩体也易沿片理的倾斜方向塌落。

（6）片麻岩

片麻岩属于变质程度较深的区域变质岩或高温热接触变质岩。矿物晶粒较粗大,具变晶结构或变余结构,典型的片麻状构造,主要矿物成分为长石、石英(二者含量均大于50%,而长石一般多于石英)等,片状和柱状矿物有云母、角闪石、辉石等,有时含矽线石、石榴子石等变晶矿物。在高温热接触变质作用下,也可形成片麻岩。原岩为黏土岩、粉砂岩、砂岩和中酸性火成岩等。根据岩石中长石种类和主要片状、柱状矿物,还可进一步命名,如角闪斜长片麻岩、黑云斜长片麻岩、黑云角闪斜长片麻岩和黑云钾长片麻岩等。

由砂岩、花岗岩变质形成的片麻岩强度较高,若云母含量增多,则强度相应降低。因具片麻状构造,故岩石较易风化。

（7）角闪岩

角闪岩指大部分或主要由角闪石族矿物(含量 >85%)和斜长石组成的岩石。这一名称既用来表示火成岩,又用来表示变质岩。变质的角闪岩主要是基性岩、中性岩、富铁白云质泥灰岩经中高温区域变质作用形成的变质岩,分布相当广泛,是角闪岩相的特征岩石。典型的角闪岩,由普通角闪石和斜长石组成。岩石颜色较深,多呈块状构造或不清楚片理。若斜长石增多(>15%),称斜长角闪岩,如浅色矿物以石英为主,则称角闪片岩。

（8）蛇纹岩

超基性岩受高温气液的影响,使原岩中的橄榄石和辉石发生蛇纹石化所形成的一种变质岩。矿物成分主要由各种蛇纹石组成。岩石色泽艳丽,一般呈暗灰绿色、黑绿色或黄绿色,色泽不均匀,质软,具滑感,常见为隐晶质结构,镜下见显微鳞片变晶结构或显微纤维变晶结构，致密块状或带状、交代角砾状等构造。岩石质地致密、坚硬细腻，可用于建筑装饰材料和玉石原料，也可作为耐火、抗腐、隔音隔热等材料。

（9）变粒岩

变粒岩由半黏土质岩石、粉砂岩、中酸性火山岩及凝灰岩等经中级变质作用形成的区域变质岩。岩石以长石和石英为主，长石主要为钠长石、中酸性斜长石，其含量大于石英；暗色矿物含量一般 <30%，主要为黑云母、普通角闪石、透闪石、电气石和磁铁矿等。如果片状、柱状矿物（主要为暗色矿物）含量 <10% 时，则称为浅粒岩。变粒岩具细粒等粒粒状变晶结构（粒度一般小于 0.5 mm），片麻状构造不明显，常具微细片理或条带状构造，粒度增大时可过渡为片麻岩。

（10）麻粒岩

麻粒岩是一种在高温高压条件下形成的以含紫苏辉石为特征的中高级区域变质岩。麻粒岩广泛分布于太古宙至古元古代变质岩系中，也是麻粒岩相变质作用的典型岩石。

浅色矿物主要为斜长石、条纹长石、反条纹长石和石英，有时含矽线石、堇青石等，岩石中暗色矿物以紫苏辉石、透辉石、石榴子石等无水暗色矿物为主，角闪石、黑云母等含水暗色矿物较少或不出现。

若暗色矿物含量 <30%，称为浅色麻粒岩或酸性麻粒岩；若暗色矿物含量在 30% ~ 85%，则称为暗色麻粒岩或基性麻粒岩。岩石一般为中细粒至中粗粒粒状变晶结构，片理构造不明显，块状构造。原岩成分不同，可出现不同类型的麻粒岩。麻粒岩的成因复杂，主要有三种观点：①麻粒岩是原先位于地壳上部的岩石因构造运动而逐渐埋藏到地下深处，受到高温变质作用而成；②麻粒岩是由上地幔派生的岩浆上升侵入地壳底部，在高温高压下变质而成；③麻粒岩是原岩经洋壳板块俯冲至地壳深处熔融形成。

（11）榴辉岩

榴辉岩是一种典型的高温高压或超高压条件下形成的高级变质程度的区域变质岩。榴辉岩在地表出露十分稀少，产状十分复杂，一般在造山带的核部，常常代表古板块的边界。榴辉岩的产状也比较复杂，它可成为金伯利岩中的包体，也可在石榴橄榄岩中呈条带产出，既可以与某些麻粒岩相岩石伴生，也可以在高压变质带中与蓝闪石片岩伴生。

榴辉岩的主要矿物为绿辉石和富镁的石榴子石（含量 >80%），常含蓝闪石等矿物。超高压环境形成的榴辉岩含柯石英和（或）金刚石。其中，石榴子石属铁铝榴石 – 镁铝榴石 – 钙铝榴石系列，绿辉石为含透辉石、钙铁辉石、硬玉和锥辉石组分的单斜辉石。矿物组合中有少量次要矿物柯石英、刚玉、金刚石、斜方辉石、多硅白云母、蓝晶石、绿帘石、斜黝帘石、蓝闪石、角闪石和金红石等，但不含长石。榴辉岩一般颜色较深，密度较大，具有粗粒不等粒变晶结构和块状构造，呈块状体或层状体产出。关于榴辉岩的成因，主要有两种观点：①榴辉岩是在地幔形成的，是地幔物质在一定深度的结晶产物，或是地幔岩石部分熔融的残留体；②榴辉岩是玄武岩在大陆地壳深部条件下的变质产物。

（12）混合岩

混合岩是混合岩化作用（是变质作用向岩浆作用过渡的类型）形成的一种岩石，是介于变质岩和岩浆岩之间的过渡性岩石。混合岩化作用通过注入、交代作用和重熔作用使混合岩出现基体（常呈暗色）和脉体（常呈浅色）两个基本组成部分。因混合岩化程度和方式不同，导致混合岩的形态多种多样，成分、结构和构造的变化很大，形成不同类型的混合岩。如果脉体平行于基体的片理分布，二者呈深浅相间的条带状，这种混合岩称为条带状混合岩。由脉体物质顺原岩的片理、片麻理注入，若脉体呈树枝状，称为树枝状混合岩。若脉体呈网状，则称为网状混合岩。若脉体呈眼球状或串珠状，则称为眼球状混合岩。若脉体在基体中呈肠状褶皱，则称为肠状混合岩。有时因基体片理不发育，被脉体分割成大小不同的角砾状，则称为角砾状混合岩。若基体中暗色矿物集中成大小不一的团块或斑点状或云雾状，与脉体界线不清，称为阴影状混合岩。

（13）混合花岗岩

混合花岗岩是混合岩化作用和花岗岩化作用的最终产物，基体与脉体已无法分辨，其矿物成分相当于花岗岩或花岗闪长岩。主要特点：常与各种混合岩共生，与围岩没有明显的侵入接触关系；岩性不均匀，结构变化较大，有时可见非岩浆成因的矿物（如堇青石、石榴石等）；交代结构普遍发育，没有明显的相带等；局部可见残留阴影构造和不明显的片麻状构造，有时可见有变质岩的残留体，其片理产状与混合花岗岩的片麻理及围岩的产状基本一致。

（14）糜棱岩

糜棱岩是动力变质岩的典型岩石之一，细粒至微细基质含量为 50%～90%，具显著剪切面理，可称糜棱面理。糜棱面理与韧性剪切变形的运动学图像相适应。基质之间为未受塑性变形的原岩物质，称为残斑。残斑矿物因流变学性质不同有着不同形态。原岩中石英晶粒易于因晶内塑性拉长呈扁豆状甚至呈纹带状，长石类多呈透镜状，常沿内部解理移动形成多米诺骨牌一样的构造，可借以判定局部剪切作用的方向。云母、角闪石的残斑常被拉断呈布丁或呈鱼状，称"云母鱼"。残斑矿物晶内常有塑性变形，如石英残斑中的变形纹、变形带等，其他矿物残斑也有明显的晶内塑性应变，如波状消光、机械双晶、双晶纹和解理的弯曲、扭折以及晶粒边缘的颗粒化等现象。

（15）角岩

角岩是接触变质岩中特有而且常见的岩石，为细粒粒状变晶结构或斑状变晶结构，肉眼下一般为致密均匀的块状构造，主要由细粒长石、石英、云母和角闪石等组成。角岩中因矿物颗粒较细，致密坚硬，不具定向构造，表面光滑，很像牛角，因此得名。一般按斑晶矿物可进一步命名，如红柱石角岩、堇青石角岩等。

（16）矽卡岩

矽卡岩是在热接触变质作用和高温气化热液作用下，经交代作用所形成的一种变质岩，主要分布在中、酸性侵入体与碳酸盐岩（主要是石灰岩）的接触带上或其附近。颜色取决于矿物成分和粒度，常为暗绿色、暗棕色和浅灰色，密度较大。矿物成分复杂，主要由富钙或富镁的硅酸盐矿物（如石榴子石类、辉石类等）组成，具有细粒至中、粗粒不等粒结构，条带状、斑杂状和块状构造。矽卡岩是找寻矽卡岩矿床的重要标志，与其有关的矿产是铁、铜、铅、锌、钼、钨、锡、铍、硼等。

=== 重点与难点 ===

重点：地壳运动，主要造岩矿物的形态及其物理性质，岩浆岩、沉积岩和变质岩的矿物成分、结构和构造及主要岩石类型。

难点：三大类岩石的矿物成分及其结构与构造。

思考与练习

1. 何谓克拉克值？地壳主要由哪些元素组成？

2. 根据地震资料，地球内部圈层可以划分为哪几个圈层？各圈层的物质组成是什么？各圈层之间的不连续界面是什么？

3. 何谓地壳运动？分哪几种类型？其特点是什么？

4. 何谓矿物？矿物的物理性质主要有哪些？常见矿物的主要鉴定特征有哪些？

5. 何谓条痕？

6. 何谓摩氏硬度计？

7. 何谓解理？解理与断口的关系如何？

8. 何谓岩浆岩？它是如何形成的？岩浆岩的产状有哪些？

9. 岩浆岩的主要造岩矿物有哪些？常见的岩浆岩结构和构造有哪些？

10. 岩浆岩分哪几类？每一种类型由哪些矿物组成？

11. 如何区分斑状结构和似斑状结构？常见的代表性岩石有哪些？

12. 何谓沉积岩？有哪些结构和构造？

13. 常见的主要沉积岩有哪些？其特点是什么？

14. 何谓变质岩？变质作用的方式有哪些？变质作用类型有哪些？

15. 何谓变质矿物？常见的代表性变质矿物有哪些？变晶结构和变成构造有哪些？

16. 掌握常见的主要变质岩及其鉴定特征。

第3章

地层、地质年代与地质构造

地壳是由不同时代的岩石组成的。岩石是不同时代、不同地质作用的产物。在地质历史上，地壳曾经历了多次强烈的构造运动、岩浆活动、海陆变迁、生物的繁盛与绝灭、地壳风化与剥蚀等各种地质事件，形成了不同的地质体。因此，查明地质事件发生或地质体形成的时代与先后顺序是有必要的。

3.1　地层

3.1.1　岩层与地层的概念

沉积岩岩层在形成过程中总是一层一层叠置起来的。由两个平行或近于平行的界面所限制的同一岩性组成的层状岩石称为岩层。把地质历史上某一时代形成的岩层称为地层，主要包括沉积岩、火山沉积岩以及由它们经受一定变质而成的浅变质岩。从岩性上讲，地层包括各种沉积岩、火山岩和变质岩；从时代上讲，地层有老有新（具有时间概念）。地层可以是固结的岩石，也可以是没有固结的堆积物。在正常情况下，早形成的地层居下，晚形成的地层居上，即原始产出的岩层具有下老上新的规律。

3.1.2　古生物及其化石

古生物是地质历史时期的生物。古生物死亡后，其遗体、遗物或者生活遗迹经过自然作用保存于地层中形成了化石。这些化石大多数是植物（如茎、叶）和动物（如贝壳、骨骼等）的坚硬部分，在漫长的历史时期，经过矿物质的填充和交代作用，形成仅保持其原有形状、结构、印模的生物遗体、遗物或遗迹，只有极少数是未经改变的完整遗体（如冻土中的猛犸象、琥珀中的昆虫等）。化石是古生物学的主要研究对象。古生物学家通过对保存在地层中的生物遗体、遗迹和化石的研究，了解古生物的形态、结构和类别，推测古生物的生活习性、繁殖方式及当时的生态环境，恢复漫长的地质历史时期的古地理、古气候、地球的演变和生物的进化，进而探讨地球生物的起源、演化和发展的过程，探索地球上生物的大批死亡和灭绝事件，确定地层的顺序、时代，了解地壳发展的历史，推断地质史上水陆分布、气候变迁和沉积矿产形成与分布的规律。

化石分为实体化石、模铸化石和遗迹化石三种类型。实体化石是由古生物遗体本身的全部或部分（特别是硬体部分）保存下来而形成的化石。绝大多数的生物实体化石仅仅保留的是其硬体部分，而且都经历了不同程度的石化作用，保存了原来的轮廓和内部的细微结构。

模铸化石是古生物遗体留在岩层或围岩中的印痕和复铸物，这种印痕常常可以反映生物的主要特征，包括外表面印痕（即外模）和内部轮廓（内模）。其中，外模是古生物遗体坚硬部分（例如贝壳）的外表面印在围岩上的印痕，能够反映原来生物外表的形态与构造特征；内模是壳体内表面轮廓构造留下的印痕，能够反映该生物硬体的内部形态与构造特征。遗迹化石是保留在岩层中的古生物生活时的活动痕迹及其遗物。从遗迹化石可以了解地质历史时期某些生物的存在及其生活方式。最吸引人的遗迹化石当属脊椎动物的足迹（如恐龙脚印）。此外，常见的遗迹化石还有蠕形动物的爬迹、节肢动物的爬痕、舌形贝和蠕虫在海底钻洞留下的潜穴以及某些动物的觅食痕迹等。遗物化石主要有动物的排泄物（粪化石）或卵（蛋化石，如恐龙蛋化石）。

3.1.3 生物的进化

古生物的进化总体上具有不断进步和阶段性进化的特点。一般来说，古生物演化的总趋势是由少到多、由低级到高级、由简单到复杂。古生物进化有其自身的规律和特点，表现在以下几个方面。

（1）不可逆律

生物体或其器官在进化过程中一经演变，便再不可能在以后的生物界中恢复，即使后代恢复了祖先的生活环境，也不可能再在后代或别处重现，这种现象称不可逆律。根据不可逆律，在较老地层中，已经绝灭的化石物种在较新的地层中不会再出现，不同时代的地层中具有不同的化石生物群。把层序律和不可逆律结合起来，就构成了利用古生物学方法确定地层时代和划分地层的基本原理。

（2）相关律

生物体的各部分发展是相互密切联系的，如生物对环境的适应，影响其某部分发生变化，引起其他部分相应地变化。因此，古生物学家利用地层中通常保存不完整的化石资料，来复原其整体，据以推断其生态习性，来恢复古环境。

（3）重演律

生物个体发育是系统发生的简短重演。为此，从个体发育追索生物所属群类的系统发育，从而建立生物系谱和分类。

古生物的阶段性表现为一系列短期的突变（间断）与长期的渐变（平衡）交替发生的过程。突变是由于旧门类的大规模绝灭和紧接着的新门类的爆发式新生和辐射适应。在新门类产生后，会有一个长期的稳定发展的渐变期，直至下一个间断。

大规模绝灭指许多门类生物在地球上大部分地区，在同一地质时期内绝灭。在隐生宙末埃迪卡拉动物群的消失代表一次大绝灭；在显生宙共有六次大规模绝灭，分别在寒武纪末、奥陶纪末、泥盆纪末、二叠纪末、三叠纪末和白垩纪末发生。其中，二叠纪末的一次绝灭最为剧烈，白垩纪末恐龙的绝灭最引人注目。每一次大规模绝灭，古生物属的交替达百分之几十，生物种的交替更大，可达90%以上。它们与紧接的新门类辐射适应相结合，成为地质历史上划分相对地质年代的基础。

3.2　地质年代

地球形成至今已有 60 多亿年的历史，在这漫长的地质历史中，地球上经历了许多变化，这些变化可划分为若干个发展阶段。我们把地球发展的时间段称为地质年代。表示地质年代有两种方法，即相对地质年代和绝对地质年代。

3.2.1　相对地质年代

地球形成以来，整个地质历史时期的地质作用都在不停地进行着。在各个地质历史阶段，既有矿物、岩石、生物和地质构造的形成和发展，又有它们被破坏和消亡。把各个地质历史时期形成的岩石，结合埋藏其中且能反映生物演化过程的生物化石和地质构造，按照先后顺序确定下来，来表示岩石的新老关系，这就是相对地质年代。

相对地质年代的确定主要是依据岩层的沉积顺序、生物演化和地质构造关系。确定相对地质年代常用以下方法。

1. 地层层序法

地层层序法是根据地层下老上新的规律来确定其相对新老关系的，是确定地层相对地质年代的基本方法。如果发生剧烈的构造运动，地层倾斜或地层层序倒转，就必须利用沉积岩的泥裂、波痕、雨痕和交错层等构造特征，来恢复原始地层的层序，以便确定其新老关系。

2. 古生物层序法

在地质历史中，各种地质作用不停地进行，使地球表面的自然环境不断地发生变化。生物为了适应这种自然环境的变化，不断地改变着自身内外器官的功能，形成不同的生物群，即各个地质年代都有适应当时自然环境的特有生物群。

根据生物进化规律，年代越老的地层中所含的生物越原始、简单、低级；年代越新的地层中所含的生物越进步、复杂、高级，也就是说埋藏在地层中的生物化石结构越简单地层越老，化石结构越复杂地层就越新。同样，同一地质历史时期，在相同的地理环境下，形成的岩层常含有相同的化石或化石组合；反之，不论岩性是否相同，只要它们所含化石种属相同，它们的地质时代就应该相同。为此，根据地层中的化石种属建立地层层序和确定地质年代的方法称为古生物层序法。

特别要指出的是，生物的生存与发展总是要适应随时间而变化的环境，所以在不同时代的地层中，往往有不同种属的生物化石。有趣的是，有些生物垂直分布很狭小（生存时间短），但水平分布却很广（分布面积大，数量多），这种生物化石对划分和对比地层的相对年代更准确。在地质历史中，将具有演化快、延续时间短、数量多和分布广等特点的生物化石称为标准化石。因此，不论岩石的性质是否相同，相差地区何等遥远，只要所含的标准化石或化石群相同，它们的地质年代就是相同或大体相同的。

3. 岩性对比法

同一时期、同一地质环境下形成的岩石一般都具有相同的颜色、成分、结构和构造等岩性特征和层序规律，或者在相同或相似的地质条件下，具有相同或相似的岩性组合，或者某个标志层，根据这些特征，可以对比和确定某一地区岩石地层的形成时代，这种方法称为岩性对比法。

4. 地层接触关系法

地层接触关系法也称叠复原理。在地质历史上，一个地区不可能永远处于沉积状态或剥蚀状态，经常受到构造运动和岩浆活动的影响，岩层遭受风化剥蚀，或者岩层倾斜与褶皱，造成沉积间断或上下地层产状不协调。因此，现今任何地区保存的地层剖面都会缺失某些时代的地层，造成地质记录的不完整。这样，沉积岩、岩浆岩及其相互之间均有不同的接触类型，据此可判别地层之间的相互新老关系。岩层的接触关系有沉积岩之间的整合接触、平行不整合接触和角度不整合接触（图 3 - 1，图 3 - 2），岩浆岩与沉积岩之间的侵入接触和沉积接触（图 3 - 3、图 3 - 4），以及岩浆岩之间的穿插接触关系（图 3 - 5）。

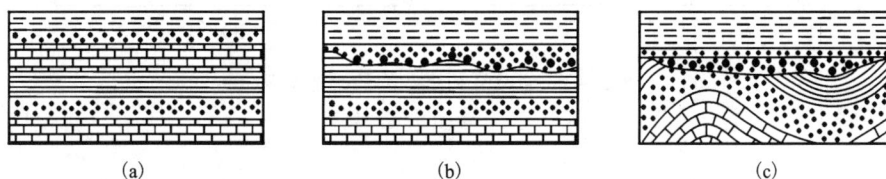

图 3 - 1 沉积岩层之间的接触关系
（a）整合接触；（b）平行不整合接触；（c）角度不整合接触

（1）整合接触

整合接触指相邻的新老两套地层，其岩层产状一致，岩石性质与生物演化连续，沉积作用没有间断［图 3 - 1（a）］。整合接触的形成背景是沉积地区较长时期处于构造稳定的条件下，即沉积地区缓慢下降，或虽上升但未超过沉积的基准面以上。

（2）不整合接触

受地壳运动影响，上下两套地层之间经常出现明显的沉积间断，且岩石性质与古生物演化也不连续，这种接触关系称为不整合接触。不整合接触是划分地层相对地质年代的一个重要依据。沉积岩间的不整合接触还可再分为以下两类。

1）平行不整合接触

图 3 - 2 著名的霍顿（Hutton）角度不整合接触
［Hutton's Unconformity 出露在苏格兰东海岸贝里克郡的锡卡岬角，上部由平缓的红色上泥盆统（425Ma）和下石炭统砾岩、砂岩覆盖在已强烈剥蚀的近垂直的灰色志留系（345Ma）杂砂岩和页岩之上（资料见维基百科）］

平行不整合接触又称假整合接触，指相邻的新老地层产状基本相同，但两套地层之间发生了较长时间的沉积间断，缺失了部分时代的地层［图 3 - 1（b）］。两套地层之间的接触界面称为剥蚀面，或称不整合面，它与相邻的上下地层产状一致，但有一定程度的起伏。在剥蚀面上可能保存有风化剥蚀的痕迹，如风化壳，有时可见底砾岩。平行不整合接触主要是由地壳升降运动造成的，即由于地壳均衡上升，老岩层露出水面，遭受剥蚀，发生沉积间断，随后地壳均衡下降，在剥蚀面上重新接受沉积，形成上覆的新地层。

2）角度不整合接触

角度不整合接触指相邻的新老地层之间缺失了部分地层，且彼此之间的产状不相同，成角度相交［图 3 - 1（c），图 3 - 2］。剥蚀面上具有明显的风化剥蚀痕迹，保存着古风化壳、古土壤层，常具有底砾岩。角度不整合接触表示较老的地层形成以后，因强烈的构造运动形成褶皱和断裂，并隆起，遭受风化剥蚀，造成沉积间断。然后，地壳再下降，在剥蚀面上接受沉积，形成新地层。

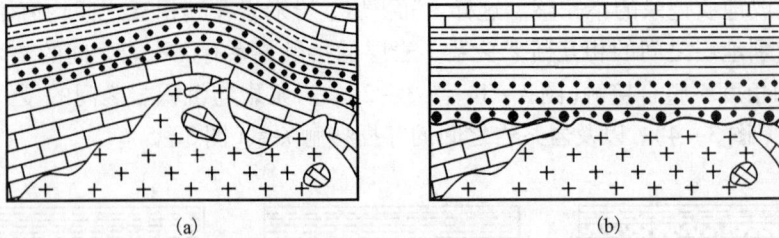

图 3-3 岩浆岩与沉积岩的接触关系
(a)侵入接触；(b)沉积接触

（3）侵入接触

侵入接触指岩浆侵入于围岩所形成的接触关系。主要标志是侵入体与围岩之间的接触带常见接触变质现象、冷凝边和混合边等，侵入体与围岩的界线也很不规则。靠近侵入体一侧常见围岩的捕房体，靠近围岩一侧可见侵入体侵入或灌入到围岩中。另外，在岩浆岩中经常看到侵入体彼此之间的穿插侵入接触，后期形成的岩浆岩经常侵入到早期生成的岩浆岩中，或切断早期岩脉或隔开岩

图 3-4 辉绿岩脉顺层侵入到下奥陶统马家沟组(O_1m)灰岩中(河北秦皇岛石门寨)

体。侵入接触表明侵入体形成年代晚于围岩[图 3-3(a)，图 3-4]，或者后期侵入休晚于早期侵入体。

（4）沉积接触

沉积接触指沉积地层覆盖于侵入岩体之上，其间有剥蚀面分隔。剥蚀面不平整，常堆积含有该侵入体被风化剥蚀形成的碎屑物质[图 3-3(b)]。形成过程：当岩浆侵入体形成后，因地壳上升，遭受强烈的风化剥蚀作用，侵入体上部的围岩一部分被剥蚀掉，形成剥蚀面；然后，地壳下降，在剥蚀面上接受沉积，形成新地层。沉积接触说明岩浆岩侵入体形成年代早于剥蚀面上覆地层。

5. 构造地质学法

由于地壳运动、岩浆作用、沉积作用和风化剥蚀作用的发生，经常出现地质体(岩层、岩体、岩脉)之间的彼此穿切现象。被切割的岩层比切割的岩层老，被侵入的岩体比侵入的岩层或岩脉老。如图 3-5 中花岗岩岩体 B 侵入到围岩 A 中，说明岩体 B 比围岩 A 新；岩墙 K 穿插于 A~J 的各个岩层和岩体中，说明岩墙 K 形成的时代最新。因此，利用构造运动和岩浆活动造成不同时代的地层、岩体之间穿插关系和断裂来确定彼此形成的先后顺序及其地质

时代的方法称为构造地质学法。

3.2.2　绝对地质年代

要确定岩石或岩层的准确年龄,必须用其他方法来测定它们的形成年代。自然界存在着放射性同位素,这些放射性同位素存在于自然界的物质中。地质学家们利用这些放射性同位素的蜕变规律来测定矿物或岩石的年龄,称为同位素年龄或绝对年龄。这种方法已在地质领域中广泛应用。

自然界中放射性同位素很多,它们的蜕变速率不尽相同,蜕变的半衰期也不同。大多数放射性同位素蜕变速率很快、半衰期很短,只有少量的放射性元素

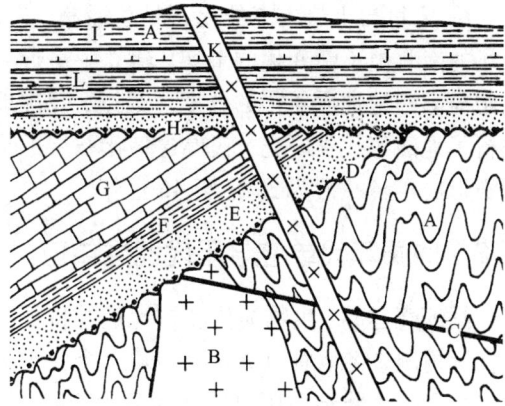

图 3 - 5　岩层与岩体的切割关系

图中字母代表岩层/岩体形成顺序:A—变质岩;B—花岗岩体;C—断层;D 和 H 为角度不整合;J—基性岩床;K—辉绿岩脉;E、F、G、I—沉积地层

蜕变很慢,半衰期以亿年计,用于确定地质年代的放射性同位素如表 3 - 1 所示。

绝对地质年代的测定原理是基于放射性元素都具有固定的衰变常数 λ,即每年每克母体同位素能产生的子体同位素的克数,且矿物中放射性同位素衰变后剩下的母体同位素含量 P 与衰变而成的子体同位素含量 D 可以测出,根据下式求得岩石或矿物的同位素年龄 t。

$$t = \frac{1}{\lambda} \times \ln\left(1 + \frac{D}{P}\right) \tag{3 - 1}$$

表 3 - 1　用于确定地质年代的放射性同位素

母体同位素	子体同位素	半衰期(y)	衰变常数(y^{-1})
铀(U^{238})	铅(Pb^{206})	4.5×10^9	1.54×10^{-10}
铀(U^{235})	铅(Pb^{207})	7.1×10^8	9.72×10^{-10}
钍(Th^{232})	铅(Pb^{208})	1.4×10^{10}	0.49×10^{-10}
铷(Rb^{87})	锶(Sr^{87})	5.0×10^{10}	0.14×10^{-10}
钾(K^{40})	氩(Ar^{40})	1.5×10^9	4.72×10^{-10}
钐(Sm^{147})	钕(Nd^{143})	1.06×10^{10}	6.54×10^{-12}
碳(C^{14})	氮(N^{14})	5730 ± 40	1.209×10^{-4}

目前常用的同位素年龄的测试方法有:Rb - Sr 法、U - Pb 法、K - Ar 法、Ar - Ar 法、Sm - Nd 法和 C 法。其中,前五种方法主要测定较古老矿物或岩石的形成年龄,而 C 法用于测定最新的地质事件和地质体的年龄,如考古勘察中常用 C 法测定人类活动的年龄。

同位素年龄的测定方法应用非常广泛,使地质年代学获得了巨大进展。例如地质学家测得目前世界上地表出露的最古老岩石的年龄为(4130 ± 170)Ma(南美洲圭亚那的角闪岩,

Rb – Sr 法）；我国地表出露的最古老的岩石年龄为 3650 Ma 至 3770 Ma(冀东铬云母石英岩，U – Pb 法）；世界上最古老的化石是兰绿藻，为 3500 Ma。另外，地质学家根据地质历史时期地磁场的南北极不断变化的事实，建立了最近 450 万年期间的"地磁极性年代表"，并应用于第三纪与第四纪地质年代的分期。最近，我国地球物理学家(2002)对辽西中生代火山沉积岩层进行了地磁年代学研究，获得含鸟化石层的形成年龄为 131.71 Ma 至 142.27 Ma。月球上的岩石形成年龄一般为 32 亿至 46 亿年。

3.2.3 地质年代单位与年代地层单位

根据地壳运动、生物演化和古地理等特征，对世界各地的地层进行划分与对比，并结合我国实际情况，将地质历史划分为若干个大小级别不同的时间段。

过去国际上将地质历史划分为两大阶段，每个大阶段叫宙，即隐生宙和显生宙，隐生宙这个名称现已不再使用，改称冥古宙、太古宙和元古宙。其中，冥古宙是地球上生命现象开始的时期，太古宙是初始生物的时期，元古宙是久远的原始生物的时期，显生宙是现代生物存在的时期。宙以下为代，太古宙和元古宙对应为太古代和元古代，显生宙分为古生代、中生代和新生代。代以下为纪，如古生代寒武纪、中生代侏罗纪、新生代新近纪。纪以下分为世，每个纪一般分为早、中、晚三个世，如早二叠世。宙、代、纪和世是国际上统一规定的地质年代单位。最小的地质年代单位是期，期是全国性或大区域性地质年代单位。

在地质历史上，每个地质年代都由相应的地层形成，对这些地层划分的一种单位称为年代地层单位。年代地层单位从大到小分为宇、界、系、统和阶五级，对应的地质年代单位为宙、代、纪、世和期。其中，国际性年代地层单位为宇、界、系和统，阶为全国性或大区域性年代地层单位。如太古代形成的地层称太古界，震旦纪形成的地层称震旦系，古生代形成的地层称古生界，早侏罗世形成的地层称为下侏罗统。年代地层单位指在特定的时间间隔内形成的全部地层，同一年代形成的地层，不论其性质异同，即归入同一单位中。

在有些地区，由于化石依据不足或研究程度不高，某些地层地质年代不能确定，不能确定正式地层单位，只能按地层层序及岩性特征并结合构造运动特点划分区域地层单位，称为岩石地层单位。岩石地层单位是以地层的岩石特征和岩石类别作为划分依据的，一般限于区域性地层或地方性地层。岩石地层单位分三种类型：正式岩石地层单位、非正式岩石地层单位和特殊岩石地层单位。其中，按照等级正式岩石地层单位由大到小分为群、组、段和层四级。

①群。群最大的岩石地层单位，由两个或两个以上相邻或相关的具有共同岩性(或岩性组合)特征的组合而成，群与群之间常有明显的不整合面。

②组。组是岩石地层单位中最常见的基本单位，用于地质填图、描述和阐明区域地质特征，由一种岩石(沉积岩、火山岩或变质岩)，或者由非常复杂的岩石组合所构成；也可以一种岩石为主(内有重复出现的其他岩石的夹层)或者由两种岩石交替出现的互层所构成。

③段。段是组的一个组成部分，不能脱离组而独立存在；同一段内岩石经常具有相同的特性。

④层。层是最小的正式岩石地层单位。一般仅限于对那些能识别出来而且特别有用的一个层，或许多单层组成的单位才给予命名，并指定一个正式岩石地层单位。如标志层是一个

分布广而岩性特殊的薄层，可以命名作为正式岩石地层单位。

3.2.4　地质年代表

通过对全球各个地区地层剖面的划分与对比，以及对各种岩石进行同位素年龄测定所积累的资料，结合生物演化和地质构造演化的阶段性，综合得出地质年代表（表 3-2）。表 3-2 中列入相对地质年代从老到新的划分次序、各个地质年代单位的名称、代号和绝对年龄值以及世界主要的构造运动的时间段落和名称等。表 3-2 中地层和构造运动的名称源于最早发现并经过详细研究的典型地区的地名。

如寒武纪因英国的寒武山脉（今译坎布连山脉）而得名，奥陶纪和志留纪取名于大不列颠的古老部落奥陶部落和志留部落的名称，泥盆纪是因英国西南部泥盆州（现译为得文郡）海相岩系而得名，石炭纪因英格兰的高山灰岩及其含煤层而得名，二叠纪和三叠纪都因德国南部该时代地层的二分性和三分性特点而命名，侏罗纪是以法瑞交界的侏罗山（现译为汝拉山）地层研究而命名，白垩纪是按英吉利海峡两岸主要由白垩土地层构成而命名。

震旦纪取名于中国，中国古称震旦。在我国，尤其是北方，在新元古代古老变质岩系（即前震旦亚界）之上与含有丰富化石的寒武系之下，发育了一套巨厚的完整的没有变质的或变质程度很低的沉积岩系（除含有大量藻类化石外，很少发现其他生物遗迹），命名为震旦系，其地质时代称震旦纪。中国是震旦系发育最好的国家，地层完整，剖面清楚，分布广泛。因此，我国很早将震旦系列入我国地质年代表中。

第四纪名称来历比较有趣，最初地质学家将地壳发展的历史分为第一纪（即太古宙、元古宙）、第二纪（相当于古生代和中生代）和第三纪三个大阶段，相应的地层单位为第一系、第二系和第三系。法国学者德努瓦耶（1829）在研究巴黎盆地的地层时，把第三系上部的松散沉积物划分出来命名为第四系，其时代为第四纪。随着地质科学的发展，第一纪和第二纪因细分成若干个纪被废弃了，仅保留下第三纪和第四纪的名称。现第三纪被弃用，被古近纪和新近纪代替，仅保留有第四纪的名称。

在地质年代表中，多数不同时代形成的地层即划分为下、中、上三个统。随着地质科学的发展，对表中有些地层的划分和有关同位素年龄也作了适当改动。例如石炭系地层的划分，在西欧多为二分，我国曾沿用了苏联的三分划分方案。2000 年国际地质科学联合会国际地层委员会将石炭系分为二个亚系，下部密西西比亚系（含三个阶）和上部宾夕法尼亚亚系（含四个阶）。2001 年，全国地层委员会采用了国际地质科学联合会意见，将石炭系也统一为二分，并将下石炭统（曾称丰宁统）划分为三个阶（自下而上分为岩关阶、大塘阶和德坞阶），上石炭统（曾称壶天统）分为四个阶（自下而上分为罗苏阶、滑石板阶、达拉阶和逍遥阶）。二叠系地层的划分，过去国际和国内均为二分，现国际上和我国均采用三分（即上、中、下三个统）。2000 年，国际地质科学联合会国际地层委员会将二叠系划分为下统乌拉尔统、中统瓜德鲁普统和上统乐平统；2001 年，全国地层委员会将中国二叠系也统一为三分，下统分两个阶（包括紫松阶、隆林阶），中统分四个阶（包括栖霞阶、祥播阶、茅口阶、冷坞阶），上统分两个阶（包括吴家坪阶和长兴阶）。对于白垩系地层划分，尽管国际上有人主张将其三分，但国际上和我国目前还是一直采用二分法。

表 3 - 2 地质年代表

宙(字)	代(界)	纪(系)	世(统)	距今年龄(Ma)	主要构造运动	主要地质现象
显生宙(字)PN	新生代(界)Kz	第四纪(系)Q	全新世(统)Q_4	0.01	喜马拉雅运动	冰川多次出现,黄土形成,地壳发育成现代形式,人类出现与发展
			更新世(统)Q_{1-3}	2.6		
		新近纪(系)N	上新世(统)N_2	5.3		地壳初具现代轮廓,哺乳类动物、鸟类和昆虫急速发展,并开始分化,植物发育,主要成煤期
			中新世(统)N_1	23		
		古近纪(系)E	渐新世(统)E_3	33.9		
			始新世(统)E_2	56.0		
			古新世(统)E_1	66.0		
	中生代(界)Mz	白垩纪(系)K	晚(上)白垩世(统)K_2	100	燕山运动主期	地壳运动和岩浆活动强烈,恐龙绝灭,被子与开花植物发育
			早(下)白垩世(统)K_1	145		
		侏罗纪(系)J	晚(上)侏罗世(统)J_3	164		除西藏等地区外,中国广大地区已上升为陆,恐龙极盛,鸟类出现,主要成煤期
			中侏罗世(统)J_2	174		
			早(下)侏罗世(统)J_1	201	印支运动	
		三叠纪(系)T	晚(上)三叠世(统)T_3	237		华北为陆,华南为浅海,恐龙、哺乳类动物出现
			中三叠世(统)T_2	247		
			早(下)三叠世(统)T_1	252	海西运动	
	古生代(界)Pz	晚(上)古生代(界)Pz_2	二迭纪(系)P	晚(上)二迭世(统)P_3	260		华北为陆,华南为浅海,冰川广布,地壳运动和火山爆发强烈,生物大量绝灭,植物仍繁盛,主要成煤期
			中二迭世(统)P_2	272		
			早(下)二迭世(统)P_1	299		
			石炭纪(系)C	晚(上)石炭世(统)C_2	323		华北时陆时海,出现广阔沼泽地,华南为浅海,珊瑚、腕足类、两栖类动物繁盛,裸子植物繁盛,主要成煤期
			早(下)石炭世(统)C_1	359		
			泥盆纪(系)D	晚(上)泥盆世(统)D_3	383		华北为陆,华南为浅海,火山活动,陆生植物发育,昆虫出现,两栖类动物发育,鱼类繁盛
			中泥盆世(统)D_2	393		
			早(下)泥盆世(统)D_1	419	加里东运动	
		早(下)古生代(界)Pz_1	志留纪(系)S	晚(上)志留世(统)S_3	427		华北为陆,华南为浅海,局部地区火山爆发,珊瑚、腕足类和笔石发育,角石绝灭,出现无鳞鱼
			中志留世(统)S_2	433		
			早(下)志留世(统)S_1	444		
			奥陶纪(系)O	晚(上)奥陶世(统)O_3	458		海水广布,三叶虫、腕足类和笔石极盛,出现四射珊瑚,腕足类和最早的头足头
			中奥陶世(统)O_2	470		
			早(下)奥陶世(统)O_1	485		
			寒武纪(系)∈	晚(上)寒武世(统)$∈_3$	497		浅海广布,生物开始大量出现带骨骼的生物(如古杯海绵、三叶虫)并大量发展,三叶虫极盛
			中寒武世(统)$∈_2$	521		
			早(下)寒武世(统)$∈_1$	541	蓟县运动	
元古宙(字)PT	新(上)元古代(界)Pt_3	震旦纪(系)Z		635	晋宁运动Ⅱ幕	浅海与陆地相间出露,有沉积岩形成,藻类繁盛
		南华纪(系)Nh		850	澄江运动	
		青白口纪(系)Qn		1000	晋宁运动Ⅰ幕 四堡运动	
	中元古代(界)Pt_2	蓟县纪(系)Jx		1400		
		长城纪(系)Ch		1600	吕梁运动	
	古(下)元古代(界)Pt_1	滹沱纪(系)Ht		2300		海水广布,构造运动及岩浆活动强烈,开始出现原始生命
				2500	五台运动	
太古宙(字)AR				3850	阜平运动	
冥古宙(字)HD			地球初期发展阶段			

注:表中的年龄取自美国地质学会的地质年代表,数据为 2012 年 11 月更新的资料(Geologic Time Scale, GSA);地质年代的年龄单位以百万年(Ma)计,100 Ma =1 亿。

3.2.5 生物演化史

1. 太古宙

太古宙(距今 4000 Ma 至 2500 Ma 间)所形成的地层为太古界。地球形成初期,原始大气中富含甲烷、氨、二氧化碳和水汽等。在紫外线、闪电和高温的作用下,首先合成小分子有机化合物(如氨基酸、脂肪酸等)。然后,在适当的条件下,进一步结合成更复杂的大分子有机物质(如蛋白质、核酸等)进一步演化和自我更新,形成结构非常复杂的多分子体系,产生了原始生命。之后,原始生命在演化过程中,形成了细胞膜,出现了地球上最早的异养型原核生物细菌。在太古宙晚期出现了菌类和低等藻类。

太古宙地球表面很不稳定,地壳变化很剧烈,经过多次地壳变动和岩浆活动形成最古老的陆地基础。岩石主要是成分非常复杂的片麻岩,沉积岩中没有生物化石或者可靠的化石记录不多。地球上的生命是由化学物质从无机到有机演化而来的。在地球上太古代古老的岩层中发现的藻类化石(即原始生命)距今 3500 Ma,属于非细胞形态的生命。

2. 元古宙

元古宙(距今约 2500 Ma 至 541 Ma 间)形成的地层为元古界。随着异养型原核生物细菌不断地分化和发展,形成了能够进行光合作用、从无机物合成有机养料的自养型原核生物蓝藻。大约在 2000 Ma,蓝藻出现沉淀,彻底改变了地球上生物的生长环境(图 3 – 6)。由于蓝藻是地球上出现的最早放氧生物,使得地球上原始大气中氧气浓度不断增加,形成含氧大气层和臭氧层。臭氧层吸收了太阳的紫外辐射,使生物生态环境由厌氧环境转入喜氧环境,提高了生物的能量代谢的效能。

图 3 – 6 中元古界的藻类化石——柱状叠层石

中国神农架地质公园出露的中元古代神农架群石槽河组中柱状叠层石,其平面呈馒头状,剖面上为圆弧面上凸的柱状,它形成于滨海(潮坪)水流冲刷较强的潮间带

距今 1300 Ma 至 1000 Ma 间,地球上出现了真核生物,即真核绿藻。最早的单细胞原核生物没有核膜和细胞器,结构简单。真核细胞具有核膜,其整个细胞分化为细胞核和细胞质两部分。细胞核内具有染色体,成为遗传中心,而细胞质内进行蛋白质合成,成为代谢中心。由于真核细胞内部的复杂化,增强了细胞的变异性,使得真核生物能够向高级体制发展。

距今 700 Ma 至 600 Ma 间,地球上出现了最早的动物群,即澳大利亚的埃迪卡拉动物群(图 3 – 7)。这些动物群在安徽省休宁县发现了地球上迄今最早的宏体生物——距今 632 Ma 的蓝田生物群。

从 600 Ma 开始,地球上的生物演化进入了海洋藻类时代和海洋无脊椎动物时代。植物仍以海生藻类为主。藻类的大量繁育不仅为海洋无脊椎动物提供了丰富的食物资源,而且通过叶绿素光合作用,释放出氧气,为海洋无脊椎动物的发展,准备了更为有利的生活环境。

元古宙末期(距今 570 Ma),海洋生物进入了非三叶虫时代,出现了最早具有钙质硬壳的小壳动物群,如我国云南境内发现并保存完整的最早的软体的多门类动物群——澄江动物群(图 3 – 8)。这些动物群主要由水母、海绵、蠕虫、腕足类、腹足类、软舌螺、金碧虫和其他类型的节肢动物等组成，涵盖 16 个门类、200 余个物种。

图 3 – 7　新元古代埃迪卡拉动物群化石
(a)狄更斯虫；(b)三分盘虫；(c)查恩盘虫；(d)斯普里格蠕虫；(e)肋叶虫；(f)弗拉科托福塞斯虫

在元古宙，地壳继续发生强烈变化，某些比较稳定的地区(如中国华北克拉通)出现有大量含叠层石的白云质碳酸盐岩和石英岩。

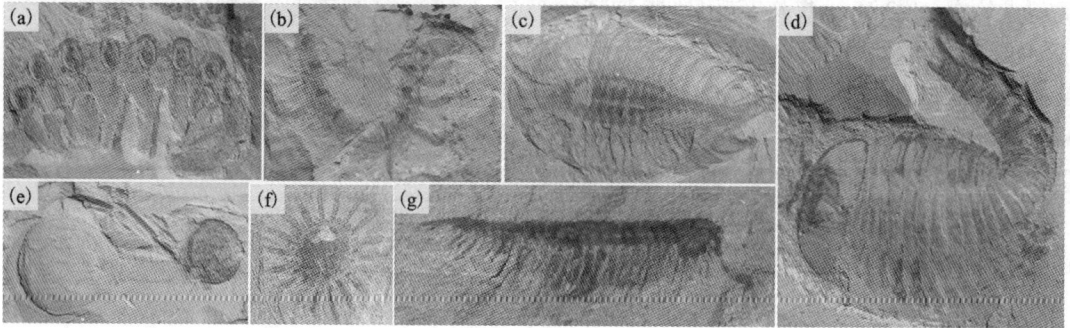

图 3 – 8　新元古代云南澄江动物群化石
(a)中华微网虫；(b)凶猛爪网虫；(c)灰姑娘；(d)延长抚仙湖虫；(e)澄江龙潭村贝；(f)海绵；(g)尖峰虫

3. 显生宙

显生宙可分为古生代、中生代和新生代，相对的形成的地层为古生界、中生界和新生界。

(1)古生代

古生代(距今 541 Ma 至 252 Ma)可分为早古生代和晚古生代，早古生代包括寒武纪(541 Ma 至 485 Ma)、奥陶纪(485 Ma 至 444 Ma)和志留纪(444 Ma 至 419 Ma)，晚古生代包括泥盆纪(419 Ma 至 359 Ma)、石炭纪(359 Ma 至 299 Ma)和二叠纪(299 Ma 至 252 Ma)，相对应的地层系统为寒武系、奥陶系、志留系、泥盆系、石炭系和二叠系。

在这个时期里生物界开始繁盛，动物以海生的无脊椎动物为主，脊椎动物有鱼和两栖动物出现；植物有蕨类和石松等，松柏也在这个时期出现。

1）寒武纪

生物群以无脊椎动物尤其是三叶虫、低等腕足类为主[图 3-9(a)]。寒武纪开始，海洋植物中的红藻、绿藻等开始繁盛。海洋生物进入了以无脊椎动物三叶虫占绝对优势的三叶虫时代，腔肠动物、古杯类、软体动物（双壳、腹足、头足）、棘皮动物、牙形刺、笔石等相继出现。古杯类是最早的造礁动物，生活于早寒武世，中寒武世早期完全绝灭。之后，层孔虫、苔藓虫等先后出现，笔石、腕足类、鹦鹉螺等显著分异。树形笔石继续发展，部分固着在海底生活，大部分则远洋漂浮生活。这个时期，地球陆地下沉，北半球大部分被海水淹没。中国华北的寒武系地层主要为海相石灰岩，少量砂岩、泥岩和页岩。

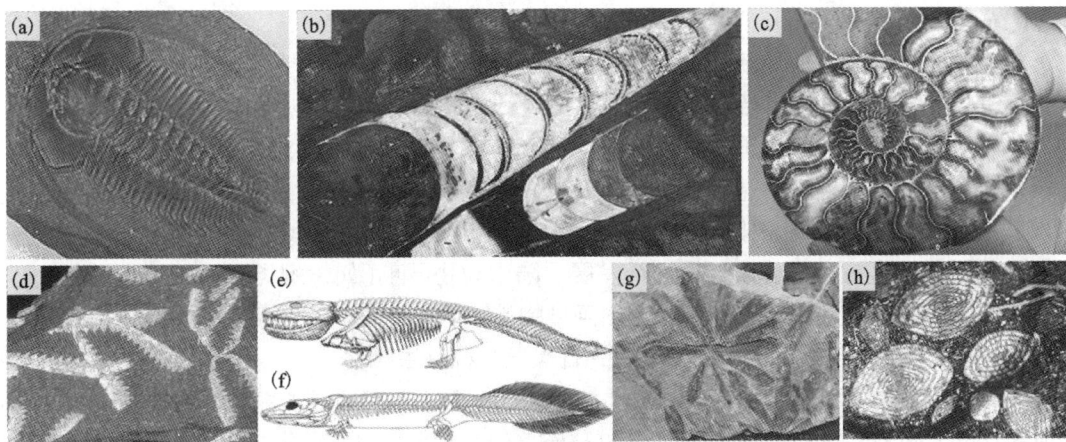

图 3-9　古生代生物化石

(a)早寒武世莱得利基虫；(b)中奥陶世中华角石；(c)晚奥陶世鹦鹉螺；(d)志留纪笔石；(e)晚泥盆世鱼石螈；(f)晚泥盆世总鳍鱼；(g)晚石炭世科达树叶；(h)石炭纪至二叠纪的蜓类

2）奥陶纪

生物群以三叶虫、笔石、腕足类为主[图 3-9(b)，图 3-9(c)]，出现板足鲎类，也有珊瑚，藻类繁盛。早奥陶世中期，正笔石类兴起、演化迅速，是奥陶纪的重要分带化石。腕足类出现了分异的第一个高峰期，在数量上占重要地位。鹦鹉螺始于晚寒武世，到奥陶纪分异明显，种类繁多，个体较大，属于游泳生活的凶猛食肉动物。珊瑚最早始于寒武纪，至中、晚奥陶世大量繁育，同层孔虫、苔藓虫等一起，是温暖浅海的重要造礁动物。从奥陶纪开始，三叶虫显著衰退，笔石以简化的单笔石兴起并大量发展，珊瑚以床板珊瑚和日射珊瑚为主，出现了特有的链珊瑚；腕足类出现了内部构造更为复杂的五房贝和展翼状外壳的石燕贝；鹦鹉螺显著减少；节肢动物中形体最大的板足鲎类最早出现于奥陶纪，到志留纪大量繁育。中奥陶世开始最早的脊椎动物——鱼类开始出现，如北美落基山区中奥陶统的无颌类中的异甲鱼。在这个时期里，岩石由石灰岩和页岩构成。

3）志留纪

生物群中腕足类和珊瑚繁荣，三叶虫和笔石仍繁盛[图 3-9(d)]，无颌类（如异甲鱼）发育，到晚期出现原始鱼类（如最早具颌的棘鱼类和盾皮鱼类）和硬骨鱼类（如总鳍鱼类、肺鱼类和辐鳍鱼类），末期出现原始陆生植物裸蕨。志留纪，地壳相当稳定。志留纪末，受加里东运动的影响,海水逐渐退去,陆地面积逐渐扩大。

4)泥盆纪

生物群中腕足类和珊瑚发育,除原始菊虫外,出现了昆虫和原始两栖类,鱼类发展,蕨类和原始裸子植物出现。其中,志留纪末到中泥盆世,陆生生物进入的裸蕨植物时代,中泥盆世后期出现根、茎和叶分化的原始石松类和有节类。到晚泥盆世,在自然选择的作用下,裸蕨迅速灭绝了。泥盆纪是鱼类时代,晚志留世的盾皮鱼类和硬骨鱼类在泥盆纪最繁盛。早泥盆世晚期出现了软骨鱼类,晚泥盆世出现了两栖类动物,如总鳍鱼和迷齿类鱼石螈[图3-9(e),图3-9(f)]。泥盆纪初期,各处海水退去,积聚厚层沉积物;后期海水又淹没陆地并形成含大量有机物质的沉积物,因此,岩石多为砂岩、页岩等。

5)石炭纪

海生无脊椎动物有所更新。浅海底栖无脊椎动物仍以珊瑚、腕足类为主。尽管腕足类群减少,但数量多,依旧占相当重要的地位;头足类中菊石类仍然繁盛;三叶虫除剩下几个属种外,大部分已经绝灭;早石炭世晚期的浮游和游泳的动物中,出现了新兴的最重要的类。早石炭世一开始,两栖动物蓬勃发展,主要出现了迷齿类;早石炭世晚期,脊椎动物演化史出现一次飞跃,完全摆脱了对水的依赖,以适应更加广阔的生态领域(以林蜥为代表),进入两栖动物时代。这一时代陆生生物飞跃发展。陆生动物昆虫(如蟑螂类和蜻蜓类)突然崛起,种类可达1300种以上,出现巨型昆虫(如巨型蜘蛛、巨型马陆、巨型蜻蜓等)。其中,有些蜻蜓个体巨大,两翅张开大者可达70 cm,故石炭纪又称巨虫时代。

陆生蕨类植物极度繁盛,进入了蕨类植物时代。早石炭世古蕨类植物仅在滨海低地的环境延续生长;晚石炭世植物除了节蕨类和石松类外,真蕨类和种子蕨类也开始迅速发展。裸子植物中的科达树是一种高大的乔木,成为造煤的重要材料之一[图3-9(g)]。

石炭纪的气候温暖湿润,有利于植物的生长。随着陆地面积的扩大,陆生植物从滨海地带向大陆内部延伸,并得到空前发展,海陆频频交替,形成大规模的森林和沼泽,给煤炭的形成提供了有利条件,所以,石炭纪成为地质历史时期最重要的成煤期之一。石炭系多为石灰岩、页岩和砂岩等。

石炭纪地壳运动频繁,许多地区褶皱上升,形成山系和陆地,地形高差起伏,使地球上产生明显的气候分异。

6)二叠纪

二叠纪是生物界的重要演化时期。海生无脊椎动物中主要门类仍是蜓类、珊瑚、腕足类和菊石类[图3-9(h)],但发生了重要变化。节肢动物的三叶虫只剩下少数代表,腹足类和双壳类有了新的发展。二叠纪末,四射珊瑚、横板珊瑚、蜓类和三叶虫全部绝灭;腕足类大大减少,仅存少数类别。

脊椎动物发展到了一个新阶段。鱼类中的软骨鱼类和硬骨鱼类等有了新发展,软骨鱼类中出现了许多新类型,软骨硬鳞鱼类迅速发展。脊椎动物的重要代表为两栖动物的迷齿类和爬行类动物。两栖类进一步繁盛,从两栖动物迷齿类演化而来的蜥螈形类,很可能是陆地爬行动物的祖先;从两栖类水中产卵、水中受精发展到爬行动物的体内受精和产生羊膜卵,是脊椎动物演化史上的一次重大飞跃,残存下来的现代两栖类有蝾螈、青蛙等。爬行类动物首次大量繁盛,杯龙类、盘龙类和兽孔类等均有存在。其中,盘龙类见于石炭纪晚期和二叠纪早期,兽孔类是二叠纪中、晚期和三叠纪的似哺乳爬行动物,它们是现代爬行类、鸟类和哺乳动物的先祖(或其近亲)。

在二叠纪早期植物仍以节蕨类、石松类、真蕨类和种子蕨类为主，裸蕨植物开始衰退，真蕨和种子蕨非常繁茂。晚二叠世，鳞木类、芦木类、种子蕨和柯达树等趋于衰退或濒于绝灭，第一批裸子植物出现。昆虫开始迅速发展，种类增多，体型也变大了，被称为昆虫时代。

二叠纪地球上所有的陆地组成一个大陆，即盘古大陆。海面比较低，海洋造礁生物非常活跃。这一时期，造山作用和火山活动广泛分布，归属于海西(华力西)造山运动晚期。二叠纪末，出现大面积的海退，并发生了有史以来最严重的大灭绝事件，估计地球上有 96% 的物种灭绝，其中 95% 的海洋生物和 75% 的陆地脊椎动物灭绝；北美发生了强烈的阿巴拉契亚运动(褶皱运动)，俄罗斯乌拉尔地区褶皱隆起使欧洲与亚洲陆域连成一体，中国西南陆棚区出现大面积的高原玄武岩溢流事件和俄罗斯西伯利亚大面积的玄武岩溢流事件。

(2)中生代

中生代(距今 252 Ma 至 66 Ma)形成的地层为中生界，分为三叠纪(252 Ma 至 201 Ma)、侏罗纪(201 Ma 至 145 Ma)和白垩纪(145 Ma 至 66 Ma)，相对应的地层系统为三叠系、侏罗系和白垩系。

1)三叠纪

海洋无脊椎动物类群发生了重大变化，游泳的软体动物(如甲壳动物群)取代了固着的腕足类动物(如海百合群)成为海洋中的优势群落。蜓类和四射珊瑚完全绝灭，六射珊瑚迅速发展并遍及全球；菊石类、双壳类、有孔虫也多属新发展的种类，成为划分与对比地层的重要门类。齿菊石类在晚二叠世幸存下来并大量繁盛，中、晚三叠世的大部分菊石类多具有复杂的纹饰和菊石式缝合线，许多科是三叠纪所特有的[图 3 - 10(a)]。双壳类有明显变化，产生了许多新种类，且数量相当繁多，尤其在晚三叠世，一些种属的结构类型变得复杂，个体也往往比较大。由于陆地面积的扩大，淡水无脊椎动物(如双壳类)也逐渐繁盛起来。

裸子植物(如苏铁类、本内苏铁类、尼尔桑类、银杏类及松柏类等)迅速发展起来，其中除本内苏铁目始于三叠纪外，其他各类植物均在晚古生代就开始有了发展。二叠纪的干燥性气候延续到了早中三叠世，到了中三叠世晚期植物才开始逐渐繁盛。晚三叠世时，裸子植物真正成了大陆植物的主要统治者。

陆生脊椎动物——爬行类崛起，主要由槽齿类、恐龙类和兽孔类组成。槽齿类动物的出现，并在晚三叠世发展出最早的恐龙类，蜥臀类和鸟臀类都已有不少种类。恐龙类成为种类繁多的一个类群，故三叠纪被称为恐龙世代前的黎明。兽孔类也称似哺乳爬行动物，最早的哺乳动物出现于晚三叠世，属始兽类。海生爬行类在三叠纪首次出现。

三叠纪以一次灭绝事件结束，但灭绝事件的原因仍不清楚。这次灭绝事件对海洋生物摧毁惨重，牙形石灭绝，腕足类动物、腹足类动物和贝壳类等无脊椎动物受到巨大冲击，所有海生爬行动物(除鱼龙外)消失。许多槽齿类动物也都灭绝了，仅幸存一些较发达的恐龙。幸存的植物包括针叶类和苏铁类。

2)侏罗纪

裸子植物极度盛期。苏铁类和银杏类发展达到了高峰，松柏类也占到很重要的地位，地面上长满了蕨类植物(如木贼类、真蕨类)，构成了密植被。所以，侏罗纪也是一个重要的成煤时期，如我国燕山和辽西地区的侏罗纪煤层。侏罗纪昆虫更加多样化，大约有 1000 种以上，除原有的蟑螂类、蜻蜓类、甲虫类外，出现蚋蟊类、树虱类、蝇类和蛀虫类[图 3 - 10

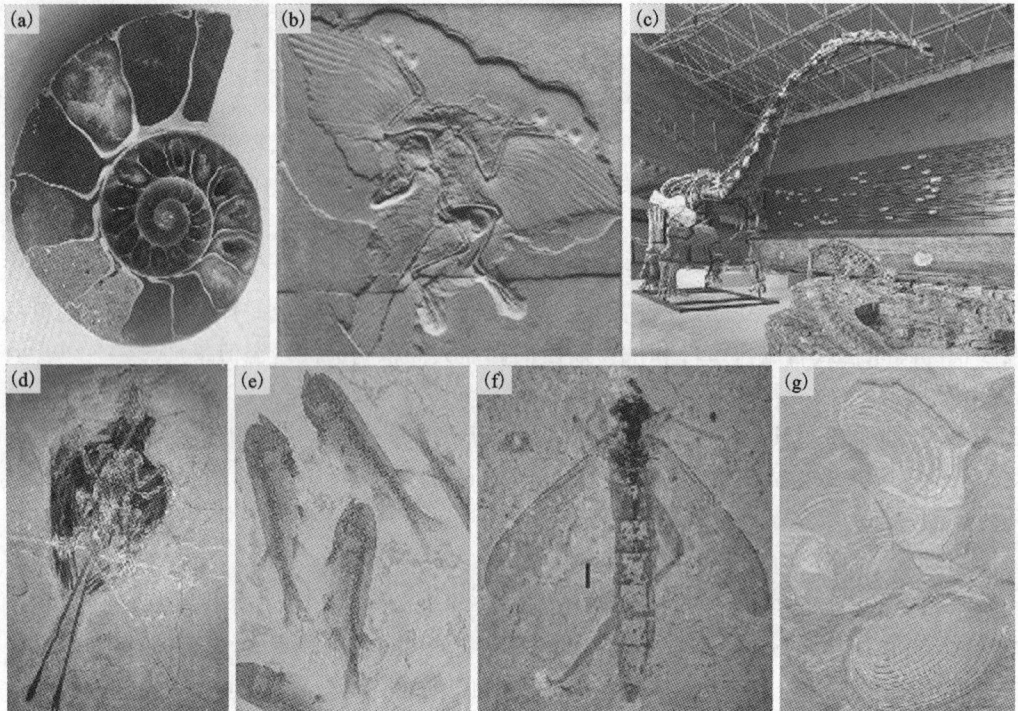

图 3 – 10　中生代生物化石

(a)蛇菊石(T_1)；(b)始祖鸟(J_3，德国)；(c)辽宁巨龙(K_1，辽宁北票)；(d)孔子鸟($J_3 \sim K_1$，辽宁朝阳)；

(e)狼鳍鱼($J_3 \sim K_1$，辽宁北票)；(f)东虹(昆虫，$J_2 \sim J_3$，内蒙古道虎沟)；(g)叶肢介(K_1，辽宁北票)

(f)]，这些昆虫绝大多数都延续生存到现代。

　　侏罗纪是恐龙的鼎盛时期。在三叠纪出现并开始发展的恐龙已迅速成为地球的统治者。各类恐龙济济一堂。有草食性恐龙(如龙脚类和鸟盘类)和似哺乳类的小型爬行类。早侏罗世新出现食阜性哺乳类动物——多瘤齿兽类，全新生代早期绝火；中侏罗世全晚侏罗世并始出现了古兽类哺乳动物，一般被认为是有袋类和有胎盘哺乳动物的祖先。

　　侏罗纪晚期，身体巨大的蜥脚类恐龙(如迷惑龙、梁龙、腕龙等)占了优势；有的重返水域的类似鱼的大型海栖爬行动物——鱼龙类和具有皮质翅膀的空中飞翔的爬行动物——翼龙类(如德国侏罗系中的喙嘴龙)也得到了发展。晚侏罗世出现了由喙嘴龙分化出的另一类飞翔爬行动物——翼指龙；中国北方出现了最早的真骨鱼类(如狼鳍鱼)并广泛分布，直至到早白垩世[图 3 – 10(e)]。

　　中生代从爬行动物分化的一个重要旁支是鸟类的出现和发展。鸟类的脑和神经系统发达，心脏分隔完全，是恒温的脊椎动物。从变温的爬行动物转化为恒温的鸟类，是脊椎动物演化史上的一次重大飞跃。在德国发现的晚侏罗世始祖鸟化石被公认为是最古老的鸟类代表[图 3 – 10(b)]，是由爬行动物向鸟类过渡的中间类型；我国辽宁北票发现的晚侏罗世至早白垩世的孔子鸟比始祖鸟更接近现代鸟类[图 3 – 10(d)]。孔子鸟是目前已知的最早拥有无齿角质喙部的鸟类。

　　软骨硬鳞鱼类在侏罗纪已开始衰退，被全骨鱼代替。侏罗纪的菊石类更为进化，菊石类的壳饰和壳形日趋多样化,缝合线更复杂化,可能是菊石类为适应不同海洋环境和多种生活方式所致。海相双壳类很丰富,非海相双壳类也迅速发展起来,它们在陆相地层的划分与对比上起了重要作用。

侏罗纪发生过强烈的火山活动和构造运动。在中国燕辽地区,发生过强烈的火山活动和陆内造山运动,著名的燕山运动发生在早侏罗世至中侏罗世和晚侏罗世至早白垩世之间。在全球区域,晚侏罗世发生的最大海侵事件,与联合古陆分裂和新海洋扩张速率增强事件相吻合。

3)白垩纪

陆生裸子植物和蕨类植物在白垩纪早期仍占统治地位,主要由松柏类、苏铁类、银杏类、真蕨类和有节类组成;被子植物(如山毛榉、榕树、木兰花、悬铃木等)等大型植物在白垩纪早期开始出现,中期大量增加,到晚期繁盛,逐渐取代了裸子植物在陆生植物中占统治地位。同时,被子植物的繁盛,也为昆虫类、鸟类和哺乳类的生存与繁育创造了条件。昆虫在这个时期开始多样化,并发展成最古老的蚂蚁、白蚁和鳞翅目(蝴蝶与蛾)等。芽虫、草蜢、瘿蜂也开始出现。

侏罗纪开始出现的超微化石(如已绝灭的微锥石和楔形石)成为标准化石。

陆生脊椎动物中爬行类从极盛走向衰落,如暴龙(霸王龙)、古魔翼龙、青岛龙等[图 3-10(c)];真骨鱼类代替了硬鳞鱼类;翼龙类繁盛于白垩纪中期到晚期,面临鸟类的竞争逐渐衰退;鸟类是向空中发展取得最大成功的类群,白垩纪早期鸟类开始分化,飞行能力及树栖能力大大提高。如我国辽西北票发现的著名的早白垩世孔子鸟就是鸟类的典型代表[图 3-10(d)]。晚侏罗世出现的真骨鱼类(如狼鳍鱼)在早白垩世仍广泛分布[图 3-10(e)]。

海洋无脊椎动物中浮游有孔虫异军突起,与许多底栖大型有孔虫成为标准化石;菊石类和箭石类演化迅速而明显且分布广,逐步由繁盛趋于绝灭,也成为标准化石。群生底栖的固着蛤类形成礁体,成为典型的暖水动物群;珊瑚和腕足动物居于次要地位。淡水无脊椎动物(如甲壳类的介形虫和叶肢介[图 3-10(g)]很丰富,演化迅速,软体动物(如螺和蚌)分布广泛,还有昆虫与淡水轮藻化石,它们中的许多种属都成为陆相地层的标准化石。海生爬行类动物中主要是早期至中期的鱼龙类、早期至晚期的蛇颈龙类和白垩纪晚期的沧龙类。

白垩纪是地球上海陆分布和生物界急剧变化、大西洋迅速开裂和火山活动频繁的时代。在白垩纪末,地球上经历了又一次重大的生物灭绝事件,如恐龙、菊石和其他许多生物类群大量灭绝。对引起这次大规模生物灭绝的原因,国际科学界展开了热烈的争论。一种观点认为是宇宙中的一颗巨大流星体撞击地球所致,其依据是在白垩系和第三系界线上黏土岩中铱元素含量异常高,而铱元素在地壳中的丰度很低,很可能来源于外太空其他星体。

(3)新生代

新生代(66 Ma 至今)分为古近纪(66 Ma 至 23 Ma)、新近纪(23 Ma 至 2.6 Ma)和第四纪(2.6 Ma 至今),相对应的地层系统分别为古近系、新近系和第四系。其中,古近纪可分为古新世、始新世和渐新世,对应的地层为古新统、始新统和渐新统;新近纪可分为中新世和上新世,对应的地层为中新统和上新统;第四纪分为更新世(2.6 Ma 至 0.01 Ma)和全新世(0.01 Ma 至今),对应的地层为更新统和全新统。

新生代是被子植物时代和哺乳动物时代大发展时期。进入古近纪,因地壳运动、气候分化等,被子植物发展极为繁盛,代替了裸子植物,成为植物界中最高级的类群,开创了被子植物时代。被子植物的迅速发展和更广泛分布，为依赖植物为生的动物界（如昆虫、鸟类和哺乳动物）的大发展提供了丰富的食物资源。脊椎动物的演化也进入了一个更高级的阶段——哺乳动物时代，从爬行动物的变温、卵生发展为哺乳动物的恒温、胎生和哺乳，以及高度发达的神经系统和感觉器官，是脊椎动物演化史上的一次重大飞跃。哺乳动物也分化和辐射出许多分支，如适合于飞行生活的翼手类和蝙蝠，是从古新世一类树栖生活的食虫类演化而来的；适应于海洋生活的鲸类，保留了从陆生祖先继承来的肺呼吸，是一种进化趋同的现象。啮齿类（包括现在的松鼠、河狸、家鼠等）在种类、数量和分布上，在兽类中都占优势地位。食肉类中

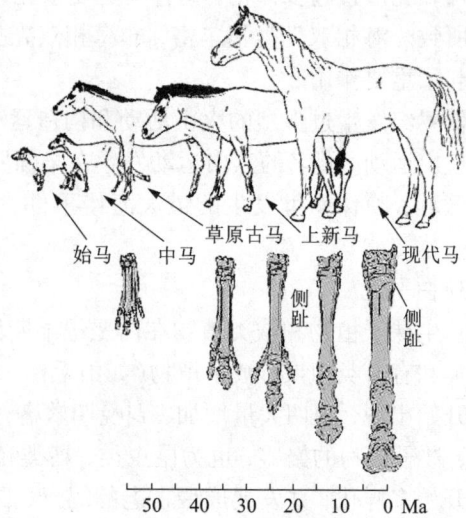

图 3-11 马的演化

的古食肉类在古新世和始新世大量辐射；新食肉类（如现在的猫、虎、狗等）从始新世末期繁盛起来；鳍脚类（如海生的海狮、海豹和海象）在新食肉类出现不久也开始出现。有蹄动物踝节类动物（奇蹄类，如马、貘、犀等；偶蹄类，如猪、牛、羊等）从古近纪早期出现到发展迅速。其中，奇蹄类中以马的演化最具有代表性（图 3-11）。最早的马——始马出现在始新世早期，体型如现代的狐狸，前足和后足分别有 4 个和 5 个脚趾；中马出现于渐新世，前、后足有 3 个脚趾，都着地，这两种马都生活在森林里；草原古马出现于中新世，尽管前、后足都只有 3 个脚趾，但仅中间 1 个趾着地，两侧的已经退化；上新马开始出现于上新世，单趾马；现代马出现于第四纪。偶蹄类从始新世开始出现，经过渐新世、中新世和上新世大量发展，从更新世到现在，在食草动物中无论在种类上和数量上都占优势地位。

进入新近纪，哺乳动物继续发展，形体渐趋变大，一些古老类型灭绝，如大象。始祖象出现于晚始新世到早渐新世，体形大小如猪，无象类特有的大门牙；古乳齿象体形大小约为始祖象的一倍，上门牙伸长，第四纪开始多数绝灭，少数生活到早更新世；真象类（如我国甘肃的早更新世黄河古象为剑齿象类和广泛分布于华北、东北和东亚的晚更新世的猛犸象）从乳齿象演化出来的。出现早期猿人（如坦桑尼亚的"能人"，中国云南元谋人）。高等植物与现代区别不大，低等植物硅藻较多见。

进入第四纪，曾发生多次冰川作用，地壳与动植物等已经具有现代的样子。早期出现晚期猿人（如北京猿人、爪哇猿人、蓝田猿人和海德堡人等），晚期出现早期智人（如尼安德特人）和晚期智人（如克罗马侬人，北京周口店的山顶洞人），即人类的祖先。在第四纪冰河期间（大部分是进入全新世）发生了大量巨型动物群的灭绝事件。这些动物主要涉及重于 40 kg 的大型哺乳动物。在北美洲和南美洲分别约有 33 属和 46 属大型哺乳动物消失，澳洲和欧洲各有 15 属，亚洲和非洲消失较少。如猛犸象（长毛象）、披毛犀、大角鹿、剑齿虎、洞狮、洞熊、洞鬣狗、巨貘和大地懒等哺乳动物都已经灭绝了（图 3-12）。

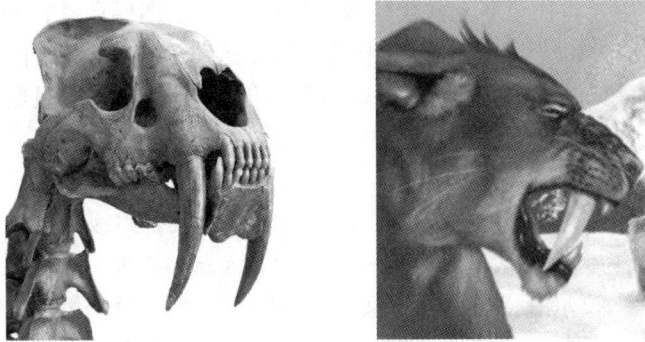

图 3 – 12　剑齿虎头骨化石和头部复原图

（剑齿虎，又名斯剑虎或刃齿虎，大约生存在距今 3 Ma 至 10000 年前
的北美洲和南美洲，犬齿可达 20 cm）

3.2.6　地壳演化与构造运动

　　地球自形成以来，每时每刻都在运动着。伴随着各种构造运动，也引起地壳结构的不断变化。瞬间发生的地震，是人们能够直接感觉到的地壳运动的反映。更普遍的地壳运动是在长期地、缓慢地进行着，也是人们不易觉察到的。地质历史上发生过的地壳运动，也只能通过留下的证据（如地貌特征、岩石、构造、古生物、古地磁、岩浆活动和地震等）来认识或恢复。按照地球演化历史，地壳演化按照以下几个阶段叙述。

　　1. 太古宙

　　太古宙是地质年代中最古老、历时最长的一个时期，即原始地壳以及原始地壳、大气圈、水圈、沉积圈和生物的发生、发展的初期阶段。

　　太古宙的地层由古老的变质深的正、副片麻岩组成。副片麻岩的出现说明当时有了原始大气圈和水圈。在这些结晶变质岩基底上覆盖着一层变质较轻的绿岩带（年龄在 3400 Ma 至 2300 Ma），其中的火山岩和沉积岩形成于当时地面的凹陷带。据推测，古太古代地球表面有许多小型花岗质陆块，周边有深浅多变的古海洋。后来各小陆块在移运中结合成面积较大的大陆板块。这些最古老的陆块已散布于各大陆中，即所谓的稳陆块的核心——克拉通（或古地盾区）。在我国已知的最早的一次褶皱运动——阜平运动发生在新太古代（约 2600 Ma）之后，另一个褶皱运动——五台运动发生在新太古代末与古元古代之前（约 2500 Ma），形成了华北大陆原始的大陆型地壳。

　　太古代的地壳运动和岩浆活动广泛而强烈，火山喷发频繁，形成大气圈和水圈。世界各地蕴藏丰富的海相层状沉积的变质铁锰矿床和岩浆活动形成的金矿等就是在这时期形成的。

　　2. 元古宙

　　在元古宙大陆地壳逐渐变大并增厚，火山活动相对减少。大气中 CO_2 浓度降低，水中钙、镁离子增多，开始出现有化学沉积的碳酸盐岩。大气中游离氧浓度的增加，有利于后期鲕状赤铁矿和首批红层沉积建造的形成。

　　元古宙发生的地壳运动广泛而频繁。造山运动形成的褶皱带使原有的小陆块逐渐拼合在一起成为古陆，后来都成为各大陆的古老褶皱基底和核心。如古元古代期间发生的吕梁运动，使得塔里木陆块和中朝陆块等小陆块拼合，形成统一的原始的结晶基底（即华北陆块的原型——原地台）；中元古代至新元古代的晋宁运动（Ⅰ幕，四堡运动，1000 Ma）和新元古代的晋宁运动（Ⅱ幕，850 Ma 至 800 Ma，即相当于澄江运动，约 750 Ma）使原来较分散的古陆核焊接、固化形成为相对稳定的大型陆块——扬子陆块。新元古代震旦纪出现了全球性的大冰期，即震旦纪大冰期，是地球发展史上的三大冰期之一。

3. 古生代

大陆经历过多次分合，在元古宙末期，各分散陆块曾联合组成泛大陆。寒武纪时泛大陆发生分裂，在南部成为冈瓦纳大陆，北部分为北美、欧洲和亚洲三个大陆，彼此间被前海西海、前加里东海、前乌拉尔海和前特提斯海（前古地中海）所分隔。奥陶纪末开始发生加里东造山运动。至泥盆纪时，前加里东凹陷带已褶皱成山，古欧洲与北美合并成一块大陆，即劳俄大陆。晚石炭世时经海西运动后，前海西凹陷带消失了，使欧美大陆与冈瓦纳大陆合并。至晚二叠世，前乌拉尔海也消失了，欧亚大陆形成，全球又成为一个新的泛大陆。二叠纪曾发生过大规模的火山喷发，如峨眉山基性火山岩（260 Ma）和西伯利亚暗色岩（250 Ma 至 251 Ma）的火山爆发，有学者认为这期大规模火山喷发与地球上有史以来二叠纪末最大规模的生物大灭绝有关。

（1）中国的加里东运动

在中国北方，志留纪期的加里东运动造成秦岭微陆块与华北陆块碰撞，导致北秦岭洋闭合，形成北秦岭加里东造山带；志留纪后期，柴达木陆块与华北陆块碰撞，古北祁连海褶皱闭合，形成祁连加里东造山带，使中国西部的柴达木陆块与中朝古陆（包括华北陆块和塔里木陆块）拼合。在中国南方，晚加里东期的广西运动，扬子陆块与华夏陆块碰撞，形成统一的华南大陆。

（2）中国的海西运动

海西运动，又称华力西运动。晚古生代的海西运动使处于中朝古陆北部与西伯利亚克拉通之间的古亚洲洋由西向东逐渐闭合并褶皱造山，形成天山、蒙古、长白—兴安褶皱带等。从晚石炭世（约 320 Ma）开始，华北克拉通北缘已发展成为安第斯型活动大陆边缘，古亚洲洋向南俯冲在华北克拉通之下。二叠纪末至三叠纪初古亚洲洋沿索伦缝合带最终闭合并褶皱造山。至此，西伯利亚陆块与华北陆块拼接在一起。同样，海西运动在华北陆块南部与扬子陆块（在早古生代曾是南半球冈瓦纳古陆的一部分，后来分裂并向北漂移）之间的古秦岭洋（元古代已形成）到石炭纪（约 340 Ma）闭合并褶皱造山，形成祁连山、秦岭至昆仑褶皱带。这样，海西运动形成了联合古大陆。

在中国西南地区，早二叠世晚期在青藏高原发生了大规模火山活动，形成千余米厚的玄武岩；中二叠世末至晚二叠世早期发生了大规模的峨眉山玄武岩喷发事件，即东吴运动。

4. 中生代

泛大陆的重新分裂发生于中生代，即始于晚三叠世，主要分裂在侏罗纪和白垩纪，且一直延续到新生代。泛大陆原来是呈南北极向延伸，赤道部分较窄，存在特提斯海（古地中海）。三叠纪至侏罗纪时，北美洲与非洲分裂，北大西洋开始扩张，泛大陆被分为北部的劳亚（劳伦斯和亚细亚）古陆和南部的冈瓦纳古陆。侏罗纪至白垩纪，南美洲与非洲分裂，南大西洋开始扩张。侏罗纪时，非洲和印度也与南极洲和澳洲（二者仍在一起）脱离，开始形成印度洋。白垩纪时，北大西洋向北展宽，南大西洋已有一定规模，印度洋向东北漂移并扩大，而古地中海则趋于缩小。

中生代各地都有强烈的造山运动,欧洲有旧阿尔卑斯运动,美洲为内华达运动和拉拉米运动,中国为印支运动(P₂~T)和燕山运动(J₃~K₁)。这时褶皱、断裂和岩浆活动都极为活跃。

(1)中国的印支运动

在中国南部,中三叠世末期印支运动使华夏陆块和扬子陆块率先完成碰撞、拼合,形成华南板块,二者之间则形成绍兴—十万大山碰撞带;与此同时,思茅—印度支那陆块也与之碰撞拼合,之间形成金沙江碰撞带的南段;晚三叠世,保山—中缅马苏地块拼合到华南陆块之上,之间形成澜沧江碰撞带的南段。最后,华南陆块与在印支期之前已经拼合到欧亚陆块之上的中朝陆块发生碰撞、拼合,之间形成秦岭—大别山碰撞带。由于印支期的构造活动相当剧烈,在发生碰撞的各板块内部都发生了广泛的褶皱变形。当今的金沙江断层带和澜沧江带断层带附近的横断山脉,秦岭—大别山断层带上的秦岭,都是在印支期以后的构造运动中升高的,我国大陆的基本轮廓这时建立起来了,使我国古地理格局由南海北陆转化为东西分异。

在我国东部印支运动形成一系列华夏式隆起与凹陷,许多有色金属和稀有金属矿床的形成都与这时的岩浆活动有关,在断陷盆地中也形成煤、石油和油页岩等矿床。

(2)中国的燕山运动

燕山运动分为早(J₂~J₃)、中(K₁)和晚(K₂)三期。主幕发生在晚侏罗世和早白垩世(J₃~K₁)之间。由于构造背景不同,燕山运动的表现形式有明显的东西差异。在大兴安岭—太行山—雪峰山一线以西,大型稳定盆地(如鄂尔多斯、四川、准噶尔、塔里木等盆地)萎缩消亡;以东构造活动强烈,造成许多北北东或北东向平行斜列的褶皱断裂山地和大量小型断陷盆地并伴随大规模的岩浆活动,显示出古太平洋板块对东亚大陆俯冲的强烈影响。燕山运动期间,东亚构造体制发生了重大转换。西伯利亚板块向南、古太平洋板块向西、印度洋板块向北东,同时朝中朝(陆块)板块汇聚,形成了以陆内俯冲和陆内多向造山为特征的"东亚汇聚"构造体系。在这一过程中,晚侏罗世大陆汇聚导致岩石圈急剧增厚,随之引发早白垩世岩石圈垮塌和大规模岩浆火山作用,中侏罗世燕辽生物群被早白垩世热河生物群更替,成为中国大陆和东亚重大构造变革事件。经过燕山运动,中国东部地貌的构造格局已清晰地显现出来,断陷小盆地逐渐消亡,形成华北、松辽、江汉和苏北等四大盆地。

5. 新生代

继中生代之后,海底继续扩张,澳洲与南极洲分离,东非发生张裂,印度与欧亚大陆碰撞。在第三纪发生强烈的地壳运动(欧洲称为新阿尔卑斯运动,亚洲称喜马拉雅运动)。在古地中海带和环太平洋带形成了一系列巨大的褶皱山体。在古老的地台区也发生拱曲、断层等差异性升降运动,在断陷盆地中广泛发育了红层。

喜马拉雅运动对中国及其周边影响深远。西亚、中东、喜马拉雅、缅甸西部、马来西亚等地山脉及包括中国台湾在内的西太平洋岛弧均告形成;中印之间的古地中海消失,并褶皱形成喜马拉雅山脉;印度大陆与欧亚大陆拼接,造成青藏高原整体强烈上升,形成现代地貌格局。中国所有高山和高原现今达到的海拔高度,主要是喜马拉雅运动以来上升的结果。

3.3 岩层产状及其测定

3.3.1 岩层的产状

由地壳运动形成的地质构造,无论其形态多么复杂,它们总是由一定数量和一定空间位置的岩层或岩石中的破裂面所构成的。因此,研究地质构造的一个基本内容就是确定这些岩层和破裂面的空间状态,及其在地表的表现等特征。

确定岩层的产出状况是研究地质构造的基础。地质学中常使用岩层产状的概念。岩层的产状指岩层在地壳中的空间方位,即在空间的展布状态。常用岩层走向、倾向和倾角,即产状三要素(图3-13)来确定岩层的产状。

1. 走向

岩层层面与水平面交线的延伸方向称为岩层的走向(图3-13中 ab),其交线称为走向线。岩层的走向表示岩层在空间的水平延伸方向。

2. 倾向

垂直走向顺倾斜面向下引出的一条直线,叫作倾斜线(图3-13中 ce)。此直线在水平面的投影所指的方向,称为岩层的倾向(图3-13中 cd)。岩层的倾向表示岩层在空间的倾斜方向。岩层的走向和倾向相差90°。

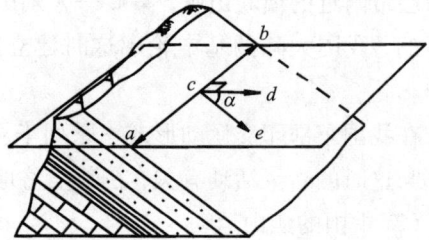

图3-13 岩层产状要素

ab—走向线;ce—倾向线;cd—倾向;α—岩层的倾角

3. 倾角

倾角即岩层层面与水平面所夹的锐角(图3-13中的 α)。岩层的倾角表示岩层在空间倾斜角度的大小。

显然,岩层产状的三要素能表达岩层在空间的展布状况。

3.3.2 岩层产状的测定

测量岩层产状是地质调查工作中的一项重要内容。在野外,岩层产状常用地质罗盘直接在岩层的层面上测量获得。

1. 岩层走向的测定

测量岩层走向时,将罗盘的长边(即水平度盘NS向)紧贴层面,罗盘放平,圆形水准泡居中,此时罗盘磁南针或磁北针读数即为岩层走向方位。

2. 岩层倾向的测定

测量岩层倾向时,将罗盘的短边(即水平度盘N端)紧贴层面,调整水平,圆形水准泡居中,此时罗盘磁北针读数即为岩层倾向方位。同一岩层面的倾向与走向相差90°。

3. 岩层倾角的测定

测量岩层倾角时,将罗盘侧立,水平刻度盘长边(NS向)竖直贴在倾斜线上,紧贴层面,长边与岩层走向垂直,用手转动罗盘背面的倾斜器,使圆柱状水准泡居中,然后观测垂直度盘上的读数,即岩层倾角。

对于以后讲到的褶皱轴面、节理面或裂隙面、断层面等形态的产状意义、表示方法和测定方法，都与岩层的产状相同。

3.3.3　岩层产状的表示方法

1. 方位角表示法

如岩层走向为 330°，倾向为 240°，倾角为 50°，记为 NW330°SW∠50°，读作走向北西 330°，倾向南西，倾角 50°。由于岩层走向与倾向相差 90°，所以在野外测量岩层产状时，往往只记录倾向和倾角，其简单记法为 240°∠50°，读作倾向南西 240°，倾角 50°。

2. 象限角表示法

以正北或正南方向为准(0°)，一般记走向、倾斜象限和倾角。如走向 330°，倾向 240°，倾角 50°，记为 N30°W SW∠50°，读作走向北偏西 30°，南西倾斜，倾角 50°。此种表示方法主要用于构造线方位。

应当指出的是岩层产状有两种特殊产状，一种是岩层直立，其倾角为 90°，走向为实测的走向方位；另一种是岩层呈水平状，倾角为 0°，无走向与倾向方位。

3. 符号表示法

在地质图上，岩层产状要素常用符号表示，常用符号有以下几种。

─┼─：水平岩层(倾角 0° ~ 5°)。

─┼─：直立岩层(倾角 85° ~ 90°)，箭头指向较新岩层。

╱─30°：倾斜岩层，长线为走向，短线为倾向，长短线均为实测方位，度数是倾角。

╱┐30°：倒转岩层，箭头指向倒转后的倾向，度数是倾角。

3.4　褶皱构造

由于地壳中存在很大的应力，组成地壳的上部岩层地应力的长期作用下就会发生变形，形成构造变动的形迹。我们把构造变动在岩层和岩体中遗留下来的各种构造形迹，称为地质构造。地质构造的规模有大有小。如大的地质构造可纵横数千千米，小的则在露头或者只能在显微镜下发现。尽管其规模不同，但它们都是地壳运动造成的永久变形和岩石发生相对位移的踪迹。

由于受到成岩时的地质作用、形成时的环境和形成后所受的构造运动的影响，特别是岩层受到漫长的、多期次的和叠加的构造运动的影响，岩层变形十分强烈，常形成复杂的地质构造。这些复杂的地质构造，一般由一些较小的和简单的基本构造形态按一定方式组合而成。这些简单的构造形态一般可以分为水平构造、单斜构造和褶皱构造等三种基本类型。

3.4.1　水平构造

水平构造也称水平岩层，指岩层产状近于水平(一般倾角 <5°)的构造。

一般认为沉积岩的原始产状都是大致水平的，只在沉积盆地的边缘和岛屿周围等少数地区呈原始倾斜状态。水平岩层出现在构造运动较为轻微的地区或大范围均匀抬升或下降的地区。一般分布在平原、高原或盆地中部。如美国犹他州拱门国家公园中的红色砂岩层近于水平状[图 3 - 14(a)]。水平构造中较新的岩层总是位于较老的岩层之上。

　　当岩层受到切割时，老岩层出露在河谷低洼区，较新岩层出露在较高的地方。在同一高程的不同地点，出露的是同一岩层。

　　水平岩层在地面上的露头宽度与形状主要与地形特征与岩层厚度有关。在地面坡度相同的情况下，厚度越大，露头宽度越大；反之，则越小。

3.4.2　单斜构造

　　由于地壳运动使原始水平的岩层发生倾斜，岩层层面与水平面之间有一定夹角的岩层，称为倾斜构造，亦称倾斜岩层。它常常是褶皱的一翼或断层的一盘，也可以是大区域内的不均匀抬升或下降所形成的。在一定地区内向同一方向倾斜和倾角基本一致的岩层又称单斜构造，也称单斜岩层。

　　一般情况下，岩层形成后经受构造运动影响产生变位、变形，改变了原始沉积时的状态，但仍然保持顶面在上、底面在下，岩层总是下老上新的正常层序，称为正常倾斜岩层［图3－14(b)］。倘若岩层受到强烈变位，使岩层倾角近于90°时，称为直立岩层。当岩层顶面在下、底面在上时，则岩层层序发生倒转，层序是下新上老，称为倒转倾斜岩层。

图3－14　水平岩层和倾斜岩层

(a)美国犹他州拱门国家公园；(b)美国洛杉矶北部华斯克巨岩公园

　　倾斜岩层按倾角的大小又可分为缓倾岩层(＜30°)、陡倾岩层(30°～60°)和陡立岩层(＞60°)。

　　岩层的正常与倒转，主要是根据化石来确定的，也可以根据岩层层面特征(如岩层面上的泥裂、波痕、虫迹、雨痕等)、沉积岩岩性和构造特征(如粒序层理、冲刷面)来判断确定。如泥裂的裂口正常特征是上宽下窄，直至尖灭；波痕的波峰一般比波谷窄而尖，正常情况是波峰向上

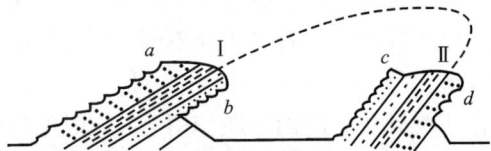

图3－15　利用波痕确定岩层顶底面

(据 M. P. Bllings, 1947)

Ⅰ—正常岩层；Ⅱ—倒转岩层；

a、*d*—波痕原型，波痕指向左上方；

b、*c*—波痕印模，波峰指向左上方

(图3－15)；正常粒序层理是岩层下部颗粒较粗、上部颗粒较细(图2－20)。

　　倾斜岩层在露头宽度取决于岩层厚度、地面坡度和岩层倾角三者的关系，露头形态受地形坡向与岩层倾角之间的关系以及岩层倾角与坡角大小等因素影响。

3.4.3　褶皱构造

组成地壳的岩层,受构造应力的强烈作用使其发生波状弯曲而未丧失其连续性的构造,称为褶皱构造。褶皱构造是岩层产生塑性变形的表现,是地壳表层广泛发育的基本构造之一。

绝大多数褶皱是在水平挤压作用下形成的[图 3 - 16(a)]。有的褶皱是在垂直作用力下形成的[图 3 - 16(b)],还有一些褶皱是在力偶作用下形成的[图 3 - 16(c)],且多发育在夹于两个坚硬岩层间的较弱岩层中或断层带附近。

褶皱在沉积岩层中最为明显。研究褶皱的产状、形态、类型、成因及其分布特点,对于查明区域地质构造和工程地质条件具有重要意义。

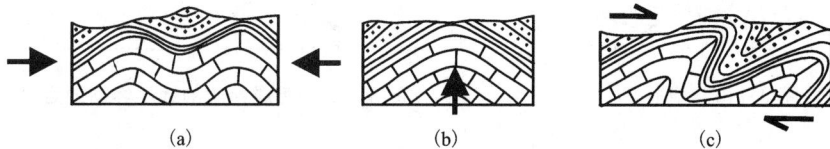

图 3 - 16　褶皱的力学成因
(a)水平挤压力;(b)垂直作用力;(c)力偶作用

1. 褶皱的基本类型

褶曲是褶皱构造中的一个弯曲。它是褶皱构造的组成单位。褶曲的基本类型有背斜和向斜两种(图 3 - 17)。

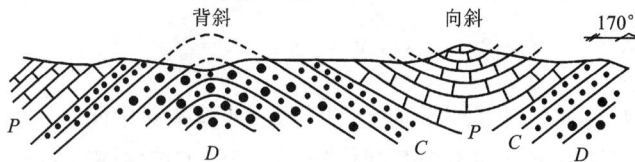

图 3 - 17　背斜和向斜

(1)背斜

背斜是岩层向上隆起的褶曲。中心部分为较老岩层,向两侧依次变新。

(2)向斜

向斜是岩层向下凹的褶曲。中心部分为较新岩层,向两侧依次变老。若岩石未经剥蚀,则背斜成山,向斜成谷,地表仅见到时代最新的地层;若褶皱遭受风化剥蚀,则背斜山被削平,整个地形变得比较平坦,甚至背斜遭受强烈剥蚀形成谷地,向斜反而成为山脊(图 3 - 17)。因此,不能够完全以地形的起伏情况作为识别褶皱类型的主要标志。

背斜和向斜遭受风化剥蚀后,地表可见不同时代的地层出露。在平面上认识背斜和向斜,是根据岩层的新老关系及其分布规律来确定的。若中间为老地层,两侧依次对称出现新地层,则为背斜;如果中间为新地层,两侧依次对称出现老地层,则为向斜。

2. 褶曲要素

对于各式各样的褶皱进行描述和研究，认识和区别不同形状、不同特征的褶皱构造，需要统一规定褶皱各部分的名称。褶曲要素是组成褶皱各个部分的单元，包括核部、翼部、轴面、轴、转折端和枢纽等(图3-18)。

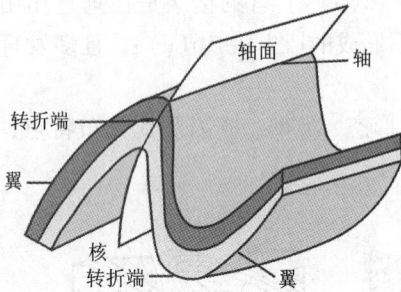

图3-18 褶曲要素

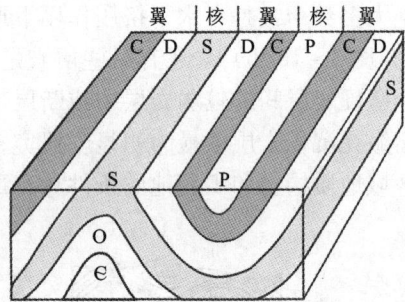

图3-19 组成褶皱的地层经剥蚀后平面上对称排列

(1)核

核指褶皱的中心部分。如果褶皱岩层受风化剥蚀后，出露在地面上的中心部分称之为核。如图3-19中，背斜核部为志留系(S)，向斜核部为二叠系(P)。核部出露的地层与岩层的剥蚀作用的强弱有关，背斜剥蚀越深，核部地层出露越老。对于同一个褶皱，由于不同地段的剥蚀深度上有差异，可以出露不同时代的地层，因此，褶皱的核与翼是相对概念。

(2)翼

翼指核部两侧对称出露的岩层。当背斜与向斜相连时，翼部是共有的，如图3-19中泥盆系(D)和石炭系(C)。

(3)枢纽

枢纽指褶曲在同一层面上各最大弯曲点的连线，或者褶曲中同一层面与轴面的交线。褶曲的枢纽有水平的，有倾斜的，也有波状起伏的，其空间方位由测得的倾伏向和倾伏角确定。

(4)轴面

轴面即褶曲轴面，以褶曲顶平分两翼的面，或者连接褶皱各层的枢纽构成的面。轴面是为了标定褶曲方位及产状而划定的一个假想面。它可以是一个简单的平面，也可以是一个复杂的曲面。轴面可以是直立的、倾斜的或平卧的。

(5)轴

轴指褶曲轴面与水平面的交线。轴的方位即为褶曲的方位。轴的长度表示褶曲延伸的规模。

(6)转折端

转折端指从褶曲一翼转到另一翼的过渡弯曲部分，即两翼的汇合部分。它的形态常为圆滑的弧形，也可以是尖棱或一段直线。

3. 褶曲分类

褶曲的几何形态很多，其分类也不尽相同，下面介绍几种分类方案。

(1)按照褶曲的轴面和两翼的产状分类

　　按照褶曲的轴面和两翼的产状分类可将褶皱分为以下五类(图 3 - 20)。

　　1)直立褶曲

　　轴面直立,两翼岩层倾向相反,倾角基本相等。因横剖面上两翼对称,又称对称褶皱。

　　2)倾斜褶曲

　　轴面倾斜,两翼岩层倾向相反,倾角不等。因横剖面上两翼不对称,又称不对称褶皱或斜歪褶皱。

　　3)倒转褶曲

　　轴面倾斜,两翼岩层倾向相同,一翼岩层层位正常,另一翼老岩层覆盖于新岩层之上,即岩层层位发生了倒转(图 3 - 21)。

　　4)平卧褶曲

　　轴面水平或近于水平,两翼岩层产状也近于水平,一翼岩层层位正常,另一翼岩层发生倒转。

　　5)翻卷褶曲

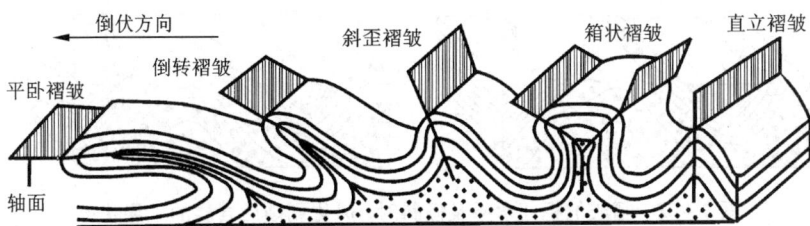

图 3 - 20　根据轴面和两翼产状对褶曲进行分类

(据 Mattauer, 1986)

　　轴面弯曲的平卧褶皱,通常由平卧褶曲转折端部分翻卷而成。平卧褶曲转折端部位翻转向下,则为地层层序不明的背斜构造;如翻卷向上,则为地层层序不明的向斜构造。

　　(2)按照褶曲纵剖面上枢纽的产状分类

　　1)水平褶曲

　　褶曲枢纽近于水平延伸,两翼岩层走向大致平行并对称分布(图 3 - 22 中 a, a')。

　　2)倾伏褶皱

　　褶曲枢纽向一端倾伏,两翼岩层的露头线不平行延伸,发生弧形合围,或呈"之"字形分布。在背斜的枢纽倾伏端和向斜的枢纽扬起端,两翼岩层逐渐转折汇合(图 3 - 22 中 b, b')。

　　(3)按照褶曲岩层的弯曲形态分类

　　1)圆弧褶皱

　　褶曲两侧岩层呈圆弧状弯曲,一般褶曲转折端较宽缓[图 3 - 23(a)]。

　　2)尖棱褶皱

　　褶曲两翼岩层平直相交,转折端呈尖角状,褶皱挤压紧密,也称紧密褶皱[图 3 - 23(b)]。

图 3 - 21　倒转背斜和向斜

(美国加州洛杉矶圣·莫妮卡海岸)

3)箱形褶皱

褶曲两翼岩层近直立，转折端平直，整体形态似箱形，常有一对共轭轴面[图3-23(c)]。

4)扇形褶皱

褶曲两翼岩层大致对称呈弧形弯曲，局部层位倒转，转折端平缓，整体呈扇形[图3-23(d)]。

5)挠曲

水平或缓倾岩层中的一段突然变为较陡的倾斜，形成台阶状[图3-23(e)]。

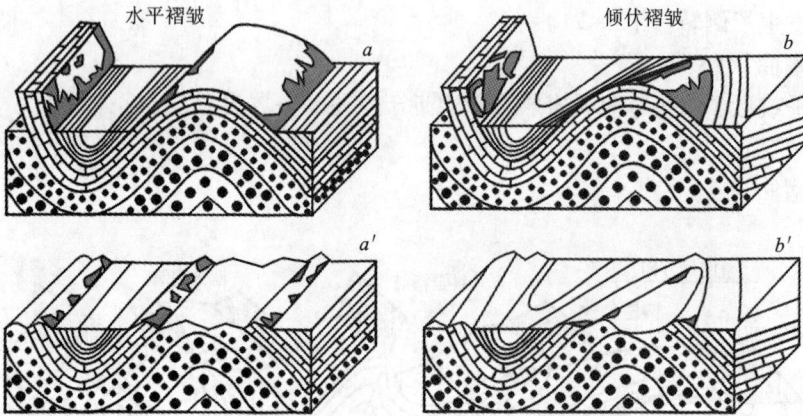

图3-22　褶皱的枢纽水平及倾斜时，风化剥蚀后岩层的延展状况
a、a′—水平褶皱；b、b′—倾斜褶皱

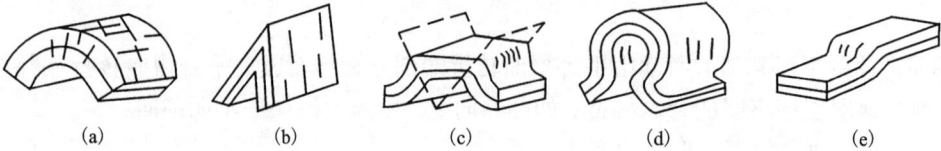

图3-23　按岩层变曲形态划分褶皱类型
(a)圆弧褶皱；(b)尖棱褶皱；(c)箱形褶皱；(d)扇形褶皱；(e)挠曲

(4)按照褶曲在平面上的形态分类

1)线形褶皱

褶曲沿一定方向延伸很远，延伸的长度大而分布宽度小，褶皱长宽比大于10∶1称为线性褶皱[图3-24(a)]。

2)短轴褶皱

褶曲两端延伸不远即倾伏，长宽比介于(10∶1)～(3∶1)之间，呈长椭圆形。若为背斜称为短背斜，若为向斜称为短向斜。

3)穹隆与构造盆地

褶曲的长宽比小于3∶1。若为背斜，称为穹隆；若为向斜，则称为构造盆地[图3-24(b)]。

(5)按照褶曲在横剖面上的组合类型分类

1)复背斜

复背斜是一个巨大的背斜，两翼为与轴面延伸近一致的次一级褶皱所复杂化［图 3 − 25(a)］。

2)复向斜

复向斜是一个巨大的向斜，两翼亦为与轴面延伸近一致的次一级褶皱所复杂化［图 3 − 25(b)］。

4. 褶曲的识别

(1)野外观察褶皱的方法

在少数情况下，沿山区河谷或道路两侧，或者小尺度范围内，岩层的弯曲可能直接暴露，是背斜还是向斜一目了然。在多数情况下，地面岩层呈倾斜状态，无法看清岩层的弯曲全貌，无法确定岩层是否弯曲、或者判断褶曲的类型，应按下列方法进行观察分析。

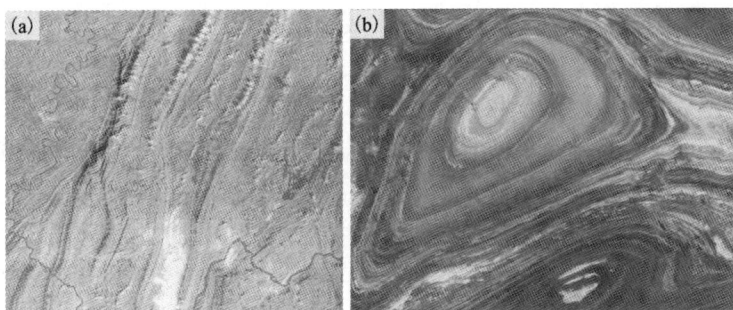

图 3 − 24　褶皱在平面上的形态
(a)线形褶皱(四川东部)；(b)穹隆构造(阿尔及利亚境内)

岩层变形之初，背斜为高地，向斜为低地，这时的地形是褶皱构造的直观反映。由于背斜轴部裂隙发育、岩层较破碎、地形突出，在地表经过较长期的风化剥蚀后，背斜核部易受到风化剥蚀作用，最终可使背斜变成低地或沟谷。与此相反，向斜核部岩层较为完整，并常有剥蚀产物在核部堆积，最终导致向斜的地形较相邻背斜高，形成向斜山。因此，地形上的高低并不是判别背斜与向斜的标志。

图 3 − 25　褶皱在横剖面上的形态
(a)复背斜；(b)复向斜

在野外，判断和确定褶皱及其类型常采取穿越法和追索法。所谓穿越法就是沿着选定的调查路线(如露头较好的沟底或新掘的公路)，垂直岩层走向进行观察。其优点是路线较短、露头较好，有利于了解岩层的产状、层序、接触关系及其新老关系。如果在路线通过地段的岩层对称重复出现，则存在褶皱构造。然后，根据岩层出露的层序及其新老关系，判断是背斜还是向斜。同时，根据褶皱两翼岩层的产状和两翼与轴面之间的关系，判断褶皱的形态类型。

追索法是沿岩层走向进行观察的方法。沿平行岩层走向进行追索，以便查明褶皱延伸的方向及其构造变化情况。

上述两种方法是野外观察和研究其他地质构造现象的最基本方法。其中，在实际工作中经常以穿越法为主，追索法为辅。

（2）在地质图中观察褶皱的方法

详见本章地质图的阅读与分析一节。

5. 褶曲的工程评价

褶皱构造的核部和翼部对工程建筑有不同程度的影响。

对于褶皱构造核部或转折端而言，由于褶皱核部或转折端是岩层受构造应力最为强烈、最为集中的部位，容易产生节理，岩层易发生破碎，直接影响到岩层的强度与完整性。同时，向斜构造（尤其是盆地向斜）核部是地下水储水较丰富的地段，所以在该部位布置各种建筑工程（如厂房、路桥、坝址、隧道等）容易遇到不良工程地质问题。这些问题在隧道工程中往往显得更为突出，容易产生隧道塌顶和涌水现象，严重影响正常施工。

对于褶皱翼部而言，主要是单斜构造中倾斜岩层引起的顺层滑坡问题。倾斜岩层作为建筑物地基时，一般无特殊不良的影响，但对于深路堑、高切坡及隧道工程等则有影响。对于深路堑、高切坡来说，当路线垂直岩层走向，或路线与岩层走向平行但岩层倾向与边坡倾向相反时形成反向坡，只就岩层产状与路线走向而言，对边坡的稳定性是有利的；当路线与岩层走向平行且岩层倾向与边坡倾向一致时形成顺向坡，稳定性较差，特别是当边坡倾角大于岩层倾角时，且有软弱岩层（如片岩、千枚岩、泥岩和页岩等）分布在其中时，稳定性最差；或者因路堑开挖过深，边坡过陡，或者因开挖使软弱结构面暴露，都容易引起斜坡岩层发生大规模的顺层滑移，破坏路基稳定。对于隧道工程（或地下工程）来说，一般从褶皱的翼部通过较为有利。如果中间有软弱岩层或软弱结构面时，则在顺倾向一侧的洞壁，有时会出现明显的偏压现象，甚至会导致支护结构的破坏，发生局部坍塌。

3.5 断裂构造

岩体、岩层受力后发生变形，当所受的力超过岩石本身的强度时，岩石的连续性和完整性遭到破坏，形成断裂构造。

断裂构造的规模有大有小，巨型断裂构造可达几百千米到上千千米，微细断裂构造要在显微镜下才能看出。断裂构造是常见的地质构造，包括节理和断层两类。

3.5.1 断裂构造的力学成因

当岩石受力超过其强度，即应力差超过其强度时便开始发生破裂。破裂之初，首先出现微裂隙，微裂隙逐渐发展，相互联合，形成一条明显的破裂面，即断层两盘借以相对滑动的破裂面。断层形成之初发生的微裂隙（多数为张性的）一般呈羽状散布排列。当断裂面一旦形成，且应力差超过摩擦阻力时，两盘就开始相对滑动，形成断层。

3.5.2 节理

节理也叫裂隙，是岩层或岩体中沿破裂面没有发生显著位移的小型断裂构造。它是野外常见的一种构造现象，自然界岩层或岩体中几乎都存有节理，而且分布有一定的规律性。节理的延伸范围变化较大，由几厘米到几十米不等。节理间距也不一样。节理面在空间的形态称为节理产状，其定义与测量方法与岩层产状相似。节理面形态有平整的，也有粗糙弯曲的。节理发育时，常将岩层或岩体分割成形状不同、大小不等的岩块，从而破坏了岩体的整体性，促进岩体风化，增强岩体的透水性，使岩体的强度和稳定性降低。

1. 节理的分类

（1）按照成因分类

根据成因节理分为构造节理与非构造节理两大类。

1）构造节理

由构造运动产生的构造节理在地壳中分布极广，且有一定的规律性，经常成群成组的出现。凡是在同一时期同一成因条件下形成的彼此平行或近于平行的节理归为一组，称为节理组。在节理研究中，应区别不同时期和不同成因的节理。

2）非构造节理

非构造节理是由岩石在形成过程中，或者岩石经卸载、风化、爆破等作用形成的节理。前者称为原生节理，如玄武岩在冷凝过程中形成的柱状节理；后者称为次生节理，如黄土中的垂向节理（图 4 - 13）。非构造节理分布规律不明显，无方向性，常出现在地表浅层或较小范围内。下面主要介绍构造节理。

（2）按照几何形态分类

根据节理与所在岩层产状之间的关系，一般分为走向节理、斜向节理和顺层节理（图 3 - 26）。

1）走向节理

走向节理指节理走向与所在岩层的走向大致平行。

2）倾向节理

倾向节理指节理的走向与所在岩层走向大致垂直。

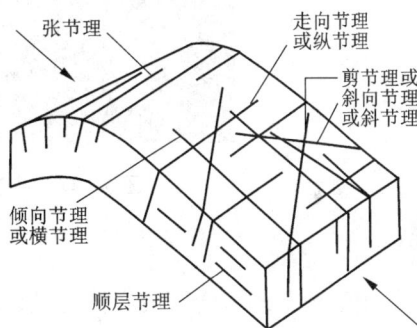

图 3 - 26　节理的形态分类

3）斜向节理

斜向节理指节理的走向与所在岩层走向斜交。

4）顺层节理

顺层节理指节理面大致平行于岩层层面。

根据节理走向与所在褶皱的枢纽、主要断层走向或其他线状构造延伸方向的关系，将节理分为纵节理、横节理和斜节理。其中，纵节理走向与断层走向（或构造线方向）两者大致平行；横节理走向与断层走向大致垂直；而斜节理是两者斜交。

对枢纽水平的褶皱，以上两种分类可以对应，即走向节理相当于纵节理，倾向节理相当于横节理。

（3）按照力学性质分类

根据力学性质将节理分为剪节理、张节理和劈理三类。

1）剪节理

岩石受剪（扭）应力作用破裂形成的裂隙称剪节理。剪节理常与褶皱、断层相伴生，主要特征有：

①产状稳定，沿走向和倾向延伸较远。

②节理面光滑平直，时有擦痕、镜面等，通常是平直闭合的，如被填充，脉宽较为均匀，脉壁较为平直。

③能切穿岩石中的砾石、结核和岩脉等。

④一般发育密集，等间距分布，特别是在软弱薄层岩石中常密集成带。

⑤典型的剪节理常成对成群出现，发育成共轭的"X"形节理，即共轭节理[图3-27(a)]，或构成平行排列或雁行排列的节理组，即羽状剪节理。羽状剪节理的主剪裂面由羽状微裂面组成，常常是一组发育较好，另一组发育较差。若沿每条小节理向前观察，下一条节理依次在左侧搭接的称左列，反之称右列[图3-28(a)，图3-28(b)]。运用这一现象可判断两侧错动方向。

图3-27 共轭剪节理(a)和单列张节理(b)

（资料源于百度百科）

⑥由于剪节理将岩石或岩体交叉切割成菱形或方形碎块体，破坏岩体的完整性，故剪节理面常是易于滑动的软弱面。

2）张节理

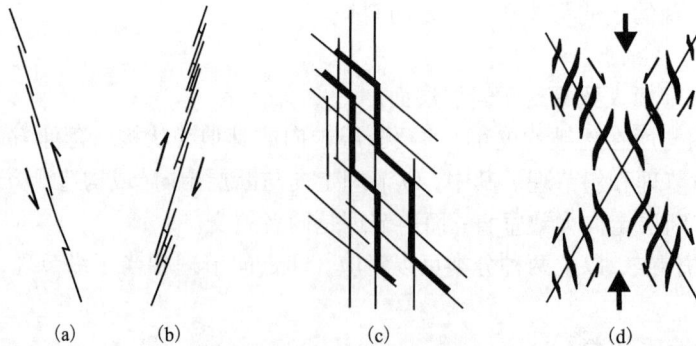

图3-28 羽状剪节理[(a)右列、(b)左列]、追踪张节理(c)和雁列张节理(d)

岩层受张应力作用形成的裂隙称张节理。当岩层受挤压时，初期是在岩层面上沿先发生的剪节理追踪发育形成锯齿状张节理。在褶皱岩层中，多在弯曲顶部产生与褶皱轴走向一致的张节理，主要特征有：

①产状很不稳定，在平面上和剖面上的延展都不远。

②节理面粗糙不平，擦痕不发育。

③张节理多开口，一般被矿脉或岩脉充填，脉宽变化较大，脉壁平直或粗糙不平。

④碎屑岩中的张节理常绕过较大的碎屑颗粒或砾石，而不是切穿砾石。

⑤张节理很少密集成带，一般发育稀疏，节理间距较大，且裂缝的宽度变化也较大，分布不均匀，往往是地表水和地下水渗漏的良好通道。

⑥张节理有时呈不规则树枝状、网络状、放射状或同心状，有时也追踪 X 形节理成锯齿状，即追踪节理[图 3 - 28(c)]，或呈单列或共轭雁列式排列[图 3 - 28(d)]，其内常充填矿物(如石英和方解石)形成梳状脉体[图 3 - 27(b)]。

3)劈理

劈理是一种由裂面或潜在裂面将岩石按一定方向劈开成为平行密集的薄片或薄板状构造。劈理在几何形态上或成因上与褶皱、断层有密切关系。根据成因和结构，将劈理分为流劈理、破劈理和滑劈理三种基本类型(图 3 - 29)。

①流劈理是岩石在强烈构造应力作用下，发生塑性流动或矿物重结晶，使矿物或其集合体呈板状、片状、长条状和针状等形态沿垂直于主压应力的方向平行排列而成，常见于变质岩中。主要特点：劈理面间距较小，常使岩石裂成薄板状(如板岩和片岩的片理)；多发育于塑性较大的较软弱岩层中(如页岩、板岩和片岩等)[图 3 - 29(a)]。

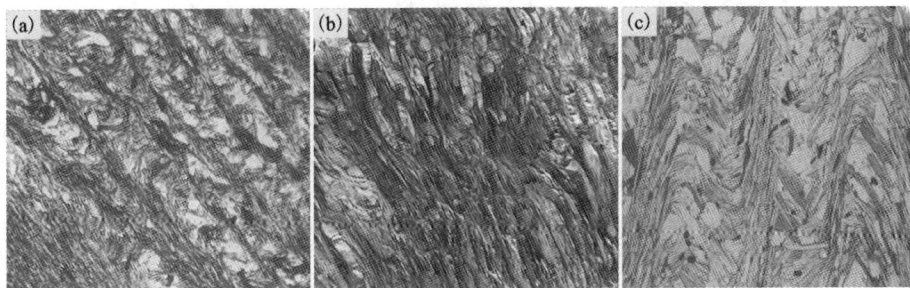

图 3 - 29　劈理的基本类型
(a)流劈理；(b)破劈理；(c)滑劈理

②破劈理在岩石中呈现出密集的平行剪破裂面，这些面上一般不产生矿物定向平行排列。主要特点：劈理间距为数毫米至 1 cm；主要发育于未变质或轻变质的岩石中，如脆性岩石内，或者夹于坚韧岩石之间的软弱岩石中[图 3 - 29(b)]。

③滑劈理又称应变劈理或折劈理，是切过先存流劈理的差异性平行滑动面。主要发育于先存鳞片变晶结构的板岩、千枚岩及云母片岩之中[图 3 - 29(c)]。

(4)按照节理面的张开程度分类

根据节理面的张开程度，将节理分为宽张节理(节理缝宽度 > 5 mm)、张开节理(节理缝宽度为 3 ~ 5 mm)、微张节理(节理缝宽度为 1 ~ 3 mm)和闭合节理(节理缝宽度 < 1 mm)。

2. 节理与褶皱构造的关系

节理和褶皱都是岩层在应力作用下发生破裂与弯曲的结果，它们的力学性质具有密切的联系。在褶皱的核部或转折端，岩石中应力最集中，极易发生破裂。在褶皱形成过程的不同阶段，由于应力方向与性质不同，相应的节理的性质及其类型也不同。

（1）褶皱形成前

水平岩层受到水平方向的侧向挤压力作用，平面上形成两组"X"形剪节理和挤压力方向近于一致的追踪横张节理，这时剪节理面平直，横张节理面呈锯齿状，但节理面都垂直岩层层面[图3-30(a)]。

（2）褶皱形成中与褶皱形成后

岩层受挤压发生弯曲，首先在褶曲剖面形成交叉状的"X"形节理，其交线平行于褶皱枢纽方向，节理面垂直岩层层面[图3-30(b)]。随着岩层受挤压发生弯曲程度增大，形成褶皱后在背斜顶部沿垂直挤压应力方向（即平行褶曲枢纽方向）上形成张节理，又称纵张节理[图3-30(c)]。这种纵张节理在横剖面上呈上宽下窄的楔形开口并呈扇形分布。

3. 节理玫瑰花图

节理对工程岩体稳定性和地下水的渗漏产生较大影响，其影响程度取决于节理的成因、形态、数量、大小、连通和充填等。为了反映节理的分布规律及对岩体稳定性的影响，通常需要进行野外与室内岩土工程勘察，查明节理的上述特征，并对节理的密度和产状进行统计分析，以便评价它们对工程的影响。

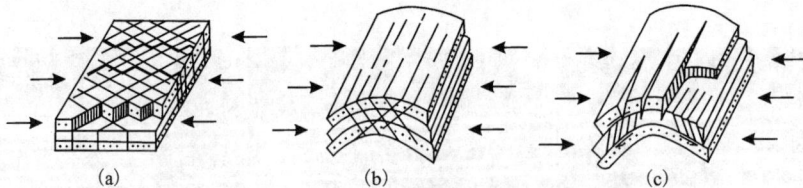

图3-30 节理与褶皱的关系

（a）褶皱前两组剪节理及横张节理；（b）褶皱中剖面出现的两组剪节理；
（c）褶皱后在背斜顶部出现的纵张节理及层间剪节理

（1）观测点的选择

野外节理观测点密度或数量的布置视研究任务和地质图的比例尺而定，一般不要求均匀布点，布点做到疏密适度。

选定观察点时还要考虑以下几点：①露头良好，构造特征清楚，岩层产状稳定；②节理比较发育，组系及其相互关系比较明确；③观测范围视节理的发育状况而定，最好是长宽一致的正方形，一般面积要求在几平方米内；④为了照顾到不同方向发育的节理，最好能在三度空间观测；⑤观测点数量适中，以便统计的节理具有代表性；⑥观测点应选在构造上的重要部位，并且在不同构造层中布点。

（2）观察内容

1）地质背景的观测

节理观测前，应了解观察地段的地质背景，包括构造层及其组成的岩性与地层及其成层性、褶皱与断层特点、观测点所在的构造部位等内容。

2）节理的分类和组系划分

对节理要进行分类，划分组系，注意区分主节理和一般节理。

3）节理的密度

节理的密度一般采用线密度或体积节理数表示。线密度以"条/m"为单位计算。体积节理数用单位体积内的节理数表示。

4）节理面的观察

节理面的观察包括节理面的形态、平直程度、张开度、粗糙度，节理面是否有擦痕和羽状构造等，节理面与主剪节理的几何关系。

5）节理的延伸

在观测节理走向时，应注意节理的平行性和延伸长度。对于区域性节理，应注意节理走向的变化趋势。

6）节理组合形式

岩石中的几组节理常组合成一定形式，将岩石切成形状和大小各不相同的块体，要注意观察节理组合形式和截切的块体所表现出的节理整体特征。

7）节理发育程度

岩性和层理对节理的发育有明显影响，如在塑性岩层中剪节理较张节理发育，而脆性岩层中张节理较剪节理发育。岩层中节理的发育程度，主要根据节理组数和间距大小来评价。为此，一般将节理发育程度的等级划分为四级：节理不发育（1~2 组节理，间距 >1 m）、节理较发育（2~3 组节理，多数间距 >0.4 m）、节理发育（ >3 组节理，多数间距 <0.4 m）和节理很发育（ >3 组节理，多数间距 <0.2 m）。

8）节理的充填物

节理中常充填有石英和方解石，或者黏土物质等，应观察这些物质的厚度。同时，应查明节理中是否含有地下水。由于节理常常是重要的含矿构造，应注意节理是否含矿以及含矿节理所占节理总数的百分数。

（3）节理的测量和记录

节理产状的测定方法与测定岩层产状要素一样。如果节理面未揭露而不易测量时，可将一硬卡片插入节理内，直接测量卡片的产状。如果节理产状不太稳定而数据精度要求很高时，应逐条进行测量。如果节理按方位和产状分组明显，也可分组测量，按照方位测量有代表性的几条节理，然后再统计这组节理的数目。测量和观察的结果一般填入一定表格或记在专用记录本中。

（4）节理测量资料的整理

在野外对节理进行了观测并收集了大量资料后，应及时在室内加以整理，进行统计分析，以查明节理发育的规律和特点，及其与该区有关构造的关系。节理的整理和统计一般采用图表形式，主要有节理玫瑰花图、极点图和等密图等。下面重点介绍节理玫瑰花图。

节理玫瑰花图编制简单，反映节理方位趋势比较明显，是统计节理的一种较常用的图。节理玫瑰花图分为走向玫瑰花图、倾向玫瑰花图和倾角玫瑰花图三类。

1）节理走向玫瑰花图

该图主要反映节理的走向方位，并在半圆内作图。绘制方法如下：在一任意半径的半圆上，画上刻度网，把所得的节理按走向以每5°或每10°分组，统计每一组内的节理条数，并算出其平均走向。自圆心沿半径引射线，射线的方位代表每组节理平均走向的方位，射线的长度代表每组节理的条数。然后用折线把射线的端点连接起来，即得到节理走向玫瑰花图[图3-31(a)]。如图3-31中明显地显示出有三组最发育的节理，走向分别为N10°~20°E、N40°~50°W和N70°~80°E。

2)节理倾向玫瑰花图

该图的编制方法与走向玫瑰花图基本相同，只要把平均走向的数据改用为平均倾向的数据即可，不过用的是整圆。

3)节理倾角玫瑰花图

用上述方法可以编制节理倾角玫瑰图。只是半径的长度代表节理的平均倾角。通常把倾角和倾向玫瑰花图作在同一张图上，合称为节理倾向玫瑰花图[图3-31(b)]。比例设定关系是圆心处代表节理平均倾角为0°，圆周上的点代表平均倾角为90°。节理倾向玫瑰花图可以定性而形象地反映节理走向、倾向及倾角的优势分布。

4. 节理工程评价

岩体中的节理，除有利于工程开挖外，对岩体的强度和稳定性均有不利的影响。岩体中存在节理，破坏了岩体的整体性，促进岩体风化速度，增强岩体的透水性，因而使岩体的强度和稳定性降低。当节理主要发育方向与线形工程路线走向平行，倾向与边坡一致时，不论岩体的产状如何，都容易发生崩塌等不良地质现象。在路基施工中，如果岩体存在节理，还会影响爆破作业的效果。所以，当节理有可能成为影响工程设计的重要因素时，应当对节理进行深入的调查研究，详细论证节理对岩体工程建筑条件的影响，采取相应措施，以保证建筑物的稳定和正常使用。

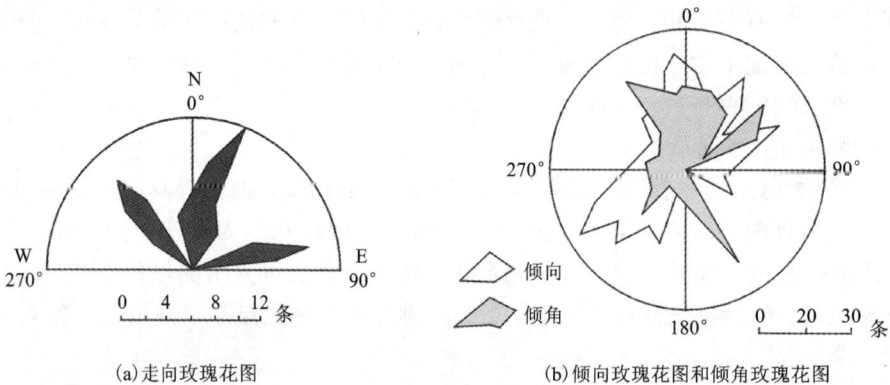

(a)走向玫瑰花图　　　　　　(b)倾向玫瑰花图和倾角玫瑰花图

图3-31　节理走向玫瑰花图和倾向、倾角玫瑰花图

3.5.3　断层

岩体受力的作用发生断裂后，两侧岩块沿断裂面发生了显著位移的断裂构造，称为断层。断层是地壳中广泛发育的地质构造，其种类很多，形态各异，规模大小不一。小断层在手标本上就能见到，大断层延伸数百千米甚至上千千米。断层切割深度深浅不同，有的发育在地表浅层，有的断层切穿地壳甚至岩石圈地幔。断层是一种常见的重要的地质构造，它由构造运动产生，或者由外动力地质作用产生。断层对工程岩体的稳定性有显著影响。

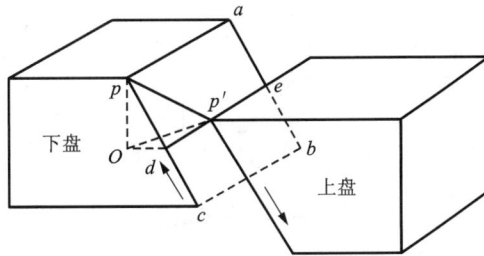

图 3 - 32　断层的几何要素

abcp—断层面；pa, de—断层线；pp'—总断距；

dp'—走向断距；pd—倾斜断距；Op'—水平断距；pO—铅直断距

1. 断层的几何要素

断层的几何要素即组成断层的单元，主要包括断层面、断层线、断盘及断距等(图 3 - 32)。

(1)断层面

断层面即岩层发生位移的错动面，它可以是平面或曲面。有些断层面并不是一个简单的断裂面，往往是具有一定宽度的破碎带，称为断层带或断层破碎带。断层带可由一系列近于平行或相互交织的断层组合而成，也可由构造岩或破碎岩所充填的破碎带构成。断层带的宽度由数厘米到数十米，甚至几百米不等，长度可达数千米，甚至数十千米。断层的规模越大，断裂带也就越宽、越复杂。因两侧岩块沿断层面发生错动，常在断层面上留有擦痕，在断层带中常有破碎岩石构成的糜棱岩、断层角砾岩和断层泥等。

(2)断层线

断层线即断层面与地面的交线，它反映断层在地表的延伸方向，它可以是直线或曲线，其形态决定于断层面的产状和地面的起伏形态。

(3)断盘

断盘指断层面两侧相对移动的岩块。若断层面是倾斜的，断层面以上的断盘称为上盘，断层面以下的断盘称为下盘。当断层近直立时，常用断块所在的方位表示，如东盘、西盘等。

(4)断距

断距指断层两盘相对错开的距离。岩层原来相连的两点，沿断层面断开的距离称为总断距。总断距在不同方向上的分量，其断距不同。如总断距的水平分量称为水平断距，在断层面走向线上的分量称为走向断距，在断层面倾斜线上的分量称为倾斜断距，在铅垂线上的分量称为铅直断距(也称为断层落差)。

2. 断层基本类型

根据断层两盘相对位移的情况，将断层分为以下三种基本类型。

(1)逆断层

逆断层指上盘沿断层面相对上升，下盘相对下降的断层。逆断层一般是由地壳水平方向强烈挤压力的作用，使上盘沿断层面向上错动而成[图 3 - 33(a)]，常与褶皱伴生。2008 年 5 月 12 日四川汶川大地震(震级 8.0)就发生在龙门山逆断裂带上。断层面倾角从陡倾角至缓倾角。其中，断层面倾角 >45°的逆断层称为逆冲断层；介于 25°~45°之间的逆断层称为逆掩断层，常由倒转褶曲进一步发展而成；<25°的逆断层称为碾掩断层。逆掩断层和碾掩断层经常是规模很大的区域性断层，常有时代老的地层被推覆到时代较新的地层之上，形成推覆构造。

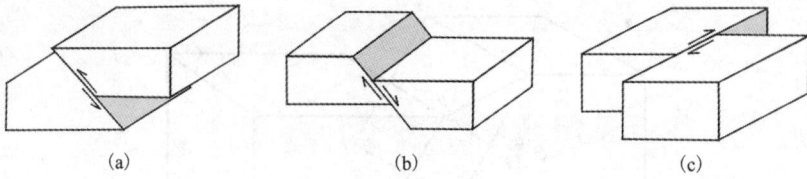

图 3-33　断层类型

(a)逆断层；(b)正断层；(c)平移断层

(2)正断层

正断层指上盘沿断层面相对下降，下盘相对上升的断层。其断层面倾角较陡，一般在45°以上。正断层一般受地壳水平拉伸或垂直上隆作用，使上盘沿断层面相对向下错动形成[图 3-33(b)]。

(3)平移断层

平移断层因地壳水平剪切作用或不均匀的侧向挤压，使两盘沿断层面发生相对水平位移形成的断层[图 3-33(c)]。平移断层的倾角很大，断层面常陡立，可见水平的擦痕，断层线比较平直。平移断层有左旋和右旋之分，当垂直断层走向观察时，对盘向左方移动(即逆时针方向旋转)的称为左旋平移断层；对盘向右方移动(即顺时针方向旋转)的称为右旋平移断层，如美国西部圣·安德烈斯断层就是一个典型的右旋平移断层[图 3-34(a)]。

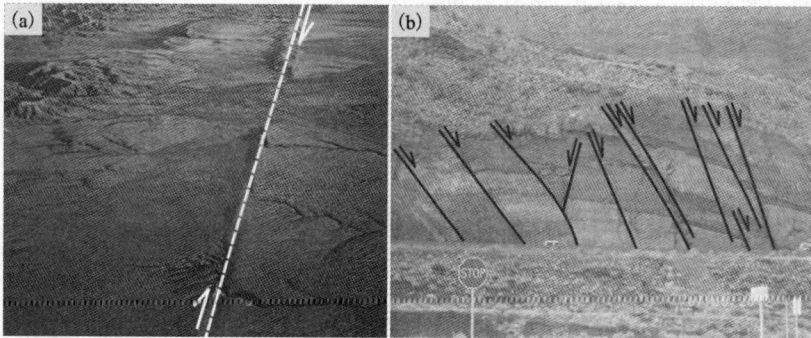

图 3-34　平移断层(a)(San. Andreas fault, S San Luis Obispo County, CA, USA)和阶梯状断层(b)(Arch National Park, Utah, USA)

在野外实际工作中，经常看到断层两盘相对移动并非单一的沿断层面作上下或水平移动，而是沿断层面作斜向滑动，具有平移断层、正断层或者逆断层的某些特性，对这样的平移断层要将正断层或逆断层结合起来命名。如正—平移断层，表示上盘既有相对向下移动，又有水平方向相对移动，即斜向下移动，但以平移为主。而平移—正断层的上盘相对斜向下运动是以向下移动为主。同样，逆—平移断层和平移—逆断层的相对移动特点很容易理解。

3. 断层的组合类型

断层的形成和分布受着区域性或地区性构造应力场的控制，因此，在一个地区断层往往是成群出现的，并且以一定的排列方式有规律地组合在一起，形成不同形式的组合类型。常见的断层组合类型有以下几种。

（1）阶梯状断层和叠瓦状构造

阶梯状断层是由若干条产状大致相同的正断层平行排列组合而成。在剖面上各个断层的上盘呈阶梯状相继向同一方向依次下滑［图 3-34（b）］。而叠瓦状构造是由一系列产状大致相同呈平行排列的逆断层组合而成的构造，在剖面上呈屋顶瓦片样依次叠覆的现象（图 3-35）。造成汶川大地震的龙门山断裂带就是由三条逆断层组成的叠瓦状构造。

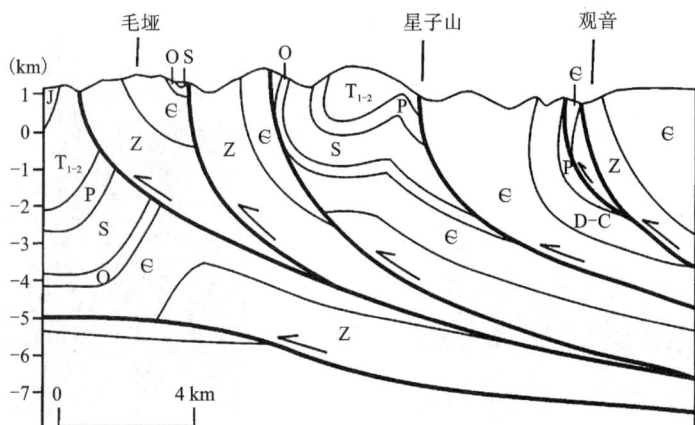

图 3-35　南大巴山前陆冲断带毛垭—观音之间的叠瓦构造带

［据李智武等（2006）改编］

（2）地堑和地垒

由两条走向大致平行、性质相同而倾向相反的断层组合成一个中间断块下降，两边断块相对上升的构造，称为地堑。由两条走向大致平行而性质相同的断层组合成断块相对下降的构造，称为地垒［图 3-36（a）］。地堑和地垒中的断层一般为正断层，但也可以是逆断层。这些断层一般受地壳水平拉力作用或受重力作用而形成，断层面多陡直，倾角大多在 45°以上。在地貌上，地堑常形成狭长的凹陷地带，如渭汾地堑。地垒多形成块状山地，如陕西临潼骊山就是一个地垒山。有时，野外也能见到小规模的地堑和地垒［图 3-36（b）］。

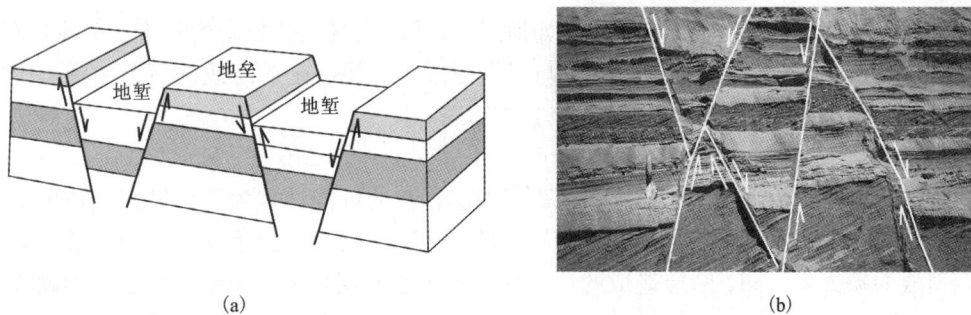

(a)　　　　　　　　　　　　　　　(b)

图 3-36　地堑和地垒形成示意图（a）和野外小露头（b）

4. 断层的野外识别

断层，尤其是活断层的存在，在多种情况下会对土木工程建筑物产生影响。为了防止断层对工程建筑物的不良影响，经常会采取一些有效保护措施，因此首先必须识别断层的存在。

野外识别断层的主要标志有以下几个方面。

（1）地貌特征

在断层通过地区，沿断层线经常形成一些特殊的地貌现象，如断层崖和断层三角面。其中，断层崖是在断层两盘的相对运动中，上升盘常形成陡崖地貌而成；当断层崖受到与崖面垂直方向的地表流水侵蚀切割，使原崖面形成一排三角形陡壁，即断层三角面（图3-37）。

图 3-37　昆仑断裂山前形成的断层三角面
（据中国科学院青藏高原研究所）

图 3-38　美国加州圣·安德烈斯断裂（图中虚线）
形成的线状山谷地貌和线状湖泊

断层破碎带岩石破碎，易于侵蚀下切。因此，有些因阶梯状断层或地堑形成了沟谷、峡谷、断陷盆地和洼地等，其分布方向指示断层延伸方向，如东非大裂谷和渭河地堑等。有些断层因错动形成了一些特殊的地貌，如正常延伸的山脊突然被错断或错开，山脊突然断陷形成盆地和平原；正常流经的河流突然产生了急转弯，河谷跌水成瀑布（如位于加拿大与美国交界处的尼亚加拉大瀑布），河谷方向发生突然转折，一些泉水、温泉和湖泊呈串珠状出露等，这些由断层形成的泉和湖泊分别称为断层泉和断层湖（图3-38）。

（2）地质特征

1）构造线和地质体的不连续

在地质上任何线状或面状的地质体（如地层、岩脉、岩体、变质岩的相带、不整合面、侵入体与围岩的接触界面等）、褶皱的枢纽与早期形成的断层，在平面或剖面上的突然中断与错开等不连续现象是判断断层存在的一个重要标志。

2）地层的重复与缺失

地层的重复与缺失现象（图3-39），表明断层存在的可能性很大。但断层造成的地层重复和褶皱造成的地层重复是不同的。前者是单向重复，后者为对称重复。断层造成的缺失与不整合造成的缺失也不同，断层造成的地层缺失只限于断层两侧，而不整合造成的缺失有区域性特征。

3）牵引现象

当断层运动时，断层面附近的岩层受断层面上摩擦阻力的影响，在断层面附近形成弯曲或褶皱现象，称为断层牵引现象（图3-40，图3-41）。其弯曲方向一般为本盘运动方向。牵引现象多形成于页岩、片岩等柔性岩层和薄层岩层中。

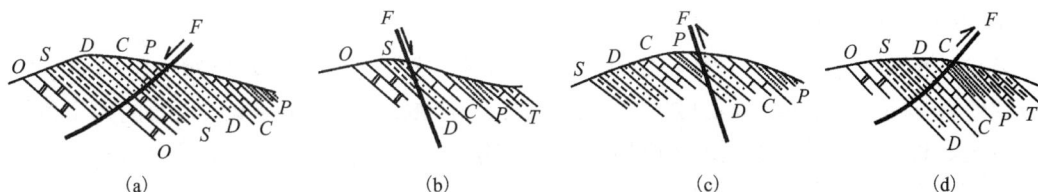

（a）　　　　　　　（b）　　　　　　　（c）　　　　　　　（d）

图 3 – 39　断层造成的地层重复或缺失

（a）正断层（重复）；（b）正断层（缺失）；（c）逆断层（重复）；（d）逆断层（缺失）

图 3 – 40　牵引褶皱及其指示两盘运动方向

**图 3 – 41　圣·安德烈斯断裂东北侧
岩层因断块顺时针牵引发生褶皱变形，
褶皱弯曲方向指示断块运动方向**

（West Avenue S and Aerospace Hwy, Hwy 14
roadcut Palmdale, S. CA, USA）

图 3 – 42　断层露头及其破碎带

地质锤位置为断层面露头，可见断层角砾岩和断层泥
（Millard canyo, Pasadena, CA, USA）

4）断层面（带）的构造特征

因地应力沿断层面集中释放，常造成断层面处岩体十分破碎，形成断层破碎带（图 3 – 42）。破碎带宽几十厘米至几百米不等，破碎带内碎裂的岩、土体经胶结后形成的岩石称为构造岩，或称断层角砾岩。断层角砾一般是胶结的，其成分与断层两盘的岩性基本一致。断层角砾中碎块颗粒直径大于 2 mm 称断层角砾岩[图 3 – 43（a），图 3 – 43（b）]；当碎块颗粒直径为 0.01 ~ 2 mm 时称碎裂岩；当碎块颗粒直径更小时称糜棱岩[图 3 – 43（c）]；当颗粒被研磨成泥状且单个颗粒不易分辨而又未固结时叫断层泥[图 3 – 42，图 3 – 44（c）]。断层一般顺软弱岩层滑动形成复杂的揉皱，或者软弱层聚集成巨大的半球体或透镜体，构成肿缩构造。如果滑润层的塑性很高，或者由于滑动而提高了岩层塑性，引起塑性层的聚集并上拱，有时甚至会刺穿上覆层而形成底辟构造。

断层两盘相互错动时，因强烈摩擦而在断层面上形成一些小阶梯、刻痕或磨光面，分别称为阶步、擦痕和摩擦镜面[图 3 – 44（a），图 3 – 44（b）]。顺擦痕方向抚摸，感到光滑的方向即为对盘错动的方向。

5. 断层的工程地质评价

不连续面的断层是影响岩体稳定性的重要因素，这是因为由于岩层发生强烈的断裂变动，致使岩体的裂隙增多、岩石破碎、风化严重、地下水发育，从而降低了岩石的强度和稳定性。因此，断层往往对工程建设造成种种不利影响。

（1）断层对地基稳定性的影响

断层破碎带降低了地基岩体的强度及稳定性，且断层上、下盘的岩性也可能不同，易发生地面不均匀沉降，造成建筑物断裂或倾斜。如果是活动构造断裂带，发生地壳运动时，则在断裂带发生新的移动，影响建筑物的稳定。

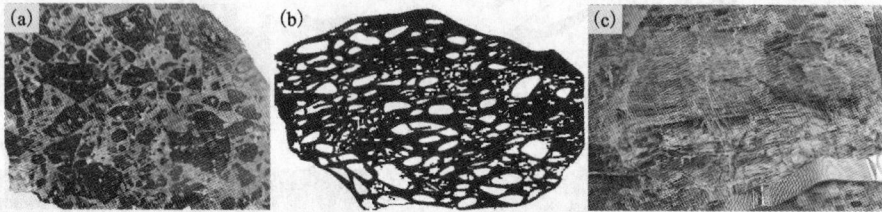

图 3 - 43　断层角砾岩

(a)张性角砾岩；(b)压性角砾岩；(c)糜棱岩(Sant Cruz Island, CA, USA)

（2）断层对地下工程建设的影响

断裂构造带岩体破碎，易形成风化深槽及岩溶发育带，岩层强度和稳定性很差，且为地下水的良好通道，容易发生坍塌甚至冒顶，或地下水涌水等问题。在断层发育地带修建隧道或地下空间时，当隧道或地下空间轴线与断层走向平行时，应尽量避开与断层破碎带接触；当隧道或地下空间横穿断层时，应采取防坍塌与涌水应对措施。当断层破碎带规模很大时，会使施工十分困难，因此，在确定隧道平面位置时，应尽量设法避免。

（3）断层对桥路工程的影响

在公路、铁路工程建设中确定路线布局、选择桥位和隧道位置时，要尽量避开大的断层破碎带。在路线布局时，尤其在安排河谷路线时，要特别注意河谷地貌与断层的关系。当断层走向与路线平行，路基靠近断层破碎带时，由于开挖路基，容易引起边坡发生大规模坍塌，直接影响施工和公路的正常使用。在进行大桥桥位勘测时，要注意查明桥基部分是否存在断层及其影响程度，以便根据不同情况，在设计基础工程时采取相应措施。此外，沿河地段进行公路选线时也要特别注意与断层的关系。当线路与断层走向平行或交角较小时，或者当临山侧边坡发育有倾向基坑的断层时，路基开挖易引起边坡发生坍塌，影响公路施工和使用。

3.6　新构造运动与活断层

3.6.1　新构造运动的概念

所谓新构造运动，是相对地质历史期间的构造运动而言的，地质学中一般把新近纪和第四纪(前 23 Ma 至现代)时期内发生的构造运动称为新构造运动。新构造运动的表现除水平

图 3 - 44　断层面上的阶步(a)、擦痕、摩擦镜面(b)和断层泥(c)(广州白云区唐阁)

运动、垂直运动及其保存在第四系里的构造变动外,还涉及火山、地震以及一些与构造作用关联的外动力地质作用(如地表侵蚀、河流袭夺、温泉和地下水活动、冰川运动等)。它直接与人类的生存和各项工程建设有关。因此,研究和正确评价新构造运动,对解决一系列与人类活动有关的实际问题,如大坝、核电站等重大工程的稳定性,城市、港口规划、土地利用、地震、火山等灾害事件的预报及其防灾减灾等方面具有重要意义。

3.6.2　活断层的定义及分类

1. 活断层的定义

在地质学中,活断层一般指晚更新世(约 10 万年前)以来曾经活动、未来仍可能活动的断层。活断层对工程建筑物的影响是通过断裂的蠕动、错动和地震对工程造成危害。活断层的蠕动及伴生的地面变形,直接损害断层上及其附近的建筑物。

2. 活断层的分类

按照活动方式,将活断层分为蠕变断层和突发断层两种类型。

(1)蠕变断层

蠕变断层又称蠕滑断层。断裂面两侧围岩强度低,断裂带内含有软弱充填物,或孔隙水压、地温高的异常带内,断裂锁固能力弱,不能积累较大的应变能,在受力过程中会持续不断地相互错动而缓慢地滑动。蠕变断层活动一般无较强的地震发生,有时伴有小震。如美国加州圣·安德烈斯断层,几十年来平均位移速率为 10 mm/y。

(2)突发断层

突发断层又称地震断层,或黏滑断层。突发断层的围岩强度高,两盘黏在一起,不产生或仅有极其微弱的相互错动,从而不断积累应变能,当应力达到围岩锁固段的强度极限后,较大幅度的相互错动在瞬间突然发生,引发地震。所以,沿这种断层往往有周期性的地震活动。突发断层错动速度相当快,可达 0.5 ~ 1 m/s。

3.6.3　活断层的活动特点

1. 继承性和反复性

活断层绝大多数都是继承老断层活动而继续发展的,其活动方式和方向相同,都具有继承性的特点。现今发生地面断裂破坏的地段过去曾多次反复地发生过同样的断裂活动,尤其是区域性的深大断裂更为多见。新活动的部位通常是沿老断裂的某个地段发生,或者某些地段活动强烈，另一些地段则不强烈，或者沿着某一活动断裂有规律地重复发生，即活断层的反复性(图3-45)。时代越新的断层，其继承性也越强，如晚更新世以来的构造运动引起断裂活动持续至今。

2. 活动速率有差异

活断层的活动方式不同，其错动速率有明显差异。在同一条活断层上，断块错动速率存在显著差异，如地震断层临震前速率可成倍剧增，而震后又趋于缓和，这种特征可用于地震预测；同样，同一条活断层，在不同地段有时可见不同的活动方式，如突发型活断层有时会伴有小的蠕动，而有些活断层，大部分地段以蠕动为主，但在其端部会出现黏滑。

3. 分段性

活断层的分段性指超长活断层在地震中通常分为互不相同的地段。超长活断层上发生一次地震并不是整个断层带破裂，而是破裂仅局限在一定段落，这是因为超长断层在延伸方向上并不是连续的，特别是受到其他断层的错断，使得超长断层具有分段发生，在一些活动段存在锁固段，当应变能积

图3-45　美国加州圣·安德烈斯大断裂上的大地震分布情况

约每150年大地震发生在圣·安德烈斯断裂。目前，北段已发生过7.5级以上的大地震，中段还未发生，南段北部和南部发生的大地震均超过了150年。2014年美国地震专家预测，未来30年南段(洛杉矶在内)发生大地震的可能性很高；洛杉矶在25年内发生6.7级以上大地震的可能性高达99.5%；若地震震级>7.5，现有的房屋95%将会倒塌。保守估计，洛杉矶地区经济损失将超过2500亿美金，死亡人数将超过1万，将会使该地区陷入瘫痪状态(资料来源于earthquake country alliance 并改编)

累达到这些锁固段极限强度时，会产生突然错断，从而产生地震，这也正说明了地震发生的活断层是分段的。例如，美国加州的圣·安德烈斯大断裂发生的大地震具有分段性(图3-45)。

4. 周期性

将地震断层两次突然错动之间的时间间隔称为活断层的错动周期。一般来讲，大地震的错动周期往往长达百年甚至数千年，已超出了地震记录的时间。因此，要准确获得一些活断层上强震的重复时间间隔，必须加强史前古地震的研究。一般利用地震时保存在近代沉积物中的地质证据和地貌记录，来判定断层活动的次数及其活动的时代；或者根据历史上发生的地震记录资料获取一些活断层的活动周期。例如，美国加州著名大断裂——圣·安德烈斯断裂活动具有周期性活动的特点(图3-45)。

5. 隐伏性

有些活断层在第四纪有过活动，但并未切穿全新世或现代最新地层，具有隐伏性。因此，在城市规划、大型工程场地选址、烈度区划、地震危险性分析等方面应考虑活断层的隐伏性。

3.6.4　活断层的识别

用下列标志判断一个地区是否存在活断层。

1. 地质标志

地质、地貌标志是鉴别活断层的最可靠的依据。如第四系（或近代）地层错动、断裂、褶皱和变形；第四系堆积物中常见到小褶皱和小断层，或被第四系以前的岩层所冲断；沿断层见河谷、阶地等地貌单元同时发生水平或垂直位移错断；活断层内由松散的破碎物质所组成，且断层泥与破碎带多未胶结；沿断裂带出现地震、断层陡坎和地裂缝，断层面或断层崖并见有擦痕；第四纪火山锥或熔岩呈线状分布等。

2. 地貌标志

一般而言，活断层的构造地貌比较清晰，许多方面的标志可作为鉴别依据。如地形变化差异大，断层一侧为断陷区，另一侧为隆起区（如广州的广从断裂和瘦狗岭断裂），或者山前出现显著的连续断层崖或断层三角面；山前形成陡坎山脚，常有狭长洼地、沼泽和湖泊；山前的第四系堆积物厚度变化大，如山前洪积扇特别高或特别低，呈线性排列；山脊、河流阶地等突然发生明显错断或拐弯；建筑物、公路等工程地基发生倾斜和错开现象；断裂带有植物突然干枯死亡，或者生长特别罕见的植物，或呈线状发育；沿活动断裂带经常发生滑坡、坍塌和泥石流等地质灾害现象，并呈线状密集分布等。

3. 遥感影像

可以利用遥感影像解译资料帮助判断活断层，地貌标志中的断层崖、三角面、洪积扇叠置、水系变迁、冲沟和山脊的水平位错等在遥感影像上均有反映。冲积层中的活断层带经常构成地下水的障壁，往往沿活断层出露一系列温泉，或因断层两侧地下水位高程不同，或温泉温度不同，致使地面的色调或植被不同，成为遥感影像判别活断层的有力标志（图 3 – 46）。

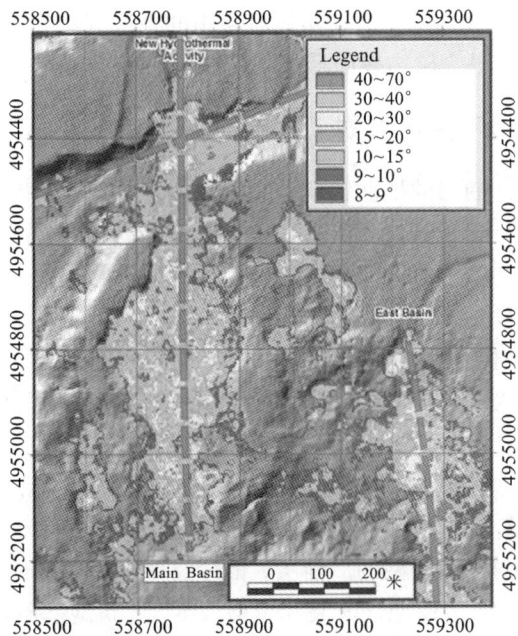

图 3 – 46　中央温泉盆地最新热液活动状况（2011）

NSF EarthScope LIDAR 激光雷达图像（2011）显示中央温泉盆地热液系统中不同温度热液活动情况：红色—高温组分；橙色、黄色、绿色—中温组分；深蓝色—低温组分。在主盆的最北端大约 71 米宽的热活动带是由沿着北延断裂的热液活动引起的（资料源于 http://www.mdpi.com/ 并做了适当改编）

4. 地震活动标志

在断层带附近有现代地震、地面位移和地形变以及微震发生；沿断层带有历史地震和现代地震震中分布，且震中呈有规律的线状分布。例如，美国圣·安德烈斯断裂及其次级断裂经常发生规模不等的地震。

5. 水系与水文地质标志

河流、河谷等水系呈直线状、格子状展布，或突然发生明显错开或拐弯，呈折线状；泉、地热异常带，湖泊和山间盆地成线状（或串珠状）分布；若为温泉，则水温和矿化度较高（图3-46）。

6. 地球化学和地球物理标志

在活断层内出现断层气和放射性异常，如活断层活动过程中经常释放出一些气体（如 CO_2、H_2、He、Ne、Ar，Rn 等），一些微量元素（如 B、Hg、As、Br 等）含量显著增加；沿活断层也出现重力、磁力和地热异常。

7. 年龄测定

利用年龄测定方法，对活动断层的最新活动年龄进行测定，以确定断层是否为活断层，或进一步确定其活动年代。常用的方法有：C^{14}法、热释光法、电子自旋共振法、铀系测年法、光释光法、矿物表面形貌结构法等。

3.6.5 活断层对工程建筑的影响

活断层的地面错动和突发地震，都会对工程建筑物带来直接损害，所以在活断层发育地区进行建筑时，就必须对场址选择与建筑物形式和结构设计等方面进行慎重地研究，以保证建筑物安全可靠。

1. 避开活断层

对于大坝和核电站这类重要的永久性建筑物，绝不能在活断层附近选择场地，否则失事后果极为严重；对于铁路、隧道和桥梁等线性工程必须要跨越活断层时，也应尽量使其高角度相交避开主断层；对于有些重大工程必须在活断层发育区修建时，应在不稳定地块中寻找相对稳定的地段；同时，将建筑物场址布置在断层下盘，且远离大断裂主断面数千米以外为宜。

2. 不同运动方式的活断层对建筑物的影响不同

对于蠕变型的活断层，相对位移速率不大时，一般对工程建筑影响不大。当变形速率较大时，会造成地表开裂和位移，导致建筑地基不均匀沉陷，甚至造成建筑物拉裂破坏或倾斜、倒塌。对于海岸附近的工业民用建筑和道路工程，若断层靠陆地一侧长期下沉，且变形速率较大时，由于海水位相对升高，有可能遭受波浪和风暴潮等的危害。

对于突发型活断层，经常伴随强烈的地震发生，它不仅对工程建筑产生直接破坏作用，而且因断层错动的距离通常较大（多在几十厘米至几百厘米之间），会错断道路和楼房等。

3. 在活断层区的建筑物应采取与之相适应的建筑形式和结构措施

例如，在活断层上修建的水坝不宜采用混凝土重力坝和拱坝，而宜采用土石坝。因为混凝土坝属于刚性结构，如果活断层活动，会使混凝土体错裂，形成开口裂隙，且这种裂缝难以维修，易造成大坝失事。而土石坝是一种柔性结构，坝体又相当宽厚，即使坝体被错开，只要采用合理的结构措施，使错动后坝体内不会残留开口裂缝，则一般大坝不会失事，而且修复也方便。在进行工民建筑建设时，在设计上应做好抗震和减震措施。

3.6.6 活断层评价

活断层评价是区域稳定性评价的核心问题。活断层评价内容包括两方面：①了解工程场地及其附近是否存在活断层，以及活断层的规模、产状特征，活断层活动时代、活动性质、活动方式和活动速率等特征。②了解和评价断层地震危险性，即是否为地震断裂，地震断裂的最大震级及其复发周期。

地震断裂对工程的震害主要表现在地震振动破坏和地面破坏两方面。其中，地震振动破坏程度取决于地震强度、场地条件和建筑物抗震性能，也与工程场地在未来地震造成的地表影响范围，或影响场中的位置，或震中距等一系列因素密切相关。

场地地形地质条件会引起地震震害或烈度发生变化。主要反映在以下六方面。

(1)地质构造条件

就稳定而言，地块优于褶皱带，老褶皱带优于新褶皱带，隆起区优于凹陷区。

(2)地基特性

抗震性能顺序是：基岩>土、洪积物>冲积物>海、湖沉积物及人工填土。软硬土层结构不同，烈度影响也不相同。

(3)卓越周期

在地震记录图(频度—周期图)上频度最大周期为该岩土体的卓越周期。从共振效应的角度来看，当地震波的振动周期与场地岩土体的自振周期相同时，会使地表振动加强而出现最大峰值。

图 3 - 47　地震造成的液化现象

2011 年 3 月 17 日日本仙台发生 9.0 级地震前在公园出现的地表开裂和喷砂现象(资料源于 http://blogs.agu.org)

(4)砂基液化

疏松的砂性土(特别是粉细砂)，被水饱和，在受到地震的情况下，岩土体发生变形，砂体达到液化状态，出现地表开裂和喷砂现象，使地基丧失承载能力(图 3 -47)。

(5)地形条件

孤立突出的地形使震害加剧，低洼沟谷使震害减弱。

(6)地下水位埋深

地下水埋藏越浅，地震烈度增加越大。

3.7　地质图的阅读与分析

地质图是反映一个地区各种地质条件的图件。它是依据野外地质勘查和收集的各种地质勘测资料，用规定的符号、线条、色标和花纹将一定范围内的各种地质体和地质现象，按一定比例投影到地形图上编制而成的一种图件，它是地质勘察工作的主要成果之一。它也是工程地质勘察中需要搜集和研究的一项重要基础地质资料。通过对已有地质图的阅读和分析，可以帮助我们具体了解一个地区的地质情况、研究路线的布局、确定野外工程地质工作的重点等。因此，学会阅读和分析地质图是十分必要的。

3.7.1　地质图的种类

地质图的编制多以实测资料为基础，有一定的制图规范和标准。根据用途不同，绘制出不同的地质图。常见的地质图有普通地质图、大地构造图、构造地质图、岩相图、古地理图、水文地质图、工程地质图、基岩地质图、第四纪地质图、区域环境地质图、矿产分布图和三维立体地质图等。常用的地质图有以下九种。

1. 普通地质图

普通地质图简称地质图，是以一定比例尺的地形图为底图，反映一个地区的地形、地层分布、岩性、地质构造、地壳运动和地质发展历史等基本地质内容的图件，它是编制其他专门性地质图的基本图件。

一幅完整的普通地质图包括地质平面图、地质剖面图、岩浆岩序列图和综合地层柱状图（见附录附图 1）。其中，地质平面图是反映一个地区地表地质条件的最基本的图件，它一般是通过野外地质勘测工作直接填绘到地形图上编制而成的。地质剖面图是反映地表以下某一断面地质条件的图件，它可以通过野外测绘或勘探工作编制，也可以在室内根据地质平面图来编制。它主要是配合平面图来反映某些重要部位的地质条件，它对地层层序和地质构造现象的反映比平面图更清晰、更直观。综合地层柱状图是综合反映一个地区各地质年代的地层特征、厚度和接触关系等。一般地质平面图都附有剖面图。

按工作的详细程度和工作阶段不同，普通地质图可分为大比例尺的（ > 1∶25000）、中比例尺的（1∶50000）~（1∶10 万）、小比例尺的（1∶20 万）~（1∶100 万）。在工程建设中，一般采用的是大比例尺的地质图。

20 世纪 90 年代以后，普通地质图普遍利用计算机技术（Mapgis 软件）进行数字化制图。

2. 构造地质图

简称构造图，通常以地质图为基础编制，用符号和线条反映区域褶皱、断层等地质构造或构造格架的图件。

大地构造图是反映大区域范围乃至一个或几个大陆、大洋主要构造特征与地质发展历史的地质图件，如亚洲大地构造图。该图件主要标示不同性质构造单元和各种类型的构造，以及分隔它们的构造界线（如缝合带、主干断裂带、岩浆活动带等）。为了显示整个地区的构造演化历史，常常用不同的颜色和花纹分别表示形成于不同时代和不同成因的构造单元、构造类型和构造边界。比例尺一般小于 1∶50 万，一般都具有鲜明的地质观点，依据不同的构造学说编制图件，从内容以至表达方式均有显著差别。表示某一地质历史时期地质构造特征的图件称为古构造图。通常把构造等高线图也作为地质构造图的一种。如果图件所表示的地区范围较小，在一定的区域范围内，则称为区域构造图。

3. 第四纪地质图

第四纪地质图主要反映第四纪松散沉积物的成因、年代、成分和分布情况的图件。根据生产和科研的不同需要，可以编绘专门的第四纪地质图，如第四纪某一时期古地理图、第四纪沉积物等厚线图等。除平面图外，还可编绘各种第四纪地质剖面图。

4. 基岩地质图

基岩地质图是假想把第四纪松散沉积物"剥掉"，突出反映第四纪以前基岩的时代、岩性分布和构造等地质情况的图件。

5. 水文地质图

水文地质图是反映地区水文地质资料（如地下水分布、埋藏、形成、转化及其动态特征）的地质图件。水文地质图主要表示地下水类型、产状、性质及其储量分布状况等，可分为岩层含水性图、地下水化学成分图、潜水等水位线图、综合水文地质图等类型。

6. 工程地质图

工程地质图是按比例尺表示工程地质条件在一定区域或建筑区内的空间分布及其相互关系的图件，它是结合地质工程建筑需要的指标测制或编绘的地图。

工程地质图为各种工程建筑专用的地质图，如房屋建筑工程地质图、水库坝址工程地质图、矿山工程地质图、铁路工程地质图、公路工程地质图、港口工程地质图、机场工程地质图等。还可根据具体工程项目细分，如公路工程地质图还可分为路线工程地质图、工点工程地质图。工点工程地质图又可分为桥梁工程地质图、隧道工程地质图等。

7. 矿产分布图

矿产分布图是反映区域内不同类型与成因的矿产分布的图件。

8. 区域环境地质图

区域环境地质图是区域环境地质调查成果的主要表达形式之一，也是区域环境地质研究的一种基本工具和手段。依据调查成果，以与环境地质问题和地质灾害密切相关的环境地质条件为基础，以客观的环境地质问题与地质灾害为研究对象，通过规范的方法、步骤和统一的图式、图例综合表示出来，形成一套重点突出、图面清晰、层次分明和实用易读的区域环境地质图系。区域环境地质图一般采用计算机技术进行数字化编图。图件一般分为综合性图组和专题性图组两种类型。前者全面反映工作区所有环境地质问题与地质灾害，如区域环境地质图、区域地质环境质量评价图、区域地质环境容量评价图等，其中区域环境地质图是整个图系的基础性图件，图面上的环境地质问题、地质灾害和环境地质区划是主题内容；后者分两类：一类是为反映与特定的工程、经济开发或环境建设（保护）服务的图组（如城市环境地质图、矿山环境地质图、农业区环境地质图、生态建设区环境地质图等，另一类为反映针对某个专门环境地质问题或地质灾害的分布规律、形成条件及环境影响的图组（如区域地壳稳定性评价分区图、边坡稳定性评价分区图、地质灾害分布图、地质灾害易发程度分区图、石漠化环境地质图、滑坡分布与评价图、地下水脆弱性评价图、地下水质量评价图和土壤环境质量综合评价图等）。

9. 三维立体地质图

三维立体地质图是近年来国内外开展城市综合地质调查所填绘的一种地质图件。它是以现代地球科学理论为指导，采取地面地质调查、航卫片解译、钻探和浅层地震等工作手段，利用计算机技术（Map gis 软件）将区域地质、水文地质、工程地质、环境地质和钻探、遥感、物探等勘查资料综合绘制在三维立体地质图上，并展示城市第四系、基岩面和基岩 0～50 m（或 100 m）深度的岩土特征、结构构造在三维空间上的分布情况，为城市规划、城市建设、城市管理和社会公众信息提供地质科学依据。目前，我国北京、上海、天津、南京、杭州和广州等大城市开展了城市地质调查研究，对地下 50 m 内的地质环境条件和地下空间资源进行了评价，对地下溶洞及其地下水的分布等进行了分析，获得了一些三维立体地质图件。

3.7.2　地质图的内容

一幅正规的地质图应有统一的规格，除图幅本身外，还包括图名、比例尺、图例、编图单位、编图日期、编图人和资料来源等，并附有综合地层柱状图和地质剖面图（见附录附图 1）。

1. 图名

图名常用整齐美观的大字书写于图幅的上方中间位置，图名表明图幅所在地区和图的类型，如广州市区域地质图等。为了进一步表明该图所在的地理位置，一般在图框外图名正下方注明图幅国际统一编号，以便查图之用。

2. 比例尺

比例尺是用以表明图幅内反映实际地质情况的详细程度和地质体的大小。地质图的比例尺与地形图的比例尺一样，常用数字比例尺和线段比例尺两种。一般数字比例尺放在图名之下，线段比例尺放在图框外正下方。

3. 图例

图例是一张地质图不可缺少的组成部分，不同类型的地质图有不同的图例。一般地质图图例是用各种规定的颜色、花纹和符号等表示地层时代、岩性和产状等。图例通常放在图框的右侧或下方。也可绘在图框内。当图例置于图框外右侧时，图例一般是按地层、岩石和构造的顺序依次从新到老、自上而下排列；当图例置于图框下方时，则应按从左到右的顺序排列，且按沉积岩、火成岩、变质岩和构造符号等顺序绘制。

对已确定时代的喷出岩和变质岩，要按时代列入相应地层图例位置上。侵入岩图例放在地层图例之下，已确定时代的侵入岩图例，按由新到老的顺序自上而下依次排列。时代未确定的岩浆岩则按由酸性到基性的顺序自上至下排列。构造符号的图例置于岩浆岩图例之下，一般由上向下排列的顺序是地质界线、褶皱轴迹、断层、节理以及其层理、劈理、片理、流线、流面的产状要素。除断层用红色线条绘制外，其余均用黑色符号。对实测与推测的地层界线和断层图例应分别用不同符号表示，一般实测的地质界线用实线，推测的地质界线用虚线。

必须指出，凡图幅内表示的地层、岩石、构造和其他地质内容都应有图例。图内没有的地质内容不能列在图例中。地形图上的图例一般不列在地质图上。

此外，在图幅外下方左侧要注明编图单位、负责人、编图人、绘图人等，右侧注明编图日期和引用资料名称与来源。有时，可将上述内容列成责任表置于图框外右下角处。

4. 地质剖面图

地质剖面图一般位于地质图框外的正下方，一幅正式的地质图应附有 1～2 幅切过全区主要地质构造的剖面图。地质剖面图有一定的要求(如图名、比例尺、剖面方位、图例、标高等)。剖面图的垂直比例尺和水平比例尺一般应与地质图比例尺一致。剖面图的放置，一般是将剖面线的南端或南东、北东、东端放在图的右边，北端和南西、北西、西端放在图的左边。剖面图图例亦应与地质图图例一致。

5. 地层柱状图

在正式地质图或地质报告中，常附有工作区的地层综合柱状图。一般多位于地质图框外左侧，有时附在地质图的右侧，或绘成单独的一幅图。比例尺可根据反映地层的详细程度和地层总厚度确定。图名书于地层柱状图正上方，一般标为"××地区综合地层柱状图"。

综合地层柱状图是按工作区所有出露地层的新老叠置关系恢复成水平状态，然后切出一个具代表性的柱子。柱子内包含有各地层单位、层厚、时代、地层接触关系、古生物化石和岩性等，一般只绘出地层(包括喷出岩)，不含侵入体。当地质图内侵入岩比较多时，也可按照地层综合柱状图的式样，按照岩石谱系单位将侵入岩的代号、时代、侵入关系、岩石花纹及其与围岩的接触关系绘在柱状图上。

在地层柱状图中，各栏可根据工作区实际情况和工作任务适当调整。如"化石"一栏有时可并入"岩性简述"栏内,"水文地质"、"地貌"和"矿产"等可取列成不同栏,也可归入"岩性简述"栏内,有时甚至将其省略。

6. 接图表

接图表一般位于地质图框外的右下方,从接图表中可以清楚地看到该地质图与相邻哪些地质图相接壤,内有图幅名和国际统一编号,以便查找所需地质图幅。

7. 责任栏

责任栏一般位于地质图右下方。内容有地质图的编制单位、图名、图号、比例尺、编审人员和成图日期等,以便于查找。

3.7.3　地质内容在地质图上的反映

1. 地层岩性的表示

地层岩性在地质图上是通过地层分界线、地层年代代号、岩性符号和颜色,并配合图例说明来表示的。

(1)第四纪松散沉积层

第四纪松散沉积层形状不规则,但有一定的规律性,大多在河谷斜坡、盆地边缘、平原与山地交界处,大致沿山麓等高线延伸。

(2)岩浆侵入体的界线

界线形状最不规则,也无规律可循,需根据实地情况测绘。

(3)层状岩层的界线

层状岩层的界线最常见。若上下地层之间的接触关系为整合接触或平行不整合接触,则上下岩层界线是平行的;若上下地层之间的接触关系是角度不整合接触,则上下岩层界线是相交的。

(4)水平岩层

水平岩层的产状与地形等高平行或重合,呈封闭的曲线。

2. 不同产状岩层的分布特征

在地质图上,根据图例和地质图上的标志(见岩层产状),可知岩层在空间的展布状况。也可通过地质界线与地形等高线之间的关系,判断其空间展布。

(1)水平岩层

水平岩层界线与地形等高线平行或重合。

(2)倾斜岩层

分三种不同的情况:当岩层倾向与地形坡向相反时,地层界线的弯曲方向("V"字形弯曲尖端)和地形等高线的弯曲方向相同,但地层界线的弯曲程度比地形等高线的弯曲度小[图3-48(a)];当岩层倾向与地形坡向相同,而且倾角大于坡角时,地层分界线的弯曲方向与地形等高线的弯曲方向相反[图3-48(b)];当岩层倾向与地形坡向相同,而且倾角小于地面坡角时,地层分界线的弯曲方向与地形等高线的弯曲方向相同,但地层界线的弯曲度比地形等高线的弯曲度大[图3-48(c)]。

(3)直立岩层

直立岩层界线不受地形等高线的影响,沿走向呈直线延伸,并与地形等高线直交。

3. 褶曲

一般根据图例符号识别褶曲。在地质构造图或地质构造纲要图上，常用一些图例来表示褶皱类型及其展布。如 ⬛ 表示背斜；⬛ 表示倒转背斜，而箭头方向表示背斜轴面的倾斜方向；◻ 表示向斜，◻ 表示倒转向斜，而箭头表示向斜轴面倾斜方向。其中，这些图例的长轴方向表示轴面的走向。若没有图例符号，如前所述，则需根据地层的新老对称分布关系来确定(图 3-19)。一般来说，当地表地层出现对称重复时，则有褶曲存在。如核部地层老，两翼地层新，则为背斜；如核部地层新，两翼地层老，则为向斜。然后根据两翼地层产状，再具体判别其纵横剖面上褶曲形态，确定褶皱的具体类型。

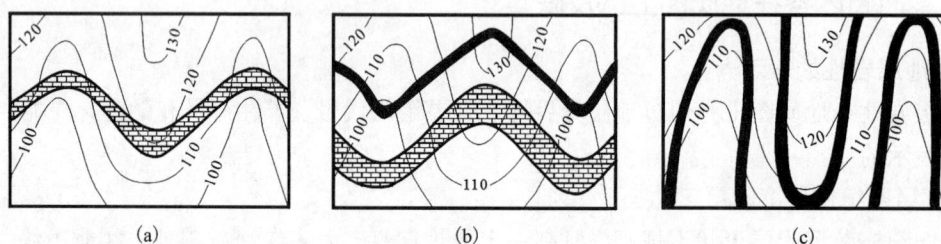

图 3-48　倾斜岩层在地质图上的分布特征

(a)岩层倾向与坡向相反；(b)岩层倾向与坡向相同，倾角 > 坡角；(c)岩层倾向与坡向相同，倾角 < 坡角

4. 断层

一般也是根据图例符号识别断层。如 ⟋₃₅° 或 ⟋₃₅° 表示正断层，⟋₄₅° 或 ⟋₄₅° 表示逆断层，⟋₇₅° 或 ⟋ 表示平移断层，⟋ 表示推测断层(断层性质不明，或露头不好)。其中，长线代表断层出露位置和断层线的延伸方向，带箭头的短线代表断层面的倾向，不带箭头的双短线或单短线所在的一侧为断的下降盘，数字代表断层倾角。若无图例符号，则根据地层的重复、缺失、中断、宽窄变化或错动等现象来识别(图 3-39)。

断层在地质图上用断层线来表示。如果断层倾角较大，那么断层线在地质平面图上通常是一段直线，或近于直线的曲线；如果断层倾角较小，那么断层线在地质平面图上通常是弧线，其弯曲程度取决于断层倾角。断层线两侧地层出现中断、重复、缺失、宽窄变化和前后错动现象。

当断层走向大致平行地层走向时，断层线两侧出现同一地层不对称重复或缺失。地面被剥蚀后，出露老地层的一侧为上升盘，出露新地层的一侧为下降盘。当断层走向与地层走向垂直或斜交时，不论正断层、逆断层还是平移断层，在断层线两侧地层都会出现中断和前后错动现象。

当断层与褶皱轴线垂直或斜交时，表现为翼部地层顺走向不连续，褶皱核部的地层宽度在断层线两侧也有变化。若是背斜，上升盘核部地层出露的范围变宽，下降盘核部地层出露变窄[图 3-49(a)]；向斜的情况正好与背斜相反，上升盘核部地层变窄而下降盘核部岩层变宽[图 3-49(b)]。平移断层两盘核部岩层的宽度不会发生变化，或者变化较小，在断层线两侧仅表现为褶曲轴线和地层错开。

5. 地层接触关系

(1)整合接触和平行不整合接触

整合接触在地质图上的表现是上下相邻地层的产状一致,地层分界线彼此平行,较新的地层只与一个较老地层相邻接触,且地层年代连续。平行不整合接触(假整合接触)在地质图上表现为两套地层的界线大体平行,较新的地层也只与一个较老地层相邻接触,但地层年代不连续。

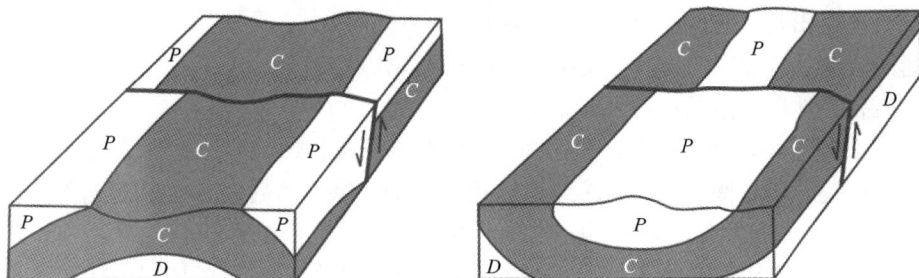

图 3 - 49　断层垂直褶曲轴线造成的岩层宽窄变化和错动
(a)背斜核部下降盘变窄;(b)向斜核部下降盘变宽

(2)角度不整合接触

角度不整合接触在地质图上的特征是上下相邻两套地层之间的地质年代不连续,而且产状也不相同,即呈角度交接,新地层的界线遮断了下部老地层的界线。

(3)侵入接触和沉积接触

侵入接触在地质图上表现为沉积岩层界线被侵入岩界线截断,但在侵入体两侧无错动。沉积接触表现为侵入体界线被沉积地层覆盖并截断。

3.7.4　阅读地质图的一般步骤

尽管不同类型的地质图所表示的内容有所差别,但读图一般步骤基本相同。

1. 首先阅读图框外的附件

(1)阅读地形图

通过了解地形特征,结合等高线、水系和地形分布,了解该区自然地理概况。

(2)阅读图名和比例尺

从地质图的图式规格、图名,了解图所在的地理位置和图的类型;从比例尺可以换算图幅面积,同时,了解反映地质状况的详细程度和精度;根据出版单位和时间,可以了解资料的可信度和可靠性,也能帮助我们查阅原始资料。

(3)阅读图例

同一张地质图,其平面图、剖面图和柱状图的地层图例(符号、颜色、线条等)应该都是一致的。此外,还有构造图例(包括产状、褶皱和断裂等)、地貌、自然地质作用的图例(滑坡、岩溶)等。阅读图例可以概括了解图中所反映的地质内容、构造特征和其他地质、矿产特征。通过图例可以清楚图幅内采用的各种符号、出露的地层和岩石类型,以及它们的生成顺序和时代等。在看图例时,要注意地层之间的地质年代是否连续,中间是否存在地层缺失等现象。

2. 正式阅读图的步骤

（1）了解地质图的地形与地貌情况

全面了解区内地形特征，并结合等高线、露头、水系和地形分布等，并结合分析第四纪地层的分布，了解该区自然地理概况。

（2）阅读地质与构造内容

1）分析地层出露、展布及其之间的接触情况

由老到新地分析地层的出露、展布、接触关系和产状特征。

2）分析各类地质构造的形态和形成时代

分析地质构造有两种不同的分析方法：①根据图例和各种地质构造所表现的形式，先了解地区总体构造的基本特点，明确局部构造相互间的关系，然后对单个构造进行具体分析。②先研究单个构造，然后结合单个构造之间的相互关系，进行综合分析，最后得出整个地区地质构造的结论。如果有几种不同类型的地质构造时，先分析各年代地层的接触关系，其次分析褶曲，然后分析断层。

分析不整合接触时，要注意上下两套地层的产状是否大体一致，分析是平行不整合还是角度不整合，然后根据不整合面上部的最老地层和下伏的最新地层，确定不整合接触形成的年代。

分析褶曲时，首先根据褶曲核部和两翼地层的分布特征及其新老关系，分析是背斜还是向斜；然后看两翼地层是大体平行延伸还是向一端闭合，分析是水平褶曲还是倾伏褶曲。其次，根据褶曲两翼地层产状，推测轴面产状，根据轴面和两翼地层的产状，判断褶曲类型是直立的、倾斜的、倒转的和平卧的等不同形态类型。最后，可以根据未受褶曲影响的最老地层和受到褶曲影响的最新地层，确定褶曲形成的年代。

在水平构造、单斜构造、褶曲和岩浆侵入体中都会发生断层。不同的构造条件以及断层与岩层产状的不同关系，都会使断层露头在地质平面图上的表现形式有所不同。因此，在分析断层时，首先了解发生断层前的构造类型，断层后断层产状和岩层产状的关系；根据断层的倾向，分析哪层线两侧哪盘是上盘，哪盘是下盘；然后，根据两盘岩石的新老关系、岩层界线的错动方向和岩层露头宽窄的变化情况，分析哪盘是上升盘，哪盘是卜降盘，确定断层的性质；最后，判断断层形成的年代。断层发生的年代，早于覆盖于断层之上的最老地层，晚于被错断的最新地层。

（3）综合与概括

在了解全区范围内地层的发育、空间分布、岩性、厚度、古生物、接触关系、褶皱、断裂构造及岩浆岩体等特征、形成时代及其相互关系等的基础上进行综合分析，总结本区构造运动性质及其在时空上的发展规律、地质发展简史及各种矿产的生成与分布等，从而对该地区的总体地质概况有较全面的认识。

═══════════ 重点与难点 ═══════════

重点：相对地质年代确定方法，地质年代单位，年代地层单位，岩层产状，褶皱（向斜及背斜）及其分类，张节理与剪节理的特征，断层类型，断层野外识别，地质图的阅读与分析。

难点：地质图的阅读与分析。

思考与练习

1. 何谓地层和岩层？何谓古生物和化石？

2. 何谓地层的相对地质年代和绝对地质年代？它们是如何确定和划分的？

3. 何谓地质年代单位和年代地层单位？

4. 如何阅读地质年代表？

5. 何谓岩层产状三要素？它们是如何测定和表示的？

6. 何谓正常层序，倒转层序？根据哪些特征可以判断岩层的正常与倒转？

7. 何谓褶曲？褶曲要素及基本形态有哪些？褶皱是如何分类的？

8. 如何确定褶皱构造的存在及其类型？褶皱构造对工程建筑有哪些影响？

9. 何谓节理？如何对节理分类？

10. 如何区别张节理与剪节理？

11. 如何绘制节理玫瑰花图？

12. 简述节理对岩体的强度和稳定性的不良影响。

13. 何谓断层？断层要素？断层的基本类型和组合类型有哪些？

14. 如何识别断层存在及其类型？

15. 简述断层构造的工程地质评价。

16. 何谓古构造运动和新构造运动？

17. 何谓活断层？它具有哪些特征？

18. 野外如何判断活断层的存在？

19. 活断层对建筑工程的影响？

20. 何谓地质图？地质图的基本类型有哪些？

21. 各种地质现象或地质构造在地质图中是如何表现的？

22. 在野外和地质图上如何确定平行不整合和角度不整合的存在？研究地层的接触关系有何地质意义？

23. 在地质图上如何判断水平岩层、倾斜岩层和直立岩层？

24. 在地质图上如何判断褶皱和断层？

25. 如何阅读地质图？

第 4 章

岩石及特殊土的工程性质

4.1　岩石的工程性质

岩石的工程地质性质包括岩石的物理性质、水理性质和力学性质。影响岩石工程地质性质的因素，主要是岩石的矿物成分、结构、构造及岩石的风化程度等。

4.1.1　岩石的物理性质与水理性质

1. 岩石的物理性质

岩石的物理性质指岩石的基本工程性质，主要指岩石的重量性质和孔隙性质等。

(1)岩石的重量性质

岩石的重量性质主要包括岩石的相对密度、重度和密度等指标。

1)相对密度

相对密度指岩石的固体部分(不含孔隙)的重力与同体积的水在4℃时重力的比值。

2)重度

重度即岩石的重力密度，指岩石单位体积的重力。数值上等于岩石试件的总重力(含孔隙中水的重力)与其总体积(含孔隙体积)之比，其单位为 kN/m^3。岩石重度的大小，决定于岩石中矿物的密度、孔隙性及其含水情况。一般来讲，矿物的密度大，或孔隙性小，则重度就大；在相同条件下的同一种岩石，如重度大，说明岩石的结构致密，孔隙性小，因而岩石的强度和稳定性也比较高。

岩石空隙中完全没有水存在时的重度，称为干重度。岩石中的空隙全部被水充满时的重度，称为岩石的饱和重度。

3)密度

密度指岩石(包括岩石成分中固、液、气三相)单位体积内的质量。它是具有严格物理意义的参数(单位: g/cm^3 或 kg/m^3)。根据定义可知，岩石密度除与岩石矿物成分有关外，还与岩石空隙发育程度及空隙中含水情况密切相关。致密而空隙很少的岩石，其密度与颗粒密度很接近，随着空隙的增加，岩石的密度相应减小。常见的岩石的密度一般为 $2.1 \sim 2.8\ g/cm^3$。岩石的密度是研究岩石风化、岩体稳定性、围岩压力和选取建筑材料等必需的参数。

岩石密度又分为颗粒密度和块体密度，常见岩石的密度列于表 4 – 1。

①岩石的颗粒密度(ρ_s)指岩石固体相部分的质量与其体积的比值。它不包括空隙在内，而取决于组成岩石的矿物密度及其含量。如含有铁、镁的暗色矿物密度较大，因而含这些矿

物较多的基性岩和超基性岩一般都具有较大的颗粒密度；而那些含有密度较小矿物的岩石，如酸性岩，一般颗粒密度较小。一般岩石的颗粒密度约为 2.65 g/cm³，大者可达 3.1~3.3 g/cm³。中性岩浆岩类的密度则介于以上二者之间。同样，硅质胶结的石英砂岩其颗粒密度接近于石英密度，石灰岩和大理岩的颗粒密度多接近于方解石密度。

岩石的颗粒密度属实测指标，常用比重瓶法进行测定。

表 4 - 1 常见岩石的物理性质指标值

岩石名称	颗粒密度 /(g·cm⁻³)	岩石密度 /(g·cm⁻³)	空隙率 /%	吸水率 /%	软化系数
辉长岩	2.70~3.20	2.55~2.98	0.3~4.0	0.5~4.0	
辉绿岩	2.60~3.10	2.53~2.97	0.3~5.0	0.8~5.0	0.33~0.90
闪长岩	2.60~3.10	2.52~2.96	0.2~5.0	0.3~5.0	0.60~0.80
玢岩	2.64~2.84	2.40~2.80	2.1~5.0	0.4~1.7	0.78~0.81
花岗岩	2.50~2.84	2.30~2.80	0.5~4.0	0.1~4.0	0.72~0.97
安山岩	2.40~2.80	2.30~2.70	1.1~4.5	0.3~4.5	0.81~0.91
玄武岩	2.60~3.30	2.50~3.10	0.5~7.2	0.3~2.8	0.30~0.95
凝灰岩	2.56~2.78	2.29~2.50	1.5~7.5	0.5~7.5	0.52~0.86
砾岩	2.67~2.71	2.40~2.66	0.8~10.0	0.3~2.4	0.50~0.96
砂岩	.60~2.75	2.20~2.71	1.6~28.0	0.2~9.0	0.65~0.97
页岩	2.57~2.77	2.30~2.62	0.4~10.0	0.5~3.2	0.24~0.74
石灰岩	2.48~2.85	2.30~2.77	0.5~27.0	0.1~4.5	0.70~0.94
白云岩	2.60~2.90	2.10~2.70	0.3~25.0	0.1~3.0	
泥灰岩	2.70~2.80	2.30~2.70	1.0~10.0	0.5~3.0	0.44~0.54
石英岩	2.53~2.84	2.40~2.80	0.1~8.7	0.1~1.5	0.94~0.96
大理岩	2.80~2.85	2.60~2.70	0.1~6.0	0.1~1.0	
片麻岩	2.63~3.01	2.30~3.00	0.70~2.2	0.1~0.7	0.75~0.97
石英片岩	2.60~2.80	2.10~2.70	0.70~3.0	0.1~0.3	0.44~0.84
绿泥石片岩	2.80~2.90	2.10~2.85	0.8~2.1	0.1~0.6	0.53~0.69
千枚岩		2.70~2.80	0.4~3.6	0.5~1.8	0.67~0.96
泥质板岩	2.70~2.85	2.30~2.80	0.1~0.5	0.1~0.3	0.39~0.52

②块体密度也称岩石密度，指岩石单位体积内的质量。按岩石试件的含水状态，分为干密度(ρ_d)、饱和密度(ρ_{sat})和天然密度(ρ)。在未指明含水状态时，一般指岩石的天然密度。各自的定义如下

$$\rho_d = \frac{m_s}{V} \tag{4-1}$$

$$\rho_{sat} = \frac{m_{sat}}{V} \tag{4-2}$$

$$\rho = \frac{m}{V} \tag{4-3}$$

式中：m_s、m_{sat}、m分别为岩石试件的干质量、饱和质量和天然质量，V为试件的体积。

岩石的块体密度除与矿物组成有关外，还与岩石的空隙性及含水状态密切相关。致密而裂隙不发育的岩石，块体密度与颗粒密度很接近。随着空隙、裂隙的增加，岩石块体密度相应减小。

岩石的块体密度可采用规则试件的量积法及不规则试件的蜡封法测定。

（2）岩石的空隙性质

天然岩石中包含着不同数量、不同成因的粒间孔隙、微裂隙和溶穴，将其总称为空隙。空隙是岩石的重要结构特征之一，它影响岩石工程地质性质的好坏。

岩石中的孔隙，有的形成于成岩过程中（原生），有的则是形成于成岩后（后生）。如尚未被胶结物完全充填的碎屑岩中的粒间孔隙、火山熔岩中的气孔、结晶岩石中晶粒间残存的孔隙等属于原生；岩石中可溶盐类溶解后产生的溶穴等属于后生。微裂隙主要包括颗粒边界以及在应力变化和温度升降作用下产生的裂纹。它们一般非常小，肉眼很难直接观察到。

岩石的空隙性质主要用空隙率来表示。岩石的空隙率反映岩石中空隙（包括孔隙、微裂隙和溶穴）的发育程度。空隙率在数值上等于岩石中各种空隙的总体积与岩石总体积的比，用百分数表示。空隙率的大小，主要取决于岩石的结构和构造。未受风化或构造作用的侵入岩和某些变质岩，其空隙率一般是很小的，而砾岩、砂岩等一些沉积岩，则具有较大的空隙率。

考虑到岩石中空隙的连通性和张闭程度等因素，岩石的空隙率可以进一步分为总空隙率（n）、总开空隙率（n_0）、大开空隙率（n_b）、小开空隙率（n_a）和闭空隙率（n_c）等几种，各自的定义如下

$$n = \frac{V_v}{V} \times 100\% = \left(1 - \frac{\rho_d}{\rho_s}\right) \times 100\% \tag{4-4}$$

$$n_0 = \frac{V_{v0}}{V} \times 100\% \tag{4-5}$$

$$n_b = \frac{V_{vb}}{V} \times 100\% \tag{4-6}$$

$$n_a = \frac{V_{va}}{V} \times 100\% = n_0 - n_b \tag{4-7}$$

$$n_c = \frac{V_{vc}}{V} \times 100\% = n - n_0 \tag{4-8}$$

式中：V_v、V_{v0}、V_{vb}、V_{va}、V_{vc}分别为岩石中空隙的总体积、总开空隙体积、大开空隙体积、小开

空隙体积及闭空隙体积。

　　一般所讲的岩石空隙率指总空隙率，其大小受岩石的成因、时代、后期改造及其埋深的影响，其值变化范围也很大。常见岩石的空隙率见表 4 - 1。由表 4 - 1 可知，新鲜结晶岩类 n 一般小于 3%，沉积岩 n 较高，为 1% ～ 10%，而一些胶结不良的砂砾岩，n 可达 10% ～ 20%，甚至更大。

　　岩石的空隙率对岩块及岩体的水理性质、热学性质影响很大。一般来说，空隙率越大，岩块的强度越低，塑性变形和渗透性越大，反之亦然。同时，由于空隙的存在，岩石更易遭受各种风化营力作用，导致岩石的工程地质性质进一步恶化。对可溶性岩石来说，空隙率大，可以增强岩体中地下水的循环与联系，使岩溶更加发育，从而降低了岩石的力学强度并增强其透水性。当岩体中的空隙被黏土等物质充填时，则又会给工程建设带来诸如泥化夹层或夹泥层等岩体力学问题。因此，对岩石空隙性的全面研究，是岩体力学研究的基本内容之一。

2. 岩石的水理性质

　　岩石的水理性质指岩石在水溶液作用下所表现出来的性质，主要有吸水性、软化性、抗冻性、渗透性、膨胀性及崩解性等。

　　(1) 岩石的吸水性

　　岩石的吸水性指岩石在一定的试验条件下吸收水的能力，常用吸水率、饱和吸水率与饱水系数等指标表示。它们与岩石空隙率的大小、孔隙张开程度等因素有关。岩石的吸水率大，则水对岩石颗粒间胶结物的浸湿、软化作用就强，岩石强度受水作用的影响也就越显著。

　　1) 吸水率

　　吸水率指岩石在一般大气压条件下的吸水能力。它在数值上等于岩石的吸水质量(m_{w1}) 与同体积干燥岩石质量(m_s) 的比值，常用百分数表示，即岩石的吸水率(ω_a)。

$$\omega_a = \frac{m_{w1}}{m_s} \times 100\% \tag{4-9}$$

　　实测时先将岩样烘干并称干质量，然后浸水饱和称量。由于试验是在常温常压下进行的，岩石浸水时，水只能进入大开空隙，而小开空隙和闭空隙水不能进入。因此，可用吸水率来计算岩石的大开空隙率(n_b)，即

$$n_b = \frac{V_{vb}}{V} \times 100\% = \frac{\rho_d \omega_a}{\rho_w} = \rho_d \omega_a \tag{4-10}$$

式中：ρ_w 为水的密度，取 $\rho_w = 1$ g/cm³。岩石的吸水率大小主要取决于岩石中孔隙和裂隙的数量、大小及其开裂程度，同时还受到岩石成因、时代及岩性的影响。大部分岩浆岩和变质岩的吸水率多在 0.1% ～ 2.0% 之间，沉积岩的吸水性较强，其吸水率变化在 0.2% ～ 7.0% 之间。

　　常见岩石的吸水率见表 4 - 1。

　　2) 饱和吸水率

　　饱和吸水率指岩石在高压(一般压力为 15 MPa)或真空条件下吸入水的质量(m_{w2}) 与岩样干质量之比，用百分数表示，即岩石的饱和吸水率(ω_p)。

$$\omega_p = \frac{m_{w2}}{m_s} \times 100\% \tag{4-11}$$

在高压(或真空)条件下,一般认为水能进入所有开空隙中,因此,岩石的总开空隙率(n_0)可表示为

$$n_0 = \frac{V_{v0}}{V} \times 100\% = \frac{\rho_d \omega_p}{\rho_w} = \rho_d \omega_p \qquad (4-12)$$

岩石的饱和吸水率反映了岩石总开空隙率的发育程度,可间接地用它来判定岩石的风化能力和抗冻性。

几种常见岩石的饱和吸水率见表4-2。

3)饱水系数

岩石的饱水系数(K_w)指岩石的吸水率(ω_a)与饱和吸水率(ω_p)的比值。它反映了岩石中大、小开空隙的相对比例关系。一般说来,饱水系数越大,岩石中的大开空隙相对越多,而小开空隙相对越少。另外,饱水系数大,说明常压下吸水后余留的空隙就越少,岩石越易被冻胀破坏,因而其抗冻性差。一般认为,$K_w < 0.8$ 的岩石,其抗冻能力比较强。

几种常见岩石的饱水系数见于表4-2。

(2)岩石的软化性

岩石的软化性指岩石浸水后强度降低的性能。它主要决定于岩石的矿物成分、结构和构造特征。亲水矿物或可溶性矿物含量高、空隙率大、吸水率高的岩石,与水作用后,岩石颗粒间的联结被削弱引起强度降低、岩石软化。常用软化系数来表征岩石的软化性能。

表4-2 几种常见岩石的吸水性指标值

岩石名称	饱和吸水率/%	饱水系数	岩石名称	饱和吸水率/%	饱水系数 K_w
花岗岩	0.84	0.55	砂岩	11.99	0.60
石英闪长岩	0.54	0.59	石灰岩	0.25	0.36
玄武岩	0.39	0.69	白云质灰岩	0.92	0.80
云母片岩	1.31	0.10			

软化系数(K_R)是岩石在饱和状态下的极限抗压强度(R_{cw})与岩石在干燥状态下的极限抗压强度(R_c)的比值,即

$$K_R = \frac{R_{cw}}{R_c} \qquad (4-13)$$

K_R 的取值范围在 0~1 之间,其值越大,表明材料的耐水性越好。显然,K_R 越小则岩石软化性越强,岩石强度越低。研究表明:岩石的软化性取决于岩石的矿物组成与空隙性。当岩石中含有较多的亲水性和可溶性矿物、且含大开空隙较多时,岩石的软化性较强,软化系数较小。如黏土岩、泥质胶结的砂岩、砾岩和泥灰岩等岩石,软化性较强,软化系数一般为 0.4~0.6,甚至更低。

常见岩石的软化系数见表4-1。

K_R 是评价天然建筑石材耐水性的一项重要参数,反映了岩石或岩体的工程地质特性。由表4-1可知,未受风化作用的岩浆岩和某些变质岩,软化系数大都接近于 1.0,是弱软化的岩石,其抗水、抗风化和抗冻能力强。一般将 $K_R > 0.75$ 的认为是软化性弱,工程性质较

好；$K_R \leqslant 0.75$ 应定为软化岩石，工程性质比较差。

K_R 的大小对建筑工程的质量有直接影响，因此在严重受水侵蚀或处于潮湿环境下的建筑物，应选择高软化系数的建筑石材，经常处于干燥环境中的建筑物，可不考虑石材的软化系数。软化系数是评价岩石力学性质的重要指标，特别是在水工建设中，对评价坝基岩体稳定性时具有重要意义。

（3）岩石的抗冻性

岩石的抗冻性指岩石抵抗冻融破坏的能力。在寒冷季节或寒冷地区，当岩石空隙中有水存在时，水结冰，体积膨胀（体积增加约 11%），就产生巨大的膨胀力，使岩石的结构和联结受到破坏。若岩石经反复循环冻融，不仅会形成裂隙，还会导致其强度降低。因此，在高寒冰冻地区，抗冻性是评价岩石工程性质的一个重要指标。

岩石的抗冻性常用冻融系数和质量强度损失率来表示。

冻融系数 R_d，也称岩石的强度损失率，指岩石试件经反复冻融后的干抗压强度 R_{c2} 与冻融前干抗压强度 R_{c1} 之比，用百分数表示，即

$$R_d = \frac{R_{c2}}{R_{c1}} \times 100\% \qquad (4-14)$$

质量损失率 K_m 指冻融试验前后干质量之差（$m_{s1} - m_{s2}$）与试验前干质量（m_{s1}）之比，用百分数表示，即

$$K_m = \frac{m_{s1} - m_{s2}}{m_{s1}} \times 100\% \qquad (4-15)$$

进行试验时，要求先将岩石试件浸水饱和，然后在 $-25 \sim 25℃$ 温度下反复冻融 25 次。冻融次数和温度可根据工程地区的气候条件选定。

岩石的抗冻性取决于造岩矿物的热物理性质和强度、粒间联结、开空隙的发育情况以及含水率等因素。由坚硬矿物组成且具有强的结晶联结的致密状岩石，其抗冻性较高。反之，则抗冻性低。利用冻融系数、质量损失率、吸水率、饱水系数等指标可以评价岩石的抗冻性。一般认为 $R_d > 75\%$，$K_m < 2\%$ 时，为抗冻性高的岩石；另外，$\omega_a < 5\%$，$K_R > 0.75$ 和 $K_w < 0.8$ 的岩石，其抗冻性也相当高。

（4）岩石的膨胀性

岩石的膨胀性指在天然状态下含易吸水膨胀矿物岩石的膨胀特性。这主要反映含有黏土矿物（如蒙脱石、水云母及高岭石等）的岩石的性质。某些含黏土矿物成分的软质岩石，经水化作用后在黏土矿物的晶格内部或细分散颗粒的周围生成结合水膜（水化膜），水膜增厚，最终导致其体积增大，并且在相邻近的颗粒间产生楔劈效应，只要楔劈作用力大于结构联结力，岩石显示膨胀性。

大多数结晶岩和化学岩因其内矿物亲水性小和结构联结力强的缘故不具有膨胀性。如果岩石中含有片状结构的矿物（如绢云母、石墨和绿泥石等），水可能渗进片状层之间，则会产生楔劈效应，导致岩石体积增大。这对于岩石的力学特性以及岩石工程的施工将造成较大的影响，有必要掌握这类岩石遇水时的膨胀性，以改进施工与支护设计的参数。

岩石膨胀大小一般用自由膨胀率、侧向约束膨胀率和膨胀压力等指标表示。

1）自由膨胀率

自由膨胀率表示易崩解的岩石在天然状态下不受任何条件的约束，岩石浸水后自由膨胀

（径向和轴向）变形量（ΔH）与试件原尺寸（H）之比。

　　自由膨胀率试验一般是将干样加工成的试件放入自由膨胀率试验仪内，上下放置透水板，上部和四侧对称安装千分表，记录初读数。最后缓慢地向盛水容器四周注入纯净水至淹没上透水板，并在 48 h 内按规定的读数时间读取变形表读数。随后测读千分表的变形读数。最先的 1 h 内，每隔 10 min 测读一次，以后每小时测读一次，直至 3 次读数差不大于 0.001 mm 时终止试验。由测得的膨胀值和试件原始尺寸分别计算轴向和径向自由膨胀率。岩石的自由膨胀率（V_H）可按下式计算。

　　轴向自由膨胀率

$$V_H = \frac{\Delta H}{H} \times 100 \tag{4-16}$$

　　径向自由膨胀率

$$V_P = \frac{\Delta P}{P} \times 100 \tag{4-17}$$

式中：V_H 为岩石轴向自由膨胀率，%；V_P 为岩石径向自由膨胀率，%；ΔH 为试件轴向变形值，mm；H 为试件高度，mm；ΔP 为试件径向平均变形值，mm；P 为试件直径或边长，mm。

　　自由膨胀率试验适用于通水不易崩解的岩石，试件为 50～60 mm 的立方体或圆柱体。

　　2）岩石侧向约束膨胀率

　　岩石侧向约束膨胀率指岩石试件在有侧限条件下，轴向受有限荷载时，浸水后产生的轴向变形（ΔH_1）与试件原高度（H）之比值。

　　岩石侧向约束膨胀试验，一般将加工好的试件放入内涂有凡士林的金属套环内，并在试件上下分别设置薄型滤纸和透水板，在试件顶部放上能对试件持续施加 5 kPa 压力的金属荷载块，并在其上面安装垂直千分表。测试步骤同自由膨胀率试验。岩石侧向约束膨胀率（V_{HP}）可按下式求得

$$V_{HP} = \frac{\Delta H_1}{H} \times 100 \tag{4-18}$$

式中：V_{HP} 为岩石侧向约束膨胀率，%；ΔH_1 为有侧向束缚试件的轴向变形值，mm；H 为试件高度，mm。

　　侧向约束膨胀试验适用于各类岩石，试件采用直径 50 mm、高度不大于 20 mm 的圆柱体。

　　3）膨胀压力

　　膨胀压力指岩石试件浸水后保持原表体积不变所需的压力。实验室常利用岩石膨胀压力试验仪测试岩石的膨胀压力。

　　岩石的膨胀压力试验按照岩石侧向约束膨胀率试验安装试件（样品规格相同），并安装加压系统及变形量测装置，对试件施加 0.01 MPa 的压力，待变形稳定后读变形测表读数。注入清水，观测变形表读数，当变形量大于 0.001 mm 时，调节施加的荷载，保持试件高度在试验过程中不变。待变形稳定后记录试验荷载，由试验轴向荷载（F，N）和受压面积（即试件截面积 A，mm²），计算侧向膨胀压力 p_S（MPa），即

$$p_S = \frac{F}{A} \tag{4-19}$$

　　（5）岩石的崩解性

　　岩石的崩解性又称湿化性，指岩石与水相互作用时失去黏结性并变成完全丧失强度的松散物质的性能。这种现象是由于水化过程中削弱了岩石内部的结构联结引起的。常见于由可溶盐和黏土质胶结的沉积岩地层中。

　　岩石崩解性一般用岩石的耐崩解性指数（I_{d2}）表示。它是表示黏土类岩石和风化岩石抗风化能力的一个指标。这项指标可以在实验室内做干湿循环试验确定，即模拟日晒雨淋的过程。岩石的耐崩解性指数在实验室可用岩石耐崩解试验仪进行测试。

　　在特定的试验设置中，经过干燥和浸水两个标准循环后，试件残留的质量（m_r）与原质量（m_s）之比值（%）。岩石耐崩解性指数（二次循环）可按下式计算

$$I_{d2} = \frac{m_r}{m_s} \times 100 \qquad (4-20)$$

　　试验选用 10 块有代表性的岩石试样，每块质量为 40 ~ 60 g，磨去棱角使其近于球粒状。将试样放进带筛的圆筒内（筛眼直径为 2 mm），在温度 105℃ 下烘至恒重后称重，然后再将圆筒支在水槽上，并向槽中注入蒸馏水，使水面达到低于圆筒轴 20 mm 的位置，用 20 r/min 的均匀速度转动圆筒，历时 10 min 后取下圆筒作第二次烘干称重，这样就完成了一次干湿循环试验。重复上述试验步骤就可以完成多次干湿循环试验。较坚硬的岩石可经三次或多次标准循环。规范建议以第二次干湿循环的数据作为计算耐崩解性指数的根据。计算公式如下

$$I_{d2} = \frac{W_2 - W_0}{W_1 - W_0} \times 100\% \qquad (4-21)$$

式中：I_{d2} 为第二次循环耐崩解指数；W_1 为试验前试样和圆筒的烘干重力，N；W_2 为第二次循环后试样和圆筒的烘干重力，N；W_0 为试验结束后，冲洗干净的圆筒烘干重力，N。

　　对于松散的岩石及耐崩解性低的岩石，还应综合考虑崩解物的塑性指数、颗粒成分与耐崩解性指数，来划分岩石的质量等级。

　　利用耐崩解指数，对岩石的耐崩解性进行分级，可对岩石的抗风化特性作定性分析。根据耐崩解指数 I_{d2} 的大小（两次 10 min 旋转后的数据），甘布尔将岩石耐崩性划分为六个等级：极低的（<30）、低的（30 ~ 60）、中等的（60 ~ 85）、中等高的（85 ~ 95）、高的（95 ~ 98）和极高的（>98）。

4.1.2　岩石的主要力学性质

　　岩石的力学性质指岩石在外力作用下所表现出来的性质，包括岩石受载荷时的变形和强度特性。研究岩石的力学性质主要是研究岩石的变形特性、岩石的破坏方式和岩石的强度大小。

1. 岩石的变形特性

　　岩石在外力作用下首先发生变形。岩石的变形性对建设工程有重要影响。从变形性质上讲，岩石变形分为弹性和塑性两种类型；从变形的方向上讲，岩石的变形分为单向变形、二向变形和三向变形三种类型，这些类型岩石的变形特征各不相同。从研究程度上讲，岩石的单向变形研究最充分。岩石的变形（用应变表示）主要与载荷（用应力表示）有关，有时还与时间有关。当岩石的变形既取决于应力还取决于时间时，则需要考虑岩石的流变特性。

　　图 4-1 是在单向受压情况下岩石典型的、完整的应力 - 应变全过程曲线。根据曲率的变化，可将岩石变形过程划分为五个阶段。

①微裂隙压密阶段(图 4 - 1 中的 oa 段),闭合变形阶段。岩石内部原有的微裂隙在荷重作用下逐渐被压密闭合,体积压缩,刚度加大,曲线上凹。曲线斜率随应力增大而逐渐增加,表示微裂隙的变化开始较快,随后逐渐减慢。a 点对应的应力称为压密极限强度。对于微裂隙发育的岩石,本阶段比较明显,但致密坚硬的岩石很难画出这个阶段。

②弹性变形阶段(图 4 - 1 中的 ab 段),即线性变形阶段。岩石内部原有的微裂隙进一步被压密,岩石被继续压缩。应力与

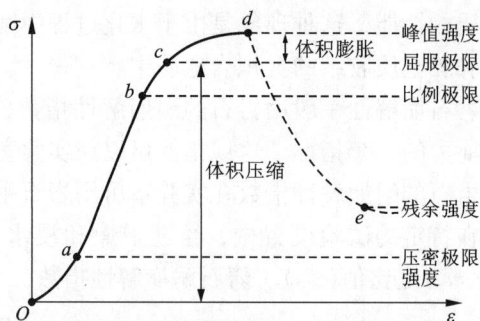

图 4 - 1 岩石应力 - 应变全过程曲线
oa—闭合变形阶段;ab—线性变形阶段;bc—稳定扩展;
cd—加速扩展阶段;de—破裂后阶段;bd—破裂阶段

应变大致呈正比关系,轴向、侧向应变曲线近于直线,体积应变曲线凹向左侧。此阶段岩石变形除以弹性变形为主外,仍有闭合裂纹的相互滑动,变形不完全恢复。b 点对应的应力称为比例极限强度。

③裂隙发展和破坏阶段(图 4 - 1 中的 bc 段),即裂隙稳定扩展的非线性变形阶段,或稳定扩展阶段。当应力超过弹性极限强度后,岩石中产生新的裂隙,已有裂隙也有新的发展,这是岩石的破坏前兆。应变的增加速率超过应力的增加速率,应力 - 应变曲线的斜率逐渐降低,轴向、侧向应变曲线向下凹,体积应变曲线由倾左转向倾右。岩石开始进入塑性变形阶段,体积变形由压缩转变为膨胀。c 点对应的应力称为屈服极限。

④裂隙加速产生并不稳定扩展,直至岩石试件完全丧失承载能力阶段(图 4 - 1 中的 cd 段),即加速扩展阶段。在这个阶段随着应力应变的增加,裂隙进一步扩展,裂隙密集、搭接、相连,形成宏观裂隙与裂缝带,延伸至岩石破坏。d 点对应的应力达到最大值,称为峰值强度(或单轴极限抗压强度)。

⑤峰值后阶段(图 4 - 1 中 d 点以后),即岩石破裂后阶段。岩石破坏后,经过较大的变形,应力下降到一定程度开始保持常数,c 点对应的应力称为残余强度。

由于大多数岩石的变形具有不同程度的弹性性质,且工程实践中建筑物施加于岩石的压应力远远低于单轴极限抗压强度。因此,在一定程度上将岩石看作准弹性体,用弹性参数表征其变形特征。

岩石的变形性能一般用弹性模量(E_e)和泊松比(μ)两个指标表示。

弹性模量是在单轴压缩条件下,轴向压应力和轴向应变之比。国际制以"帕斯卡"为单位,用符号 Pa 表示(1 Pa = 1 N/m²)。岩石的弹性模量越大,变形越小,说明岩石抵抗变形的能力越强。弹性模量只与材料的化学成分有关,与温度有关。常见岩石的弹性模量见表 4 - 3。

泊松比,也叫横向变形系数,指岩石在轴向压力作用下,横向应变与轴向应变的比值。它是反映材料横向变形的弹性常数。泊松比越大,表示岩石受力作用后的横向变形越大。岩石的泊松比一般为 0.2 ~ 0.4。常见岩石的泊松比值见表 4 - 3。

表 4 – 3　常见岩石的弹性模量（GPa）和泊松比值（据谢仁海等，2007）

岩石名称	弹性模量 E_e	泊松比 μ	岩石名称	弹性模量 E_e	泊松比 μ
花岗岩	50 ~ 100	0.10 ~ 0.30	页岩	20 ~ 80	0.20 ~ 0.40
流纹岩	50 ~ 100	0.10 ~ 0.25	石灰岩	50 ~ 100	0.20 ~ 0.35
闪长岩	70 ~ 100	0.10 ~ 0.30	白云岩	50 ~ 94	0.15 ~ 0.35
安山岩	50 ~ 120	0.20 ~ 0.30	石英岩	60 ~ 200	0.08 ~ 0.25
辉长岩	70 ~ 150	0.10 ~ 0.30	片麻岩	10 ~ 100	0.10 ~ 0.35
玄武岩	60 ~ 120	0.10 ~ 0.35	片岩	10 ~ 80	0.20 ~ 0.40
砂岩	10 ~ 100	0.20 ~ 0.30	板岩	20 ~ 80	0.20 ~ 0.30

严格来讲，岩石并不是理想的弹性体，因而表达岩石变形特性的物理量也不是一个常数。通常所提供的弹性模量和泊松比的数值，只是在一定条件下的平均值。

2. 岩石的强度特性

岩石的强度特性指岩石在载荷作用下岩石抵抗破坏的最大应力以及与破坏之间的关系，它反映了岩石抵抗破坏的能力和破坏规律。

岩石的强度指岩石抵抗外力破坏的能力。岩石的强度和应变形式有很大关系。岩石受力会发生压碎、拉断和剪断等破坏形式，故其强度可分为抗压强度、抗拉强度和抗剪强度等。按照受力状态不同，岩块的强度可分为单轴抗压强度、单轴抗拉强度、剪切强度、三轴压缩强度等，岩石的强度单位用 Pa 表示。

（1）抗压强度

抗压强度指岩石在单向压力作用下抵抗压碎破坏的能力。数值上等于岩石受压达到破坏时的极限应力，即单轴极限抗压强度。岩石单轴抗压强度（R_c）指岩石试件在无侧向约束条件下，受轴向力作用破坏时，单位面积（A）上所施加的荷载（p）。其值可按下列公式测得，即

$$R_c = \frac{p}{A} \tag{4 – 22}$$

常见岩石的抗压强度值见表 4 – 4。

按照岩石单轴极限抗压强度，将岩石的坚硬程度划分为坚硬岩（$R_c > 60$）、较坚硬岩（60 ~ 30）、较软岩（30 ~ 15）、软岩（15 ~ 5）和极软岩（< 5）五类。

（2）抗拉强度

抗拉强度也称抗张强度，或拉伸强度，指岩石受拉力时抵抗破坏的能力。数值上等于岩石在单向受拉条件下拉断时的极限应力值。由于岩石中包含有大量的微裂隙和孔隙，岩石抗拉强度受其影响很大，直接削弱了岩块的抗拉强度，故岩石的抗拉强度远小于抗压强度。

常见岩石的抗拉强度值见表 4 – 4。

（3）抗剪强度

抗剪强度指岩石抵抗剪切破坏的能力。数值上等于岩石受剪切破坏时剪切面上的极限剪应力（τ）。

试验表明，岩石的抗剪强度随着剪切面上压应力的增加而增加。其关系可以概括为直线方程

$$\tau = \sigma\tan\varphi + c \qquad\qquad (4-23)$$

式中：τ 为剪应力；σ 为剪切面上的压应力；φ 为岩石的内摩擦角；c 为岩石的内聚力。

显然，内聚力(c)和内摩擦角(φ)是岩石的两个最重要的抗剪强度指标。

常见岩石的内聚力和内摩擦角值见表4-4。

在岩石强度的几个指标中，岩石的抗压强度最高，抗剪强度居中，抗拉强度最小。抗剪强度为抗压强度的10%~40%，抗拉强度仅是抗压强度的2%~16%。岩石越坚硬，其值相差越大，软弱岩石差别较小。由于岩石的抗拉强度很小，当岩层受到挤压形成褶皱时，常在弯曲变形较大的部位受拉破坏，产生张性裂隙。

表4-4　常见岩石的抗压强度、抗拉强度和抗剪强度

岩石名称	抗压强度/MPa	抗拉强度/MPa	抗剪强度		岩石名称	抗压强度/MPa	抗拉强度/MPa	抗剪强度	
			内摩擦角/(°)	内聚力/MPa				内摩擦角/(°)	内聚力/MPa
辉长岩	180~300	15~36	50~55	10~50	片麻岩	50~200	5~20	30~50	3~5
辉绿岩	200~350	15~35	55~60	25~60	片岩	10~100	1~10	26~65	1~20
玄武岩	150~300	10~30	48~55	20~60	千枚岩	10~100	1~10	26~65	1~20
闪长岩	100~250	10~25	53~55	10~50	板岩	60~200	7~15	45~60	2~20
安山岩	100~250	10~20	45~50	10~40	砾岩	10~150	2~15	35~50	8~50
花岗岩	100~250	7~25	45~60	14~50	砂岩	20~200	4~25	35~50	8~40
流纹岩	180~300	15~30	45~60	10~50	页岩	10~100	2~10	15~30	3~20
石英岩	150~350	10~30	50~60	20~60	灰岩	20~200	5~20	35~50	10~50
大理岩	100~250	7~20	35~50	15~30	白云岩	80~250	15~25	35~50	20~50

(4)三轴压缩强度

自然界中岩石绝大多数都处在三向压缩应力的作用下，因此，岩石的三向压缩应力强度特性反映了岩石本性。三向压缩应力作用下的强度指在不同的侧压力作用下的三向压缩强度。由于三向应力状态由许多不同的应力组合而成，因此，岩石的三向压缩强度通常用一个函数式表示。其通式为

$$\sigma_1 = f(\sigma_2 、\sigma_3) \text{ 或 } \tau_f = f(\sigma) \qquad\qquad (4-24)$$

式中：σ_1 为最大主应力；σ_2、σ_3 分别为中间主应力和最小主应力；σ 为滑动面上法向应力；τ_f 为剪应力。

从上式可知，岩石的三向压缩应力的强度可用两种不同的表达式。这两种不同的表达式是等价的。由于岩石三向压缩强度是根据试验的结果建立的，从目前的研究成果来说，很难用一个具体的显式函数形式给予精确的描述。此外，由试验的结果可知，随着所施加的围压的增大，其相应的极限最大主应力也将随之增大，因此，总体上来说，它是一个单调函数。

实验室利用三轴试验装置来研究岩石的变形特征。根据施加侧向压力的不同，三向

压缩应力试验分两种方法：真三轴试验（$\sigma_1 > \sigma_2 > \sigma_3$）和假三轴试验（也称常规三轴试验）（$\sigma_1 > \sigma_2 = \sigma_3$）。前者两个水平方向施加的侧向压力不等，而后者相等。由于对试验机的特殊要求，需要花费很大的人力、物力和财力等，做真三轴试验难度比较大，因此，假三轴试验成为岩石力学中最常用的试验方法之一。

4.1.3　风化作用及其对岩石工程性质的影响

1. 风化作用

风化作用是地壳表层岩石的一种破坏作用。暴露在地表的岩石都会发生不同程度的风化作用。所谓风化作用指地表或接近地表的坚硬岩石、矿物与大气、水及生物接触过程中产生物理、化学变化而在原地形成松散堆积物的全过程。风化过程不仅改变了岩石原有的化学成分和矿物组成，而且改变了岩石结构和构造，使坚硬致密的岩石松散破坏，强度和稳定性大为降低，对工程建筑环境带来不良的影响。

2. 风化作用类型

根据影响风化作用的因素和性质，岩石的风化作用分为物理风化作用、化学风化作用和生物风化作用三种类型。

（1）物理风化作用

物理风化作用也称机械风化作用，主要指通过气温的变化、释荷等作用使岩石发生机械破坏而不改变其化学成分与不产生新矿物的过程。按照作用方式有以下几种。

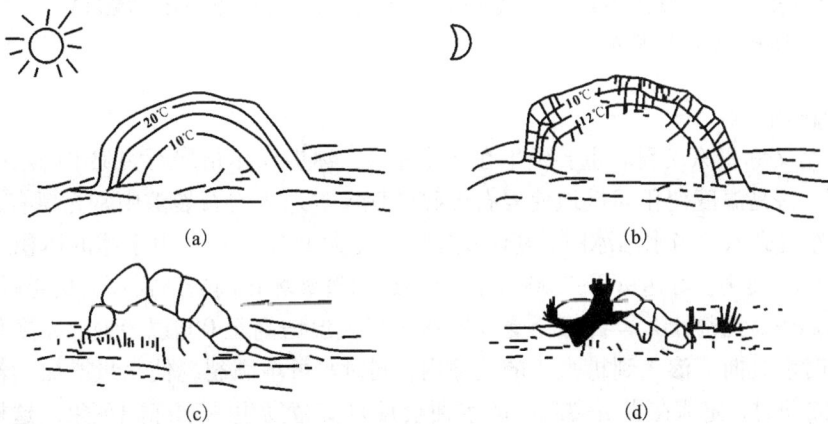

图 4-2　温度变化引起岩石胀缩不均匀而崩解的过程示意图

1）矿物岩石热胀冷缩引起的机械风化作用

机械风化作用又称热膨胀作用，或称洋葱状风化，通常在类似沙漠等地每日温差变化很大的地方。由于温度剧烈变化，使岩石迅速热胀冷缩而引起的破坏。在昼夜气温剧变的干旱气候区，由于岩石是热的不良导体，白天岩石在阳光曝晒下，表面温度很快升高，体积迅速膨胀，而内部则因热向内传递很慢，受热的影响小，还处于正常状态，因而会产生平行岩石表面的微裂隙；夜间，当岩石表面缓慢冷却收缩时，其内部却因缓慢传递入内热的影响还处于膨胀状态，因而会产生垂直岩石表面的微裂隙。如此反复，岩石不断进行表里不一的热胀冷缩，致使其表面形成许多平行表面和纵横交错的裂隙而遭到破坏，令岩石外层以薄片状态剥落[图4-2(a)~图4-2(d)]。在被阳光曝晒后或森林失火被烘烤后的高温岩石,若突遇暴雨,则表面迅速收缩,这种热胀冷缩的破坏过程更为显著。温差风化的强弱主要决定于温度变化的速度和幅度,特别是昼夜温度变化的幅度越大,温差风化则越强烈,如干旱的沙漠地区。

岩石多由几种矿物组成,不同矿物的热膨胀系数是不同的。因此,当岩石受热发生热胀冷缩时,各种矿物的体积胀缩存在差异会在矿物接触界面产生应力,破坏其结合力,产生纵横交错的裂缝。长此以往,岩石裂缝可逐渐加大加深,由表及里地不断崩解和破碎,形成大小不等的碎块。

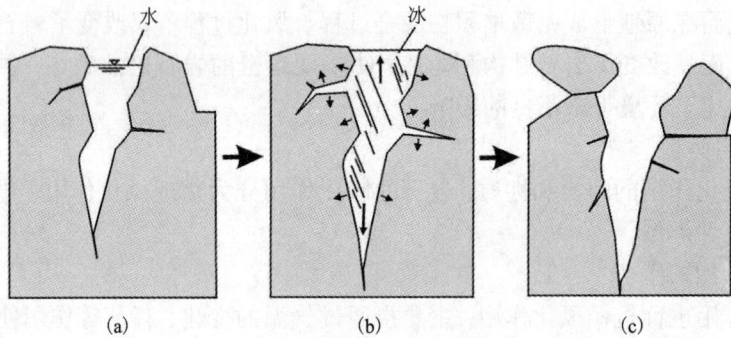

图4-3　水的冻结引起岩石冻胀示意图

(a)水渗入岩石裂隙中;(b)夜间气温下降至零度以下,水结成冰体积增大,裂隙加大;
(c)冻融交替使岩石破碎

2)冰劈作用

冰劈作用又称寒冻楔裂。主要发生在寒冷地区。冰劈作用指岩石裂隙中的水结冰使岩石破坏的过程,这是温度变化间接地使岩石破碎的现象。地表岩石裂隙中常充填有水,当温度降到0℃时冻结成冰。当水结冰时,其体积比原来增大11%左右。由于冰的体积膨胀会对周围岩石产生强大压力,可达960~2000 kg/cm²,远超过破坏花岗岩所需压力的40倍。在这样大的压力作用下,无论什么岩石都会受到破坏。当气温增高至0℃以上时,冰融化成水,体积减小,同时水又向下渗入到扩大了的孔隙内,同时水可填满裂缝使水量增加。若气温变化在0℃上下波动时,充填在岩石裂隙中的水便会反复交替发生冰水冻融现象。这样冻结、融化频繁进行,使裂隙不断扩大,以致使岩石崩裂成为有棱角的碎块(图4-3)。棱角状碎块在山坡下堆积,往往形成岩屑坡或碎石斜坡或倒石锥,它们往往是寒冷地区或青藏高原发生泥石流的主要物质来源。寒冷高山地区形成的陡峭山峰、山脊等地貌都与冰劈作用密切相关。

3)盐类的结晶作用

盐类的结晶作用也称为盐风化作用,发生在含有盐分的溶液渗入岩石裂缝后蒸发,浓度逐渐达到饱和,盐类再结晶,体积增大,从而产生很大的膨胀力,令岩石瓦解。其机理与冰劈作用类似。盐类的结晶作用是低中纬度干燥气候条件下岩石崩解的重要作用之一。

4)释荷作用

释荷作用也称风化卸荷作用,指形成于地壳较深处的岩石因上覆岩石的重量而受到较高的围岩压力,当地壳抬升造成深部岩石上升到地壳浅部或地表,当上覆岩石被剥蚀后其所受上覆压力减低或消失（即压力释放）的现象。释荷作用引起了岩石体积膨胀，出现了平行于地面（岩石表面）的膨胀裂隙。在温度变化、水和生物等因素共同作用下，便形成平行岩石表面的层层脱落现象，称为剥离作用或鳞片剥落作用。深成花岗岩体，或厚层的砂岩，甚至厚层的致密玄武岩，出露地表接受风化时，由于其棱角突出，易受风化，棱角逐渐缩减，最终趋向球形，即球状风化。花岗岩类岩石地表岩石球状分风化后在地貌上常形成"石蛋"地貌（图 4 – 4）。

图 4 – 4　花岗岩类岩石的球状风化
（河北平泉县松树台乡西梁村南山闪长岩岩体）

（2）化学风化作用

化学风化作用指地表岩石与水、氧气和二氧化碳发生化学反应，使岩石逐渐分解的过程。化学风化作用不仅改变了岩石的物理状态，而且还会使破坏产物的化学成分发生显著的变化，并形成一些新矿物。化学风化作用的方式主要有以下几种：

1）溶解作用

溶解作用指水直接溶解岩石中矿物的作用。溶解作用的结果，使岩石中的易溶物质被逐渐溶解而随水流失，难溶的物质则残留于原地。岩石中的可溶物质被溶解后致使孔隙增加，削弱了颗粒间的结合力，从而降低了岩石的坚实程度，更易遭受物理风化作用而破碎。

岩石中的矿物都能溶解于水中，但其溶解度不同。最容易溶解的矿物是卤盐类（如岩盐，钾盐），其次是硫酸盐类（如石膏、硬石膏）和碳酸盐类（如石灰岩、白云岩），再次为硅酸盐类（如长石、云母等）。

碳酸盐类矿物溶解作用也称碳酸化作用，此过程由地下水或大气中的 CO_2 引起。

大气中的 CO_2 与雨水结合后形成弱酸，与含有碳酸钙的岩石（石灰岩及白垩）发生化学反应形成重碳酸钙，对地表岩石进行溶蚀。溶解作用一般进行得十分缓慢，几乎不溶解于水。但是，当温度升高以及压力增大时，水的溶解作用就比较活跃。特别是当水中含有侵蚀性的 CO_2 而发生碳酸化作用时，水的溶解作用就会显著增强。如石灰岩中的方解石与水中的 CO_2 发生溶解作用，形成可溶于水的重碳酸盐 $[Ca(HCO_3)_2]$，重碳酸盐随水流动而流失，对石灰岩进行溶蚀作用。因此，在石灰岩分布地区，因这种溶解作用的发生，形成了常见的溶洞、溶穴、石林等岩溶地貌。其反应如下：

$$CaCO_3 + CO_2 + H_2O \Longleftrightarrow Ca(HCO_3)_2 \qquad\qquad (4-25)$$
　　　　方解石　　　　　　　　重碳酸钙

溶解作用的结果使易溶盐类随水溶失，难溶盐类残留原地，岩石孔隙增加，有利于机械风化剥蚀作用的进行。

2）水化作用

水化作用指有些矿物与水作用时能够吸收水分作为自己的组成部分而形成含水新矿物的过程。当岩石矿物吸收水分后，其增加的容量在岩石中造成物理应力，使岩石胀裂。例如氧化铁经水化作用后形成氢氧化铁；硬石膏经水合作用后成为石膏，体积增加了 30%。

3）水解作用

水解作用指水中的 H^+ 或 OH^- 离子和矿物中离子间的化学反应。如橄榄石经水解作用后被分解，形成 Mg^{2+} 和溶液中的 H_4SiO_4。其反应式如下：

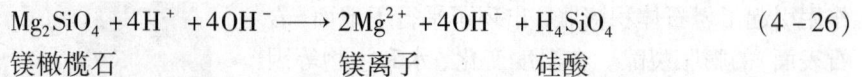

$$Mg_2SiO_4 + 4H^+ + 4OH^- \longrightarrow 2Mg^{2+} + 4OH^- + H_4SiO_4 \qquad (4-26)$$

　镁橄榄石　　　　　　　　镁离子　　　　硅酸

又如钾长石经水解作用后，形成的 K^+ 与水中 OH^- 离子结合，形成 KOH 随水流失，析出一部分 SiO_2 也可呈胶体溶液随水流失，或形成蛋白石($SiO_2 \cdot H_2O$)残留于原地，其余部分可形成难溶于水的高岭石而残留于原地。

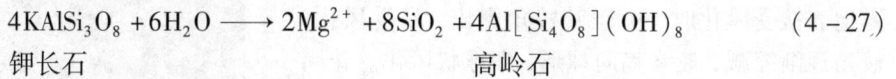

$$4KAlSi_3O_8 + 6H_2O \longrightarrow 2Mg^{2+} + 8SiO_2 + 4Al[Si_4O_8](OH)_8 \qquad (4-27)$$

　钾长石　　　　　　　　　　高岭石

在潮湿气候条件下高岭石还会进一步水解成铝土矿和二氧化硅。二氧化硅（以胶体形式）同样会被水带走，残留原地形成铝土矿。

4）碳酸化作用

碳酸化作用指水中溶有的 CO_2 与水结合形成碳酸或重碳酸，而碳酸根（CO_3^{2-}）或重碳酸根（HCO_3^-）易与矿物中的阳离子结合成易溶于水的碳酸盐，从而使水溶液对岩石中的矿物离解能力加强，化学反应速度加快，最终破坏岩石的过程。例如硅酸盐矿物在碳酸化作用下，矿物中的阳离子（K^+、Na^+、Mg^{2+} 等）可形成易溶的碳酸盐或重碳酸盐被带走，部分 SiO_2 呈胶体溶液被带走，而大部分的 SiO_2 形成蛋白石沉淀。如橄榄石和钾长石碳酸化作用的反应式

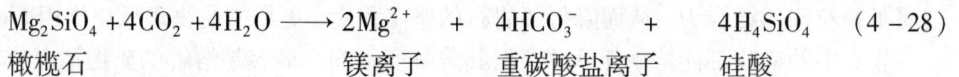

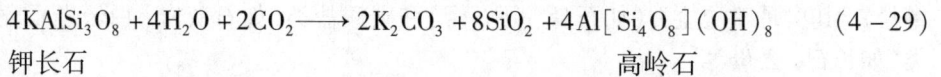

$$Mg_2SiO_4 + 4CO_2 + 4H_2O \longrightarrow 2Mg^{2+} + 4HCO_3^- + 4H_4SiO_4 \qquad (4-28)$$

　橄榄石　　　　　　　　镁离子　　重碳酸盐离子　　硅酸

$$4KAlSi_3O_8 + 4H_2O + 2CO_2 \longrightarrow 2K_2CO_3 + 8SiO_2 + 4Al[Si_4O_8](OH)_8 \qquad (4-29)$$

　钾长石　　　　　　　　　　　高岭石

5）氧化作用

氧化作用指岩石或矿物中的低价元素被大气中的游离氧氧化后变为高价元素的过程。氧化作用在自然界非常普遍，在湿润的情况下，氧化作用更为强烈。有机质、低价氧化物和硫化物最易被氧化。如黄铁矿（FeS_2）在含有游离氧的水中，经氧化作用后形成褐铁矿（$Fe_2O_3 \cdot nH_2O$），其化学反应如下

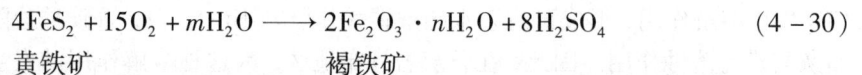

$$4FeS_2 + 15O_2 + mH_2O \longrightarrow 2Fe_2O_3 \cdot nH_2O + 8H_2SO_4 \qquad (4-30)$$

　黄铁矿　　　　　　　　褐铁矿

地表出露的褐铁矿，称为"铁帽"，常常是寻找地下多金属矿床的标志。在褐铁矿形成的同时还产生对岩石腐蚀性极强的硫酸，可使岩石中的某些矿物分解形成洞穴和斑点，致使岩石破坏。

（3）生物风化作用

生物风化作用指岩石在动植物及微生物影响下所起的破坏作用。生物风化作用有物理的和化学的两种方式。

1）生物的物理风化作用

物理风化作用指生物活动对岩石产生机械破坏的作用。如穴居动物蚂蚁、蚯蚓等钻洞挖土，不停地对岩石产生机械破坏；生长在岩石裂隙中的植物，在其根生长过程中对周围浮土或岩石产生压力致使岩石裂隙扩大从而引起岩石破坏的地质作用，即根劈作用（图4－5）。

2）生物的化学风化作用

化学风化作用指生物的新陈代谢及死亡后遗体腐烂分解而与岩石发生化学反应，促使岩石破坏的作用。如植物和细菌在新陈代谢过程中，不仅可直接吸取岩石中的某些元素（如 K、Na、P 等），而且还分泌出有机酸溶解和分解岩石，且从中获取所需养分。动、植物死后遗体腐烂分解的有机酸也会对岩石进行腐蚀破坏作用。

由任何石块、砖块或混凝土制造的建筑物都会受到和其他露出地表岩石相同的风化作用的影响。雕像、历史遗迹及其装饰的石制品（尤其是石灰岩石制品），会因为自然风化作用的综合影响而受到严重破坏（图 4-6），特别是在酸雨影响的地区则会非常严重。

人类的工程活动对岩石的风化也产生一定的影响。如基坑或边坡的开挖使岩石的新鲜面暴露，爆破也会使岩石在一定的深度内产生裂隙，这些都会对岩石的风化起促进作用。

应当指出：以上三种风化作用不是孤立进行的，它们相互联系和相互影响。如物理风化使岩石逐渐破碎，会给化学风化提供有利条件，加速风化的进程，扩大风化的范围，有利于植物的生长。反过来，由于岩石的化学分解或有机酸的腐蚀，既使岩石变得松软而易于物理风化，又使化学风化过程中某些矿物的体积膨胀而产生出很大的压力，从而促进物理风化作用的进行。

图 4-5　根劈作用有利于岩石的破裂和风化
（广州火炉山公园中生代花岗岩）

图 4-6　风化作用对古迹的影响
（唐乾陵石刻"侍者牵马佣"，都是由石灰岩雕刻的，经过约 1300 多年的风吹雨淋和风化作用，表面出现溶蚀和裂缝，容貌已今非昔比，陕西乾县）

3. 岩石的风化程度与风化带

（1）岩石的风化程度

岩石的风化程度指风化作用对岩体的破坏程度，包括岩体的解体和变化程度及风化深度。

按照岩石的解体和变化程度，将岩石风化程度划分为未风化、微风化、弱风化、强风化和全风化五级，其主要特征见表 4-5。

工程上判断岩石的风化程度的分带标志主要有颜色、矿物成分的变化、水理性质及物理力学性质的变化、岩体破碎程度、钻探掘进及开挖中的技术特性。

1）颜色的变化

未风化的岩石，断面颜色鲜艳，有光泽。经过风化后的岩石颜色的变化，微风化，仅沿裂隙面颜色略有变色；弱风化，岩体表面及裂隙面大部分变色，但断口颜色仍保持新鲜岩石特点；强风化，大部分变色，唯有岩块的中心部分尚保持原有颜色；全风化，原岩颜色已完全改变，光泽消失。

2）矿物成分的变化

岩石风化后产生了次生矿物，如黏土矿物、方解石和褐铁矿等。以原岩为硅酸盐岩为例，微风化，仅沿裂隙面有矿物轻微变异，长石表面局部被黏土矿物覆盖；弱风化，沿裂隙面矿物变异明显，有次生矿物出现，长石表面大部分被黏土矿物覆盖；强风化，除石英外，大部分矿物均已变异，仅岩块中心变异较轻，次生矿物广泛出现，长石表面完全被黏土矿物覆盖；全风化，除石英外，其余矿物多已变异，形成次生矿物，长石轮廓消失，全变为黏土矿物。

3）岩石水理性质和物理力学性质的改变

水理性质：从全风化→强风化→弱风化→微风化→未风化的原岩，岩石的空隙性由大到小，吸水性由强到弱。

物理力学性质：微风化，物理性质几乎不变，力学强度略有减弱；弱风化，力学性质较原岩低，单轴抗压强度为原岩的 $1/3 \sim 1/2$；强风化，变形量小，承载强度低，物理力学性质显著降低，岩块单轴抗压强度小于原岩的 $1/3$；全风化，浸水能崩解，压缩性能增大，手可捏碎。

表 4 – 5   不同风化程度岩石的主要特征

岩石风化程度	主要特征
未风化	岩石的矿物成分与结构构造不变。锤击声清脆，需爆破开挖
微风化	岩石结构基本不变，完整性好，风化裂隙少见，与新鲜岩石相差无几；颜色基本未变，沿裂隙面有铁锰质渲染；矿物基本不变，沿裂隙面矿物有轻微变异并有铁锈，无疏松物质；锤击声清脆，需爆破开挖
弱风化	岩石结构构造一般保存完好，结构构造清晰，仅部分破坏；风化裂隙发育；裂隙面风化较重，矿物质稍变质，出现新矿物，坚硬块体有松散物质；岩石被裂隙分割成块状（20 ~ 50 cm）。锤击声不够清脆，用镐难以挖掘，需要岩心钻钻进或爆破开挖
强风化	岩石结构构造大部分破坏；裂纹密布，岩体被节理、裂隙分割成碎石状（2 ~ 20 cm），疏松易碎；矿物成分已显著变化，大部分为次生矿物，长石、云母已被风化；岩石大部分变色（仅中心较新鲜），疏松物质与坚硬块体混杂。锤击声哑，用镐可挖掘，手摇钻不易钻进，偶尔需要爆破开挖
全风化	岩石结构构造已全部破坏，仅外观保留原岩状态；除石英外大部分矿物已风化成土状，矿物晶粒间失去胶结，用手可折断、捏碎；基本不含坚硬块体。锤击声哑，用镐易挖掘

4）岩体破碎程度

岩石的结构构造：未风化，原生结构构造很清晰，风化裂隙消失；微风化，原生结构清晰，显微裂隙偶见；弱风化，原生结构较清晰，显微裂隙少见；强风化，原生结构模糊不清，显微裂隙很发育；全风化，原生结构构造消失。

风化裂隙发育情况：风化裂隙是岩石风化程度的一个重要标志。微裂隙具有无方向性、不规则发育、延伸性差、多被氧化铁充填等特点。显微镜下风化裂隙的特点：微风化，风化裂隙偶见，密集程度低，氧化铁呈点状浸染；弱风化，风化裂隙差，密集程度低，局部充填氧化铁；强风化，风化裂隙很发育，密集程度高，呈网状或树枝状，被褐红色氧化铁充填。

节理裂隙发育情况：微风化，组织结构未变，除构造节理外，一般风化裂隙不易察觉；弱风化，组织结构大部分完好，但风化裂隙发育，裂隙面风化剧烈；强风化，外观具有原岩组织结构，但裂隙发育，岩体呈块石状，岩块上裂纹密布，疏松易碎；全风化，组织结构已完全破坏，呈松散状或仅外观保持原岩状态，用手可折断、捏碎。

机械破碎程度：微风化，岩体完整性较好，风化裂隙少见；弱风化，岩体一般完好，原岩结构构造清晰，风化裂隙尚在发育，时夹少量岩屑；强风化，岩体强烈破碎，呈岩块，岩屑，时夹黏性土；全风化，呈土状，或黏性土夹碎屑，结构已彻底改变，有时外观保持原岩状态。

5）风化深度

岩石风化作用一般是自地表逐渐向岩体内部进行的，越靠近地表，风化作用越强烈，岩石风化程度也越严重；越向岩石内部，岩石风化得越轻微，最后过渡到未经风化的新鲜岩石，在相同的外部自然条件下，同样种类的岩石风化层厚度越大，其风化程度也就越严重。

（2）风化带

1）风化壳

风化壳指残积物覆盖在地壳表面的风化基岩上具有一定厚度的风化岩石层。一个发育成熟的风化壳中，岩石中的硅酸盐矿物已完全分解，易溶物质已流失，碎屑残余物质和新生成的化学残余物质（如褐铁矿、水赤铁矿、铝土矿等，俗称铁帽）大都残留在原来岩石的表层。代表性的风化壳，如华北中奥陶统灰岩之上的风化壳、广西下二叠统灰岩之上的风化壳等。

风化壳形成的内因主要是原岩的矿物组成。如石灰岩风化过程中，主要是方解石的化学淋失，风化速度较快，残留物少，风化壳浅薄；橄榄岩、辉长岩和玄武岩中的橄榄石、辉石和角闪石晶格能小，易于风化，形成的风化壳也较厚；花岗岩中的主要矿物长石和石英晶格能大，抗风化能力强，风化速度较慢，但因花岗岩强烈的崩解作用，水分广泛渗入，可形成深厚的风化壳；砂岩、页岩等沉积岩组成的矿物已经过风化作用，在地表条件下很稳定，风化速度较慢。

常见的风化壳类型如下所述。

①碎屑型风化壳：形成于物理风化和轻微化学风化作用下，碎屑大小不同，常保持着原岩性质。风化层极薄，质地较粗，砾石含量可多达 60% 以上。原岩中的矿物化学分解微弱，主要发育于气候严寒、寒冻气候带，特别是在靠近永久积雪和永久冰冻的高原和两极地区，如青藏高原。

②碳酸盐型风化壳：形成于碳酸盐岩分布区，化学风化方式以溶解为主。在地表水和地下水共同作用下，碳酸盐岩中易溶盐（如钾、钠、钙、镁等）淋失、不溶解的残余物（如黏土）残留；碳酸钙含量可高达 7% ~15% 以上。厚度由数十米至数百米。标志化合物是钙、镁的碳酸盐。主要发育于暖温带和温带干旱、半干旱气候带，如荒漠带及草原。

③硅铝型风化壳：又称高岭土型风化壳。地表岩石受化学风化作用，易溶盐类淋失殆尽，碳酸盐也基本淋失，硅酸盐、铝硅酸盐矿物分解形成高岭石、蒙脱石等黏土矿物（2:1 型为主体），蛭石和过渡矿物有明显增加。风化壳呈褐色、灰色、灰绿色，厚度可达 10 m。标志化合物为 Al_2O_3、Fe_2O_3 和 SiO_2 等，主要发育于温带、寒温带湿润半湿润气候带。

④富铝型风化壳：风化作用强烈，元素迁移活跃。硅酸盐岩中的原生矿物基本分解，硅强烈淋失，而 Fe、Al、Ti 的水化氧化物相对积聚。标志化合物为 Al_2O_3、Fe_2O_3、SiO_2 的水化物。风化壳呈鲜明的红色。风化壳的硅铝比率 >2，黏土矿物以高岭石和三水铝矿为主。发育于湿润的热带和亚热带气候带。

⑤含盐型风化壳：风化壳中以 Cl^- 和 SO_4^{2-} 为标志。发育于内陆干旱、半干旱地区和受海水浸渍的滨海地区。

2）风化带的划分

在风化壳的垂直剖面上，岩石风化的深浅程度不同，由地表往下风化作用的影响逐渐减弱直至消失，因此在风化剖面的不同深度上，岩石的物理力学性质也会有明显的差异，这种由风化作用使地壳岩石发生变化的地带，称为风化带。

一个完整的风化带剖面上，自下而上划分成四个风化带：微风化带、弱风化带、强风化带和全风化带。各风化带之间逐渐过渡，无明显分界线。风化壳的结构各地大致相似，但其成分和厚度则因地而异，主要与岩性、气候、地形和风化作用的时间等因素有关。一般在潮湿炎热气候区，以上三种风化作用都非常显著，化学风化和生物风化作用尤为普遍而强烈，因而风化壳厚度大，结构复杂；干旱地区则是以机械风化为主，形成的风化壳厚度一般较小，常仅有数十厘米，结构也较简单。所以，从风化壳中的风化产物厚度和成分可以推测其形成时的地理和气候条件。

由于风化壳是一种地表松散堆积物，直接影响到水利工程建筑的稳固性和渗漏性，尤其是古风化壳，有时会给工程建筑造成很大的危害。所以，有必要对工程场地的风化壳或风化带进行详细的研究。这样岩石风化带的界线成为工程建筑中的一项重要工程地质资料。许多工程，特别是岩石工程都需要运用风化带的概念来划分地表岩体不同风化带的分界线，作为岩基持力层、基坑开挖、挖放边坡坡度以及采取相应的加固措施的依据之一。但是要确切地划分风化界线尚无有效方法，通常只根据当地的地质条件并结合实践经验予以确定。另外，由于各地的岩性、地质构造、地形和水文地质条件不同，岩石风化带的分布情况变化很大。因此，岩石风化带的划分需要结合实际情况进行综合分析。

4. 影响岩石风化的因素

岩石风化是一个复杂的地质过程，是许多因素综合作用的结果。影响岩石风化速度、深度、程度以及分布规律的因素，主要受岩石性质、气候、地形、地质构造等因素的影响。

（1）岩石性质

岩石性质是影响风化作用的内部因素，也是影响风化作用速度的主要因素。岩性对风化作用的影响主要表现在以下三个方面。

1）岩石的矿物组分

岩石的抗风化能力首先取决于组成岩石的矿物组分。岩浆岩和变质岩形成于地下深处高温高压环境，当它们暴露于地表常温常压条件下时，矿物就会显得不稳定，容易被风化破坏；而在地表形成的沉积岩对抗风化能力就会强一些。

岩浆岩中的硅酸盐矿物抗风化能力的强弱与矿物从岩浆中结晶出的顺序有关。最早结晶的矿物在地表条件下最先分解，而在岩浆中最后结晶的矿物——石英，则抗风化能力最强。一般情况下，矿物在风化过程中的稳定性由大到小的顺序是：氧化物＞硅酸盐＞碳酸盐和硫化物，酸性斜长石＞基性斜长石，含铁镁硅酸盐矿物＞富铁镁硅酸盐矿物，长英质矿物＞暗色矿物。所以含铁镁矿物多的基性岩、超基性岩比含硅铝矿物多的酸性岩易于风化。

当岩石中不稳定矿物含量较多时，其抗风化能力较弱，则岩石风化快；当岩石中含稳定和极稳定矿物较多时，其抗风化能力较强，则岩石风化慢。

与复杂矿物组成的岩石相比，单矿物组成的岩石因其各向同性、矿物间的膨胀系数和传热能力相同，常不易被物理风化作用所破坏，故其抗风化能力相对较强。

对于变质岩，不同类型的变质岩抗风化能力不同，一般认为低级变质程度变质岩较高级变质程度的变质岩抗风化能力强。变质岩抗风化能力由大到小的顺序是：浅变质岩 > 中等变质岩 > 深变质岩。

尽管沉积岩的抗风化能力比岩浆岩及变质岩较强，但沉积岩的风化作用较复杂。一般认为沉积岩中的易溶岩石(如岩盐、含石膏或碳酸盐类岩石)和含黏土矿物的岩石比其他沉积岩易于风化。因为岩盐和石膏易于溶解和水化，黏土矿物、碳酸盐矿物颗粒都极细，比表面积大，因而表面效应较强，易遭溶解、水解、碳酸化及淋滤作用的影响。所以，沉积岩中岩盐、灰岩、泥岩、页岩等风化速度很快。

2）岩石的结构

岩石的结构对风化作用速度有影响。结构较疏松或不等粒结构的岩石有利于水溶液的渗透和生物的活动，易于风化；粗粒结构的岩石较细粒结构的岩石易于风化；等粒结构的岩石，胀缩性均一，比斑状结构岩石抗风化能力强。在相同的外界条件下，细粒、等粒、胶结好的岩石抗风化能力强，风化作用速度较慢。

3）岩石的构造

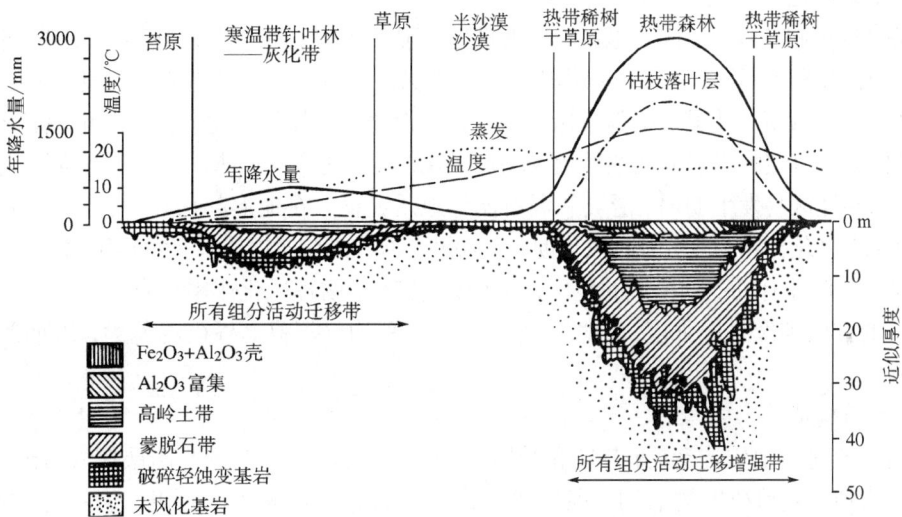

图 4-7　不同气候区风化壳的厚度与结构特征

(引自 R. J. Chorley et al. , 1984)

岩石的构造对岩石风化速度的影响也很明显。块状构造的岩石，抗风化能力较强，而气孔状、杏仁状构造的岩石，与水分、空气接触面积大，容易被风化；具有片理构造的片麻岩、片岩、板岩、千枚岩，水分和空气容易进入片理和裂隙中，从而加速其风化。

(2)气候条件

气候条件是影响岩石风化的重要因素，包括温度、湿度、降水量、蒸发量和生物繁殖状况等。气温的高低对于岩石的机械破坏程度、各种化学反应速度、生物的生长有重大影响；降水量多少关系到水在风化作用中的活跃程度，直接或间接影响到风化速度；生物的繁殖状况直接关系到生物风化作用的进行。所以，气候因素控制了风化作用类型和风化速度，在不同的气候区，风化作用类型、风化深度、残积物类型、风化壳的厚度与结构特征有显著的不同。气候明显地受纬度、地势等因素控制，具有分带性，在不同的气候区，岩石风化特点明显不同(图4-7)。

气候干燥的荒漠区和寒冷地区,生物少,降水极少或以固态水的形式存在。所以,这些地区风化作用以机械物理风化作用为主,而化学风化和生物风化作用较弱。地表通常为大小不等的岩石碎块或原始的未经风化的基岩露头,风化产物中黏土很少。

气候潮湿炎热的热带多雨森林区,温度较高,雨量充沛,植物茂盛,细菌繁殖迅速,水溶液中含酸类成分,化学风化与生物风化进行得强烈、彻底,风化深度大。那些稳定的硅酸盐矿物都可能彻底风化分解形成残余黏土,甚至形成残余矿床。土壤层在这种地带很厚。如我国东南沿海地区,岩石的风化深度有的达数十米,有的甚至达百余米以上。

降雨量和温度介于上述两区之间的温带湿润气候区,温和多雨,植物生长茂盛,所以化学风化和生物风化占重要地位,水的冻结与温度变化变为次要因素,其风化作用速度、类型以及风化的土壤层厚度都介于上述二者之间。

(3)地形条件

地形也影响着风化作用的速度、深度、风化产物的堆积厚度及分布情况。地形条件包括地势高度、地势起伏程度和山坡的方向。

地势高度影响气候,在同一地区,高山具有明显的气候分带,山顶气候寒冷,山麓气候炎热,其生物特征显著不同,因而风化作用的类型随高度而变化。地势起伏对风化作用更有普遍意义,地形起伏较大、陡峭、切割较深的地区,以物理风化作用为主,岩石风化后岩屑不断崩落,使新鲜岩石直接露出表面而继续遭受物理风化,且风化产物较薄,风化产物易搬迁到它处。因此,在这些地区易发生崩塌、滑坡和泥石流等地质灾害。在地形起伏较小、流水缓慢流经的地区,以化学风化作用为主,岩石风化彻底,风化产物多留在原地或只经过短距离的搬运,风化产物较厚。在低洼有沉积物覆盖的地区,温度变化较小,物理风化作用较弱。

山坡的方向涉及日照强度,阳坡光照时间长,平均气温高,昼夜温差大,因而风化作用较阴坡强。

(4)地质构造

岩石的风化与地质构造(如节理和断层)有着密切的联系。节理与断层使岩石破碎,有利于水溶液渗透、流动和生物活动,促使风化作用向岩石内部发展。因此,岩石节理密集处,往往风化作用最强烈,尤其是几组节理交汇地带,常会形成风化沟槽。如在背斜和向斜的核部及断层破碎带,节理裂隙较发育,常发育成沟谷或低地,风化深度一般较裂隙不发育的岩石要深。

纵横交错的节理常把厚层砂岩或等粒结构的岩浆岩分割成岩块,长期的物理风化和化学风化作用,易发生球状风化。发育球状风化的岩石一般具备的主要条件为:厚层或块状构造;发育几组交叉节理裂隙;岩石难溶于水;结构致密均匀。一般厚层砂岩、块状花岗岩具有这些条件,故在广泛出露的厚层砂岩或花岗岩体中常见到球状风化。

由于组成岩石的矿物成分或结构构造的差异,不同岩石的风化速度和风化程度不同。如果抗风化能力不一的岩石共生在一起,则抗风化能力强的岩石顺层突出或形成凸起的正地形,抗风化能力弱的顺层凹入或形成低凹的负地形。在相同的风化条件下,它们常常在地表形成凹凸不平的地貌现象,称为差异风化(图4-8)。在层理不明显的岩石露头上常因差异风化使层理显露,可帮助我们确定岩层的产状。

构造运动也影响着风化作用。在构造运动活跃的地区形成陡峭地形,易发生物理风化,剥蚀作用相当强烈。在构造运动稳定地区，通常地形较平缓，易发生化学风化和生物风化，风化层很厚。

（5）其他影响因素

1）时间

时间因素是风化作用的一个重要因素。如坚硬的岩石，经长时期的不同性质的风化，可造成同样的机械与化学风化结果。岩石经过长时期的风化，即形成土壤。时间越长，土壤所形成的剖面层次越分明。即使在干燥地区，经长时期的风化亦可造成良好的土壤。

图 4-8　砂岩差异风化形成的地貌
（美国犹他州拱门国家公园）

2）岩石裸露面积

岩层露出的面积也影响风化作用。出露面积越大，接受风化的岩石面积就越大，造成的风化产物也就越多。

3）植被发育程度

植被的发育程度影响着风化作用。一方面生物的物理风化作用加速岩石崩解、生物化学作用及形成土壤，另一方面植被茂盛能有效地保护岩石不裸露地表，使风化作用处于平衡状态。

4）人类活动

人类活动也影响着风化作用。随着人口数量日渐增加，地表也会受人为作用的改变，如砍伐林木、耕作、基建和修建重大工程及其他的活动等都会影响风化作用。由于这些人为作用不断地将风化或风化不深的岩石、土壤暴露于地表，接受物理、化学风化作用而造成山坡地区地层的不稳定。如修公路和铁路，边坡开挖时易造成崩塌和滑坡等灾害。坡底或沟谷中堆积的大量风化产物，为泥石流的形成奠定了物质基础。因此，人类活动会造成风化作用加速而引起各种地质灾害。

5. 岩石风化对工程的影响及处理对策

（1）岩石风化对工程的影响

在广泛而持续不断的风化作用下，地表岩体的工程地质特征将发生很大的变化。风化岩石与原岩比较，已产生了一系列的变化。风化后的岩石在工程建筑上的优良性质削弱了，不良性质则增加了，使工程地质条件大为恶化。从工程地质观点出发，这些变化主要表现在以下三个方面。

1）岩石的化学成分和矿物成分发生变化

岩石在化学风化过程中，原岩中的矿物经水解、溶解及氧化等反应，逐渐分解，活动性较强的元素随水迁移流失，同时，风化作用带入的新元素参与反应，形成了新的次生矿物。如片状矿物绿泥石、绢云母等，黏土矿物高岭石、蒙脱石、水云母等，铁、铝、硅的氧化物或氢氧化物，从根本上改变了岩石的组分。

2）岩体的结构和构造发生变化

岩体的结构和构造发生变化即岩石的完整性遭到削弱和破坏。风化不仅使岩体原有裂隙扩大，还产生了新的风化裂隙，岩石空隙增多，使岩体逐渐破碎，分裂成碎块、碎片，进而分解成砂粒、粉粒甚至黏粒。这种变化削弱了岩石原有的结晶联结，以致完全丧失联结力，致使完整坚硬的岩体变成破碎松软、强度低、细分散和性质易变的松软土体。

3) 岩石的工程性质恶化

岩石风化后,因其组分、化学成分和结构构造等发生变化,岩体的完整性及牢固性遭到削弱或破坏,导致岩石工程性质出现了一系列变化。表现在:彻底风化后的岩石所形成的次生矿物造成其抗水性降低而亲水性增强,如岩石的崩解、膨胀、软化及泥化等性质程度不同地显现出来,使岩体具有黏性土的一些特性;透水性发生畸变,如遭受中等风化的岩石其渗透系数比下伏新鲜岩石成倍增加,而地表遭受强烈风化的岩石其渗透系数又降低;岩石力学性质发生了变化,如岩石力学强度降低、压缩性加大。这样,岩体优良的工程地质性质被削弱了,不良工程地质性质增强了,甚至从根本上改变了岩体的工程性质。对重大建筑物来说,风化后的岩体是不能满足建筑要求的,必须进行风化岩体的处理。

(2) 岩石风化的处理对策及其治理方法

岩石风化与工程选址布局、岩(土)体稳定、地基处理、施工方法、施工期限和工程造价等关系极为密切。当在岩石风化强烈、风化深度较大的地区进行大型工程(如高坝)建设时,不得不采取大量的挖土措施,清除(部分或全部)风化岩石,将大型工程(或大坝)基础置于稳定可靠的基岩之上;或者对地基进行加固或防渗处理,这不仅增加了工程造价而且很可能延误施工工期;或者采取降低工程设计规模,以便与地基状态相适应。许多道路两侧、基坑及露天矿采场等边坡的变形破坏也往往与岩石风化有关。在某些花岗岩地区进行隧道或地下洞室施工时,因对风化壳认识不足而发生渗水、坍塌或施工设备损坏,甚至造成人员伤亡和延误工期等事故。风化作用也使某些作为建筑材料的岩石适用性能下降。所以,在工程地质勘察中,岩石风化的研究常是重要的课题之一。

1) 岩石风化的治理措施

为制订防治岩石风化的正确措施,首先必须查明建筑场地影响岩石风化的主要地质营力,风化作用的类型与速度,风化壳垂直分带与空间分布及其岩石的物理力学性质,同时必须了解建筑物的类型、规模及其对地质体的要求。

①挖除措施。当风化壳厚度较小(如数米之内)、施工条件简单时,可将风化岩石全部挖除,使重型建筑物基础砌置在稳妥可靠的新鲜基岩上。当风化壳部分地段岩层危及建筑物安全时,可采取挖除这一危害风化层的措施。挖除风化岩石是一个困难且耗费时间的过程,因而宜少挖。当风化壳厚度较大时,如十余米、几十米以上时,处理措施应视具体条件而定。

对于荷载不大、对地基要求不高的建筑物,如一般工业民用建筑物,强风化带甚至全风化带亦能满足要求时,根本不用挖除,必须选择合理的基础砌置深度。对于重型建筑物,特别是重型水工建筑物,对地基岩体稳定要求较高,其挖除深度应视建筑物类型、规模及风化岩石的物理力学性质而定,需要挖除的只是那些物理力学性质变得足以威胁到建筑物稳定的风化岩石。

②锚杆、水泥灌浆加固。当风化壳厚度较大,但经过处理后在经济上和效果上反比挖除合理时,则不必挖除。如地基强度不能满足要求,则可用锚杆或者水泥灌浆加固,以加强地基岩体的完整性和坚固性。若为水工建筑物地基防渗要求,则可用水泥、沥青、黏土等材料进行防渗帷幕灌浆处理。当地基存在囊状风化、且其深度不大时,在可能条件下可将其挖除;当囊状风化深度较大时,应视具体条件或用混凝土盖板跨越,或进行加固处理。

③必要的支挡、加固和防排水。开凿于强风化带中的边坡和地下硐室,应进行支挡、加

固和防排水等措施，以保证施工及其使用期
间边坡岩体及硐室围岩的稳定性。

④挂网防护工程。在山壁上安装金属防
护网并加以绿化，以稳定山体，防止岩石脱落
下滑(图4-9)。这是近年来常用的治理工程
技术手段。

2)防治措施

预防岩石风化的基本思想是：通过人工
处理后，使风化营力与被保护岩石隔离开，以
使岩石免遭继续风化；降低风化营力的强度，
以减慢岩石风化的速度。

**图4-9　治理裸露基岩风化的工程措施之一
——挂网喷播技术**

防治岩石风化的措施：一是对已风化产物的合理利用与处理，制止风化作用继续发展，
即采取隔绝措施；二是防止岩石进一步风化，即采用人工方法加固风化岩的措施。措施主要
有：①覆盖防止风化营力入侵的材料：为防止水和空气侵入岩石，可用沥青、三合土、黏土、
喷射水泥泥浆和混凝土挂网或石砌护墙来覆盖岩石表面。施工时先将岩石表面已风化的部分
清除，然后在新鲜岩面上进行覆盖。为防止温度变化对岩石的影响，可在其上铺一层黏土或
砂，其厚度应超过年温度影响深度的5~10 cm。此方法主要起隔绝作用。近年来，广泛采用
的生态袋边坡生态防护技术也属于此列措施。②灌注胶结和防水材料：将水泥、水玻璃、沥
青或黏土浆通过高压将其灌入岩石的裂隙内及喷射于表面，起到隔绝作用和提高岩石强度与
稳定性的作用。③整平地区，加强排水：水
对岩石风化起着重要作用，隔绝了水就能
减弱岩石的风化速度，需要采取排水措施。
④保护基坑和路堑：当岩石风化速度较快
时，必须通过敞露的探槽观测岩石的风化
速度，从而确定基坑的敞开期限内岩石风
化可能达到的程度，据此拟订保护基坑免
受风化破坏的措施。在实际工程中，为防
止基岩的风化，特别是容易风化的岩石(如
泥岩、页岩及片岩等)，特意不将基坑或路

图4-10　生态防护新技术广泛应用于边坡治理

堑底部挖至所设计的深度，直到封闭基坑施工前才挖至设计深度；或者基坑开挖至设计高程
后，需立即浇注基础，回填封闭。⑤采用边坡生态防护新技术(PMS技术)：近年来，在国内
外应用较为普遍的边坡生态防护技术是采用植物或植物与非生命材料相结合的方式，代替纯
工程防护方式，起到稳定边坡和防止岩石风化侵蚀的作用(图4-10)。

4.1.4　常见岩石的工程性质及工程分类

1. 常见岩石的工程性质

不同成因的岩石其工程性质差别很大。即使同一种成因的岩石，因其矿物成分、结构、
构造、产状等差异，也表现出不同的工程地质特性。

（1）岩浆岩的工程性质

岩浆岩一般具有较高的力学强度，可作为各种建筑物良好的地基及天然建筑石料。但由于岩浆岩的产状与形成环境不同，其矿物成分、结构和构造等差别也很大，岩石颗粒间的联结力也有很大差异，表现出来的岩石的工程性质差异很大。

1）矿物成分

从矿物成分上看，基性侵入岩（如辉长岩）和超基性侵入岩（如橄榄岩）中含富铁、镁质矿物（橄榄石、辉石等）和基性斜长石，这些矿物结晶时温度、压力较高，但暴露在地表常温常压下则变得不稳定，易于风化，造成岩石抗风化能力弱，更易风化破碎；而酸性侵入岩（如花岗岩）不含富铁镁质矿物（橄榄石、辉石等），以中酸性斜长石、正长石和石英为主，含少量的角闪石和黑云母，这些矿物结晶时温度、压力较低，暴露在地表常温常压下相对不易风化，故花岗岩的抗风化能力较强，不容易风化破碎。因此，应注意对其风化程度和深度的调查研究。

2）结构和构造

在岩石结构、构造上，深成侵入岩都具有典型的中至粗粒结构或似斑状结构，块状构造，矿物颗粒粗大、均匀，岩石孔隙率小，裂隙也不发育，岩块大、整体稳定性好。新鲜岩石致密坚硬，裂隙不发育，一般力学强度普遍较高，尤其是新鲜花岗岩，抗压强度一般大于 98 MPa。浅成侵入岩具有中细粒及细粒结构、块状构造，岩石的透水性小、抗风化性能较深成岩强；具有斑状结构或有隐晶质结构的次火山岩或火山岩，岩石的透水性和力学强度变化较大。从结构上看，晶粒均匀细小的岩石强度比粗粒结构及斑状结构岩石的强度相对较高。另外，岩石的力学强度的高低与岩石的节理裂隙发育和风化程度有关。喷出岩常具有气孔、杏仁和流纹等构造及原生裂隙，甚至发育柱状节理，都会造成岩石透水性增大，强度降低。

3）产状及其形成环境

从产状上看，侵入岩是岩浆在地下缓慢冷凝结晶生成的，矿物结晶良好，颗粒之间连接牢固，多呈块状构造，故其孔隙率低、抗水性强、力学强度及弹性模量高，具有较好的工程性质。其中，深成侵入岩一般岩体规模比较大，岩块大、整体稳定性好，且常呈岩基或岩株产出，可作为大型建筑物良好的天然地基。但由于深成侵入岩的化学成分、矿物组成等不同，岩石的工程性质也不同。如含铁、镁质（如橄榄石、辉石等）较多的基性岩，则更易风化破碎；含硅、铝质（如石英、长石）和少量角闪石的中酸性岩岩石强度较高，不易风化，但云母含量增加会使岩石强度降低。

浅成侵入岩或次火山岩一般规模较小，常呈岩脉、岩墙、岩盖、岩盆等，岩体规模小；具有细晶质和隐晶质结构的岩石其透水性小，抗风化性能较深成岩强。另外，浅成侵入岩常穿插于围岩中，特别是脉岩类，易发生蚀变和差异风化，使强度降低、透水性增大，对地基的均一性和整体稳定性影响较大。

喷出岩具有隐晶质结构、致密块状构造时，工程性质良好，其强度甚至可大于花岗岩，但因常具有气孔构造、流纹构造和原生节理，致其孔隙度增加，透水性增大，抗水性降低，力学强度及弹性模量减小，工程性质变差。同时，因熔岩喷出多呈岩流状或因火山碎屑成层产出，造成横向上的岩体厚度小，岩相变化大，对地基的均一性和整体稳定性影响较大。如溢流相的基性熔岩，多为块状或厚层状，岩石较坚硬，岩石的干抗压强度达 48.0 ~ 193.0 MPa，软化系数为 0.64 ~ 0.99，岩体稳定性较好；而爆发相的基性火山碎屑岩，或爆发相和溢流相厚层的火山岩呈层状或似层状，岩石软弱至较坚硬，干抗压强度为 10.9 ~ 56.0 MPa，软化系数为 0.43 ~ 0.54，岩体稳定性差。层状的中 – 酸性喷出岩，岩石坚硬至较坚硬，岩石干抗压强度多大于 108 MPa，但在垂直和水平方向上，流纹岩的力学强度变化较大，在一定条件下可成为岩组中相对软弱的夹层，使岩体稳定性变差。

另外，花岗岩类岩体和厚层致密的玄武岩暴露在地表或靠近地表常发生球状风化。球状风化在花岗岩地段是一个比较突出的不良地质现象。如果不能在勘察阶段充分地了解其分布特点，很可能在工程施工（尤其是地铁隧道施工）过程中导致施工困难和上部结构失稳等问题。

（2）沉积岩的工程性质

沉积岩具有层理构造，层理构造对沉积岩工程性质的影响主要表现为各向异性。因此，沉积岩的产状及其与工程建筑物位置的相互关系对建筑物的稳定性影响很大。同时，由于组成岩石的物质成分不同，也具有不同的工程地质特征。

1）碎屑岩

碎屑岩的工程地质性质一般较好。碎屑的成分、粒度、胶结物的成分和胶结类型、层理的厚度及夹层等对工程地质性质影响显著。

从碎屑物成分上讲，新鲜的砂岩和砾岩等岩石较坚硬，岩石力学强度高，干抗压强度多大于 50 MPa，尤其是中厚层状砂砾岩其岩石致密坚硬，抗水性和抗风化能力强，力学强度高，抗压强度多大于 98 MPa，具有非常好的工程地质条件，非常适合做建筑场所。即使是相近的碎屑物，也会因成分的差异或胶结物成分或胶结类型不同，表现出岩石工程地质性质的差异。从胶结物成分看，按硅质、钙质、铁质和黏土质的顺序，岩石强度依次降低，如硅质胶结比钙质胶结的要好。从胶结方式看，接触式胶结比基底式胶结和孔隙式胶结的要好，如硅质基底式胶结的岩石比泥质接触式胶结的岩石强度高、孔隙率小、透水性低等。此外，碎屑的成分、粒度、级配对工程性质也有一定的影响，如石英质的砂岩和砾岩比长石质的砂岩的工程地质条件好。

黏土岩、泥岩和页岩性质相近，但工程地质性质都较差，如强度低、抗水性差、亲水性强。岩石的抗压强度和抗剪强度低，如泥岩、黏土岩等垂直干抗压强度为 11.8 ~ 17.0 MPa。当它们有较多节理、裂隙时，一旦遇水浸泡，工程性质迅速恶化，常产生膨胀、软化或崩解。岩石受力后变形量大，浸水后易软化和泥化。若含蒙脱石成分，还具有较大的膨胀性，属于不利的工程地质条件。对建筑物地基和建筑场地边坡的稳定都极为不利，降雨期间边坡易发生滑坡地质灾害。但它们透水性差，可作为隔水层和防渗层。对于中层至厚层状红色砂泥岩，由于其常呈不等厚的互层状，岩石力学强度因岩性不同而异，岩石呈现出软弱至较坚硬的工程地质性质。对于软硬相间的薄层至中层状砂页岩，页岩中常夹砂岩透镜体或与砂岩互层产出，其中，砂岩体的干抗压强度为 100 ~ 169 MPa，比页岩高几倍至十几倍，且砂岩强度易受风化影响，岩石强度降低（如半风化砂岩的干抗压强度为 60 ~ 70.3 MPa，而风化的砂岩仅为 3.8 ~ 27 MPa）。软弱至较坚硬、薄至中层状含煤、油页岩、红色砂泥岩。新鲜褐煤易氧化成碎块状，抗压强度仅为 1.82 MPa；油页岩页理发育，抗压强度为 1.1 ~ 2.8 MPa；砂砾岩、砂岩、泥岩的工程地质特征与软弱至较坚硬的红色砂泥岩相当。

2)化学岩和生物化学岩

常见的化学岩为碳酸盐类岩石,如石灰岩和白云岩等,一般具有足够高的强度和弹性模量,有一定的韧性,是较好的建筑材料。但它们的抗水性弱,如果受到地下水的溶蚀作用,则形成对建筑工程不利的溶隙和各种不同形态的溶洞,往往成为渗漏的通道。化学岩中的石膏岩或夹有石膏层或透镜体,工程性质都是很差的,强度低、吸水膨胀和溶解,并生成有害的硫酸,会增加空隙在岩体中所占的比例,降低岩石的物理力学强度,提高岩石的渗透性,从而对工程地质性质产生影响,常导致地基和边坡的失稳,必须给予足够重视。生物化学岩中常见的煤层及常与之共生的煤系地层,工程性质较差,要注意地下工程中常常遇到的瓦斯问题。如果是软硬相间的层状碎屑岩中夹有碳酸盐岩层或透镜体,这些碳酸盐岩、石英砂岩、粉砂岩等抗压强度都比较高,但由于碳酸盐岩夹层或透镜体因岩溶发育(尤其在断裂破碎带),岩石强度也会有所降低。

(3)变质岩的工程性质

变质岩的工程性质与原岩密切相关,往往与原岩的工程性质相似或相近。一般情况下,由于原岩矿物成分在高温高压下重结晶的结果,岩石的力学强度较变质前相对增高。原岩的成分和变质程度,影响着变质岩的工程地质性质。如变质程度较低的板岩、千枚岩、片岩等为软弱岩石,其原岩可能是软硬相间薄层至中厚层状变质砂页岩;岩层厚薄不等,软硬相间,使得岩石的完整性和抗风化能力差异很大,力学强度表现各向异性。同样,具有变晶结构的变质岩比具有变余结构的变质岩,其岩石的力学强度较高,抗风化能力强,如石英岩、大理岩、变质砂岩、硅质岩等硬质岩石,垂直干抗压强度为 43.0~260 MPa,甚至达到 338 MPa,都比原砂岩或石灰岩的抗压强度有明显提高。块状混合岩,坚硬,岩石的完整性好,新鲜岩石的干抗压强度可达 59~196 MPa。但是,在低变质作用过程中或者在变质过程中形成的某些变质矿物(如滑石、绿泥石和绢云母等),都会使岩石的力学强度(特别是抗剪强度)相对降低,抗风化能力变差。

变质岩的片理构造会使岩石具有各向异性特征,应加强在垂直及平行于片理构造方向上工程性质的变化的研究;具有块状构造的变质岩(如石英岩和大理岩),除大理岩微溶于水外,它们都是结晶联结、矿物成分稳定或比较稳定的单矿物岩石,岩石强度高,抗风化能力强,具有良好的工程性质。

动力变质作用形成的碎裂构造(如碎裂岩、断层角砾岩和糜棱岩等)会降低岩石的强度和抗风化能力,裂隙发育,抗水性甚差,并使岩石的力学性质有明显的各向异性及不均一性,造成不良的工程地质现象。在断裂带,或片理发育的千枚岩、片岩地区,很容易发生严重的塌方和滑落现象。

2. 岩石的工程分类

由于岩石的工程性质具有多样性,差别也很大,因此有必要进行岩石的工程分类。岩石的工程分类是在地质分类的基础上进行的,这里仅探讨岩石的坚硬程度及风化程度分类。其余岩体分类见第 6 章所述。

(1)按照岩石的坚硬程度分类

根据新鲜岩石的饱和单轴抗压强度,《岩土工程勘察规范》(GB 50021—2001)将岩石的坚硬程度划分为坚硬岩、较硬岩、较软岩、软岩和极软岩等五类,其特征见表 4-6。

表 4 - 6　岩石的坚硬程度分类

坚硬程度	坚硬岩	较硬岩	较软岩	软岩	极软岩
饱和单轴抗压强度/MPa	$f_r > 60$	$60 \geqslant f_r > 30$	$30 \geqslant f_r > 15$	$15 \geqslant f_r > 5$	$f_r \leqslant 5$

注：①当无法取得饱和单轴抗压强度数据时，可用点荷载试验强度换算，换算方法按现行国家标准《工程岩体分级标准》(GB 50218)执行；②当岩体完整程度为极破碎时，可不进行坚硬程度分类。

　　如果缺乏试验数据，根据野外观察，定性地将岩石的坚硬程度划分为坚硬岩、较硬岩、较软岩、软岩和极软岩等五类。岩石坚硬程度等级的定性分类见表 4 - 7。

表 4 - 7　岩石坚硬程度等级的定性分类

坚硬程度等级		定性鉴定	代表性岩石
硬质岩	坚硬岩	锤击声清脆，有回弹，震手，难击碎，基本无吸水反应	未风化至微风化的花岗岩、闪长岩、辉绿岩、玄武岩、安山岩、片麻岩、石英岩、石英砂岩、硅质岩、硅质石灰岩
	较硬岩	锤击声较清脆，有轻微回弹，稍震手，较难击碎，有轻微吸水反应	微风化的坚硬岩；未风化至微风化的大理岩、板岩、石灰岩、白云岩、钙质砂岩
软质岩	较软岩	锤击声不清脆，无回弹，较易击碎，浸水后指甲可刻出印痕	中等风化至强风化的坚硬岩或较硬岩；未风化至微风化的凝灰岩、千枚岩、泥灰岩和砂质泥岩
	软岩	锤击声哑，无回弹，有凹痕，易击碎，浸水后手可掰开	强风化的坚硬岩或较硬岩；中等风化至强风化的较软岩；未风化至微风化的页岩、泥岩和泥质砂岩
极软岩		锤击声哑，无回弹，有较深凹痕，手可捏碎，浸水后可捏成团	全风化的各种岩石；各种半成岩*

注：*半成岩是一类特殊岩石，在物质组成、结构和构造等特征上介于正常的土和岩石之间，一般指第三系尚未完全沉积或变质固结的砂岩或泥岩。

(2)按照岩石的风化程度分类

　　根据野外岩石的风化程度，《岩土工程勘察规范》(GB 50021—2001)将岩石划分为未风化、微风化、中等风化、强风化和全风化等五类(表 4 - 8)。

表 4 - 8　岩石按风化程度分类

风化程度	野外特征	风化程度参数指标	
		波速比 K_V	风化系数 K_f
未风化	岩质新鲜，偶见风化痕迹	0.9 ~ 1.0	0.9 ~ 1.0
微风化	结构基本未变，仅节理面有渲染或略有变色，有少量风化裂隙	0.8 ~ 0.9	0.8 ~ 0.9
中等风化	结构部分破坏，仅节理面有次生矿物，风化裂隙发育，岩体被切割成岩块。用镐难挖，用岩芯钻方可钻进	0.6 ~ 0.8	0.4 ~ 0.8

风化程度	野外特征	风化程度参数指标	
		波速比 K_V	风化系数 K_f
强风化	结构大部分破坏，矿物成分显著变化，风化裂隙很发育，岩体破碎，用镐可挖，干钻不易钻进	0.4 ~ 0.6	< 0.4
全风化	结构基本破坏，但尚可辨认，有残余结构，可用镐挖，干钻可钻进	0.2 ~ 0.4	
残积土	组织结构全部破坏，已风化成土状，锹镐易挖掘，干钻易进，具有可塑性	< 0.2	

注：①波速比 K_V 为风化岩石与新鲜岩石压缩波速之比；②风化系数 K_f 为风化岩石与新鲜岩石饱和单轴抗压强度之比；③岩石风化程度，除按表列野外特征和定量指标划分外，也可根据当地经验划分；④花岗岩类岩石，可采用标准贯入试验划分，$N \geqslant 50$ 为强风化；$50 > N \geqslant 30$ 为全风化；$N < 30$ 为残积土；⑤泥岩和半成岩，可不进行风化程度划分。

4.2　特殊土的工程性质

　　特殊土指某些具有特殊物质成分和结构且工程性质也较特殊的土。特殊土一般是在一定的条件下形成的，或是由于目前的自然环境而逐渐变化形成的，因此，其分布有明显的区域性特征。特殊土种类甚多，大体可分为淤泥类软土、膨胀土、红黏土、黄土、冻土和盐渍土等。

4.2.1　淤泥类软土

　　在工程上，淤泥类土称为软土。淤泥类软土指在静水或水流缓慢的环境中的沉积，并有微生物的参与，含有较多的有机质的疏松软弱的黏性土。其天然含水量大于液限，孔隙比大于 1。淤泥类软土分为淤泥质土（$1.0 \leqslant e \leqslant 1.5$）和淤泥（$e \geqslant 1.5$）。

　　淤泥类软土主要成分为粉粒和黏粒，有机质含量较高。其中，黏粒以伊利石为主，含量可达 30% ~ 70%；具有松散的蜂窝状结构（图 4 – 11）；层理发育，薄层状构造，含粉砂夹层或泥炭透镜体。主要分布于近代

图 4 – 11　淤泥土的显微结构——蜂窝状结构
（广东省科学中心）

的滨海、湖泊、沼泽、河湾和废河道等地段沉积的未经固结的软弱土层。淤泥类软土具有以下工程特性。

　　①含水量高，孔隙比大。若未受扰动，处于软塑状态；若扰动，结构破坏，处于流动状态。

　　②透水性低。渗透系数为 $10^{-6} \sim 10^{-8}$ cm/s，因常夹薄层粉细砂，其水平方向的渗透系数较大。

　　③随着含水量的增大，压缩性增加，强度降低。

④具有较显著的触变和蠕变特性。软土扰动后，其剪切强度降低。随着时间增长，其强度能恢复的性能称触变。在一定荷载下，土的剪切变形随时间增长的特性称蠕变。蠕变能使土体的变形量增加而抗剪强度降低。

当有机质含量 >5% 时，淤泥类土称有机质土，>60% 时称为泥炭。泥炭是一种在潮湿和缺氧环境中未经充分分解的植物遗体堆积而成的有机土，颜色呈深褐色至黑色，含水量极高，压缩量很高，往往以夹层分布于一般黏性土层中，对建筑工程十分不利。

4.2.2　膨胀土

膨胀土也称为胀缩土，或裂土，是一种富含亲水性黏土矿物且随含水量的增减体积发生显著缩胀变形的一种硬塑性黏土。

膨胀土一般强度较高，压缩性低，易被误认为是较好的天然地基。但当土体受水浸湿或失水干燥后，土体的膨胀或收缩将导致建筑物和地面开裂，地基的纵横向位移使桩抬升甚至被剪断，使上部的混凝土柱结构也遭破坏。另外，季节性湿度变化常使道路隆起，路轨移动。如果对膨胀土的工程地质性质认识不足，或者处理不当，都会给工程建筑带来严重的危害。

膨胀土中的黏粒成分含量高，且黏粒主要为蒙脱石和伊利石等黏土矿物，可溶性盐及有机质含量都较低；常含铁锰或钙质结核；天然结构致密，常有大量网状裂隙，裂面有蜡状光泽的挤压面。膨胀土在我国分布很广，分布于盆地边缘或高阶地上，多是更新世及以前的残积土、坡积土和冲积土。膨胀土具有以下工程特性：

①含水量低，呈坚硬或硬塑状态。

②孔隙比小，密度大。

③高塑性，其液限 ω_L、塑限 ω_p 和塑性指数 I_p 均较高，黏粒及粉粒为主。

④具膨胀力，压缩性很低。

⑤作为地基土，其承载能力较高；作为土坡，随着应力松弛和水的渗入，其长期强度很低，具有较小的稳定坡度。

影响膨胀土的胀缩性的主要因素有：

①土的粒度成分和矿物成分。黏粒含量越多，亲水性强的蒙脱石含量越多，土的膨胀性和收缩性就越大。

②土的天然含水量和结构状态、水溶液介质等。天然含水量越小，可能的吸水量越大，故膨胀率可能越大，但失水收缩则越小。同样成分的土，吸水膨胀率将随天然孔隙比的增大而减小，而收缩则相反。

③外部条件。如气候变化情况、场地排水条件和地下水位的变化等都直接影响土的胀缩变形。

研究膨胀土地基时，首先应判别其是否属于膨胀土；其次，按规范确定膨胀土的膨胀性强弱及其胀缩等级；最后采取适当的设计和施工措施，防治膨胀土对工程建筑的危害。

4.2.3　红黏土

红黏土指碳酸盐类岩石在湿热气候条件下，经强烈风化作用而形成的棕红、褐红和黄褐色的高塑性黏土(图 4 - 12)。

红黏土的天然含水量高、孔隙比较大；黏粒含量很高(主要为高岭石或伊利石)，颗粒细

而均匀，且黏粒间常被氧化物凝胶所胶
结，因此遇水后土体结构较稳定，土质
较坚硬，强度较高；红黏土失水后，体积
会有明显的收缩。红黏土主要分布于我
国南方碳酸盐类岩石发育地带，一般呈
残积土和坡积土存在于盆地、洼地、山
麓、山坡、谷地或丘陵地区。若红黏土
颗粒被流水带到低洼处重新堆积成新的
土层，其颜色略浅，常含粗颗粒，但仍保
留红黏土的基本特性，液限大于45%时，

图4-12 湿热气候条件下碳酸盐岩风化形成的红黏土
（地表为红黏土，下部白色为石灰岩，越南仙女溪）

称为次生红黏土。红黏土由于所处的位置和形成条件等原因，其性质变化很大，应加以注意。红黏土具有以下工程特性：

①高塑性，塑限、液限和塑性指数都很大。液限一般为50%~80%，有的高达110%，塑性指数一般为20~50。

②含水量高（高达30%~60%）、孔隙比高（1.1~1.7）、饱和度高（$S_r > 85\%$），但密度低、液性指数小。

③压缩性低、强度高、地基承载力高，可作为较好的建筑物地基。

④横向厚度变化较大。这与其下卧基岩面的起伏情况有关。

⑤在纵向上，沿深度从上向下，含水量增大，土质由硬变软，接近下卧基岩面处，土呈软塑到流动状态，强度大大降低。

4.2.4 黄土

黄土是一种分布很广的第四纪沉积物。典型黄土的显著特征是：颜色呈黄色；以粉粒（含量>60%）为主，富含碳酸钙；孔隙大，垂直节理发育（图4-13）；遇水浸湿后土体显著沉陷（即湿陷）；广泛发育在我国西北及华北地区。

图4-13 风成黄土的垂直节理和黄土地貌

(a)风成黄土中发育的垂直节理(陕北)；(b)风成黄土中的垂直节理与窑洞；(c)潼关以南黄土高原因地表流水沿垂直节理冲刷造成土流失形成的黄土地貌(摄影，卡斯特尔，1930)

若与黄土类似，但有的黄土的典型特征不明显的土称为黄土状土。典型黄土和黄土状土统称为黄土类土，简称黄土。

我国西北黄土高原的黄土，其黏粒含量自西向东、自北向南递增。矿物成分主要为石英、长石和碳酸盐岩，黏土矿物含量较少。黄土的孔隙较大，孔隙度较高，是一种以粗粉粒为主体骨架的多孔隙结构[图 4 - 14(a)，图 4 - 14(b)，图 4 - 14(c)]。黄土中零星散布着较大的砂粒，互不接触，浮在以粗粉粒所组成的架空结构中，石英和碳酸钙等细粉粒作为填充料，聚集在较粗颗粒之间[图 4 - 14(b)，图 4 - 14(c)]；以伊利石为主的黏粒和所吸附的结合水以及部分水溶盐作为胶结材料，依附在上述各种颗粒的周围，并将较粗颗粒胶结起来，形成大孔和多孔的结构形式。这种特殊结构形式是黄土在干燥气候条件下形成和长期变化的产物。当黄土受水浸湿时，作为粒间胶结物的可溶盐将被溶解，粒间联结力减弱，骨架强度降低，土体在上覆土层的自重应力或在附加应力与自重应力共同作用下，结构迅速破坏，细粒滑向大孔，土的孔隙体积减小，造成湿陷，以致造成地面塌陷和构筑物开裂等灾害。黄土的工程性质的基本特点如下：

①塑性较弱，液限一般在 23 ~ 33 之间，塑性指数多在 8 ~ 13 之间。

②天然含水量少，一般在 10% ~ 25%，常处于坚硬或硬塑状态。

③压实程度差，孔隙比较高，一般为 0.8 ~ 1.1，孔隙大。

④抗水性弱，遇水强烈崩解，湿陷明显。

⑤透水性较强，因大孔和垂直节理发育，其透水性强于一般黏性土，且呈各向异性。

图 4 - 14　扫描电镜影像下黄土的多孔隙结构及其胶结物

(a)由粉粒、砂粒和黏粒构成黄土的架空孔隙(王兰民，2007)；(b)、(c)砂黄土的骨架结构，黏土矿物和超细碳酸盐($CaCO_3$)、游离氧化物(SiO_2，Fe_2O_3，Al_2O_3 等)和有机质等胶结物质以聚集体包膜的形式存在于碎屑颗粒表面，构成砂黄土骨架间的结构联结，在干燥条件下具有弱胶结特性(唐亚明等，2015)。

⑥强度较高，尽管孔隙率较高，但天然状态的黄土粒间联结较强，故压缩性中等，抗剪强度较高。因而，在黄土地区可形成高的陡坎或能在其中开挖窑洞。

黄土的湿陷性以及湿陷性的强弱程度是黄土地区工程地质条件评价的主要内容。黄土湿陷性的判别与评价可用定量指标衡量，常用湿陷系数(δ_s)来判断非湿陷性黄土和湿陷性黄土。湿陷系数 δ_s 是室内浸水压缩试验测得的黄土样的某种规定压力下由于浸水而产生的湿陷量与土样原始高度的比值。《黄土规范》规定，当黄土的 δ_s < 0.015 时，应定为非湿陷性黄土，当 $\delta_s \geqslant 0.015$ 时，则定为湿陷性黄土。

若判定为湿陷性黄土后，尚须进一步确定湿陷的类型，常利用自重湿陷系数(δ_{zs})判断湿陷性黄土是自重湿陷黄土($\delta_{zs} \geqslant 0.015$)还是非自重湿陷黄土($\delta_{zs}$ < 0.015)。自重湿陷系数是黄土样在其饱和自重压力作用下测得的湿陷系数。自重湿陷指黄土在没有外载荷的作用下，

浸水后也会迅速发生剧烈的湿陷;而非自重湿陷指黄土需在一定的外荷载作用下浸水才发生的湿陷。

在工程设计中,通过控制黄土所受的各种荷载不超过其湿陷起始压力来避免湿陷发生。湿陷起始压力是在某一定的压力条件下黄土发生明显湿陷时的压力。如果低于湿陷起始压力,黄土浸水也不会发生显著湿陷。

黄土湿陷性的强弱与其黏粒含量、天然含水量和密实度均有关系。

需要注意的是我国西北地区形成的第四纪黄土,其形成年代不同,岩性及其工程性质存在明显的差异。如中更新世(Q_2)末以后形成的黄土(Q_3,Q_4),其土质疏松,孔隙大,承载力低,遇水易湿陷;而中更新世末以前形成的黄土,通称老黄土(Q_1,Q_2),则较紧密,没有或只有少量孔隙,承载力较高,且往往不具有湿陷性。

4.2.5　冻土

冻土指温度等于或低于摄氏零度并含有冰的土层。冻土分为多年冻土和季节性冻土。前者是冻结状态能保持三年或三年以上的冻土,后者为随季节融化与冻结的地表土。我国多年冻土发育在东北黑龙江省、内蒙古呼伦贝尔草原一带和青藏高原地区。

土中的水,因降温而结冰,或因升温而融化,土的工程性质都将发生变化。水结冰膨胀,土的体积随之增大,地基隆起,称为冻胀;当冰融化时,土的体积缩小,地基沉降,称为融沉。冻土的冻胀和融沉都会对地基和建筑物造成破坏(图4-15)。

图4-15　融沉对铁路路基的破坏

1. 冻胀性

冻土作为建筑物地基,若长期处于稳定冻结状态时,具有较高的强度和较小的压缩性或不具压缩性。但在冻结过程中所表现出明显的冻胀性,会对地基和建筑物不利。因为冻结过程中,冻土与基础冻黏在一起,基础会因土的冻胀而被抬起、开裂和变形,土冻胀越明显,对建筑物危害越大。因此,土的冻胀程度是评价冻土地基的主要标准之一。一般用冻胀率(或称冻胀量,冻胀系数)来表示土的冻胀程度,即冻结后土体膨胀的体积与未冻结土体体积的百分比率。冻胀率值越大,表示土的冻胀性越强。对于季节性冻土,冻胀性危害是主要的。

影响土的冻胀程度的因素除与气温条件有关外,还与土的粒度成分、冻前土的含水量和地下水有关。在相同的条件下,粗粒的土比细粒土冻胀程度小,冻前土的含水量越小则土的冻胀程度越小,无地下水补给条件的比有地下水补给条件的土的冻胀程度小。

2. 融沉性

融沉性与冻胀性相反,冻土的融沉性造成土的强度大为降低,其强度比冻结前更差,压缩性急剧增大。对于多年冻土,土的融沉性危害是主要的。

影响土的融沉性因素:主要与土粒粗细和含水量多少有关。一般土粒越粗,含水量越小,融沉性就越小。

4.2.6 膨润土

膨润土又称斑脱岩、皂土或膨土岩,是以蒙脱石为主要矿物成分的黏土岩。常含少量伊利石、高岭石、沸石、长石和方解石等。其中,蒙脱石是由颗粒极细(0.2 ~ 1 μm)的含 Mg 含水铝硅酸盐构成的层状矿物,一般为块状或土状;分子式为$(Al, Mg)_2[Si_4O_{10}](OH)_2 \cdot nH_2O$,中间为 Al—O 八面体,上下为 Si—O 四面体所组成的三层片状结构(即"三明治"结构)的黏土矿物,在晶体构造层间含水和一些交换阳离子,有较高的离子交换容量,具有较高的吸水膨胀能力。

根据层间交换阳离子种类,膨润土分为:氢基膨润土(又称活性白土、天然漂白土,H^+)、钙基膨润土(Ca^{2+})、钠基膨润土(Na^+)和有机膨润土(有机阳离子)。

我国膨润土资源丰富,储量居世界第一位。主要分布于我国中、新生代盆地沉积层中,主要集中分布于新疆、广西、内蒙古以及东北三省,许多地方作为矿产开采。主要工程特性有以下几点:

①黏粒含量高(> 50%)和塑性指数高($I_p > 30$),具有高可塑性。

②崩解性。钠基膨润土在水中很容易崩解成糊状。

③离子可交换性。钠基膨润土遇 Ca^{2+} 可变为钙基土;同样,钙基膨润土遇 Na^+ 可变为钠基土。

④膨胀性。钠基膨润土的膨胀性很大,但钙基土较小。

⑤胶体性好。钠基土分散于水中常呈胶状悬液,可作钻探泥浆的优良土料。

⑥不透水性。优质的钠土几乎是不透水的(渗透系数 $< 10^{-22}$ cm/s),砂质土中掺入少量钠土,其渗透性大大降低,可作防水材料;

⑦润滑性。含蒙脱土的黏性土,常见内摩擦角(φ) < 10°,内聚力(c)≈0,抗剪强度很低,对夹有很薄层膨润土的岩土来说常易导致岩土体的滑坡。因其润滑性好,常在沉井施工中用作外壁的润滑剂或润滑涂料。

工程地质遇到膨润土层时,要作慎重的研究,并非所有膨润土都具很大的膨胀性,有些不利的性质也可用物理化学方法来处理。

4.2.7 盐渍土

盐渍土是盐土和碱土以及各种盐化、碱化土壤的总称。盐渍土平均易溶盐含量 >0.5%,具有吸湿和松胀等特性。由于可溶性盐遇水溶解,可能导致土体产生湿陷、膨胀和有害的毛细水上升(图 4 – 16),使建筑物遭受破坏。我国盐渍土面积约 2×10^5 km²,约占国土总面积的 2.1%,主要分布在内陆干旱、半干旱地和滨海地区。

图 4 – 16 盐渍土造成地面不均匀膨胀
(Death Valley, CA, USA)

根据含盐量、盐分及其分布和形成条件等,对盐渍土进行如下分类:

①按含盐量高低,盐渍土分为弱盐渍土、中盐渍土、强盐渍土和超盐渍土。

②按含盐成分,盐渍土分为氯盐渍土(又称湿盐土)、硫酸盐渍土(又称松胀盐渍土)和碳酸盐渍土等。

③按区域分布和形成条件,盐渍土分为滨海盐渍土、冲积平原盐渍土和内陆盐渍土。

盐渍土特殊工程地质性质主要表现在三个方面:

①胀缩性强。硫酸盐和碳酸盐土吸水后体积增大,脱水后体积收缩。

②湿陷性强。当粉粒含量 >45%、孔隙度 >45% 时,出现与黄土相似的湿陷性。

③压实性差。含盐量超过一定数值时,不易达到标准密度。

由于这些特征,盐渍土的物理力学性质通常很不稳定,因而在盐渍土发育区的工程建筑容易出现沉陷和变形现象。

影响盐渍土的工程地质条件的因素除取决于所含盐类成分、含量外,还与土的含水量等密切相关。

重点与难点

重点:岩石和特殊土的工程性质,风化作用类型风化壳,风化程度分级。

难点:特殊土的工程地质性质。

思考与练习

1. 岩石物理性质和水理性质有哪些?

2. 岩石的力学性质主要表现为哪些方面?其变形特性随压力如何改变?

3. 何谓风化作用?分为几类?各具有哪些特点?主要发生于什么气候条件下?破坏方式与结果有何区别?

4. 何谓风化壳?分为几类?各具有哪些特点?工程上如何划分风化带?如何评价各分带的岩石强度及其变化?

5. 影响风化作用的因素有哪些?处理风化岩石的对策与措施有哪些?

6. 简述三大类岩石的工程性质。

7. 常见的特殊土有哪些?简述其主要工程性质。

第 5 章

水的地质作用

　　地球上的水广泛地存在于大气圈、地表和地壳中。其中大气圈中的水降落到地面称为大气降水；地表上江、河、湖、海中的水称为地表水；埋藏在地表下岩土孔隙、裂隙或溶隙中的水称为地下水。陆地上大部分淡水都埋藏在地表下。

　　根据联合国教科文组织资料显示，地球浅部圈层中水的总体积约为 3.86×10^8 km³。若将这些水均匀平铺在地球体表面，水深约为 2718 m。但其中咸水约占 97.47%，淡水只占 2.53%。

　　自然界的水包括大气水、地表水和地下水，它们彼此密切联系，不断相互转化。这种彼此转化的过程就是自然界的水循环。由于太阳热能和重力作用，发生于大气水、地表水和地壳浅部地下水之间的水循环是受水文、气象因素制约的，因此又称为水文循环。

　　在太阳热能和重力作用下，海洋中水分蒸发成为水汽，进入海洋上空或被气流带至陆地上空，在适宜的条件下形成降水，降落在海洋中或降落到地表。地表降水汇集于低处，成为河流、湖泊等地表水。另一部分渗入地下，形成地下水。形成地表水的那部分有的重新蒸发成为水汽返回大气圈；有的渗入地下，形成地下水；其余则流入海洋。渗入地下的水，部分通过地面蒸发返回大气圈；部分被植物吸收，通过叶面蒸发返回大气圈；其余则形成地下径流或者直接流入海洋，或者经排泄成为地表水，然后返回海洋（图 5 - 1）。

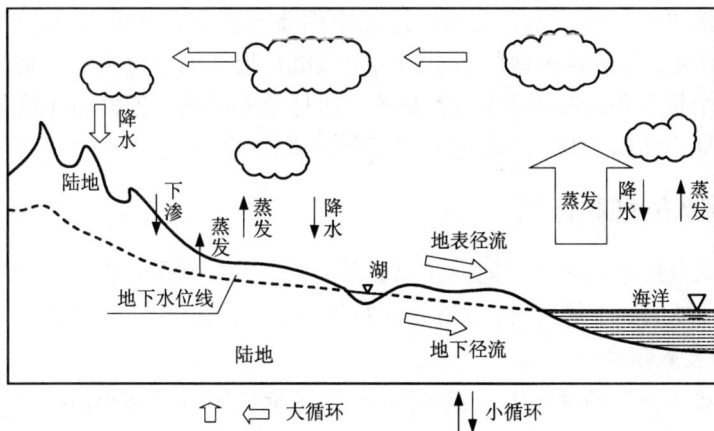

图 5 - 1　自然界水循环

　　大循环：通常把发生于海洋与陆地之间的水循环称为大循环。

小循环：在陆地或海洋表面蒸发的水分，又重新降落回到陆地或海洋表面，这种局部的水循环称为小循环。

自然界的水循环是由大循环与小循环组成的复杂的水循环过程。

水在自然界中的循环反映了地球水分不断转化的过程，蒸发、降水和径流是这一过程的主要环节。水循环把地球各圈层的水联系起来，从而保持其各自的相对稳定状态。水是十分重要的自然资源，水循环赋予水独有的特征，就是其再生性。通过水分循环，每年有47×10^4 km^3 的水从海洋转移到陆地，成为可供人类利用的淡水资源。

参加水循环的部分水量，通过大气降水或地表径流最终可以转换为地下水。地下水从大气降水、地表水、人工补给等各种途径获得补给后，在含水层中流过一段路程，然后又以泉、蒸发、人工排泄等形式排出地表。地下水的补给、径流与排泄过程称为地下水的循环，这种循环导致地下水水位与水量等的变化。

地下水与大气水、地表水是统一的，共同组成地球水圈，它在岩土空隙中不断运动，参与全球性陆地海洋之间的水循环，只是其循环速度比大气水、地表水慢得多。

地壳浅表部水分如此往复的循环转化，是维持生命繁衍与人类社会发展的必要前提：一方面，水通过不断转化而使水体得以净化；另一方面，水通过不断循环水分得以更新再生；水作为资源不断更新再生，可以保证在其再生速度水平上的持续利用。虽然大气水总量较小，但是循环更新一次只要 8 天，河水更新期是 16 天，海洋水全部更新一次则需要2500 年。地下水根据其不同埋藏条件，更新的周期由几个月到若干万年不等。

水循环赋予水强大的功能，不断地塑造和改变地球表面，同时也给人类的生存发展带来影响，许多地质灾害都与水的地质作用有关。

5.1　地表流水的地质作用

在大陆上有两种地表流水：一种是时有时无的，如雨水、融雪水及山洪急流，它们只在降雨或积雪融化时产生，称为暂时流水；另一种是终年流动不息的，如河水、江水，称为长期流水。不论长期流水或暂时流水，在流动过程中都要与地表的土石发生相互作用，产生侵蚀、搬运和堆积作用，形成各种地貌和不同的松散沉积层。地表流水不仅是造成地表形态不断发展变化的一个带有普遍性的重要自然因素，而且经常影响着工程的建筑条件。本节着重介绍地表流水的地质作用及其沉积层的一般工程地质特征。

5.1.1　暂时流水的地质作用

暂时流水是大气降水后短暂时间内在地表形成的流水。雨季是暂时流水产生作用的主要时间，特别是在强烈的集中暴雨后，它的作用特别显著，往往造成较大灾害。

1. 淋滤作用及残积层（Q^{el}）

在大气降水渗入地下的过程中，渗流水不仅能把地表附近的细小破碎物质带走，还能把周围岩石中的易溶成分溶解、带走。经过渗流水的这些物理和化学作用后，地表附近岩石逐渐失去其完整性、致密性，残留在原地的则为未被冲走又不易溶解的松散物质，这个过程称淋滤作用。残留在原地的松散破碎物质称为残积层（图 5-2）。由残积层形成过程可知它具有以下几个特征。

①残积层是位于地表以下、基岩风化带
以上的一层松散破碎物质。其破碎程度在地
表处最大，越向地下越小，逐渐过渡到基岩
风化带。基岩全风化带经过淋滤作用后应当
包括在残积层之内。

②残积层的物质成分与下伏基岩成分密
切相关，因为残积层就是下伏原岩经过风化
淋滤之后残留下来的物质。

③残积层的厚度与地形、降水量、水中
化学成分等多种因素有关。若地形较陡，被
破坏的物质容易冲走，残积层就薄；若降水
量大，水中 CO_2 多，则化学风化作用强烈，残
积层可能较厚。各地残积层厚度相差很大，

图 5-2　残积层露头

新生代玄武岩风化形成的残积层露头。上部为残积土，
向下夹有褐灰色、黑色玄武岩碎块并逐渐过渡到新鲜的
黑色玄武岩(云南腾冲芒棒街)

厚的可达数十米，薄的只有数十厘米，甚至完全没有残积层。

④残积层具有较大的孔隙率、较高的含水量，作为建筑物地基，强度较低。特别是当残
积层下伏基岩面倾斜、残积层中有水流动或近于被水饱和时，在残积层内开挖边坡，或把建
筑物置于残积层之上，均易发生残积层滑动。

2. 洗刷作用及坡积层(Q^{dl})

雨水降落到地面或覆盖地面的积雪融化时，其中一部分被蒸发，一部分渗入地下，剩下
的部分则形成无数的网状坡面细流，从高处沿斜坡向低处缓慢流动，时而冲刷，时而沉积，
不断地使坡面的风化岩屑和黏土物质沿斜坡向下移动，最后，在坡脚或山坡低凹处沉积下来
形成坡积层。雨水、融雪水对整个坡面所进行的这种比较均匀、缓慢和在短期内并不显著的
地质作用，称为洗刷作用。

可以看出，雨水、融雪水的洗刷作用，对山坡地貌起着逐渐变缓和均夷坡面起伏的作用，对
坡面地貌形态的发展发生影响，同时伴随产生松散堆积物、形成坡积层(图 5-3，图 5-4)。洗
刷作用的强度和规模，在一定的气候条件下与山坡的岩性、风化程度和坡面植物的覆盖程度
有关。一般在缺少植物的土质山坡或风化严重的软弱岩质山坡上洗刷作用比较显著。

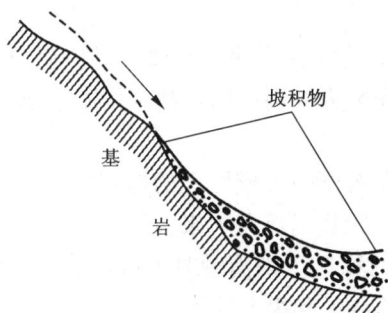

图 5-3　坡积层断面图

图 5-4　坡积层露头形态

坡积层是山区常见的第四纪陆相沉积物中的一个成因类型，它顺着坡面沿山坡的坡脚或

山坡的凹坡呈缓倾斜裙状分布，在地貌上称为坡积裙。坡积层的厚度，由于碎屑物质的来源、下伏地貌及堆积过程不同，变化很大，就其本身来说，一般是中下部较厚，坡部逐渐变薄以至尖灭。

坡积层可分为山地坡积层和山麓平原坡积层两个亚组：山地坡积层一般以亚黏土夹碎石为主，而山麓平原坡积层则以亚黏土为主，夹有少量的碎石。在我国北方干旱、半干旱地区的山麓平原坡积物，常具有黄土的某些特征。

坡积层物质未经长途搬运，碎屑棱角明显，分选性不好，通常都是一些天然孔隙度很高的含有棱角状碎石的亚黏土。与残积层不同的是坡积层的组成物质经过了一定距离的搬运，由于间歇性的堆积，可能有一些不太明显的倾斜层理，同时与下伏基岩没有成因上的直接联系。

除下伏基岩顶面的坡度平缓者外，坡积层多处于不稳定状态。实践证明，山区傍坡路线挖方边坡稳定性的破坏，大部分是在坡积层中发生的。影响坡积层稳定性的因素，主要有以下三个方面。

(1) 下伏基岩顶面的倾斜程度

当坡积层的厚度较小时，其稳定程度首先取决于下伏岩层顶面的倾斜程度，如下伏地形或岩层顶面与坡积层的倾斜方向一致且坡度较陡时，尽管地面坡度很缓，也易于发生滑动。山坡或河谷谷坡上的坡积层的滑动，经常是沿着下伏地面或基岩的顶面发生的。

(2) 下伏基岩与坡积层接触带的含水情况

当坡积层与下伏基岩接触带有水渗入而变得软弱湿润时，将显著减低坡积层与基岩顶面的摩阻力，更容易引起坡积层发生滑动。坡积层内的挖方边坡在久雨之后容易产生坍方，水的作用是一个带有普遍性的原因。

(3) 坡积层本身的性质

由于坡积层的孔隙度一般都比较高，特别是在黏土颗粒含量高的坡积层中，雨季含水量增加，不仅增大了本身的重量，而且抗剪强度随之降低，因而稳定性就跟着大为减小。以粗碎屑为主组成的坡积层，其稳定性受水的影响一般不像黏土颗粒那样显著。

除此以外，在低山地区和丘陵地区还常有一种坡积－残积物的混合堆积层存在，并兼有两者的工程地质特性，实践中应予注意。

3. 冲刷作用及洪积层 (Q^{pl})

地表流水逐渐向低洼沟槽中汇集，水量渐大，携带的泥沙石块也渐多，侵蚀能力加强，使沟槽向更深处下切，同时使沟槽不断变宽，这个过程称为冲刷作用。冲刷作用使地面进一步遭到破坏，形成很多冲沟。

集中暴雨或积雪骤然大量融化，都会在短时间内在沟槽中形成巨大的地表暂时流水，一般称为洪流。洪流所携带的大量泥沙石块被搬运到一定距离后沉积下来，形成洪积层。

山洪急流一般是由暂时性的暴雨形成的。山坡上的积雪急剧消融时也可产生山洪急流。山洪急流大都沿着凹形汇水斜坡向下倾泻，具有较大的流量和很大的流速。在流动过程中发生显著的线状冲刷，形成冲沟，并把冲刷下来的碎屑物质再带到山麓平原或沟谷口堆积下来，形成洪积层。

（1）冲沟

如果地表岩石或土比较疏松、裂隙发育，地面坡度较陡，再加上地面缺少植物覆盖，则该地区极易形成冲沟。经常、反复进行的冲刷作用，先在地表低洼处形成小沟，小沟又不断被加深、扩宽形成大沟，大沟两侧及上游又形成许多新的小支沟。随着冲沟的形成和不断发展，会使当地产生大量水土流失，地表被纵横交错的大、小冲沟切割得支离破碎。我国西北黄土高原地区，冲沟的形成和发展对公路建设产生严重影响。如陕北的绥德、吴

图 5 – 5　西北黄土高原形成的冲沟地貌
（许兆超摄）

旗，陇东的庆阳、宁县，冲沟系统规模之大、切割之深、发展之快，均为其他地区所罕见（图 5 – 5）。在上述那些地区，冲沟使地形变得支离破碎，路线布局往往受到冲沟的控制，不仅增加线路长度和跨沟工程、增大工程费用，而且经常由于冲沟的不断发展，截断路基、中断交通，或者由于洪积物掩埋道路，淤塞涵洞，影响正常运输。

冲沟是在一定的地形、地质和气候条件下形成的。它广泛地发育在土质疏松、缺少植被和暴雨较多地区的斜坡和塬畔。在我国，气候干旱、暴雨径流较大的西北黄土分布地区，是冲沟发育比较典型的地区。

冲沟的发展是以溯源侵蚀的方式由沟头向上逐渐延伸扩展的。在厚度很大的均质土分布地区，冲沟的发展大致可以分为以下四个阶段。

1）冲槽阶段

坡面径流局部汇流于凹坡，开始沿凹坡发生集中冲刷，形成不深的切沟。沟床的纵剖面与斜坡剖面基本一致[图 5 – 6(a)]。在此阶段，只要填平沟槽，注意调节坡面流水不再汇注，种植草皮保护坡面，即可使冲沟不再发展。

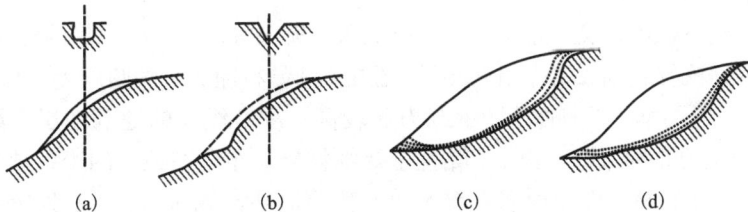

图 5 – 6　冲沟纵断面的发展阶段
（a）冲槽阶段；（b）下切阶段；（c）平衡阶段；（d）休止阶段

2）下切阶段

由于冲沟不断发展，沟槽汇水增大，沟头下切，沟壁坍塌，使冲沟不断向上延伸和逐渐加宽。此时的沟床纵剖面与斜坡已不一致，出现悬沟陡坎[图 5 – 6(b)]，在沟口平缓地带开始有洪积物堆积。在冲沟发育地带进行公路建设时，路线应避免从处于下切阶段的冲沟顶部或靠近沟壁的地带通过。否则，除进行一般性的防治外，为防止冲沟进一步发展而影响路基稳定，必须采取积极的工程防治措施，如加固沟头、铺砌沟底、设置跌水及加固沟壁等。

3）平衡阶段

悬沟陡坎已经消失，沟床已下切拓宽，形成凹形平缓的平衡剖面，冲刷逐渐削弱，沟底开始有洪积物沉积[图5-6(c)]。在此阶段，应注意冲沟发生侧蚀和加固沟壁。

4）休止阶段

沟头溯源侵蚀结束，沟床下切基本停止，沟底有洪积物堆积[图5-6(d)]，并开始有植物生长。处于休止阶段的冲沟，除地形上的考虑外，对公路工程已无特殊的影响。

冲沟发展的上述阶段，指在厚层均质土层如黄土层中冲沟发展的一般情况。发育在非均质土层，或残积、坡积、洪积等第四纪松散堆积层中的冲沟，其发展情况除受堆积物的性质、结构和厚度等因素的影响外，还受下伏地面的岩性、产状条件的影响，不一定能划分出上述四个阶段，也不一定会形成平衡剖面。因此，在实践中分析冲沟的发展情况，评价冲沟对建筑物可能产生的影响时，应结合冲沟地质情况和所处的自然地理条件，作具体分析。

（2）洪积层（Q^{pl}）

洪积层是由山洪急流搬运的碎屑物质组成的。当山洪夹带大量的泥沙石块流出沟口后，由于沟床纵坡变缓，地形开阔，水流分散，流速降低，搬运能力骤然减小，所夹带的石块、岩屑、沙砾等粗大碎屑先在沟口堆积下来，较细的泥沙继续随水搬运，多堆积在沟口外围一带；由于山洪急流的长期作用，在沟口一带就形成了扇形展布的堆积体，又称为洪积扇（图5-7）。

图5-7　西藏喜马拉雅山脉北坡的山前洪积扇
（据华文库）

洪积扇的规模逐年增大，有时与相邻沟谷的洪积扇或冲积扇互相连接起来，形成规模更大的洪积裙或洪积冲积平原。

（3）洪积扇的主要特征

洪积物常呈现不规则的交互层理构造，有尖灭、夹层等产状；洪积物的分选作用较明显，离冲沟出口越远，颗粒越细；洪积扇的顶部（近山区）颗粒粗大、磨圆度差，孔隙大，透水性好，地下水位深，地层厚，压缩性小，承载力比较高，常是优良的地基地层。洪积扇的前沿（远山区）沉积的主要是粉细砂、粉土、黏性土等细粒土。布置在该处的工程项目在建设中一定要做好地面的排水设施，以免地表水渗入地下影响地基承载能力，或在地表汇流造成地表边坡的冲刷、破坏。洪积扇的中部扇形展开得很宽阔，沉积的砾石、粉粒和黏土颗粒都有，地层呈交互层理构造。

由上述情况可以看出，洪积层的工程地质性质是影响工程构造物建筑条件的重要因素之一。但影响最大的则是山洪急流对路基的直接冲刷和洪积物掩埋路基、淤塞桥涵所造成的种种病害问题。

5.1.2　河流的地质作用

具有明显河槽的常年或季节性水流称为河流。河水通过侵蚀、搬运和堆积作用形成河床，并使河床的形态不断发生变化，河床形态的变化反过来又影响着河水的流速，从而促使河床发生新的变化，两者互相作用，互相影响。河流的侵蚀、搬运和堆积作用，可以认为是河水与河床动平衡不断发展的结果。随着大型水利、水电事业的飞速发展，人类的工程活动正在大规模地影响着河流地质作用的自然过程。

由于河流的长期作用，形成了河床、河漫滩、河流阶地和河谷等各种河流地貌，同时也形成了第四纪陆相堆积物的另一个成因类型，即冲积层。

在山区，由于地形复杂，为了提高路线的技术指标、减少工程量，公路多利用河谷布设。不论是路线位置的确定，还是路基设计的某些原则，都必须充分考虑河流地质作用及冲积层的工程性质的影响。

1. 河流的侵蚀作用

在一定的地质条件下，河流地质作用的能量，与河水的动能有关。河水的动能与流量和流速平方的乘积成正比。河流在洪水期冲刷、搬运和堆积作用之所以特别强烈，就是因为河流的流量、流速显著增大，河水动能显著增强的缘故。

河水在流动的过程中不断加深和拓宽河床的作用称为河流的侵蚀作用。河流的侵蚀作用按其作用的方式，可分为化学溶蚀和机械侵蚀两种。溶蚀指河水对组成河床的可溶性岩石不断地进行化学溶解，使之逐渐随水流失。河流的溶蚀作用在石灰岩、白云岩等可溶性岩类分布地区比较显著。此外，河水对其他岩石中可溶性矿物的溶解，使岩石的结构松散破坏，也会利于机械侵蚀作用的进行。机械侵蚀作用包括流动的河水对河床组成物质的直接冲击和夹带的沙砾、卵石等固体物质对河床的磨蚀。机械侵蚀在河流的侵蚀作用中具有普遍的意义，它是山区河流的一种主要侵蚀方式。

河流的侵蚀作用，按照河床不断加深和拓宽的发展过程，可分为下蚀作用和侧蚀作用。下蚀和侧蚀是河流侵蚀过程中互相制约和互相影响的两个方面，不过在河流的不同发展阶段，或同一条河流的不同部分，由于河水动力条件的差异，不仅下蚀和侧蚀所显示的优势会有明显的区别，而且河流的侵蚀和沉积优势也会有显著的差别。

（1）下蚀作用

河水在流动过程中使河床逐渐下切加深的作用，称为河流的下蚀作用。河水夹带固体物质对河床的机械破坏，是使河流下蚀的主要因素，其作用强度取决于河水的流速和流量，同时，也与河床的岩性和地质构造有密切的关系。很明显，河水的流速和流量大时，则下蚀作用的能量大，如果组成河床的岩石坚硬且无构造破坏现象，则会抑制河水对河床的下切的速度。反之，如岩性松软

图 5-8　河流下蚀作用形成的"V"字形峡谷——西藏雅鲁藏布江大峡谷（对面雪山为南迦巴瓦峰）

或受到构造作用的破坏，则下蚀易于进行，河床下切过程加快。下蚀作用使河床不断加深，切割成槽形凹地，形成河谷。在山区、河流下蚀作用强烈，可形成深而窄的峡谷（图 5-8）。金沙江虎跳峡，谷深达 3000 m。长江三峡，谷深达 1500 m。滇西北的金沙江河谷，平均每千年下蚀 60 cm。北美科罗拉多河谷，平均每千年下蚀 40 cm。

河流的侵蚀过程总是从河的下游逐渐向河源方向发展的，这种溯源推进的侵蚀过程称为

溯源侵蚀，又称向源侵蚀。向源侵蚀在急流和瀑布河段作用显著，河床坡降大、岩性坚硬不平的河段河流湍急，称为急流；而在河床上具有陡坎的地方形成明显的跌水，称为瀑布。瀑布的形成与向源侵蚀示意图如图 5-9 所示。瀑布因强大急流在其下方形成积水潭，产生的强大涡流携带砂石摩擦基岩下部较软的岩石，软岩被掏空，较硬的基岩上部随之崩塌，造成瀑布不断向源后退。如北美洲美加边界的尼亚加拉河大瀑布，据 1842—1927 年观测记录，每年平均后退约 1 m。

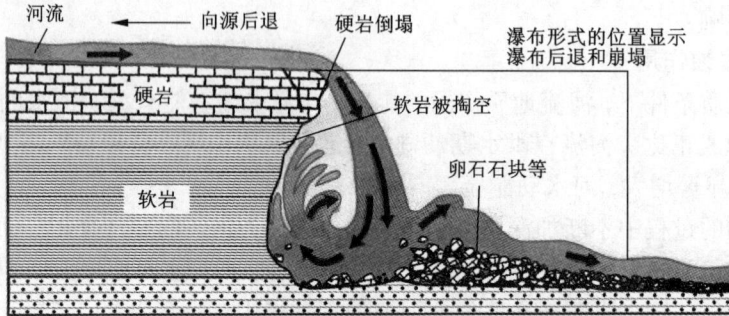

图 5-9   瀑布的形成与向源侵蚀示意图

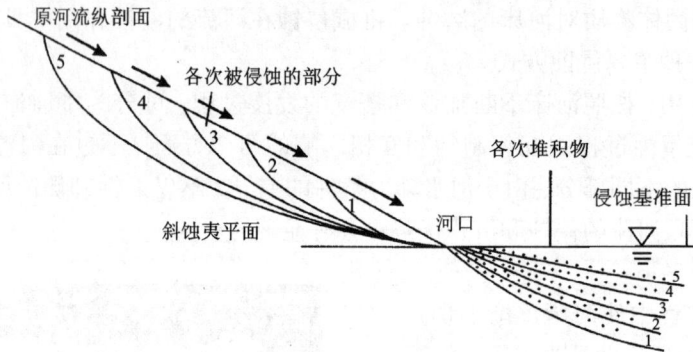

图 5-10   河流向源侵蚀和平衡剖面的形成示意图

河流的下蚀作用并不是无止境地继续下去，而是有它自己的基准面的。因为随着下蚀作用的发展，河床不断加深，河流的纵坡逐渐变缓，流速降低，侵蚀能量削弱，达到一定的基准面后，河流的侵蚀作用将趋于消失。河流下蚀作用消失的平面，称为侵蚀基准面或侵蚀基面（图 5-10）。

流入主流的支流，基本上以主流的水面为其侵蚀基准面；流入湖泊海洋的河流，则以湖面或海平面为其侵蚀基准面。侵蚀基准面并不是固定不变的，由于构造运动的区域性和差异性，会引起水系侵蚀基准面发生变化。侵蚀基准面一经变动，则会引起相关水系的侵蚀和堆积过程发生重大的改变。所以，根据河谷侵蚀与堆积地貌组合形态的研究，能够对地区新构造运动的情况作出判断。

（2）侧蚀作用

河水在流动过程中，一方面不断刷深河床，另一方面也不断地冲刷河床两岸。这种使河

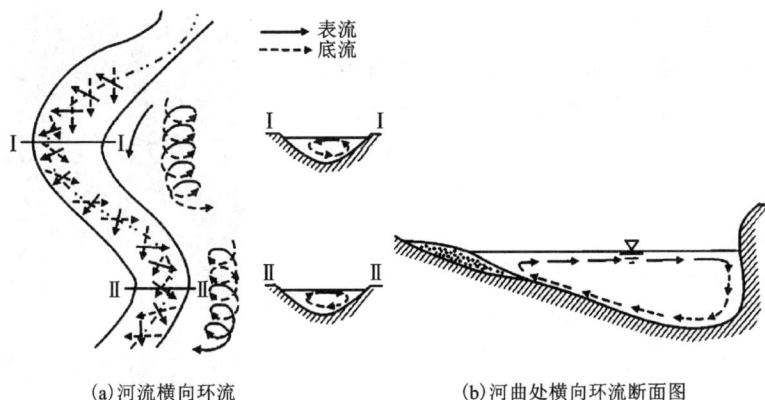

(a)河流横向环流　　　　　　　　　　(b)河曲处横向环流断面图

图 5 – 11　河流横向环流示意图

床不断加宽的作用，称为河流的侧蚀作用。河水在运动过程中横向环流的作用，是促使河流产生侧蚀的经常性因素。此外，如河水受支流或支沟排泄的洪积物以及其他重力堆积物的障碍顶托，致使主流流向发生改变，引起对河床两岸产生局部冲刷，这也是一种在特殊条件下产生的河流侧蚀现象。在天然河道上能形成横向环流的地方很多，但在河湾部分最为显著[图 5 – 11(a)]。当运动的河水进入河湾后，由于受离心力的作用，表层流束以很大的流速冲向凹岸，产生强烈冲刷，使凹岸岸壁不断坍塌后退，并将冲刷下来的碎屑物质由底层流束带向凸岸堆积下来[图 5 – 11(b)]。由于横向环流的作用，使凹岸不断受到强烈冲刷，凸岸不断发生堆积，结果使河湾的曲率增大，并受纵向流的影响，使河湾逐渐向下游移动，进而导致河床发生平面摆动。这样天长日久，整个河床就在河水的侧蚀作用下逐渐拓宽。

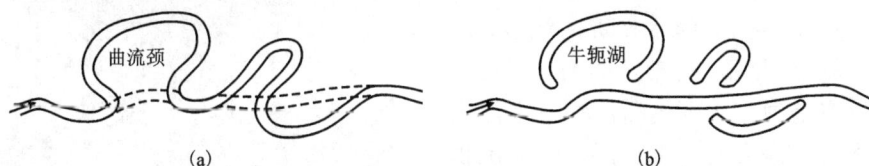

(a)　　　　　　　　　　　　　　　　(b)

图 5 – 12　河曲(a)的发展与牛轭湖(b)的形成

平原地区的曲流对河流凹岸的破坏更大。由于河流侧蚀的不断发展，致使河流一个河湾接着一个河湾，并使河湾的曲率越来越大，河流的长度越来越长，使河床的比降逐渐减小，流速不断降低，侵蚀能量逐渐削弱，直至常水位时已无能量继续发生侧蚀为止。这时河流所特有的平面形态称为蛇曲。有些处于蛇曲形态的河湾，彼此之间十分靠近。一旦流量增大，会截弯取直，流入新开拓的局部河道，而残留的原河湾的两端因逐渐淤塞而与原河道隔离，形成状似牛轭的静水湖泊，称牛轭湖(图 5 – 12，图 5 – 13)。由于主要承受淤积，致使牛轭湖逐渐成为沼泽，以至消失。

下切侵蚀、侧向侵蚀和向源侵蚀常是共同存在的，只是在不同时期不同河段这三种侵蚀作用的强度不同。一般在上游以下切侵蚀和向源侵蚀为主，侧向侵蚀相对缓慢，河床横剖面常为深而窄的"V"字形(图 5 – 8)；而在中、下游则以侧向侵蚀为主，河谷多浅而宽。

由于河湾部分横向环流作用明显加强,易发生坍岸,并产生局部剧烈冲刷和堆积作用,河床易发生平面摆动,对桥梁建筑是很不利的。山区河谷中,河道弯曲产生"横向环流",对沿凹岸所布设的公路,其边坡常因"水毁"而导致"局部断路"的现象(图 5 - 14)。

2. 河流的搬运作用

河流在流动过程中夹带沿途冲刷侵蚀下来的物质(泥沙、石块等)离开原地的移动作用,称为搬运作用。河流的侵蚀和沉积作用,在一定意义上都是通过搬运作用来进行的。

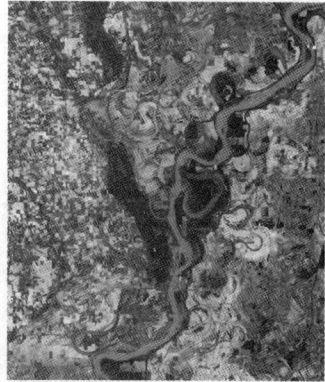

图 5 - 13 密西西比河及其两侧的牛轭湖
(美国地质调查局和美国宇航局,照片由 Landsat7 卫星在 2003 年 5 月 28 日拍摄)

河水搬运能量的大小,决定于河水的流量和流速,在流量相同时,流速是影响搬运能量的主要因素,河流搬运物的粒径与水流流速的平方成正比。

河流搬运的物质,主要来自谷坡洗刷、崩落、滑塌下来的产物和冲沟内洪流冲刷出来的产物,其次是河流侵蚀河床的产物。河流的搬运作用有浮运、推移和溶运三种形式。

浮运指一些颗粒细和密度小的物质悬浮于水中随水搬运,我国黄河中的大量黄土物质就是通过悬浮的方式进行搬运的。推移是比较粗大的砂粒、砾石等,主要受河水冲动,沿河底推移前进。溶运是在河水中大量处于溶液状态的被溶解物质随水流走的现象。

3. 河流的沉积作用和冲积层

(1)沉积作用

河流搬运物从河水中沉积下来的过程称为沉积作用。河流在运动过程中能量由于受到损失而逐渐减小。当河水夹带的泥沙、砾石等搬运物超过了河水的搬运能力时,被搬运的物质便在重力作用下逐渐沉积下来形成松散的沉积层,称为河流沉积层。河流沉积物几乎全部是泥沙、砾石等机械碎屑物,而化学溶解的物质多在进入湖盆或海洋等特定的环境后才开始发生沉积。

图 5 - 14 河流的横向环流使凹岸剥蚀,造成道路和建筑物毁坏

河流的沉积特征在一定的流量条件下主要受河水的流速和搬运物重量的影响,所以一般都具有明显的分选性。粗大的碎屑先沉积,细小的碎屑在搬运比较远的距离后沉积。由于河水的流量、流速及搬运物质补给的动态变化,因而在冲积层中一般存在具有明显结构特征的层理。从总的情况看,河流上游的沉积物比较粗大,而河流下游沉积物的颗粒逐渐变小,流速较大的河床部分沉积物的颗粒比较粗大,在河床外围沉积物的粒径逐渐变小。

(2)冲积层

在河谷内由河流的沉积作用所形成的堆积物,称为冲积物。冲积物的特点是具有良好的磨圆度和分选性,它是第四纪陆相沉积物中的一个主要成因类型。

冲积物按其沉积环境的不同,可分为河床相、河漫滩相、牛轭湖相、蚀余堆积相与河口

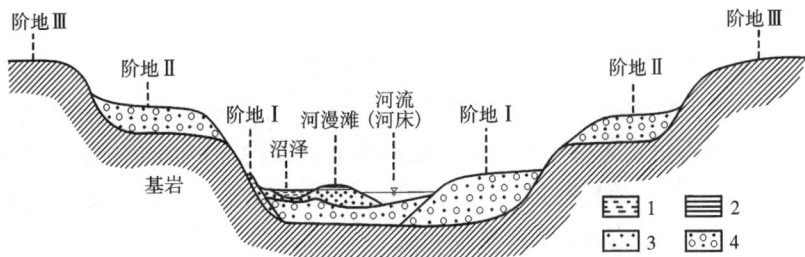

图 5 – 15 平原河谷冲积物及阶地横断面示意图

冲积物：1—淤泥；2—粉质黏土、粉土等；3—砂；4—卵石、粗砂等；

阶地：Ⅰ—堆积阶地；Ⅱ—基座阶地；Ⅲ—侵蚀阶地

三角洲相(图 5 – 16)。

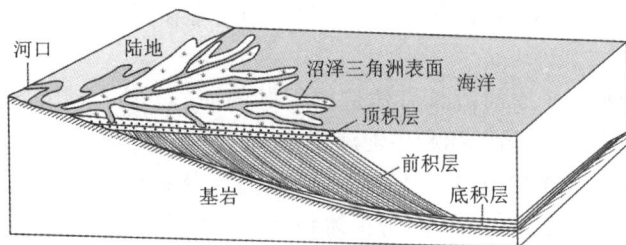

图 5 – 16 三角洲沉积示意图

1) 冲积物的相

①河床相冲积物是在河床范围内形成的沉积物，主要由推移质，多由砂、砾、卵石组成。一般具有明显的斜层理。

②河漫滩相冲积物是在河漫滩范围内形成的沉积物，主要由悬浮质，多由黏砂土、粉质黏土组成。

③牛轭湖相冲积物是在牛轭湖范围内形成的沉积物，主要为静水沉积，一般多由富含有机质的淤泥和泥炭组成，天然含水量很大，抗压、抗剪强度小，容易发生压缩变形。

④蚀余堆积相冲积物常见于山区河流中，多为巨砾和大块石，可能来自山坡的崩落岩块，也可能是河底的残余岩块。

⑤河口三角洲相冲积物是在河流入海(湖)口范围内形成的沉积物。三角洲冲积层分水上和水下两部分。水上部分主要由河床和河漫滩冲积物组成，以黏土和细砂为主，一般呈层状或透镜体状，含水量高，结构疏松，强度和稳定性差。水下部分主要由河流冲积物和海(湖)淤积物混合组成，呈倾斜产状(图 5 – 16，图 5 – 17)。

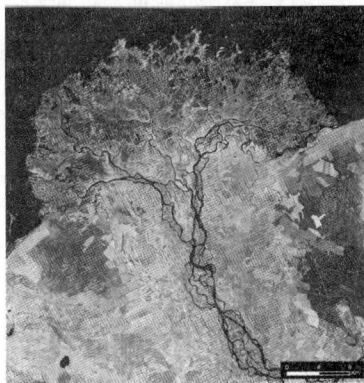

图 5 – 17 卫星图像显示的俄罗斯莉娜三角洲

(据美国地质调查局)

2）冲积层的类型

①山区河谷冲积层：山区河谷，由于不同河段的岩体和地质构造不同，常呈峡谷（"V"形谷）和宽谷（箱形谷）交替出现，也由于发展阶段的不同，而有峡谷和宽谷的区分。在峡谷中，谷底几乎全为河床所占据，冲积物只能在河床中形成。这种冲积物的主要类型是河床相，由漂石、卵石、砾石及砂等粗碎屑物质组成。冲积层结构比较复杂，常有透镜体及不规则的夹层，厚度很薄，甚至河床基岩裸露，没有冲积层。

在宽谷中，出现沿岸浅滩，造成河床与浅滩流速的差别。随着浅滩的扩大，这种差别使得推移质的搬运只能在河床范围以内进行，而在浅滩部分则开始产生悬浮质的堆积，其结果是形成河漫滩冲积层的二元结构 底层是河床相推移质沉积物，上层是河漫滩相悬浮质沉积。这种二元结构显然是河床侧向移动的结果。

在山区河谷冲积层中，有时混有洪积物，而蚀余堆积物也很常见。洪积物的特点是：磨圆度差，分选差，从巨砾到黏土物质混杂在一起。蚀余堆积则可以根据它与河床推移质的大小不相适应来判断。

②平原河谷冲积层：平原河流具有塑造得很好的河谷，冲积物在这里得到最完全的发育，有河床相、河漫滩相、三角洲相和牛轭湖相，有时也有蚀余堆积物。不过，其中最主要的是河床冲积物与河漫滩冲积物两种。具有发育完全的河漫滩冲积物是平原河流的重要特征。

河漫滩冲积层，并不是杂乱无章的透镜体和夹层的堆积，而是由河床相、河漫滩相和牛轭湖相等有规律地形成的综合体。

4. 河流阶地

过去不同时期的河床及河漫滩，由于地壳上升运动，河流下切使河床拓宽，被抬升高出现今洪水位之上，呈阶梯状分布于河谷谷坡之上的地貌形态，称为河流阶地。

（1）阶地的成因

原来的河谷河床或河漫滩，因地壳运动或气候变化等原因导致河流下切而高出一般洪水位，呈阶梯状沿谷坡分布，称为阶地。每一级阶地包括阶地面、阶地斜坡、阶地前缘、阶地后缘和阶地坡麓等形态要素（图 5 – 18）。阶地斜坡与低一级阶地河漫滩的交界地带称为阶地坡麓。一般河谷中都发育有多级阶地，把高于河漫滩的最低一级阶地称为一级阶地，依次向上为二级

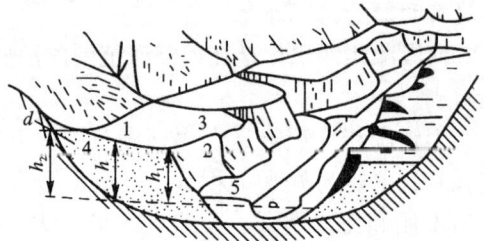

图 5 – 18　河流阶地要素图

1—阶地面；2—阶坡（陡坎）；3—前缘；4—后缘；5—坡脚；h—阶地平均高度；h_1—前缘高度；h_2—后缘高度

阶地、三级阶地等（图 5 – 15，图 5 – 19），一般说来，阶地越高，时代越老，阶地形态保存越差。

河流阶地是一种分布较普遍的地貌类型。阶地上保留着大量的第四纪冲积物，主要由泥沙、砾石等碎屑物组成，颗粒较粗，磨圆度好，并且有良好的分选性，是房屋、道路等建筑的良好地基。

（2）阶地的类型

由于构造运动和河流地质过程的复杂性，河流阶地的类型是多种多样的，一般根据阶地的成因、结构和形态特征，阶地可分为侵蚀阶地、基座阶地、堆积阶地三种类型。

图 5 - 19　河流阶地的划分

1)侵蚀阶地

侵蚀阶地(图 5 - 15Ⅲ)发育在地壳上升的山区河谷中,由河流的侵蚀作用使河床底部基岩裸露,并拓宽河谷,致使地壳上升、河流下切而形成。阶地面上没有或很少有冲积物覆盖,即使保留有薄层冲积物,在阶地形成后也被地表流水冲刷殆尽。

2)基座阶地

基座阶地(图 5 - 15Ⅱ)是在河流的沉积作用和下切作用交替进行下,侵蚀阶地上覆盖的一层冲积物,经地壳上升、河水下切而形成的。基岩上部冲积物覆盖厚度一般比较小,整个阶地主要由基岩组成。

3)堆积阶地

堆积阶地(图 5 - 15Ⅰ)是由河流的冲积物组成的,又称冲积阶地。这种阶地多见于河流的中、下游地段。当河流侧向侵蚀时河谷拓宽,同时,谷底发生大量堆积,形成宽阔的河漫滩,然后由于地壳上升、河水下切而形成了堆积阶地。第四纪以来形成的堆积阶地,除下更新统的冲积物具有较低的胶结成岩作用外,一般冲积物均呈松散状态,易遭受河水冲刷,因而影响阶地的稳定。

5. 河流地质作用对工程建设的影响

在河流上兴建拦河工程、跨河桥渡,在河床埋设倒虹吸、输油管、电缆,在邻岸地带兴建道路、进行城镇建设等,必须考虑河流侵淤作用对工程建筑物安全和正常使用的影响。同时还需考虑因工程的兴建,特别是大型工程,如水库的兴建所导致的河流侵淤规律的变化,进而引起大范围内地质环境的变化对人类生活和生产活动所造成的不良后果。这里仅就河流侵淤作用有关的几个主要工程地质问题作一简单介绍。

(1)河流淤积有关的工程地质问题

与河流淤积作用有关的工程地质问题以水库淤积较为典型,其影响也较深远。在河流上筑坝抬高水位，库区形成壅水，使得原来河流的侵蚀基准面抬升，水流入库过程中，水深和过水断面沿流程增大，流速降低，来自上游的泥沙在库区大量落淤，直接影响水库的效益和使用寿命。我国西北、华北地区很多河流泥沙含量很高，建坝后水库淤积速度十分惊人。如黄河上游青铜峡水库，1966—1977 年间总淤积量达 4.85×10^8 m³，占总库容的 78.2%。有的中小型水库使用数年，甚至一场洪水即被淤满。此外，水库淤积还会改变上下游的环境，在航运、排涝治碱、工程安全和生态平衡等方面，造成一系列的不良影响。

水库淤积的形式，有壅水淤积和异重流淤积两种。

携带泥沙的河水进入水库壅水段后，泥沙扩散到全断面，随着水流挟沙能力沿流程降低，泥沙沉积于库底，并形成上游粗、下游细的规律分布的三角洲，这就是壅水淤积。当水库库容较大，泥沙颗粒较粗，库区地形开阔，并经常处于高水位运行时，最易形成这种淤积。壅水淤积所形成的三角洲不断提高，库尾水深则不断变浅，流速增大，但同时也可能使壅水末端向上游迁移(图 5 - 20)。其结果使淤积末端超过最高库水位与原河床的平交点，水库淤积末端上延，形成"翘尾巴"现象。水库"翘尾巴"的形成，使得上游河床淤高而引起许多不良后果。如航道紊乱、淹没和浸没范围扩大、地基沉陷以及土壤盐碱化加重等。可以通过库水位的调整或利用上游水库泄放清水冲刷下游水库的末端等措施，来控制或减弱水库"翘尾巴"所造成的危害。

异重流淤积多发生于多细粒泥沙河流中。当入库水流含沙量高，并有足够的流速时，浑水进入壅水段后不与清水混淆扩散而潜入清水下面，沿库底向下游继续运动，并可一直运行到坝前(图 5 - 21)。在回流作用下使水库变浑，细土粒缓缓落于库底。如果及时开启大坝排沙底孔闸门，异重流淤积物能随水排出库外。

在天然河流中的淤积作用，对航运的影响最为严重。为使正常运输，不得不耗费巨资进行航道疏浚和港池的清淤。对于规划待建的航运码头的选择，须在现场调查的基础上，运用河流侵淤规律，宜选择在侵淤平衡或侵蚀作用微弱的河段上建设码头港址，即最好选择在曲率半径较大的凹岸河段上。

(2) 与河流侵蚀有关的工程地质问题

在天然河道上的桥渡工程，因修建墩台使得河流原有过水断面减少，水位的流向和流态复杂，流速在跨河段普遍增大，因而必然产生对桥墩、桥台底部地基的冲刷，这种冲刷主要来自于紊动漩涡的作用。这时即使在侵淤平衡的河段上，冲刷作用也不可避免。当河床由松散冲积物组成，墩台基础砌置较浅，或未采用特殊的人工基础，在水流作用下墩台基础将失去稳定性，可能造成整座桥梁工程的倾斜破坏。因此，对墩台基础砌置地段冲刷作用的研究，预测水流的最大冲刷深度，是设计墩台所必需的，是墩台基础稳定的安全技术保证条件。因此，水流最大冲刷深度的确定，是关系到桥渡工程安全稳定和经济合理的重要课题。桥位应尽可能选在河道顺直、水流集中、河床稳定的地段，以保护桥梁在使用期间不因河流改道而失去作用或受到河流的强烈冲刷而破坏。墩台基础应砌置在最大冲刷深度以下，当基础建于抗冲刷较差的岩石上时应适当加深。桥位要选在岸坡稳定、基底岩石坚硬完整、无严重不良地质现象的地段。

在河流上修建水库后，水库下游河段的来水、来沙条件与建库前相比发生了变化，即引起河流平衡条件的破坏，而导致下游河床的再造过程。为各种目的所建的水库多为常年蓄水，水库蓄水拦沙后，坝后所泄水流为泥沙含量很少的清水，将使下游河床发生冲刷，它包

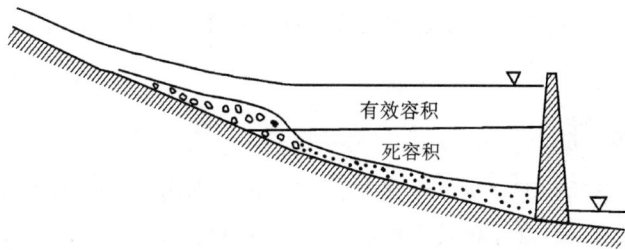

图 5 – 20　水库壅水淤积三角洲示意图

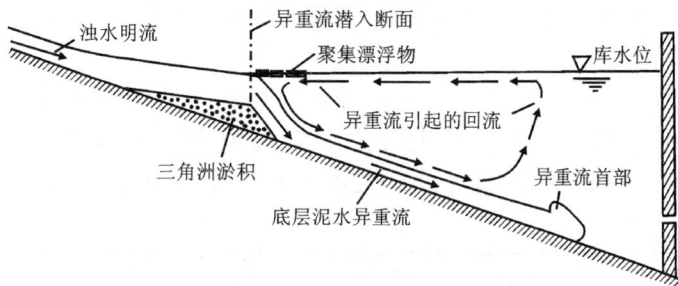

图 5 – 21　水库异重流示意图

括纵向下切和横向展宽两个方面。这种冲刷所及的范围往往可以达到很长的距离，将对沿岸城镇建筑和农田带来新的威胁。如丹江口水库自 1968 年蓄水后至 1972 年间冲刷已发展到距坝 465 km 的仙桃市；美国科罗拉多河的派克坝，建成后的第二年，冲刷段就达到距坝 140 km 处。

当坝顶在溢流条件下的集中水流作用时，对坝后河床的冲刷及水工建筑物的影响尤为显著。如湖南省潇水双牌水电站，其支墩坝坝基为泥盆系板岩、石英砂岩夹 4 条软弱夹层，自 1961 年蓄水以来，经坝顶溢流段多次溢洪，至 1968 年坝后冲刷坑深度远远超过原设计的预测值，已将坝基软弱夹层切断临空，严重影响大坝和渠道的安全稳定。经坝基锚索加固，渠道改为隧洞引水后方能保证正常运用。

5.2　地下水的地质作用

地下水是赋存并运移于地表以下的岩石和土孔隙、裂隙或岩溶洞隙中的水。地下水的分布极其广泛，它和人类的生产和生活密切相关。地下水常为农业灌溉、城乡人民生活及工矿企业用水提供良好的水源。因此，地下水是宝贵的自然资源。一些含特殊成分的地下水称为矿泉水，具有医疗保健作用；含盐量多的地下水如卤水，可提供化工原料；地下热水可用作取暖和发电。

地下水是地质环境的重要组成部分，对环境及建筑物地基的稳定性均产生影响。基坑工程、地下工程施工时，若大量涌入地下水可造成施工困难；地下水可使地基软化，降低其承载力；地下水常常是滑坡、地面沉降和地面塌陷等灾害的主要原因；承压地下水存在时，地下建筑以及深基坑设计、施工必须考虑抗浮问题。地下水若不加治理将影响地下建筑的使用。因此，为确保土木工程建设的稳定与安全，查明地下水的形成、埋藏、分布、运动等规律十分必要。

5.2.1 地下水的赋存

地下水存在于岩土的空隙之中，地壳表层 10 km 范围内，都或多或少存在着空隙，特别是浅部 1 ~ 2 km 范围内，空隙分布较为普遍。岩土的空隙既是地下水的储存场所，又是地下水的渗透通道，空隙的多少、大小及其分布规律，决定着地下水分布与渗透的特点。

1. 岩土的空隙

岩土的空隙根据成因不同，可分为孔隙、裂隙和溶隙三大类（图 5 - 22）。

（1）孔隙

松散土（如黏性土、粉土、砂土、砾石等）或部分碎屑岩中颗粒或颗粒集合体之间存在的空隙，称为孔隙[图 5 - 22(a) ~ 图 5 - 22(f)]。孔隙发育程度用孔隙度（或孔隙率）表示。孔隙度指岩石中各种孔隙的总体积与包括孔隙在内的岩石总体积的百分比。

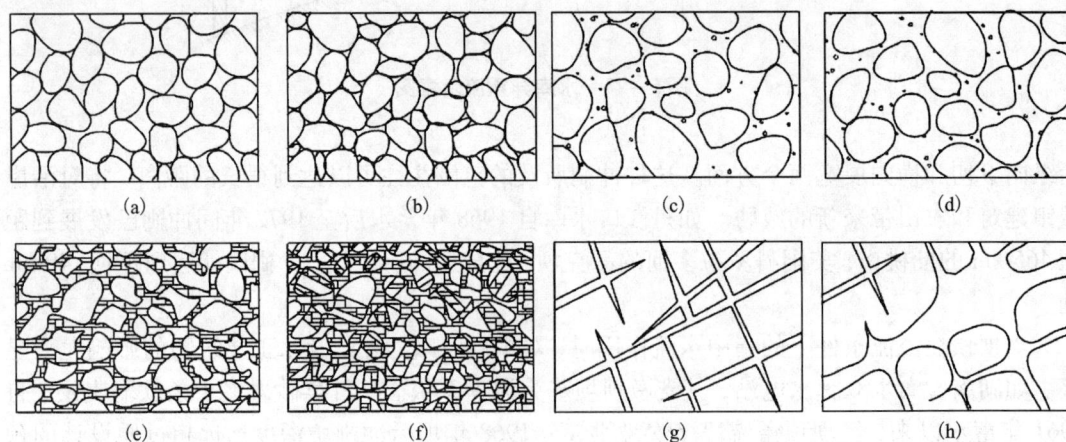

图 5 - 22 岩土中的空隙

（a）分选良好，排列疏松的砂；（b）分选良好，排列紧密的砂；（c）分选不良的，含泥、砂的砾石；（d）经过部分胶结的砂岩；（e）具有结构性孔隙的黏土；（f）经过压缩的黏土；（g）具有裂隙的岩石；（h）具有溶隙及溶穴的可溶岩

几种典型松散土孔隙度的参考值，如表 5 - 1 所示。

表 5 - 1 典型松散土孔隙度的参考值

名称	砾石	砂	粉砂	黏土
孔隙度范围/%	25 ~ 40	25 ~ 50	35 ~ 50	40 ~ 70

（2）裂隙

坚硬岩石受地壳运动及其他内外地质作用的影响产生的空隙，称为裂隙[图 5 - 22(g)]。裂隙发育程度用裂隙率（K_t）表示，所谓裂隙率是裂隙体积（V_t）与包括裂隙体积在内的岩石总体积（V）的比值，用小数或百分数表示，即

$$K_t = \frac{V_t}{V} \quad \text{或} \quad K_t = \frac{V_t}{V} \times 100\% \tag{5-1}$$

（3）溶隙

可溶岩、石灰岩、白云岩等中的裂隙经地下水流长期溶蚀而形成的空隙称溶隙 [图 5-22(h)]，这种地质现象称为岩溶（喀斯特）。

溶隙的发育程度用溶隙率（K_k）表示，所谓溶隙率（K_k）是溶隙的体积（V_k）与包括溶隙在内的岩石总体积（V）的比值，用小数或百分数表示，即

$$K_k = \frac{V_k}{V} \quad \text{或} \quad K_k = \frac{V_k}{V} \times 100\% \tag{5-2}$$

2. 含水层与隔水层

含水层指在正常水压条件下，饱水、透水并能给出一定水量的岩土层。构成含水层的条件：一是岩土中要有空隙存在，并充满足够数量的重力水；二是这些重力水能够在岩土空隙中自由运动。含水层形成的三个必备条件如下所述。

①岩（土）层中要有贮存地下水的空间，即在岩层内要有可以容纳地下水的空隙（如孔隙、裂隙或溶隙），并有良好的透水性，这样外部的水才能进入岩（土）层而成为含水层。显然，岩（土）层中的空隙越大，数量越多，空隙之间连通性越好，则透水性越强，地下水就越容易渗入和流动，具备了这种条件就有利于形成含水层。比如表土内的砂砾石层、基岩中的砂岩和砾岩等往往具备上述条件，就容易构成含水层。但是那些颗粒微小而又致密的黏土或黏土岩，其中的空隙极小，地下水难以渗入，一般不能成为含水层。可见，岩层中具有空隙是构成含水层的先决条件。

②岩（土）层要有能聚集和贮存地下水的条件。岩石空隙虽然是构成含水层的先决条件，但并不是唯一的条件。还必须具备有利于地下水聚集和贮存的条件。比如要有有利的地形和良好的透水层与隔水层等，这才能够形成含水层。

③岩层要有水的补给量。具备了容水空隙的岩层和有利的贮水条件，还必须有充足的水的补给量，才能构成含水层。所以在矿区含煤地层中，虽然夹有一些透水性能良好的岩层，但是大气降水或地表水对这些岩层补给极少，透水层因缺乏水源而不能构成含水层。如果外界水源补给充足，在透水层内就能贮存充足的水量，这时即可形成富水含水层；反之，透水层内含水就少。因此，水源补给是否充足，也是构成含水层的重要条件之一。

在正常水压条件下不透水或透水相对微弱的岩土层称为隔水层，有时也把弱透水层称为滞水层。隔水层可以含水甚至饱水（如黏土），也可以是不含水的（如致密的岩石）。但应指出，在自然界中没有绝对不透水的岩层，只是透水性能强弱不同而已，因而一般把透水性差、含水很少的岩层划为隔水层。

3. 地下水的赋存形式

根据水在空隙中的物理状态、水与岩土颗粒的相互作用等特征，一般将水在空隙中存在的形式分为五种：气态水、结合水、重力水、毛细水和固态水。

5.2.2　地下水的物理、化学性质和岩土水理性质

地下水的水质包括地下水的物理性质和化学成分，它们受周围自然地理环境、地质条件和水文地质条件所控制，因此，在空间上和时间上皆表现出较大差异，即地下水物理性质及

化学成分随空间和时间的变化而变化。

　　无论是利用地下水或是防治地下水的危害，都需要研究地下水的性质。例如：利用地下水作供水水源时，不同部门对水质有不同的要求；对各种工程建筑进行工程勘察评价时，需要了解水质对建筑物是否具有腐蚀性；通过对水质的了解，有助于查清地下水的分布、形成和运动规律等。

1. 地下水的物理性质

　　地下水的物理性质通常指地下水的温度、颜色、透明度、气味、味道等。

　　(1)温度

　　地下水的温度变化主要是受气温和地温的影响，尤其是地温。

　　地壳按热力状态从上而下分为变温带、常温带、增温带。变温带的地温受气温的控制呈周期性的昼夜变化和年变化，随深度的增加，变化幅度很快变小。气温的影响趋于零的深度叫常温带，常温带的地温一般略高于所在地区的年平均气温 $1 \sim 2℃$，在概略计算时可用所在地区的年平均气温来代表常温带的温度。常温带的深度在低纬度地区为 $5 \sim 10$ m，中纬度地区为 $10 \sim 20$ m，有些地区可达 30 m 左右。常温带以下的地温，主要受地球内部热、力影响，随着深度的增加而有规律地升高，称为增温带。

　　由于气温和地温差异使各地区的地下水温度相差很大，在寒带和终年积雪的高山地带(冻土地区)，浅层地下水的温度最低可达 $-5℃$ 左右。而在新火山活动的局部地区地下水温度则很高，甚至可超过 $100℃$。地下水按水温的分类，如表 5-2 所示。

表 5-2　　地下水按水温的分类(℃)

过冷水	冷水	温水	热水	过热水
<0	0 ~ 20	21 ~ 42	43 ~ 100	> 100

　　(2)颜色

　　通常地下水是无色的，但如果含有某些化学成分也会带有颜色。例如：当水中含氧化铁较高时，常呈褐红色；含亚铁较高时，常呈浅蓝绿色；含硫化氢较高时，常呈翠绿色；含腐殖质较高时，常呈淡黄色等。显然水的颜色的深浅与其化学成分有关。

　　(3)透明度

　　地下水一般是无色透明的，但当地下水含有一定数量的固体颗粒、胶体成分或其他悬浮物质时，就会出现浑浊现象。通常将地下水的透明度划分为四级，即透明的、微浑浊的、浑浊的和极浑浊的。

　　(4)味道

　　通常低矿化度水是淡而无味的，但当水中含某些盐分或某种气体、有机质等成分时，也会使地下水带有某种特殊味道。例如：含钠、镁的硫酸盐较高的水带有苦涩味；含氯化钠较高的水带有咸味；含二氧化碳气体较高的水具有清凉爽口的感觉；含有机质较高的水带有甜味(不宜饮用)等。

　　(5)气味

　　一般地下水是无味的，但当水中含有某种特殊气体或有机质成分时，地下水会带有某种气味。例如：含硫化氢气体的水，常带有臭鸡蛋气味；含亚铁成分较高的水，常有铁腥气味等。

（6）相对密度

地下水的相对密度取决于所含化学成分的含量。纯净地下水的相对密度为 1，当水中溶解的化学成分较多时，相对密度可达 1.2～1.3。

综上所述，地下水的物理性质与其所含化学成分及其所存在的环境条件密切相关。实际工作中，常常通过物理性质来推断其所含化学成分和形成与存在的环境条件。

2. 地下水的化学成分和主要化学性质

（1）地下水的化学成分

地下水在循环和储存的过程中，不断与周围岩土发生化学作用，形成了地下水的化学成分，同时其化学成分也在不断演化。地下水与周围岩土发生的化学作用称为地下水化学成分的形成作用，这些作用包括溶解溶滤作用、浓缩作用、脱硫酸作用、脱碳酸作用、阳离子的交替吸附作用、混合作用以及人类活动在地下水化学成分形成中的作用。因此地下水并非纯水，而是化学成分十分复杂的天然溶液，其中含有各种气体、离子、胶体物质、有机质以及微生物等。

1）地下水中主要气体成分

地下水中的主要气体有氧气（O_2）、氮气（N_2）、硫化氢（H_2S）和二氧化碳（CO_2）等。一般每升水中含几毫克至几十毫克。这些气体的存在，在一定程度上，可用以指示地下水所处的水文地球化学环境。此外有些气体的含量直接影响到某些盐类的溶解度等，因而这些气体是不可忽视的。

①O_2 与 N_2：地下水中的 O_2 和 N_2 主要来源于大气。它们随同大气降水及地表水补给地下水。因此，通过渗入补给的地下水，其 O_2 和 N_2 的含量较大。

地下水中 O_2 的含量多，表明地下水所处的地球化学环境是氧化环境，有利于氧化反应的进行。O_2 的化学性质远比 N_2 活泼，因此在较封闭的环境里，O_2 将被耗尽而只留下 N_2。因此 N_2 的单独存在，则说明地下水处于还原环境。

②H_2S：H_2S 气体通常存于还原环境中。在封闭缺氧的条件下，当存在有机质时，由于微生物作用，SO_4^{2-} 将被还原生成 H_2S，多见于深层地下水中。

③CO_2：CO_2 在地下水中的分布极其广泛，几乎所有中、酸性地下水均含有数量不等的 CO_2。地下水中 CO_2 的来源很复杂，主要有两个来源：在地壳浅处可来自大气，也可以来自土壤中的生物化学作用；在地壳深处或火山活动地区多为碳酸盐类岩石，经高温分解作用（变质作用）生成后进入。

2）地下水中主要的离子成分

地下水中含有数十种离子成分。其中，分布最广、含量较多的离子共 7 种：氯离子（Cl^-）、硫酸根离子（SO_4^{2-}）、重碳酸根离子（HCO_3^-）、钠离子（Na^+）、钾离子（K^+）、钙离子（Ca^{2+}）及镁离子（Mg^{2+}）。这些离子之所以在地下水中占主要成分，其原因是氧、钙、镁、钠、钾等元素在地壳中含量高，且较易溶于水，有些元素如 Cl^- 与以 SO_4^{2-} 形式出现的 S 虽然在地壳中含量并不高，但极易溶于水。而其他元素如硅、铝、铁等，虽然在地壳中含量很大，但由于其难溶于水，因而地下水中含量通常不大。

一般情况下，随着总矿化度（总溶解固体）的变化，地下水中占主要地位的离子成分也随之发生变化。低矿化水中常以 HCO_3^- 及 Ca^{2+}、Mg^{2+} 为主；高矿化水则以 Cl^- 及 Na^+ 为主；中等矿化的地下水中，阴离子常以 SO_4^{2-} 为主，阳离子以 Na^+ 或 Ca^{2+} 为主。形成此规律的主要原因在于水中盐类的溶解度不同（表 5 - 3）。

由表 5 - 3 可知，氯盐的溶解度最大，其次是硫酸盐，碳酸盐较小。钙的硫酸盐、钙和镁的碳酸盐溶解度最小。当水的矿化度由小变大时，钙、镁的碳酸盐极易达到饱和而从水中析出，继续增大时，钙的硫酸盐也饱和析出。因此，高矿化水中只有氯离子和钠离子占优势。

表 5 - 3　0℃地下水中常见盐类的溶解度（g/L）

盐类	溶解度	盐类	溶解度
NaCl	350	$MgSO_4$	270
KCl	290	$CaSO_4$	1.9
$MgCl_2$	558.1(18℃)	Na_2CO_3	193.9(18℃)
$CaCl_2$	731.9(18℃)	$MgCO_3$	0.1
Na_2SO_4	50	$CaCO_3$	0.02

Cl^-：Cl^- 在地下水中普遍存在，且含量一般较高。地下水中 Cl^- 主要来源于沉积岩中盐岩或其他氯化物的溶解、岩浆岩中含氯化物的风化溶解、沿海地区海水的渗入等。此外，人为的污染（工业废水和生活污水）也会使污染区地下水 Cl^- 含量增高。由于 Cl^- 不能被植物及细菌摄取，不能被土粒表面吸附，以及氯盐溶解度大，不易沉淀析出等缘故，因而是地下水中最稳定的离子。

SO_4^{2-}：在高矿化水中 SO_4^{2-} 的含量仅次于 Cl^-，每升可达数克，个别每升可高达数十克；低矿化水中每升为数毫克至数百毫克。地下水中 SO_4^{2-} 主要来源于石膏或其他含硫酸盐的沉积岩的溶解。在城镇中烧煤使大气中增加大量 SO_2，形成腐蚀性很强的"酸雨"，补给地下水后会使地下水中 SO_4^{2-} 含量明显增加。由于 $CaSO_4$ 的溶解度较小，限制了 SO_4^{2-} 在水中的含量，所以，地下水中的 SO_4^{2-} 远不及 Cl^- 稳定。

HCO_3^-：HCO_3^- 也是地下水中广泛分布的离子，含量一般不超过 1 g/L，通常在低矿化水中占据阴离子首位。地下水中 HCO_3^- 的来源，首先是含碳酸盐的沉积岩与变质岩（如大理岩）的水解，其次是岩浆岩与变质岩地区铝硅酸盐矿物的风化溶解。

由于 $CaCO_3$ 和 $MgCO_3$ 是难溶于水的，仅当水中有 CO_2 存在时，才会有一定数量溶解于水，水中 HCO_3^- 的含量取决于 CO_2 含量。

Na^+：Na^+ 是地下水中居主要地位的阳离子。通常，在低矿化水中 Na^+ 的含量很低，一般每升仅数毫克至数十毫克；高矿化水中，每升可达到数十克，甚至到百克。其来源与 Cl^- 相同，也有的来自于铝硅酸盐矿物的风化溶解。

K^+）：K^+ 在地下水中的含量比 Na^+ 低得多，其原因是 K^+ 易形成难溶于水的水云母、蒙脱石等次生矿物，另外其可被植物吸收，也常被黏土颗粒吸附。K^+ 的来源和分布基本上与 Na^+ 相近。

Ca^{2+}：Ca^{2+} 是低矿化地下水中的主要阳离子，一般含量每升不超过数百毫克。在高矿化水中,由于阴离子主要是 Cl^-,而 $CaCl_2$ 的溶解度相当大,故 Ca^{2+} 的绝对含量显著增大,但通常仍远低于 Na^{2+}。Ca^{2+} 的来源与 HCO_3^- 和 SO_4^{2-} 来源相同。

Mg^{2+}:Mg^{2+} 在低矿化地下水中含量通常比 Ca^{2+} 少,并不是地下水中的主要离子成分,部分原因是由于地壳组成中 Mg 比 Ca 少,而且也易于被植物吸收。镁离子(Mg^{2+})的来源及其在地下水中的分布与 Ca^{2+} 相近,来源于含镁的碳酸盐类沉积岩。此外,还来自岩浆岩、变质岩中含镁矿物的风化溶解。

3)地下水中的其他成分

次要离子:地下水的次要离子包括 H^+、Fe^{2+}、Fe^{3+}、Mn^{2+}、OH^- 等。

微量成分:地下水含有一定的微量组分,如 Br、I、Sr 等。

胶体成分:地下水中以未离解的化合物构成其胶体成分,主要有 $Fe(OH)_3$、$Al(OH)_3$ 及 H_2SiO_3 等,有时可占到相当大的比例。

有机成分与微生物:地下水的有机成分主要由生物遗体分解产生,常以胶体形式存在。有机质的存在,可使地下水酸度增加。

另外,地下水中还存在各种微生物。例如,在氧化环境中存在硫细菌、铁细菌等,在还原环境中存在脱硫酸细菌等。此外,在污染水中,还有各种致病细菌。

(2)地下水的主要化学性质

地下水的化学成分及其组合关系,决定了地下水具有一定的化学性质,其中主要是酸碱度、硬度、矿化度、腐蚀性等。地下水的化学成分是通过对水进行化学分析测定的,一般称为水质分析,水质分析可分为简分析、全分析和专项分析。地下水的化学成分与其化学分类、水质评价等均有十分密切的关系。

1)地下水的酸碱度

地下水的酸碱度指的是水中氢离子(H^+)的浓度,以 pH 表示。多用 pH 仪测定。自然界中地下水的 pH 一般在 $6.5 \sim 8.0$ 之间,其中酸性地下水对金属和混凝土有腐蚀性。地下水按 pH 的分类,如表 5 - 4 所示。

表 5 - 4　地下水按 pH 分类

水的酸碱度	pH	水的酸碱度	pH
强酸性水	< 5.0		
弱酸性水	5.0 ~ 6.4	弱碱性水	8.1 ~ 10
中性水	6.5 ~ 8.0	强碱性水	> 10

2)地下水的硬度

地下水的硬度指水中 Ca^{2+}、Mg^{2+} 的含量。硬度可进一步区分为总硬度、暂时硬度和永久硬度。水中所含 Ca^{2+}、Mg^{2+} 的总量是总硬度;总硬度包括暂时硬度与永久硬度。其中若把水加热至沸腾后仍留在水中的 Ca^{2+}、Mg^{2+} 的含量称为永久硬度。

硬度的表示方法很多,我国目前常用的方法有两种:一种为德国度($H°$),一个德国度相当于每升水中含有 10 mg CaO 的量;另一种为每升水中 Ca^{2+} 和 Mg^{2+} 的毫克当量(meq)数,1 meq/L = 2.8 $H°$。地下水按硬度的分类见表 5 - 5。

表 5-5 地下水按硬度的分类

地下水类型	总硬度	
	$(Ca^{2+} + Mg^{2+})/(meq \cdot L^{-1})$	德国度/(H°)
极软水	<1.5	<4.2
软水	1.5~3.0	4.2~8.4
微硬水	3.0~6.0	8.4~16.8
硬水	6.0~9.0	16.8~25.2
极硬水	>9.0	>25.2

水的硬度是评价生活用水和工业用水水质是否合乎标准的一项重要指标。许多工业用水不宜硬度过大,同时生活用水的硬度也有一定要求。

3)矿化度

地下水中所含离子、分子、化合物的总量(气体成分除外)称为地下水的矿化度,它表示地下水中含可溶盐的多少,一般以 g/L 为单位。确定地下水的矿化度一般采用以下两种方法。

①将一定体积的地下水置于 105~110℃ 条件下蒸干,水中矿物质因沉淀而残留下来,称量干涸残余物,将其折算为每升水的含量,通常以此量表示地下水的矿化度。

②在没有干涸残余物时,也可利用阴、阳离子和其他化合物含量之总和概略表示矿化度。但应注意,在蒸干时有将近一半的 HCO_3^- 分解生成 CO_2 及 H_2O 而逸失。所以相加时,HCO_3^- 只取其重量的一半。

按地下水矿化度的大小,将地下水进行分类,如表 5-6 所示。

矿化度低的淡水可作生活用水、工业用水与农业用水,而盐水、卤水常用来做提炼某些盐类的原料。

表 5-6 地下水按矿化度的分类(g/L)

地下水类型	矿化度	地下水类型	矿化度
淡水	<1	盐水	10~50
微咸水	1~3	卤水	>50
咸水	3~10		

3. 岩土的主要水理性质

岩土的主要水理性质包括溶水性、持水性、给水性及透水性。

容水性:单位体积岩土能容纳一定水量的性能。容水性可以用容水度来衡量,其计算公式如式(5-3)所示。

容水度:岩土中所能容纳的最大的水体积与岩土体体积之比,以小数或百分数表示。

$$容水度 = \frac{岩土中容纳最大的水体积}{岩土体体积} \quad (5-3)$$

常见岩土的容水性如表 5-7 所示。

持水性：依靠分子引力或毛细力，在岩土孔隙、裂隙中能保持一定数量水体的性能，即单位体积岩土在重力作用下释水时能保持一定数量水的性能。持水性可以用持水度来衡量，其计算公式如式(5-4)所示。

$$持水度 = \frac{靠分子引力和毛细力保持的水的体积}{岩土的总体积} \tag{5-4}$$

常见岩土的持水性如表5-8所示。

给水性：在重力作用下，单位饱水岩土能够流出一定水量的性能。给水性可以用给水度来衡量，其计算公式如式(5-5)所示。

$$给水度 = \frac{能自由流出的水的体积}{岩土的总体积} = 容水度 - 持水度 \tag{5-5}$$

常见岩土的给水性见表5-9。

透水性：岩土允许水透过的性能。用渗透系数 K 表示，K 愈大，透水性愈好。水在岩土中的平均渗流速度等于渗透系数×水力梯度。即，

$$V = KI$$

式中：V 为水在岩土中的平均渗流速度；I 为水在岩土中的渗流时水力梯度。

表5-7　常见岩土的容水性

容水的	黏土、砂、砾石、砂黏土等
微容水的	黄土、黏砂土、泥灰岩、黏土质砂岩等
不容水的	致密的岩浆岩及类似的岩石

表5-8　常见岩土的持水性

强持水的	黏土、泥炭、砂黏土等
弱持水的	黏砂土、泥灰岩、细砂等
不持水的	砾石、卵石、粗砂等

表5-9　常见岩土的透水性

透水的	砾石、卵石、砂、裂隙或岩溶发育的岩石
半透水的	黄土、黏砂土、砂黏土等
不透水的	黏土、泥岩、页岩、裂隙不发育的坚硬岩石

5.2.3　地下水的类型及其主要特征

根据地下水埋藏条件的不同，地下水可分为上层滞水、潜水、承压水。以下主要介绍地下水的埋藏类型及特征。

1. 上层滞水

(1)上层滞水的概念

上层滞水是包气带中局部隔水层之上具有自由水面的重力水(图5-23)。它是大气降水

或地表水下渗时,受包气带中局部隔水层的阻隔聚集而成的。

在松散沉积物中,上层滞水分布于砂砾层内的黏性土透镜体之上;在基岩中分布于透水的裂隙岩层或岩溶岩层内的相对隔水夹层(如薄层页岩、泥灰岩等岩体)之上。

(2)上层滞水的特征

上层滞水埋藏浅,分布范围有限,其上无隔水层,具有如下几方面的特征。

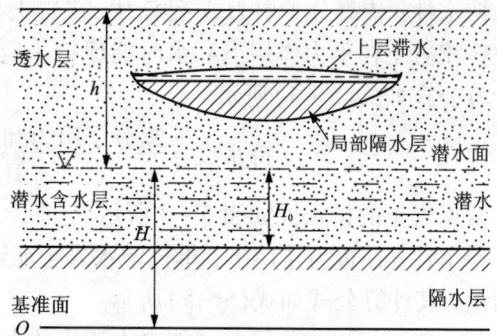

图5-23 上层滞水及潜水埋藏图

①具有自由水面。

②上层滞水接近地表,补给区和分布区一致,直接接受当地大气降水或地表水的补给,以蒸发的形式排泄。

③受季节影响大,动态很不稳定;雨季获得补充,积存一定水量,旱季水量逐渐消耗,甚至干涸。

④上层滞水水量不大,季节变化强烈,富水性差,只能用于农村少量人口的供水及小型灌溉供水。

⑤上层滞水因接近地表易受污染。

⑥工程建设中上层滞水常突然涌入基坑威胁基坑施工安全,在铁路、公路建设中,边坡中的上层滞水易引起边坡失稳。

2. 潜水

(1)潜水的概念

潜水是埋藏于地表以下第一个稳定隔水层之上的具有自由水面的重力水(图5-23)。潜水一般多储存在第四系松散沉积物中,也可以存在于裂隙基岩或可溶性岩基中,成为裂隙潜水和岩溶潜水。

潜水面任意一点的高程,称为该点的潜水位(H)。潜水面至地面的距离为潜水的埋藏深度(h)。自潜水面至隔水层底板之间的垂直距离为含水层厚度(H_0)。

(2)潜水的特征

根据埋藏条件,潜水具有以下几方面的特征。

①潜水具有自由水面,仅受大气压力,因此,也称为无压水。在重力作用下可以由水位高处向水位低处渗流,形成潜水径流。

②潜水的分布区和补给区基本上是一致的。在一般情况下,大气降水、地面水等都可以直接补给潜水。

③潜水的动态(如水位、水量、水温、水质等随时间的变化)随季节不同而有明显变化。如雨季降水多,潜水补给充沛,潜水面上升,含水层厚度增大,水量增加,埋藏深度变浅;而在枯水季节则相反。

④在潜水含水层之上因无连续隔水层覆盖,一般埋藏较浅,因此容易受到污染。

⑤规模大的潜水含水层是很好的供水水源。

⑥工程建设中埋深较浅的潜水可能造成施工困难,必要时需采取降水措施。地下室和地

下建设需要采取防水措施。

（3）潜水面的形状及其表示方法

1）潜水面的形状

在自然界中，潜水面的形状因时因地而异，它受地形、地质、气候、水文等各种自然因素和人为因素的影响。一般情况下，潜水面不是水平的，而是向着邻近洼地（如冲沟、河流、湖泊等）倾斜的曲面。

潜水面的形状与地形有一致性，一般地面坡度越陡，潜水面坡度越大。但潜水面坡度总是小于地面坡度，比地形要平缓得多。

当含水层的透水性和厚度沿渗流方向发生变化时，会引起潜水面形状的改变。在同一含水层中，当岩层的透水性随渗流方向增强或含水层厚度增大时，潜水面形状趋于平缓，反之变陡（图 5 - 24）。

气象、水文因素会直接影响潜水面的变化，如大气降水和蒸发，可使潜水面上升或下降。在某些情况下，地面水体的变化也会引起潜水面形状的改变。人为修建水库或渠道以及抽取或排除地下水，都会引起地下水位的升高或降低，改变潜水面的形状。

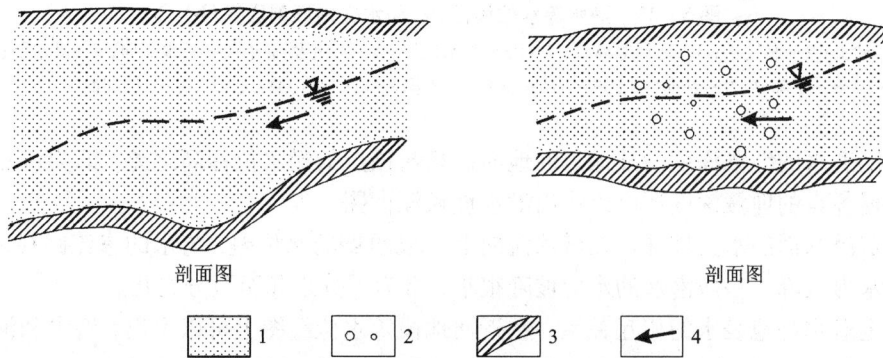

图 5 - 24　潜水面形状与岩层厚度、透水性的关系
1—砂；2—砾石；3—隔水层；4—潜水流向

2）潜水面的表示方法

常用潜水等水位线图和剖面图的方法清晰地表示潜水面的形状。两种方法常配合使用。

①潜水等水位线图。它指潜水面标高相等各点的连线图，也称为潜水面等高线图［图 5 - 25（a）］。潜水等水位线图一般在地形图上绘制。其绘制方法与绘制地形等高线图基本相同，即在大致相同的日期内测得潜水面各点（如井、泉、钻孔、试坑等）的水位资料，将水位标高相同的各点连线而成。

因为潜水面时刻都在变化，所以等水位线图要注明测定水位的日期。通过不同时期内等水位线图的对比，有助于了解潜水的动态变化。

②剖面图。在具有代表性的剖面图方向上，按一定比例尺，根据地形、钻孔、试坑或井、泉的地层柱状图资料，绘制潜水剖面图［图 5 - 25（b）］，该图也称为水文地质剖面图。剖面图可以反映出潜水面与地形、含水层岩性及厚度、隔水层底板等的变化关系。

（4）潜水等水位线图的用途

潜水等水位线图具有重要意义,利用潜水等水位线图可以解决如下问题。

①确定潜水的流向。因为潜水是沿着潜水面坡度最大的方向流动,所以垂直等水位线从高水位指向低水位的方向,即为潜水的流向,常用箭头表示[图5-25(a)]。

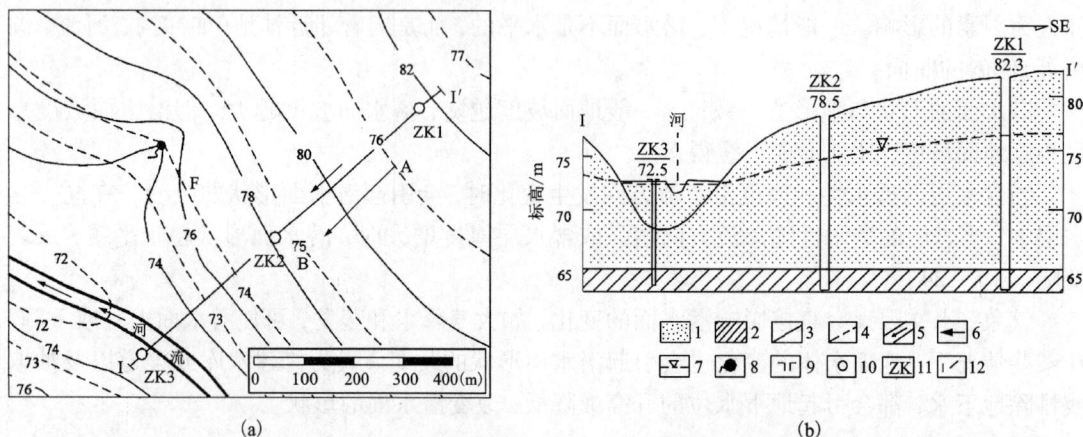

图5-25 潜水等水位线图(a)和水文地质剖面图(b)

1—砂土;2—黏性土;3—地形等高线;4—潜水等水位线;5—河流及流向;6—潜水流向;7—潜水面;
8—下降泉;9—钻孔(剖面图);10—钻孔(平面图);11—钻孔编号;12—I—I'剖面线

②确定潜水的埋藏深度。某地点的地面标高与该点的潜水位标高之差,即为该点的埋藏深度。根据各点的埋藏深度还可以作出潜水埋藏深度图。

③确定潜水面的水力坡降。在潜水流向上任取两点的水位差,与水的渗流路径之比,即为潜水的水力坡降。一般潜水的水力坡降很小,常为千分之几至百分之几。

④确定潜水与地表水的相互关系。在近河地段等水位线图上可以看出,潜水和河水有以下关系:潜水补给河水[如图5-26(a)],潜水面倾向河流,多见于河流的中上游山区;河水补给潜水[图5-26(b)],潜水面背向河流,多见于河流的下游;一岸河水补给潜水,另一岸潜水补给河水[图5-26(c)],即潜水面一岸背向河流,另一岸倾向河流。

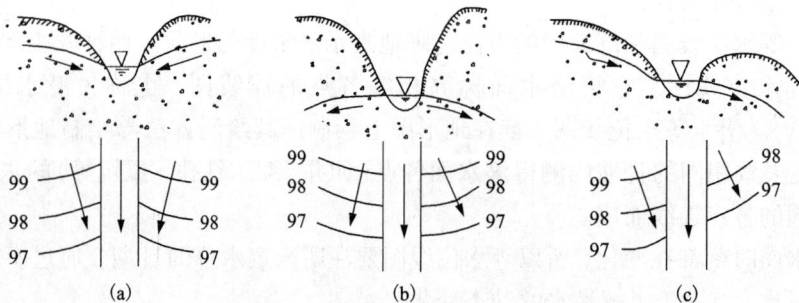

图5-26 潜水与河流的关系示意图

(a)潜水补给河流;(b)河流补给潜水;(c)左岸潜水补给河流,右岸河流补给潜水

⑤确定含水层的厚度。若在等水位线图上有隔水底板等高线时,则可确定任一点的含水

层厚度,其值为潜水位标高与隔水底板标高之差。

⑥推断含水层透水性及厚度的变化。潜水自透水性较弱的岩层流入透水性强的岩层时,潜水面坡度由陡变缓,等水位线由密变疏;相反,潜水面坡度便由缓变陡,等水位线由疏变密。潜水含水层岩性均匀,当流量一定时,含水层薄的地方水面坡度变陡,含水层厚的地方水面坡度变缓,相应的等水位线便密集或稀疏。

⑦确定泉水出露点和沼泽化的范围。在潜水等水位线和地形等高线高程相等处,是潜水面到达地面的标志,也是泉水出露和形成沼泽的地点。

⑧确定取水工程位置。根据等水位线图的资料,还可以合理布置给水或排水建筑物的位置,一般应在平行等水位线(垂直于流向)和地下水汇流处开挖截水渠或打井。

3. 承压水

(1)承压水的概念

承压水是充满于两个稳定隔水层(或弱透水层)之间的地下水,是一种有压重力水(图 5 - 27)。

承压水含水层上部的隔水层称为隔水顶板;下部的隔水层称为隔水底板;顶、底板之间的垂直距离称为承压含水层的厚度(M)。在承压水分布区钻孔时,钻穿隔水顶板后才能见到水面,此时的水面高程为初见水位(H_1);以后水位不断上升,达到一定高度便稳定下来,该水面高程称为承压水位(即测压水位 H_2)。

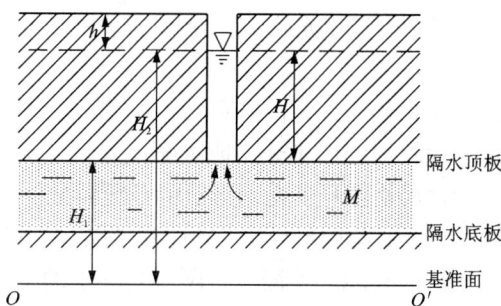

图 5 - 27　承压水埋藏示意图

H—承压水头;M—含水层厚度;H_2—承压水位标高;
H_1—隔水顶板标高;h—承压水位埋深

一般承压水位低于地面的称为负水头,高出地面的称为自流区。承压水位高出隔水顶板底面的距离称为承压水头(H);地面标高与承压水位的差值称为承压水位埋深(h);将各点承压水位连成的面称为承压水面。

(2)承压水的特征

承压水一般埋藏较深,上覆隔水顶板,与外界联系较差。其埋藏条件决定了它与潜水具有不同的特征。其特征如下:

①承压水具有承压性能,其最重要的特征是没有自由水面。

②由于隔水顶板的存在,承压水含水层分布区与补给区不一致,补给区常远小于分布区。

③承压水动态受气象、水文因素的季节性变化影响不显著,其含水层水量比较稳定。

④承压水不易受到地面污染。

⑤规模大的承压水含水层是很好的供水水源,其卫生条件可靠。

⑥在工程建设中承压水能引起基坑涌水,破坏基坑的稳定性。

(3)承压水的埋藏类型

承压水的形成主要决定于地质构造。在适宜的地质构造条件下,无论是孔隙水、裂隙水还是岩溶水均能构成承压水。适宜形成承压水的蓄水构造(蓄水构造指适宜蓄存、富集地下水的一种地质构造)大体可分为两类:一类是盆地或向斜蓄水构造,称为承压(或自流)盆地;另一类是单斜蓄水构造,称为承压(或自流)斜地。

1) 承压水盆地

按水文地质特征分成补给区、排泄区和承压区三个组成部分(图5-28)。

补给区一般位于盆地边缘地势较高处,含水层出露地表,可直接接受大气降水和地表水的入渗补给;排泄区一般位于盆地边缘的低洼地区,地下水常以泉的形式排泄于地表。承压区一般位于盆地中部,是含水层被隔水层覆盖的地区,分布范围广,承受静水压力。在承压区地形较低洼的区域,当承压水位高出地表时可形成自流区。

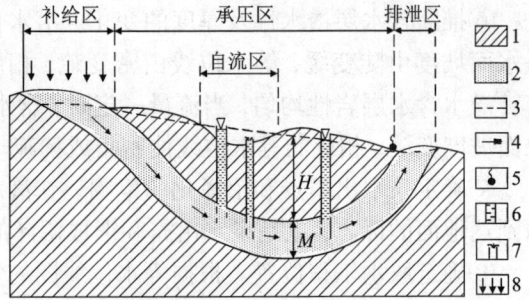

图5-28　向斜盆地中的承压水

1—隔水层;2—含水层;3—地下水位;4—地下水流向;
5—泉(上升泉);6—钻孔,虚线为进水部分;7—自流孔;
8—大气降水补给;H—承压水头;M—含水层厚度

2) 承压水斜地

承压水斜地的形成分三种情况:

①含水层被断层所截而形成的承压斜地。单斜含水层的上部出露地表成为补给区。下部被断层切割,若断层不导水,则向深部循环的地下水受阻,在补给区能形成泉排泄。此时补给区与排泄区在相邻地段。若断层是导水的,断层出露的位置又较低时,承压水可通过断层排泄于地表,此时补给区与排泄区位于承压区的两侧,与承压盆地相似[图5-29(a),图5-29(b)]。

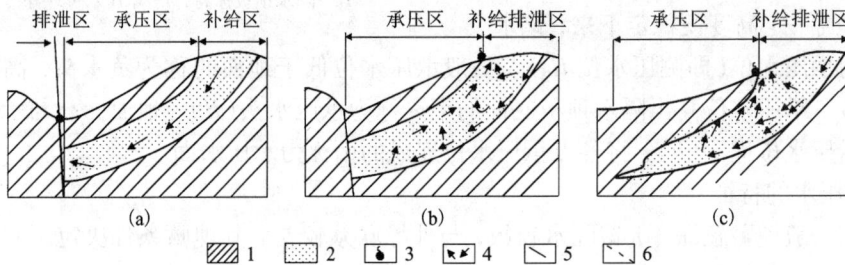

图5-29　断裂构造及岩相变化形成的承压斜地

1—隔水层;2—含水层;3—泉;4—地下水流向;5—导水断层;6—隔水断层

②含水层岩性发生相变和尖灭、裂隙随深度增加而闭合,使其透水性在某一深度变弱(成为不透水层)形成承压斜地:此种情况与阻水断层形成的承压斜地相似[图5-9(c)]。

③侵入岩体阻截形成的承压斜地。各种侵入岩体(如花岗岩、闪长岩等),当它们侵入到透水性很强的岩层中并处于含水层下游时,便起到阻水作用而形成承压斜地。

承压水盆地和承压水斜地在我国分布非常广泛。根据其地质年代和岩性的不同,可分为两类:一类是第四系松散沉积物构成的承压水盆地和承压水斜地,广泛地存在于山间盆地和山前平原中;另一类是第四系以前坚硬岩层构成的承压水盆地和承压水斜地。

(4) 承压水等水压线图及其用途

承压水面上高程相同点的连线,称为承压水等水压线图(图5-30)。承压水等水压线图的绘制方法,与潜水等水位线图相似。在某一承压含水层内,将一定数量的钻孔、井、泉(上升泉)的初见水位(或含水层顶板的高程)和稳定水位(即承压水位)等资料,绘在一定比例尺的地形图上,用内插法将承压水位等高的点相连,即得等水压线图。

承压水等水压线图可以反映承压水(位)面的起伏情况。承压水(位)面和潜水面不同,潜水面是一个实际存在的地下水面,而承压水(位)面是一个势面,这个面可以与地形极不吻合,甚至高出地面。只有当钻孔打穿上覆隔水层至含水层顶面时才能测到。因此,承压水等水压线图通常要附以含水层顶板等高线。

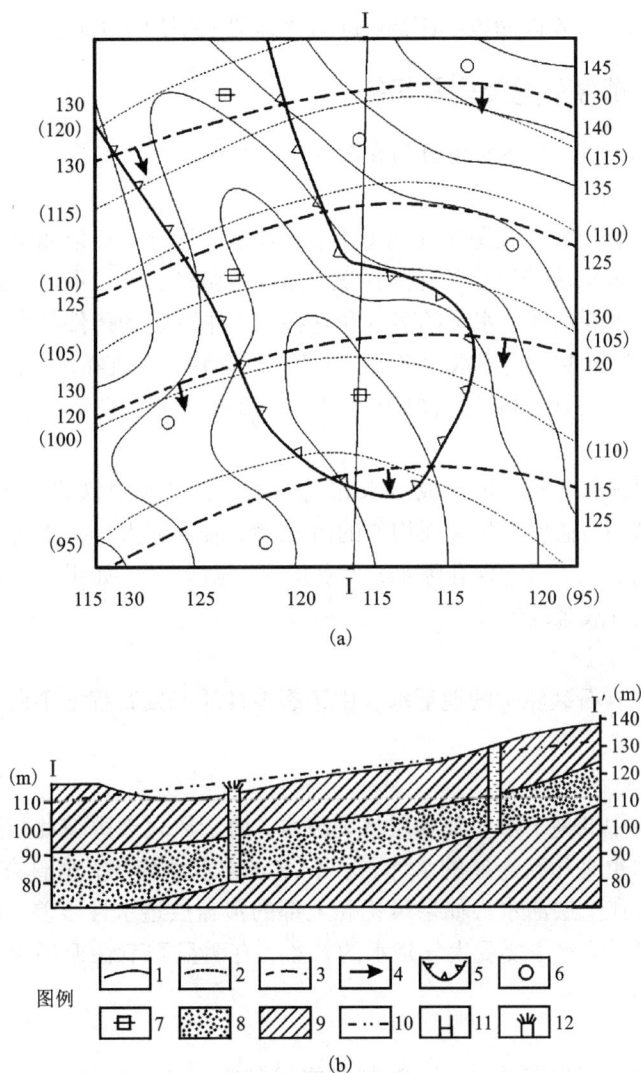

图 5 – 30 承压含水层等水压线平面图(a)和剖面图(b)

1—地形等高线;2—含水层顶板等高线;3—等水压线;4—地下水流向;

5—承压水溢区;6—钻孔;7—自流井;8—含水层;9—隔水层;10—承压水面;11—钻孔;12—自流井

(5)承压水等水压线图的用途

根据承压水等水压线图,可以分析确定如下问题:

①确定承压水的流向。承压水的流向应垂直等水压线,常用箭头表示,箭头指向较低的

等水压线。

②确定承压水位距地表的深度。可由地面高程减去承压水位得到。这个数字越小，开采利用越方便；该值是负值时，表示水会自溢于地表。据此可选定开采承压水的地点。

③确定承压含水层的埋藏深度。用地面高程减去含水层顶板高程即得。

④确定承压水头的大小。承压水位与含水层顶板高程之差，即为承压水头高度。据此，可以预测开挖基坑和洞室时的水压力。

⑤计算承压水某地段的水力坡降，也就是确定承压水（位）面水力坡降。在流向方向上，取任意两点的承压水位差除以两点的距离，即得该地段的平均水力坡降。

5.2.4　地下水的赋存空间类型及特征

由含水层性质的不同，地下水可分为孔隙水、裂隙水、岩溶水。

1. 孔隙水

孔隙水指存在于疏松岩土孔隙中的地下水，这种水广泛分布在第四系松散沉积物中。孔隙水的存在条件和特征取决于岩层的孔隙情况，因为孔隙的大小，不仅关系到岩土层透水性的好坏，而且也直接影响到地下水量的多少和它在岩土中的运动条件与水质。如果松散沉积物的颗粒大而均匀，则孔隙大、透水性好、水量多、运动快、水质好；相反，如颗粒大小不等且相互混杂，或者颗粒很细，则沉积物的孔隙小、透水性差、水量少、地下水运动慢、水质差。

孔隙水由于埋藏条件不同，可形成潜水和层间水。孔隙水对铁路、地铁建设影响较大，在表土层中开凿隧道时，遇到颗粒大而均匀的沉积物，需要加大排水能力井筒才能穿过，而颗粒细小又很均匀的砂层，因饱含孔隙水，容易形成"流沙层"，如果事先没有准备，大量流沙可涌入隧道，造成事故难以处理。

2. 裂隙水

裂隙水是包含在岩石裂隙中的地下水。由于裂隙性质和发育程度不同，因而决定了裂隙水的不同赋存情况。

（1）风化裂隙水

分布在风化裂隙中的地下水多数为层状裂隙水，由于风化裂隙彼此相连通，因此在一定范围内形成的地下水也是相互连通的水体，水平方向透水性均匀，垂直方向随深度而减弱，多属潜水，有时也存在上层滞水。如果风化壳上部的覆盖层透水性很差，其下部的裂隙带有一定的承压性，风化裂隙水主要受大气降水的补给，有明显季节性循环交替性，常以泉的形式排泄于河流中。

（2）成岩裂隙水

具有成岩裂隙的岩层出露地表时，常赋存成岩裂隙潜水。岩浆岩中成岩裂隙水较为发育。玄武岩经常发育柱状节理及层面节理。裂隙均匀密集，张开性好，贯穿连通，常形成贮水丰富、导水畅通的潜水含水层。成岩裂隙水多呈层状，在一定范围内相互连通。具有成岩裂隙的岩体为后期地层覆盖时，也可构成承压含水层，在一定条件下可以具有很大的承压性。

（3）构造裂隙水

由于地壳的构造运动，岩石受挤压、剪切等应力作用下形成的构造裂隙，其发育程度既取决于岩石本身的性质，也取决于边界条件及构造应力分布等因素。构造裂隙发育很不均匀，因而构造裂隙水分布和运动相当复杂。当构造应力分布比较均匀且强度足够时，则在岩体中形成比较密集均匀且相互连通的张开性构造裂隙，赋存层状构造裂隙水。当构造应力分布相当不均匀时，岩体中张开性构造裂隙分布不连续，互不沟通，则赋存脉状构造裂隙水。具有同一岩性的岩层，由于构造应力的差异，一些地方可能赋存层状裂隙水，另一些地方则可能赋存脉状裂隙水。反之，当构造应力大体相同时，由于岩性变化，裂隙发育不同；张开裂隙密集的部位赋存层状裂隙水，其余部位则为脉状裂隙水。层状构造裂隙水可以是潜水，也可以是承压水。柔性与脆性岩层互层时，前者构成具有闭合裂隙的隔水层，后者成为发育张开裂隙的含水层。柔性岩层覆盖下的脆性岩层中便赋存承压水。脉状裂隙水，多赋存于张开裂隙中。由于裂隙分布不连续，所形成的裂隙各有自己独立的系统、补给源及排泄条件，水位不一致，有一定压力，分布不均，水量小，水位水量变化大。但是，不论是层状裂隙水还是脉状裂隙水，其渗透性常常显示各向异性。这是因为，不同方向的构造应力性质不同，某些方向上裂隙张开性好，另一些方向上的裂隙张开性差，甚至是闭合的。

综上所述，裂隙水的存在、类型、运动、富集等受裂隙发育程度、性质及成因控制，所以我们只有很好地研究裂隙发生、发展的变化规律，才能更好地掌握裂隙水的规律性。

3. 岩溶水

赋存和运移于可溶岩的溶隙溶洞(洞穴、管道、暗河)中的地下水叫作岩溶水。我国岩溶的分布比较广，特别是南方地区。因此，岩溶水分布很普遍，水量丰富，对供水极为有利，但对矿床开采、地下工程和建筑工程等都会带来一些危害，因此研究岩溶水对国民经济有很大意义。根据岩溶水的埋藏条件可分为以下几种。

(1)岩溶上层滞水

在厚层灰岩的包气带中，常有局部非可溶的岩层存在，起着隔水作用，在其上部形成岩溶上层滞水。

(2)岩溶潜水

在大面积出露的厚层灰岩地区广泛分布着岩溶潜水。岩溶潜水的动态变化很大，水位变化幅度可达数十米。水量变化的最大与最小值之差，可达几百倍。这主要是受补给和径流条件影响，降雨季节水量很大，其他季节水量很小，甚至干枯。

(3)岩溶承压水

岩溶地层被覆盖或岩溶层与砂页岩互层分布时，在一定的构造条件下，就能形成岩溶承压水。岩溶承压水的补给主要取决于承压含水层的出露情况。岩溶水的排泄多数靠导水断层，经常形成大泉或群泉，也可补给其他地下水，岩溶承压水动态较稳定。

岩溶水的分布主要受岩溶发育规律控制。所谓岩溶就指水流与可溶岩石相互作用的过程以及伴随产生的地表及地下地质现象的总和。岩溶作用既包括化学溶解和沉淀作用，也包括机械破坏作用和机械沉积作用。因此，岩溶水在其运动过程中不断地改造着自身的赋存环境。岩溶发育有的地方均匀，有的地方不均匀。若岩溶发育均匀又无黏土填充，各溶洞之间的岩溶水有水力联系，则有一致的水位。若岩溶发育不均匀，又有黏土等物质充填，各洞之间可能没有水力联系，因而有可能使岩溶水在某些地带集中形成暗河，而另外一些地带可能无水。在较厚层的灰岩地区，岩溶水的分布及富水性和岩溶地貌很有关系。在分水岭地区，常发育着一些岩溶漏斗、落水洞等，构成了特殊地形——峰林地貌。它常是岩溶水的补给区。这里岩溶水径流条件好，埋藏深度大，很少出露地表低洼的岩溶地形。在岩溶水汇集地带，常形成地下暗河，并有泉群出现，其上经常堆积一些松散的沉积物。实践和理论证明，在岩溶地区进行地下工程和地面建筑工程，必须弄清岩溶的发育与分布规律，因为岩溶的发育致使建筑工程场区的工程地质条件大为恶化。

5.2.5　地下水的运动

1. 地下水的补给、径流和排泄

（1）地下水的补给

含水层从外界获得水量的过程称为补给。补给来源有：大气降水、地表水、含水层之间的补给以及人工补给等。

1）大气降水补给

大气降水是地下水的最主要补给来源，但大气降水补给地下水的数量与降水性质、植物覆盖、地形、地质构造、包气带厚度及岩石透水性等密切相关，一般来说，时间短的暴雨对补给地下水不利，而连绵细雨能大量补给地下水。

2）地表水补给

地表水体指的是河流、湖泊、水库与海洋等，地表水体可能补给地下水，也可能排泄地下水，这主要取决于地表水水位与地下水水位之间的关系。地表水水位高于地下水位，地表水补给地下水；反之，地下水补给地表水。

3）含水层之间的补给

深部与浅层含水层的隔水层中若有透水的"天窗"或由于受断层的影响，使上下含水层之间产生一定的水力联系时，地下水便会由水位高的含水层流向并补给水位低的含水层。此外，若隔水层有弱透水能力，当两含水层之间水位相差较大时，也会通过弱透水层进行补给。

4）人工补给

人工补给就是借助某些工程措施，将地表水自流或用压力注入地下储水层。

（2）地下水的排泄

含水层失去水量的过程称为排泄。地下水排泄的方式有蒸发、泉水溢出、向地表水体泄流、含水层之间的排泄和人工排泄等。

1）蒸发

通过土壤蒸发与植物蒸发的形式而消耗地下水的过程叫作蒸发排泄。蒸发量的大小与温度、湿度、风速、地下水位埋深、包气带岩性等有关，干旱与半干旱地区地下水蒸发强烈，是地下水排泄的主要形式。

2）泉

泉是地下水天然露头，主要是地下水或含水层通道露出地表形成的。因此，泉是地下的主要排泄方式之一。

泉的实际用途很大，不仅可做供水水源，当水量丰富，动态稳定，含有碘、硫等物质时，还可用作医疗之用。同时研究泉对了解地质构造及地下水都有很大意义。泉的类型按补给源可分为包气带泉、滞水泉、自流水泉三类。

包气带泉主要是上层滞水补给，水量小，季节变化大，动态不稳定。

潜水泉又称下降泉，主要靠潜水补给，动态较稳定，有季节性变化规律，按出露条件可分为侵蚀泉、接触泉、溢出泉等。当河谷、冲沟向下切割含水层，地下水涌出地表便成泉，这主要和侵蚀作用有关，故叫作侵蚀泉[图 5 – 31(a)]。有时因地形切割含水层隔水底板时，地下水被迫从两层接触处出露成泉，故称接触泉。如被誉为"天下第一泉"的济南趵突泉就是一个典型的接触泉。当岩石透水性变弱或由于隔水底板隆起，使地下水流动受阻，地下水便溢出地面成泉，这就是溢出泉。

自流水泉又叫上升泉，主要靠承压水补给，动态稳定，年变化不大，主要分布在自流盆地及自流斜地的排泄区和构造断裂带上。当承压含水层被断层切割，而且断层是张开的，地下水便沿着断层上升，在地形低洼处便出露成泉，故称断层泉[图 5 – 31(b)]。因为沿着断层上升的泉常常成群分布，所以也叫作泉带。

3）向地表水泄流

当地下水位高于河水位时，若河床下面没有不透水岩层阻隔，那么地下水可以直接流向河流补给河水，如图 5 – 32 所示。

4）含水层之间的排泄

一个含水层通过"天窗"、导水断层、越流等方式补给另一个含水层，这对后一个含水层来说是补给，而对前一个含水层来说是排泄。

5）人工排泄

抽取地下水作为供水水源或基坑抽水降低地下水位等，都是地下水的人工排泄方式。

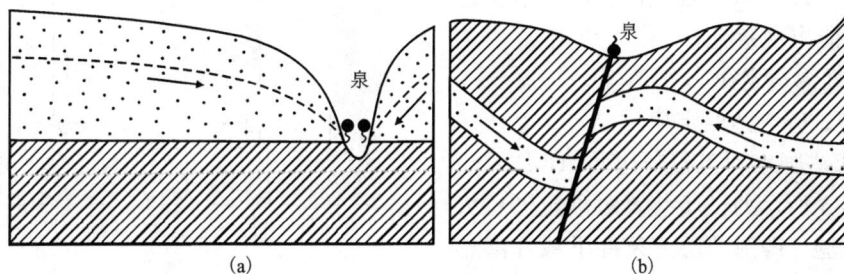

图 5 – 31　下降泉(a)和上升泉(b)

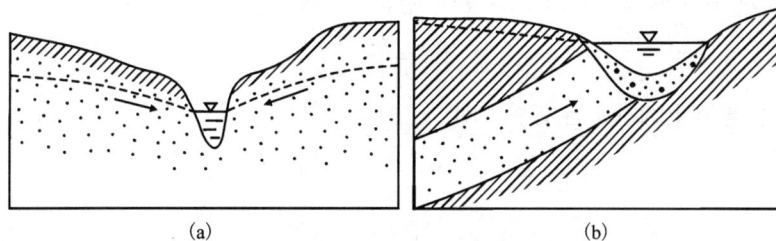

图 5 – 32　地下水向河流排泄

(a)潜水向河流排泄；(b)承压水向河流排泄

（3）地下水的径流

地下水由补给区流向排泄区的过程称为径流。地下水径流包括径流方向、径流速度与径流量。径流的强弱程度直接影响含水层的水量以及地下水的化学成分。

地下水补给区与排泄区的相对位置与高差决定着地下水径流的方向与径流速度。含水层的补给条件与排泄条件越好、透水性越强，则径流条件越好。例如，山区的冲积物，岩石颗粒粗、透水性强、含水层的补给与排泄条件好，山区地势险峻，地下水的水力坡度大，因此山区的地下水径流条件好；平原区多堆积一些细颗粒物质、地形平缓、水力坡度小，因此径流条件较差。径流条件好的含水层其水质较好。此外，地下水的埋藏条件亦决定地下水径流类型：潜水属无压流动；承压水属有压流动。

2. 地下水运动的基本规律

地下水在岩土的空隙中的运动称为渗流。而岩土被水流过的现象称为渗透。地下水在空隙中的运动极其复杂，具有如下特点。

岩土的空隙纵横交错，这些空隙的形状、大小和连通程度等变化较大，地下水质点在这些空隙中的运动速度和运动方向也是极不相同的。因此，地下水的运动通道是十分曲折复杂的。

地下水由于在曲折的通道中运动，水流受到的阻力较大。因此，水流流速很缓慢。天然状态下，地下水的流速为几米/日，甚至小于 1 m/d。

地下水在岩土空隙中流动时主要呈现两种流态，即层流与紊流。其中，水质点有秩序地呈相互平行而互不干扰的运动称为层流。水质点相互干扰而无秩序地运动称为紊流。天然条件下，地下水在岩土空隙中的运动速度很小，故流动状态大多为层流；而只有在空间较大的裂隙中或溶穴中运动时，地下水流速较大，才可能出现紊流。

（1）线性渗透定律

1）渗透试验与达西定律

1857 年法国水利工程师达西（Ⅱ. Darcy）采用图 5－33 所示的试验装置对砂土进行大量的渗流试验，得到了层流条件下线性渗透定律，即达西定律。

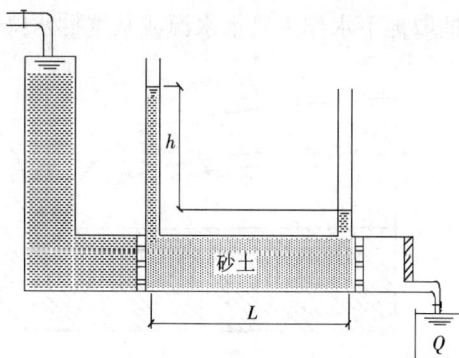

图 5－33　渗透试验

达西通过试验发现渗透水量 Q 与圆筒断面面积 A 和水力坡降 i 成正比，其中水力坡降的计算如式（5－6）所示。

$$i = \frac{h}{L} \tag{5-6}$$

渗透水量 Q 与岩土的透水性有关，即

$$Q = k \cdot A \cdot \frac{h}{L} = k \cdot A \cdot i \tag{5-7}$$

或

$$v = \frac{Q}{A} = k \cdot \frac{h}{L} = k \cdot i \tag{5-8}$$

式中：Q 为渗流流量，cm^3/s 或 m^3/d；h 为水头差（水头损失），m；v 为地下水渗透速度，cm/s

或 m/d；L 为上、下游过水断面间的水平距离（渗透路径），m；A 为过水断面的面积（包括岩石颗粒和空隙两部分的面积），m^2；i 为水力坡降，无量纲；k 为渗透系数，cm/s 或 m/d。

地下水的渗流符合达西定律。地下水的渗流速度与水力坡度的一次方成正比，也称为线性渗透定律。地下水在渗流过程中所消耗的能量的大小（即水头损失值的大小）与水流的渗流速度和渗流途径的长度成正比，而与含水层的渗透系数成反比，即含水层的渗透系数越大，渗流速度越小，渗流途径越短，水头损失值就越小。达西定律实质上就是渗流的能量守恒定律或者能量转换定律。

2）关于达西定律表达式的说明

①渗流速度（v）。在上面公式中，过水断面的面积 A 包括岩土颗粒所占据的面积与空隙所占据的面积，而水流实际通过的过水断面面积（A_1）为空隙所占据的面积，即

$$A_1 = A \cdot n \tag{5-9}$$

式中：n 为孔隙度。

可见，渗透速度并非地下水的实际流速，而是假设水流通过整个过水断面（包括颗粒和空隙所占据的全部面积）时所具有的平均流速。

②水力坡降（i）。水力坡降为沿渗流途径的水头差与相应渗透路径的比值。地下水在空隙中运动时，受到空隙壁以及水质点自身的摩擦阻力，克服这些阻力保持一定流速，就要消耗能量，从而出现水头损失。所以，水力坡降可以理解为水流通过某一长度渗流途径时，为克服阻力，保持一定流速所消耗的以水头形式表现的能量。

③渗透系数（k）。表示岩土含水层透水性能的比例系数，在数量上相当于水力坡降 $i = 1$ 时的渗透速度。一般水力坡降为定值时，渗透系数 k 越大，渗透速度 v 亦越大；渗透系数（k）通过实验室测定或现场抽水试验求得，一些松散岩土的渗透系数参考值见表 5-10。

表 5-10　松散岩土渗透系数的参考值

土名	渗透系数 $k/(\mathrm{cm \cdot s^{-1}})$	土名	渗透系数 $k/(\mathrm{cm \cdot s^{-1}})$
沙砾	$6.0 \times 10^{-2} \sim 1.8 \times 10^{-1}$	粉砂	$6.0 \times 10^{-4} \sim 1.2 \times 10^{-6}$
粗砂	$2.4 \times 10^{-2} \sim 6.0 \times 10^{-2}$	黏质粉土	$6.0 \times 10^{-5} \sim 6.0 \times 10^{-4}$
中砂	$6.0 \times 10^{-3} \sim 2.4 \times 10^{-2}$	粉质黏土	$1.2 \times 10^{-6} \sim 6.0 \times 10^{-5}$
细砂	$6.0 \times 10^{-4} \sim 1.2 \times 10^{-3}$	黏土	$< 1.2 \times 10^{-6}$

3）达西定律的适用范围

近年来的研究成果表明，达西定律的适用范围并非包括全部的层流。当雷诺数（R_e）增大，水流的惯性作用增强到不可忽略时，尽管水流仍保持层流状态，但渗流速度与水力坡度之间却不再是线性关系，此时达西定律不适用。

一般地，当 $R_e < 10$ 时，黏滞力起主要控制作用，惯性力可忽略不计，水流保持层流状态运动，服从直线渗流定律。当 $R_e > 10$ 时，惯性力增大到接近黏滞力，水流虽仍然保持层流状态运动，但是水力坡降与渗流速度成非线性关系，此时水流为非线性的层流状态，直线渗透定律已不适用。当 $R_e > 100 \sim 200$ 时，惯性力起主要作用，水流运动由层流转变为紊流。因此，达西定律只适用于雷诺数 $R_e < 10$ 的层流运动。

实践证明，天然条件下地下水的实际流速都很小，基本上符合直线渗透定律。因此，在水文地质计算中，常以达西定律作为建立计算公式的理论依据。

（2）非线性渗透定律

地下水在较大空隙中的运动常呈紊流状态。1912 年哲才（A. Cherzy）提出了地下水呈紊流状态时的运动规律，即哲才公式。表达式为

$$Q = k \cdot A \cdot \sqrt{i} \tag{5-10}$$

或

$$v = k\sqrt{i} \tag{5-11}$$

上式表明：当地下水呈紊流状态时，其渗流速度与水力坡降的平方根成正比。

通常，地下水运动中出现紊流状态很少，主要发生在大裂隙、溶穴和抽水井附近。由于事先确定地下水流动的流态在生产实践中是很困难的，因此，上式在实际工作中很少应用。

5.2.6　地下水与工程建设的关系

地下水的存在，对建筑工程有着不可忽视的影响。尤其是地下水位的变化，水的腐蚀性和流沙、潜蚀等作用，都将对建筑工程的稳定性、施工及使用带来很大影响。因此，从工程建设的角度研究地下水及地下水引起的环境问题具有重要意义。

1. 地下水位变化的影响

在自然因素与人为因素影响下，地下水位可能发生变化表现为地下水位的上升与下降。

（1）地下水位上升

1）产生原因

引起地下水位上升的原因首先是自然因素。自然条件下，丰水年及丰水期水量充沛，地下水接受补给水位随之上升。其次，大气污染导致的温室效应在加长降雨量和增加降雨强度的同时加速了南北极冰雪的消融，促使海平面上升，致使沿海地区地下水位上升。据联合国预测，到 2030 年，海平面将上升 20 cm，到 2100 年，海平面将升高 65 cm。我国中科院地学部专家对我国三大三角洲和天津地区进行考察后所作的评估是，预期到 2050 年，全球变暖将使珠江三角洲海平面上升 40～60 cm，上海及天津地区上升的幅度会更高。

另外，地下水位上升也可由人类工程活动诱发。人类工程活动指人类为提高生存质量，对自然环境进行改造、利用的各种工程活动的总称。人类工程活动已成为改造地质环境的强大力量。引起地下水位上升的人类工程活动，如人工补给地下水源或为防止地面沉降，对含水层进行回灌，农田灌溉水渗漏，园林绿化浇水渗漏，水库渗漏，横切地下水流向的线型工程（如地铁、隧道、人防工程等）的上方地下壅水，地面输水沟渠渗漏，地下输水管道渗漏等。

2）地下水位上升造成的危害

地下水位上升使土层含水量增加甚至饱和，因而改变了土的物理力学性质。通常，地下水位持续上升属于环境工程地质问题。在一般情况下，地下水距基础底面 3～5 m 时便可对建筑物及其地面设施构成威胁。具体表现有以下几种：

①地基土局部浸水、软化，承载力降低，建筑物发生不均匀沉降。

②地基一定范围内形成较大的水位差，使地下水渗流速度加快，增强地下水对土体的潜蚀能力，引发地面塌陷。

③地基土湿陷。在干旱、半干旱地区的土处于干燥状态，湿陷性黄土浸水后发生湿陷，引起地面塌陷、沉降。

④地下水位上升还能加剧砂土的地震液化，很大程度地削弱砂土地基在一定的覆土深度范围内的抗液化能力。

⑤地基土冻胀。在寒冷地区，潜水位上升可使地基土含水量增加。由于冻结作用，岩土中水分迁移并集中，形成冰夹层或冰锥等，造成地基土冻胀、地面隆起、桩台隆胀等。冻结状态的岩土具有较高强度和较低压缩性，但是当温度升高岩土解冻后，其抗压、抗剪强度大大降低。对于含水量大的岩土体，融化后的黏聚力约为冻胀时的 1/10，压缩性增强，可造成地基融陷，导致建筑物失稳开裂。

（2）地下水位下降

1）产生原因

自然条件下，枯水年及枯水期水量减少，地下水水位下降。同时，人类活动也可引起地下水位下降，如大量开采地下水、矿山排水疏干（图 5 - 34）、地下工程（商场、仓库、停车场等）排水疏干、基坑工程降水、横切地下水流向的线型工程使下游水位下降、采油工程抽水（水油混合体）、城市地下排水管网排水、建筑物和沥青水泥铺面减少降水入渗、地下水面下排水管断裂排水等。

图 5 - 34　地面塌陷

［内蒙古呼伦贝尔宝日希勒镇煤矿无序开采引起地下水位下降造成大范围塌陷形成上千个沉陷坑（千龙网，2012 - 12 - 9）］

2）地下水位下降造成的危害

当地下水位大面积下降时，可造成地面沉降；而地下水位局部下降时，引起地面塌陷以及基坑坍塌等工程事故，如 2003 年 7 月 1 日 9 时，流沙涌入建设中的上海地铁四号线浦东南路—南浦大桥区间隧道，造成严重的地面沉降（图 5 - 35）。

我国上海、天津、西安、苏州、常州等城市以及世界其他地方，如日本东京、泰国曼谷、美国加利福尼亚的长滩等城市或地区，均由于大量开采地下水，使得地下水位大幅度下降，发生大面积地面沉降。

图 5 - 35　上海地铁隧道施工不当造成地面塌陷

（中国新闻网）

地面沉降与地面塌陷产生的原因：一般认为，地面沉降是由于地下水位下降，使地层中孔隙水压力降低，有效应力增加而产生的地层固结压缩现象。而地面塌陷则是由于地下水位降低时在松散土层中所产生的突发性断裂陷落现象。地面塌陷多发生于隐伏岩溶地区，成为岩溶地区常见的环境工程地质问题。研究表明，地面塌陷的形成原因复杂，常常是多种原因综合作用的结果。

地面沉降与塌陷的主要危害：

①降低城市抵御洪水、潮水和海水入侵的能力。为治理地面沉降而产生的危害，必须花费很大的财力、物力。

②地面沉降引起桥墩、码头、仓库地坪下沉，桥面下净空减小，不利于航运。

③地面沉降与地面塌陷还会引起建筑物倾斜或损坏，桥墩错动，造成水利设施、交通线路破坏、地下管网断裂。

3）地面沉降与塌陷的防治

对于已发生或可能发生地面沉降的地区可采取如下措施。

①可采取局部治理改善环境的办法，如在沿海修筑挡潮堤，防止海水倒灌；调整城市给排水系统；调整和修改城市建筑规划。

②消除引起地面沉降的根本因素，谋求缓和直至控制地面沉降的发展，现阶段可采取的基本措施有：对地下水资源进行严格管理，对地下水过量开采区压缩地下水开采量，减少甚至关闭某些过量开采井，减少水位降深幅度；向含水层进行人工回灌（用地表水或其他水源，但应严格控制水质以防污染含水层），进行地下水动态和地面沉降观测，以制定合理的采灌方案；调整开采层次，避开在高峰用水时期在同一层次集中开采，适当开采更深层地下水，生活用水和工业用水分层开采。

③结合水资源评价，研究确定地下水资源的合理开采方案（在最小的地面沉降量条件下抽取最大可能的地下水开采量）。

④采取适当的建筑措施。如避免在沉降中心或严重沉降地区建设一级建筑物。在进行房屋、道路、水井等规划设计时，预先对可能发生的地面沉降量作充分考虑。

2. 地下水对地基的渗流破坏

渗流作用可能引起地基土流沙、管涌和潜蚀的发生。

（1）流沙

1）流沙的概念

流沙指松散细颗粒土被地下水饱和后，在动水压力即水头差的作用下，产生的地下水自下而上悬浮流动现象。它与地下水的动水压力有密切关系，其表现形式是所有颗粒同时从一近似于管状通道被渗透水冲走（图 5 - 36）。

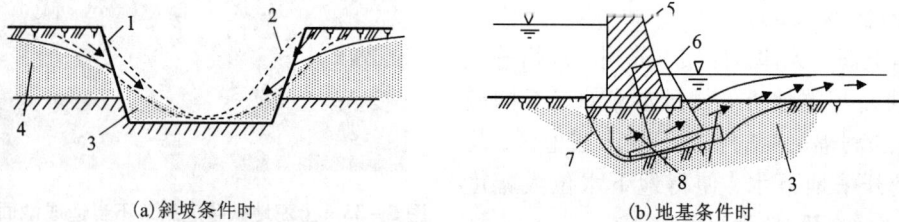

（a）斜坡条件时 （b）地基条件时

图 5 - 36 流沙破坏示意图

1—原坡面；2—流沙后坡面；3—流沙堆积物；4—地下水位；
5—建筑物原位置；6—流沙后建筑位置；7—滑动面；8—流沙发生区

流沙通常是由人类工程活动引起的，常在地下水位以下开挖基坑、埋设地下管道、打井等工程活动中发生。但是，在有地下水出露的斜坡、岸边或有地下水溢出的地表面也会发生。流沙破坏一般是突然发生的，流沙发展的结果是使基础发生滑移或不均匀下沉，基坑坍塌，基础悬浮等（图 5 - 37），对土木工程建设危害很大。

2）流沙形成的条件

地基由颗粒组成(一般粒径在 0.1 mm 以下的颗粒含量在 30% ~ 35% 以上),如细砂、粉砂、粉质黏土等土;水力梯度较大,流速增大,当动水压力超过土颗粒的重量时,就可使土颗粒悬浮流动形成流沙。

3)流沙的防治

在可能产生流沙的地区,若其上面有一定厚度的土层,应尽量利用上面的土层作天然地基,也可以桩基穿过流沙,总之尽可能地避免水下大面积开挖施工。如果必须开挖,可采取如下措施防治流沙:

图 5 - 37　流沙造成地面塌陷

[2012 年 11 月 30 日,南京市太平南路和中山东路处疑因流沙造成地面塌陷,所幸未造成人员伤亡(资料源于 http://english.jschina.com.cn/)]

①人工降低地下水位。使地下水位降至可能产生流沙的地层以下,然后开挖。

②打板桩。其目的一方面是加固坑壁,另一方面是改善地下水的径流条件,即增长渗流途径,减少水力梯度和流速。

③冻结法。用冷冻方法使地下水结冰,然后开挖。

④水下挖掘。在基坑开挖期间,使基坑中始终保持足够的水头(可加水),尽量避免产生流沙的水头差,增加基坑侧壁土体的稳定性。

此外,处理流沙的方法还有化学加固法、爆炸法及加重法等。在基槽开挖的过程中局部地段出现流沙时,立即抛入大石块等,可以克服流沙的活动。

(2)管涌

1)管涌的概念

地基土在具有某种渗透速度(或梯度)的渗透水流作用下,其细小颗粒被冲走,土的孔隙逐渐增大,慢慢形成一种能穿越地基的细管状渗流通路,从而掏空地基或土坝,使地基或斜坡变形、失稳,此现象称为管涌(图 5 - 38)。管涌通常是由人类工程活动引起的,但在有地下水出露的斜坡、岸边或有地下水溢出的地带也有发生。

2)管涌产生的条件

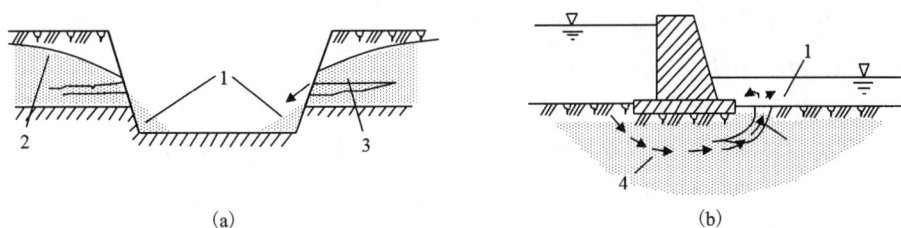

图 5 - 38　管涌破坏示意图

(a)斜坡条件时;(b)地基条件时

1—管涌堆积物;2—地下水位;3—管涌通道;4—渗流方向

管涌多发生在无黏性土中。其特征是颗粒大小比值差别较大,往往缺少某种粒径;土粒磨圆度较好；孔隙直径大而互相连通，细粒含量较少，不能全部充满孔隙；颗粒多由密度较小的矿物构成，易随水流移动；有良好的排泄条件等。

3）管涌的防治

在可能发生管涌的地层中修建挡水坝、挡土墙工程及进行基坑排水工程时，为了防止管涌的发生，设计时必须控制地下水溢出处的水力梯度，使其小于容许水力梯度。

防止管涌发生最常用的方法与防止流沙的方法相同，主要是控制渗流，降低水力梯度，设置保护层，打板桩等。

（3）潜蚀

1）潜蚀的概念

在较高的渗透速度或水力梯度作用下，地下水流从孔隙或裂隙中携出细小颗粒的作用称为潜蚀。潜蚀作用可分为机械潜蚀和化学潜蚀两种。其中，机械潜蚀指土粒在地下水的动水压力作用下受到冲刷，将细粒冲走，使土的结构破坏，形成洞穴的作用；化学潜蚀指地下水溶解土中的易溶盐分，使土粒间的结合力和土的结构破坏，土粒被水带走，形成洞穴的作用。如 2007 年 2 月 23 日，危地马拉首都危地马拉

图 5 -39   潜蚀造成地面塌陷形成深洞
（资料源于 www.royal-courage.com）

城突然在地面形成一个深洞，几栋房屋掉入洞中，3 人失踪（图 5 - 39）。

在地基内如发生地下水的潜蚀作用时，将会破坏地基土体的结构，严重时形成空洞，产生地表裂缝、塌陷，影响建筑工程的稳定。如在我国的黄土及岩溶地区的土层中，常有潜蚀现象产生。

2）潜蚀的防治

防治潜蚀可以采取堵截地表水流入土层、阻止地下水在土层中流动、设置反滤层、改造土的性质、减少地下水流速及水力坡度等措施。其有效措施分为两类：

①改变渗透水流的水动力条件，使水力坡降小于临界水力坡降。防治措施有堵截地表水流入土层；阻止地下水在土层中流动；设反滤层；降低地下水的流速等。

②改善土的性质，增强其抗渗能力。如爆炸、压密、打桩、化学加固处理等方法，可以增加岩土的密实度，降低土层的渗透性能。

3. 地下水压力对地基基础的破坏

（1）地下水的浮托作用

当建筑物基础底面位于地下水位以下时，地下水对基础底面产生静水压力，即产生浮托力。地下水不仅对建筑物基础产生浮托力，同样对其水位以下的岩石、土体产生浮托力。在地下水位埋深浅的地区，通常采用人工降水的方法进行基础工程施工，以克服地下水浮托力的作用。

通常，如果基础位于粉土、砂土、碎石土和节理裂隙发育的岩石地基上，则按地下水位 100% 计算浮托力；如果基础位于裂隙不发育的岩石地基上，则按地下水位 50% 计算浮托力；如果基础位于黏性土地基上，其浮托力较难确切地确定，应结合地区的实际经验考虑。

（2）基坑涌水

当基坑下伏有承压含水层时(图 5 - 40)，如果开挖后基坑底部所留隔水层支持不住承压水压力的作用，承压水的水头压力会冲破基坑底板，发生冒水、冒砂等事故。这种工程现象被称为基坑涌水。

1)基坑涌水发生的条件

设计基坑时，为避免基坑涌水的发生，必须验算基坑底部隔水层的安全厚度 H_a。根据基坑底部隔水层厚度与承压水压力的平衡关系，可写出如下平衡关系式

$$\gamma \cdot H_a = \gamma_w \cdot H$$

即
$$H_a = \gamma_w \cdot \frac{H}{\gamma} \tag{5-12}$$

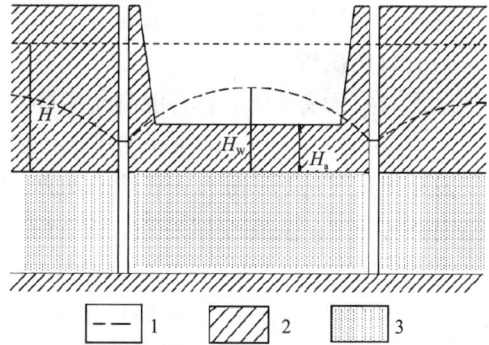

图 5 - 40 防止基坑突涌示意图

1—承压水位；2—隔水层；3—含水层；H—承压水头；H_a—坑底隔水层安全厚度；H_w—基坑降水后的承压水头

式中：γ、γ_w 分别为隔水层的重度和地下水的重度，kN/m^3；H 为相对于含水层顶板的承压水头值，m；H_a 为基坑开挖后隔水层的厚度，m。

显然，为避免基坑涌水的发生，基坑底隔水层的厚度必须满足下式

$$H_a > \gamma_w \cdot \frac{H}{\gamma} \tag{5-13}$$

2)基坑涌水的防止

当建筑工程施工，开挖基坑后保留的隔水层厚度(H_a)小于安全厚度时，为防止基坑涌水，则必须在基坑周围布置抽水井，对承压含水层进行预先排水，局部降低承压水位(图 5 - 38)。使基坑降水后承压水头(H_w)必须满足下式

$$H_w < \frac{\gamma}{\gamma_w} H_a \tag{5-14}$$

3)承压水压力与基础抬起

在一些地区，当承压含水层埋藏较浅且承压水压力较大时，地下构筑物的修建可能会破坏承压水压力与上覆地层压力的平衡关系，承压水压力可使基础抬起，导致房屋向上隆起变形甚至开裂。

4. 地下水对钢筋混凝土的腐蚀作用

(1)腐蚀类型

硅酸盐水泥遇水硬化，并且形成 $Ca(OH)_2$、水化硅酸钙 $CaO \cdot SiO_2 \cdot 12H_2O$、水化铝酸钙 $CaO \cdot Al_2O_3 \cdot 6H_2O$ 等，这些物质往往会受到地下水的腐蚀。根据地下水对建筑结构材料腐蚀性评价标准，将腐蚀类型分为三种。

1)结晶类腐蚀

如果地下水中硫酸根离子的含量超过规定值，那么硫酸根离子将与混凝土中的 $Ca(OH)_2$ 起反应，生成二水石膏结晶体 $CaSO_4 \cdot 2H_2O$，这种石膏再与水化铝酸钙 $CaO \cdot Al_2O_3 \cdot 6H_2O$ 发生化学反应，生成水化硫铝酸钙，这是一种铝和钙的复合硫酸盐，习惯上称为水泥杆菌。由于水泥杆菌结合了许多的结晶水，因而其体积比化合前增大很多，约为原体积的 221.86%，于是在混凝土中产生很大的内应力，使混凝土的结构遭受破坏。

浇筑混凝土所用水泥中 $CaO \cdot Al_2O_3 \cdot 6H_2O$ 含量越少,其抗结晶腐蚀越强,因此,要想提高混凝土的抗结晶腐蚀,主要是控制水泥的矿物成分。

2)分解类腐蚀

地下水中含有 CO_2,它与混凝土中的 $Ca(OH)_2$ 作用生成碳酸钙沉淀。

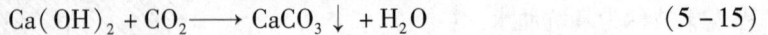
$$Ca(OH)_2 + CO_2 \longrightarrow CaCO_3 \downarrow + H_2O \tag{5-15}$$

发生上述反应后,如水中仍含有大量的 CO_2,则再与 $CaCO_3$ 发生以下化学反应,生成重碳酸钙并溶于水,从而破坏混凝土的结构

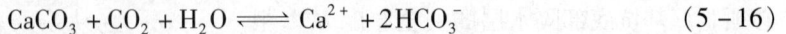
$$CaCO_3 + CO_2 + H_2O \rightleftharpoons Ca^{2+} + 2HCO_3^- \tag{5-16}$$

上式为可逆反应,当水中 CO_2 含量小于平衡所需数量时,反应向左方进行,生成 $CaCO_3$ 沉淀;当 CO_2 含量大于平衡所需数量时,反应向右方进行,使 $CaCO_3$ 溶解。因此,当水中游离 CO_2 含量超过平衡需要时,混凝土中的 $CaCO_3$ 就被溶解而受腐蚀,这就是分解类腐蚀。我们将超过平衡浓度的 CO_2 叫侵蚀性 CO_2。地下水中侵蚀性 CO_2 越多,对混凝土的腐蚀越强。地下水流量、流速都较大时,CO_2 易补充,平衡难建立,因而腐蚀加快。另一方面,HCO_3^- 离子含量越高,对混凝土的腐蚀性越弱。

如果地下水的酸度过大,即 pH 小于某一数值,那么混凝土中的 $Ca(OH)_2$ 也要分解,特别是反应生成物为易溶于水的氯化物时,对混凝土的分解腐蚀很强烈。

3)结晶分解复合类腐蚀

当地下水中 NH_4^+、NO_3^-、Cl^- 和 Mg^{2+} 离子的含量超过一定数量时,与混凝土中的 $Ca(OH)_2$ 发生反应,例如

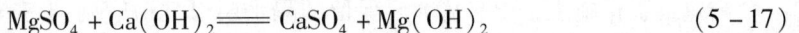
$$MgSO_4 + Ca(OH)_2 \rightleftharpoons CaSO_4 + Mg(OH)_2 \tag{5-17}$$

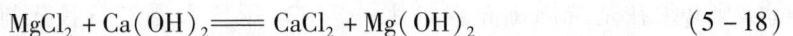
$$MgCl_2 + Ca(OH)_2 \rightleftharpoons CaCl_2 + Mg(OH)_2 \tag{5-18}$$

$Ca(OH)_2$ 与镁盐作用的生成物中,除 $Mg(OH)_2$ 不易溶解外,$CaCl_2$ 易溶于水,并随之流失;硬石膏 $CaSO_4$ 一方面与混凝土中的水化铝酸钙 $CaO \cdot Al_2O_3 \cdot 6H_2O$ 反应生成水泥杆菌

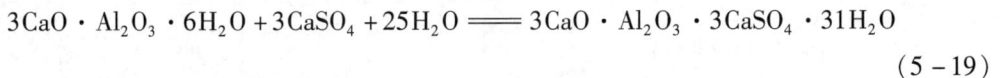
$$3CaO \cdot Al_2O_3 \cdot 6H_2O + 3CaSO_4 + 25H_2O \rightleftharpoons 3CaO \cdot Al_2O_3 \cdot 3CaSO_4 \cdot 31H_2O \tag{5-19}$$

另一方面,硬石膏遇水后生成二水石膏

$$CaSO_4 + 2H_2O \rightleftharpoons CaSO_4 \cdot 2H_2O \tag{5-20}$$

石膏在结晶时,体积膨胀,破坏混凝土的结构。

综上所述,地下水对混凝土建筑物的腐蚀是复杂的物理化学过程,在一定的工程地质条件下,对建筑材料的耐久性影响很大。

(2)腐蚀性评价标准

根据各种化学腐蚀所引起的破坏作用,将 SO_4^{2-} 离子的含量归纳为结晶类腐蚀的评价指标;将侵蚀性 CO_2、HCO_3^- 离子和 pH 归纳为分解类腐蚀的评价指标;而将 Mg^{2+}、NH_4^+、Cl^-、SO_4^{2-} 和 NO_3^- 离子的含量归纳为结晶分解类腐蚀的评价指标。同时,在评价地下水对建筑结构材料的腐蚀性时必须结合建筑场地所属的环境类别。建筑场地根据气候区、土层透水性、干湿交替和冻融交替情况区分为三类环境(表5-11)。

地下水对建筑材料腐蚀性评价标准见表5-12、表5-13、表5-14所示。

表 5 – 11　混凝土腐蚀的环境场地类别

环境类别	气候区	土层特性	干湿交替		冰冻区（段）
Ⅰ	高寒区 干（半干）旱区	直接邻水，强透水土层中的地下水，或湿润的强透水层	有	无干湿交替作用时，混凝土腐蚀强度比有干湿交替作用时相对降低	不论在地面或地下，当混凝土受潮或浸水时并处于严重冰冻区（段）、冰冻区（段）、微冰冻区（段）
Ⅱ	高寒区 干（半干）旱区	弱透水土层中的地下水，或湿润的强透水土层	有		
	湿润区 半湿润区	直接邻水，强透水土层中的地下水，或湿润的强透水土层	有		
Ⅲ	各气候区	弱透水土层	无		不冻区（段）

备注：当竖井、隧道、水坝等工程的混凝土结构一面与水（地下水或地表水）接触，另一面又暴露在大气中时，其场地环境分类应划分为Ⅰ类。

表 5 – 12　结晶类腐蚀评价标准

腐蚀等级	SO_4^{2-} 在水中含量/$(mg \cdot L^{-1})$		
	Ⅰ类环境	Ⅱ类环境	Ⅲ类环境
无腐蚀性	<250	<500	<1500
弱腐蚀性	250～500	500～1500	1500～3000
中腐蚀性	500～1500	1500～3000	3000～6000
强腐蚀性	>1500	>3000	>6000

表 5 – 13　分解类腐蚀评价标准

腐蚀等级	pH		侵蚀性 CO_2 含量/$(mg \cdot L^{-1})$		HCO_3^-/$(mmol \cdot L^{-1})$
	A	B	A	B	A
无腐蚀性	>6.5	>5.0	<15	<30	>1.0
弱腐蚀性	6.5～5.0	5.0～4.0	15～30	30～60	1.5～0.5
中腐蚀性	5.0～4.0	4.0～3.5	30～60	60～100	<0.5
强腐蚀性	<4.0	<3.5	>60	>100	—

备注：A—直接邻水或强透水土层中的地下水，或湿润的强透水土层；B—弱透水土层中的地下水或湿润的弱透水土层

表 5 – 14　结晶分解复合类腐蚀评价标准

腐蚀等级	Ⅰ类环境		Ⅱ类环境		Ⅲ类环境	
	Mg^{2+} + NH_4^+	Cl^- + SO_4^{2-} + NO_3^-	Mg^{2+} + NH_4^+	Cl^- + SO_4^{2-} + NO_3^-	Mg^{2+} + NH_4^+	Cl^- + SO_4^{2-} + NO_3^-
无腐蚀性	<1000	<3000	<2000	<5000	<3000	<10000
弱腐蚀性	1000～2000	3000～5000	2000～3000	5000～8000	3000～4000	10000～20000
中腐蚀性	2000～3000	5000～8000	3000～4000	8000～10000	4000～5000	20000～30000
强腐蚀性	>3000	>8000	>4000	>10000	>5000	>30000

重点与难点

重点：残积层、坡积层、洪积层、冲积层的形成及特征；河流地质作用及其对工程建设的影响；地下水的地质作用；岩土的水理性质；岩土中水的状态、地下水的基本类型及其特点；地下水与工程建设的关系。

难点：河流侵蚀、淤积的规律；与河流侵蚀、淤积有关的工程地质问题；潜水等水位线图的阅读与水力梯度的计算；承压水等水压线图的阅读。

思考与练习

1. 简述暂时性地表流水的地质作用。
2. 如何区别残积层、坡积层、洪积层、冲积层？
3. 河流地质作用表现在哪些方面？河流地质作用与工程建设有何关系？
4. 河流阶地是怎样形成的，它有哪几种类型？
5. 岩土中有哪些形式的水，重力水有哪些特点？
6. 地下水的物理性质包括哪些？地下水的化学成分有哪些？
7. 地下水按埋藏条件可以分为哪几类？它们有哪些不同？
8. 达西定律及其适用范围是什么？其渗流速度是真实流速吗？为什么？
9. 地基沉降的产生原因与危害有哪些？
10. 试述地基渗透破坏的类型及危害。
11. 产生基坑突涌的原因是什么？如何防治？
12. 地下水对混凝土的腐蚀性如何评价？
13. 综述地下水与工程建设之间的关系。

第 6 章

岩体的工程性质及岩体的稳定性

6.1　岩体与岩体结构

6.1.1　岩体与岩体结构概述

1. 岩体概述

在地质历史过程中，形成了由各种岩石块体自然组合而成的岩石结构物，它们赋存于一定地应力状态的地质环境中，这些岩石结构物称为岩体。天然岩体在形成过程中，生成了各种不同类型的结构面，如断层、节理、层理、片理等，所以岩体往往表现出不连续性、非均质性和各向异性的特点。

岩体是岩石的自然集合体，岩体中各岩块被不连续界面分割，这些不连续界面被称为岩体的结构面，岩块被称为结构体，结构面与结构体的组合关系称岩体结构，其组合类型称岩体结构类型。

岩块和岩体均为岩石物质和岩石材料。岩石的工程性质取决于组成它的矿物成分、结构和构造。而岩体的工程性质不仅取决于组成它的岩石，更重要的是取决于它的不连续性。传统的工程地质方法往往是按岩石的成因，取小块试件在室内进行矿物成分、结构构造及物理力学性质的测定，以评价其对工程建筑的适宜性。大量的工程实践表明，用岩块性质来代表原位工程岩体的性质是不合适的。在过去的 100 多年里，因为对岩体软弱面稳定性认识不足发生了不少坝体失事事故，造成了严重后果。1959 年，法国 60 m 高的坝体因左坝肩片麻岩中的绢云母页岩软弱层滑动而失稳。1963 年，意大利一水库 2×10^8 m³ 岩体下滑淤满水库，造成 2600 余人死亡，震动了整个岩土工程与工程地质界。

因此，自 20 世纪 60 年代起，国内外工程地质和岩体力学工作者都注意到岩体与岩块在性质上有本质的区别，其根本原因之一是岩体中存在有各种各样的结构面及不同于自重应力的天然应力场和地下水。因而，从岩体力学观点出发提出了岩块、结构面和岩体等基本概念。

2. 岩体分类

从工程观点出发，将与工程建筑有关的那部分岩体叫作工程岩体，有时简称岩体。按岩体对工程作用的特征又可把岩体分为三大类。

①地基岩体：工业与民用建筑地基、坝体下地基、道路与桥梁地基等。

②边坡岩体：道路工程边坡、港口岸坡、桥梁岸坡、库岸边坡及其他人工开挖暴露出来

的斜坡岩体。

③周围岩体。地下洞室、隧道等地下工程周围的岩体。

在工程施工、工程使用与运转过程中，这些岩体自身的稳定性和承受工程建筑运转过程传来的荷载作用下的稳定性，直接关系着施工期间和运转期间部分工程甚至整个工程的安全与稳定，关系着工程的成功与失败，所以说，岩体稳定性分析与评价是工程建设中十分重要的问题。

影响岩体稳定性的主要因素有：区域稳定性、岩体结构特征、岩体变形特性与承载能力、地质构造及岩体风化程度等。本章将就岩体结构特征、岩体变形特性、岩体强度特性和岩体应力、岩体稳定性等有关方面进行叙述。

6.1.2 岩体结构面和结构体

岩体结构的基本要素是构成岩体的结构体（岩石）及将结构体分割开来的结构面，其中结构体是被各种构造形迹和裂隙分割而成的岩石块体，结构面就是各种构造形迹或裂隙。岩体的力学性质是由其中所包含的结构体和结构面的力学性质及结构体与结构面的相互组合关系所共同决定的。岩体力学性质的好坏在大多数情况下都取决于结构面的性质，而非岩石本身的性质。结构面的存在是岩体不同于岩石概念的根本原因，结构面是岩体的重要组成单元。

1. 结构面的类型

不同结构面具有不同的工程地质特征，这与其成因密切相关。按结构面成因，可将其划分为原生结构面、构造结构面和次生结构面等三种类型。

（1）原生结构面

原生结构面，即岩石形成过程中所形成的结构面，可分为岩浆岩结构面、沉积岩结构面和变质岩结构面三种类型。

岩浆岩结构面指岩浆侵入喷溢及冷凝过程中形成的结构面。包括岩浆岩中的流面、流线、原生节理、侵入体与围岩的接触面及岩浆间歇喷溢所形成的软弱接触面等。此类结构面的工程性质极不均一，一般流面和流线不易剥开，但一经风化变形，则变成易于剥离和脱落的弱面。侵入体与围岩的接触面通常延伸较远且较稳定，有时熔合得很好，有时则形成软弱的蚀变带或接触破碎带。岩浆岩的原生节理往往短小而密集，且多为张性破裂面，对岩体的透水性及稳定性都有重要影响。

沉积岩结构面指在沉积岩成岩过程中形成的地质界面，包括层理、层面、沉积间断面（假整合面和角度不整合面）及原生的软弱夹层或古风化夹层等。其共同特点是与沉积岩的成层性有关，一般延伸性强，常贯穿整个岩体，产状随岩层变化而变化。一般层面结合良好，原始抗剪强度不一定很低，但其性能常因构造或风化作用而恶化。沉积间断面反映了在沉积历史中的一段风化剥蚀过程，一般起伏不平，并有古风化残积物，常常构成一个形态多变的软弱带。广泛分布的原生软弱夹层，如碳酸岩类岩层中的泥灰岩夹层、火山碎屑岩系中的凝灰质页岩夹层、砂岩砾岩中的黏土岩及黏土岩页岩夹层等，一般其力学强度低，遇水易软化，受构造应力作用最易发生层间错动，甚至性质剧变，成为破碎泥化夹层。沿着沉积结构面的抗剪强度比垂直于这些面上的强度要低。若沿着该面有由地面渗入水带来的黏土物质，则抗剪强度就会更低。因此原生软弱夹层常常是岩体中最薄弱的环节，对岩体稳定起着极为重要的控制作用。

变质结构面指在变质作用中形成的结构面，包括片理、片麻理以及沉积变质岩的层理、片岩中的软弱夹层等。片岩及千枚岩类中的片理中常富集如鳞片状的软弱矿物，极易风化，对岩体强度有控制作用。在变质岩岩体中所夹的薄层云母片岩、绿泥石片岩和滑石片岩等，由于岩层软弱，片理极发育，易于风化，常构成相对的软弱夹层。

各类原生结构面的共同特点：产状与岩体的生成条件有密切关系，其中层间结构面与岩层产状一致；延伸性一般较强，某些结构面虽延伸不长，但较密集；结构面一般比较完整、闭合，有一定的抗剪强度，但易受后期构造及次生作用的影响而恶化。当此类结构面产状平缓且延续密集时，常成为岩体滑移的控制面。

（2）构造结构面

构造结构面指岩体中受地壳运动的作用所产生的一系列破裂面或破碎带，如劈理、节理、断层以及由于层间错动引起的破碎面等。其工程性质与力学成因、规模、多次活动及次生变化有密切关系，其产状和分布主要取决于构造应力场的条件。劈理是构造应力作用下形成的沿一定方向大致相平行的密集型细微裂面，一般发生在变质岩中，并不破坏岩体的完整性。它和构造节理都是岩层褶皱变形及断裂错动产生的密集剪切破裂面，是规模较小的构造结构面。其特点是比较密集且多呈一定方向排列，常导致岩体的各向异性。断层为规模较大的构造结构面，常形成各种软弱的构造岩并有一定的厚度，是最不利的软弱构造面之一。层间错动常常沿着原生结构面产生，因而使软弱夹层形成碎屑状、片状或鳞片状，普遍分布在褶皱岩层地区和大断层的两侧。

（3）次生结构面

次生结构面指岩体受卸荷、风化、地下水等外力作用而形成的结构面。次生结构面指岩体在形成后经风化、卸荷及地下水等作用在岩体中形成的结构面，如风化裂隙、卸荷裂隙、次生夹泥层和泥化夹层等。风化裂隙一般仅限于地表风化带中，常沿原有的结构面发育，可形成不同的风化夹层、风化沟槽或风化囊等，一般分布无规律，连续性不强，并多为泥质碎屑所充填，降低了岩体的强度和变形模量。卸荷裂隙是由于岩体受到剥蚀、侵蚀或人工开挖，引起垂直方向卸荷和水平应力的释放，使临空面附近岩体回弹变形、应力重分布所造成的破裂面，具张性特征，如在河谷斜坡上见到的顺坡向裂隙及谷底的近水平向裂隙等，其发育深度一般达基岩以下 5～10 m，局部可达十余米，受断层影响大的部位则更深，对边坡危害很大。泥化夹层是原生软弱夹层在构造及地下水的作用下形成的，次生夹泥层则是地下水携带的细颗粒物质及溶解物质沉淀在裂隙中形成的，它们的性质都比较差，同软弱结构面。

2. 结构面的特征

结构面的生成年代及活动性、延展性、穿切性和充填胶结情况、产状、相互组合关系以及密集程度等均对结构面的力学性质有很大影响。

（1）结构面的规模

不同类型的结构面其规模大小相差很大。有的规模很大，如延展数十千米，宽度达数十米的破碎带；有的规模较小，如延展数十厘米至数十米的节理，甚至是很微小的不连续裂隙。不同规模的结构面对工程的影响不一样，具体工程要具体分析，有时小的结构面对岩体稳定也可起控制作用。

中国科学院地质研究所将结构面的规模分为五级。

①一级结构面：区域性的断裂破碎带，延展数十千米以上，破碎带的宽度从数米至数十

米。它直接关系到工程所在区域的稳定性，一般在规划选点时，应尽量避开。

②二级结构面：一般指延展性较强，贯穿整个工程地区或在一定范围内切断整个岩体的结构面，其长度由数百米至数千米，宽度由一米至数米，主要包括断层、层间错动带、软弱夹层、沉积间断面及大型接触破碎带等，其分布和组合控制了山体及工程岩体的破坏方式及滑动边界。

③三级结构面：包括在走向和倾向方向延伸有限、一般在数十米至数百米范围内的小断层、大型节理、风化夹层和卸荷裂隙等。它们控制着岩体的破坏和滑移机理，常常是工程岩体稳定的控制性因素及边界条件。

④四级结构面：指延展性差、一般在数米至数十米范围内的节理、片理等。它们仅在小范围内将岩体切割成块状。这些结构面的不同组合，可以将岩体切割成各种形状和大小的结构体，它是岩体结构研究的重点问题之一。

⑤五级结构面：指延展性极差的一些微小裂隙。它主要影响岩块的力学性质，其存在使岩块的破坏具有随机性。

（2）结构面的形态

结构面的形态指其平整、光滑和粗糙程度。各种结构面的平整度、光滑度是不同的。自然界中结构面的几何形状非常复杂，大体上可分为四种类型（图6-1）。

①平直：包括大多数层面、片理和剪切破裂面等。

②波状：如具有波痕的层面、轻度揉曲的片理、呈舒缓波状的压性及压扭性结构面等。

③锯齿状：锯齿状或不规则的结构面。如多数张性或张扭性结构面。

④不规则：结构面曲折不平，如沉积间断面及沿原裂隙发育的次生结构面等。

结构面的形态对其强度影响较大。平直的与起伏粗糙的结构面相比，后者有较高的强度。

结构面的形态特征一般用起伏度和粗糙度来表征。起伏度指结构面总体起伏的程度，常用起伏角 i 和起伏高度 δ 来描述（图6-2）。粗糙度是结构面表面的粗糙程度，很难进行定量的描述，多根据手摸时的感觉而定，大致可分为极粗糙、粗糙、一般、光滑和镜面五个等级。

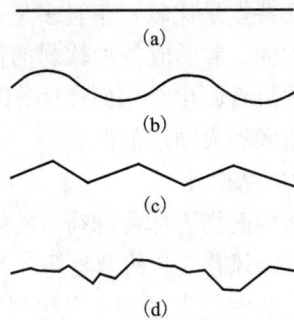

图6-1 结构面起伏形态示意图

(a)平直；(b)波状；(c)锯齿状；(d)不规则

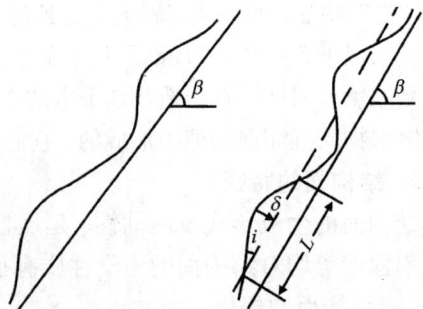

图6-2 结构面起伏角

i—起伏角；δ—起伏高度；
β—结构面的倾角；L—起伏波长

结构面的形态对结构面抗剪强度有很大的影响。一般平直光滑的结构面有较低的摩擦角，粗糙起伏的结构面则有较高的抗剪强度。

结构面的抗剪强度一般通过室内外试验测定其内摩擦角 φ 及内聚力 c 值确定指标。

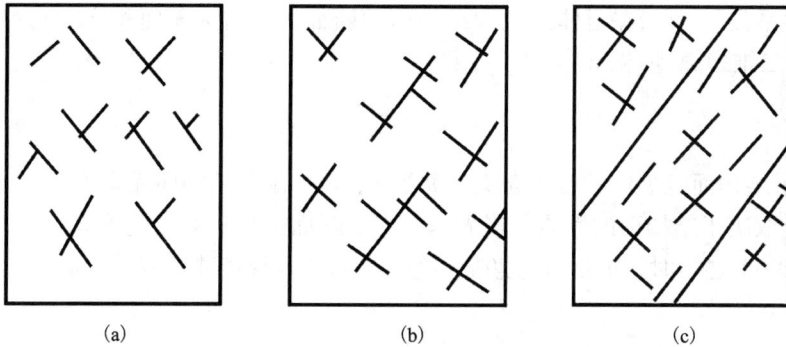

图 6 – 3　岩体结构面连通性类型
(a)非连通；(b)半连通；(c)连通

（3）结构面的物质组成

结构面上的物质组成有时对岩体稳定影响很大。有些结构面上物质松散，含泥质物及水理性质不良的黏土矿物，抗剪强度很低，如黏土岩或页岩夹层、假整合面及不整合面、古风化夹层、断层夹泥、层间破碎夹层、风化夹层、泥化夹层及次生夹泥层等。对这些结构面，不仅要进行一般的物理力学实验，而且还要对其矿物成分及微结构进行必要的分析，预测结构面可能发生的变化(如泥化作用是否会发展等)，合理地确定其抗剪强度参数。

（4）结构面的延展性

结构面的延展性指在某一定空间范围内的岩体中，结构面在走向、倾向方向的连通程度。结构面的延展性，也称连通性或连续性。结构面在一定尺寸岩体中的延展性有三种情况：非连通的、半连通的和连通的(图 6 – 3)。

结构面延展性控制了工程岩体的强度和完整性，影响岩体的变形，控制工程岩体的破坏形式和滑动边界。一般延展长、穿切好的结构面，对岩体的稳定性影响较大。

含有非连通性结构面的岩体，具有完整和连续介质的特点，其强度仍受岩石强度控制，常以追踪原有结构面的方式破坏。含有连通性结构面的岩体，其力学性能和破坏机制主要受连通性结构面控制。含有半连通性的结构面的岩体，当结构面较小时，其作用与非连通性结构面相似，否则，与连通性结构面的作用相似。

结构面的延展性可用线连续性系数和面连续性系数来表示。

1)线连续性系数

线连续性系数(K_L)指在某一结构面的延长线上，结构面各段长度之和与整个线段长度的比值[图 6 – 4(a)]，即

$$K_L = \frac{\sum a_i}{\sum a_i + \sum b_i} \tag{6 – 1}$$

式中：a_i 为结构面长度，m；b_i 为非结构面长度，m。

K_L 值在 0 ~ 1 之间变化，其值越大，说明结构面的连续性越好；当 $K_L = 1$ 时，说明结构面是连通的。

2）面连续性系数

面连续性系数(K_A)指在岩体内包含结构面的断面上，结构面面积之和与整个断面面积的比值，也称二维裂隙度［图6-4(b)］，即

$$K_A = \frac{\sum A_i}{A} \tag{6-2}$$

K_A表达了结构面延展性的真正含义。如果$K_A = 1$，说明结构面完全连续。此时，断面的抗剪强度完全取决于结构面的性质。当$K_A = 0$时，断面的抗剪强度完全取决于岩块的性质。K_A的数值在$0 \sim 1$之间时，断面的抗剪强度受结构面和岩块性质的双重控制。

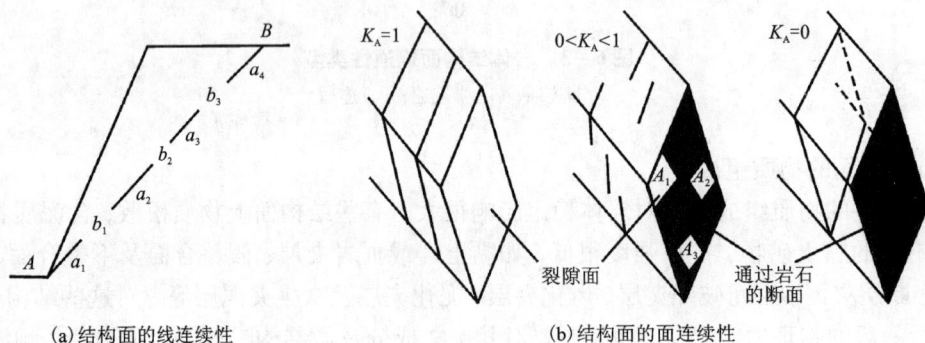

图6-4 结构面连续性的二维和三维特征

(5)结构面的张开度和充填情况

结构面两壁之间，一般不是最紧密接触，而是点接触或局部接触。结构面的张开度指结构面的两壁间的平均距离，可分为4级：

①闭合的。张开度小于0.2 mm。

②微张的。张开度在0.2~1.0 mm。

③张开的。张开度在1.0~5.0 mm。

④宽张的。张开度大于5.0 mm。

闭合结构面的力学性质取决于岩石性质及结构面的粗糙程度；微张的结构面，因其两壁之间有时保持点接触，其抗剪强度较张开的结构面要大；而张开和宽张的结构面，其抗剪强度则主要取决于充填物及胶结情况。结构面常见的充填物质成分有黏土质、砂质、角砾质、钙质及石膏质沉淀物和含水蚀变矿物等，其相对强度的次序为：钙质 > 角砾质 > 砂质 > 石膏质 > 含水蚀变矿物 > 黏土质。

(6)结构面的密集程度

结构面的密集程度反映了岩体的完整性，它决定了岩体变形和破坏的力学机制。有时在岩体中，虽然结构面的规模和延展长度均较小，但却平行密集，或互相交织切割，大大降低了岩体稳定性。试验证明，岩体结构面越密集，岩体变形越大，强度越低，而渗透性越高。

通常用线密度指标表征结构面的密集程度。

线密度K指单位长度上的结构面条数，即

$$K = \frac{n}{L} \tag{6-3}$$

式中：L 为沿结构面法向布设的测线长度，m；n 为测线范围内的结构面个数，条。

测线长度一般可取 20 ~ 50 m。当只有一组结构面时，应使测线水平并与结构面走向垂直。

如果在测线方向上有数组结构面时，则用图 6 – 5 所示的方法测量其近似线密度 K。图中有两组结构面 a 和 b，x 为测线方向。已知两组结构面在 x 方向的平均距离分别为 d_{ax} 和 d_{bx}，则它们在 x 方向上的线密度分别为 $K_a = 1/d_{ax}$ 和 $K_b = 1/d_{bx}$，结构面在 x 方向总的线密度 K_c 为

$$K_c = \frac{1}{d_{ax}} + \frac{1}{d_{bx}} \tag{6-4}$$

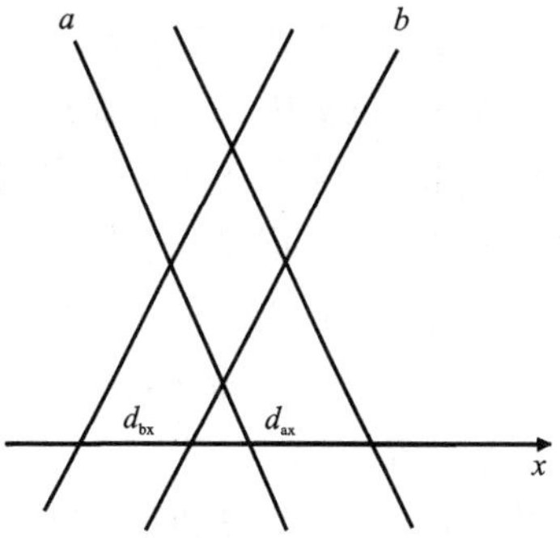

如果在 x 方向上有 n 组结构面，每组的平均距离设为 d_{ix}，则

$$K_c = \sum \left(\frac{1}{d_{ix}} \right) \tag{6-5}$$

图 6 – 5　多组结构面时线密度的确定

线密度的数值越大，说明结构面越密集。不同测量方向的 K 值往往不等，因此，两垂直方向的 x 值之比，可以反映岩体的各向异性程度。

（7）结构面间距

结构面间距 d 指同一组结构面的平均间距，它和结构面线密度之间是倒数关系。实际工程中也经常用结构面的间距来表征岩体的完整程度。

（8）结构面的产状及组合关系

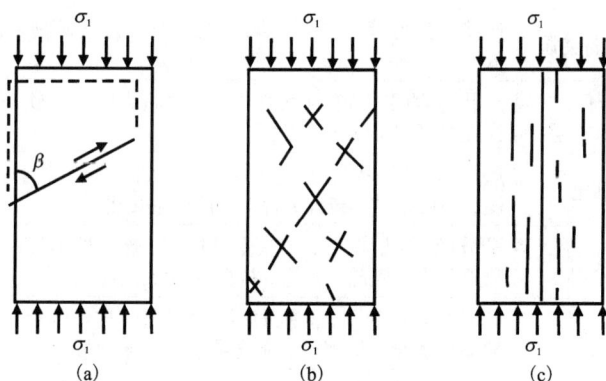

图 6 – 6　结构面产状对破坏机制的影响

结构面的空间分布状态，以结构面倾向和倾角表示。结构面的产状与最大主应力作用线方向之间的关系控制着岩体的破坏机理，进而控制着岩体的强度。如图 6 – 6 所示，当结构面与最大主应力 σ_1 的夹角 β 为锐角时，岩体将沿结构面产生滑动破坏[如图 6 – 6(a)]；当 β 为直角时，岩体破坏时表现为破裂面切过结构面，即剪切破坏[如图 6 – 6(b)]；当 β 为 0°时，表现为平行结构面的劈裂拉张破坏[如图 6 – 6(c)]。破坏方式不同，岩体的强度也发生变化。

3. 软弱夹层

软弱夹层指在坚硬岩层中夹有力学强度低、泥质或炭质含量高、遇水易软化、延伸较长、但厚度较薄的软弱岩层。若软弱岩层已泥化则称为泥化夹层。软弱夹层与周围的岩体相比，强度很低，压缩性很高，或具有特殊的不良特性，因此是岩体中最为薄弱的部位，常构成工程中的隐患。最常见且危害较大的是泥化夹层，应引起高度关注。

软弱夹层的成因和结构面的成因一样，也有原生型、构造型和次生型三类。原生软弱夹层在沉积岩、岩浆岩和变质岩中均有分布，与围岩同期形成。构造软弱夹层主要包括沿原有的软弱面或软弱夹层经构造错动形成的层间错动带、沿断裂面错动或多次错动形成的断层破碎带等。次生软弱夹层多为原生软弱夹层风化的产物，或为地下水淋滤而充填于裂隙中的泥质及岩屑等。各类软弱夹层的基本特征见表 6-1。

4. 结构体

岩体中被结构面切割而产生的单个岩石块体叫结构体。受结构面组数、密度、产状、长度等影响，结构体可以形成各种形状。常见的有块状、柱状、板状、锥状、楔形体、菱面体等（图 6-7）。结构体大小一般由结构面组数及各组间距决定，同时还与结构面延展性有密切关系。在野外地质调查中，结构体尺寸可以用典型岩块的平均尺寸描述。

表 6-1　软弱夹层类型及其基本特征

成因类型	地质类型		基本特征
原生软弱夹层	沉积岩软弱夹层		产状与岩层相同，厚度较小，连续性较好，也有尖灭者，含黏土矿物多，细薄层理发育，易风化、泥化、软化，抗剪强度低
	岩浆岩软弱夹层		成层或透镜体，厚度小，易风化，抗剪强度低
	变质岩软弱夹层		产状与片理等一致，层薄，连续性差，片状矿物多，呈鳞片状，抗剪强度低
构造软弱夹层	多为层间破碎软弱夹层		产状与岩层相同，连续性好，在层状岩体中沿软弱夹层发育；物质破碎，往往含条带状分布的泥质
次生软弱夹层	风化夹层	夹层风化	产状与岩层一致，或受岩体产状制约，风化带内连续性好，深部风化减弱；物质松散、破碎、含泥，抗剪强度低
		断裂风化	沿节理、断层发育，产状受其控制，连续性不好，一般仅限于地表附近；物质松散、破碎、含泥，抗剪强度低
	泥化夹层	夹层泥化	产状与岩层相同，沿软弱层表面发育，连续性好，但各段泥化程度不一；软弱面泥化，呈塑性，面光滑，抗剪强度低
		次生夹层 层面	产状受岩层制约，连续性差，近地表发育，常呈透镜体；物质细腻，呈塑性，甚至呈流态，强度很低
		次生夹层 断裂面	产状受原岩结构面制约，常较陡，连续性差，物质细腻，结构单一，物理力学性质差

结构体的形状、大小对岩体稳定性影响很大。一般而言，巨大岩块组成的岩体不易变形，并且在地下结构中还可发挥有利的成拱和锁合作用，而很小的岩块则可能引起类似土的潜在破坏形式，即由不连续岩体通常出现的平移或倾倒型破坏变为圆弧旋转型破坏，更小的岩块甚至也可能产生流动型破坏。另外，结构体的产状和所处的位置不同，其工程稳定性也

不相同。

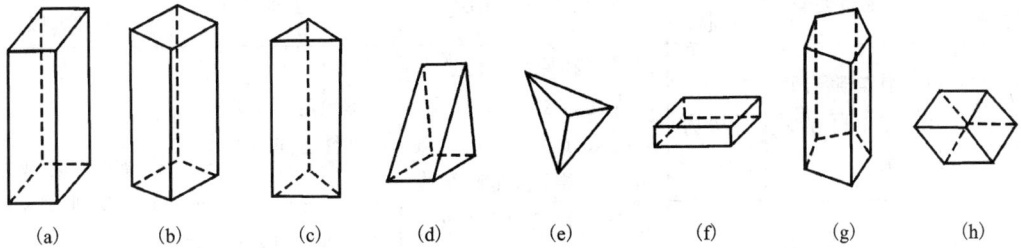

图 6 - 7　结构面的形状

(a)方柱(块)体；(b)菱形柱体；(c)三棱柱体；(d)楔形体；(e)锥形体；(f)板状体；(g)多角柱体；(h)菱形块体

　　例如：位于隧道拱顶的楔状结构体，刃角朝下时比朝上时稳定；水平板状结构体在重力作用或垂直节理切割下，处于拱顶部位时不稳定，处于边墙部位时稳定；在坝基下平卧的板状结构体，稳定性较差，但当竖直埋藏于坝基之下时，稳定性则大为增加；竖直埋藏的平板状结构体，在坝基下是稳定的，但它在坝肩斜坡上并倾向河谷时，稳定性很差，此时平卧的板状结构体的稳定性较高。

6.1.3　常见岩体结构分类

　　岩体结构包括两个要素：结构面和结构体。岩体在漫长的地质历史中形成，并且在内外动力地质作用下发生变形、破裂并裸露于地表而被进一步改造，形成了极其复杂的岩体结构。在工程力的作用下，岩体变形、破坏的过程实际上主要是沿结构面剪切滑移或开裂，以及岩体中各结构体沿着一系列结构面活动的累计变形或破坏。在工程建设范围内，由结构面围限起来的结构体的形式、大小、产状都是不同的，而且它们组合起来的外观表现也不相同，因此其工程地质特征就各有差异。

　　岩体的结构类型主要取决于不同岩性及不同形式结构体的组合方式。根据结构面的性质、结构体形式以及充分考虑到岩石建造的组合，通常可把岩体结构划分为整体状结构、块状结构、层状结构、碎裂状结构、散体状结构等五种基本类型(图 6 - 8)，它们能充分地反映岩体的各向异性、不连续性及不均质性。不同结构类型的岩体，其力学性质有明显差异，其特征见表 6 - 2。

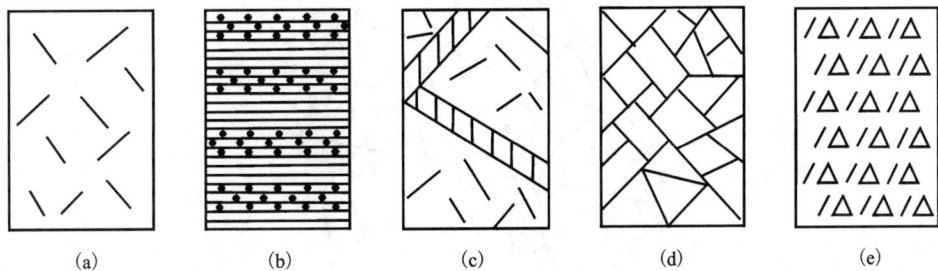

图 6 - 8　岩体结构类型示意图

(a)整体状结构；(b)层状结构；(c)块状结构；(d)碎裂状结构；(e)散体状结构

表 6 - 2　岩体结构类型及特征

岩体结构类型	岩体地质类型	结构体形状	结构面发育情况	岩土工程特征	可能发生的岩土工程问题
整体状结构	巨块状岩浆岩和变质岩，巨厚层沉积岩	巨块状	以层面和原生、构造节理为主，多呈闭合型，间距大于 1.5 m，一般为 1~2 组，无危险结构	岩体稳定，可视为均质弹性各向同性体	局部滑动或坍塌，深埋洞室的岩爆
块状结构	厚层状沉积岩，块状岩浆岩和变质岩	块状柱状	有少量贯穿性节理裂隙，结构面间距 0.7~1.5 m，一般为 2~3 组，有少量分离体	结构面互相牵制，岩体基本稳定，接近弹性各向同性体	
层状结构	多韵律薄层沉积岩、中厚层状沉积岩、副变质岩	层状板状	有层理、片理、节理，常有层间错动	变形和强度受层面控制，可视为各向异性弹塑性体，稳定性较差	可沿结构面滑塌，软岩可产生塑性变形
碎裂状结构	构造影响严重的破碎岩层	碎块状	断层、节理、片理、层理发育，结构面间距 0.25~0.50 m，一般 3 组以上，有许多分离体	整体强度很低，并受软弱结构面控制，呈弹塑性体，稳定性很差	易发生规模较大的岩体失稳，地下水加剧失稳
散体状结构	断层破碎带、强风化及全风化带	碎块状	构造和风化裂隙密集，结构面错综复杂，多充填黏性土，形成无序小块和碎屑	完整性遭到极大破坏，稳定性极差，接近松散体介质	易发生规模较大的岩体失稳，地下水加剧失稳

　　需要注意的是，同样节理化程度的岩体的稳定性，可以因工程规模不同而不同，因此，划分岩体结构类型时，也必须考虑到工程的规模。如图 6 - 9 所示的边坡与结构体尺寸相比，二者相差几十倍以上。因此，对边坡工程而言，岩体应划分为碎裂状结构类型。但对于地下洞室 A，由于它的尺寸大于结构体的尺寸，岩体可视为块状结构类型；B 洞室则反之。

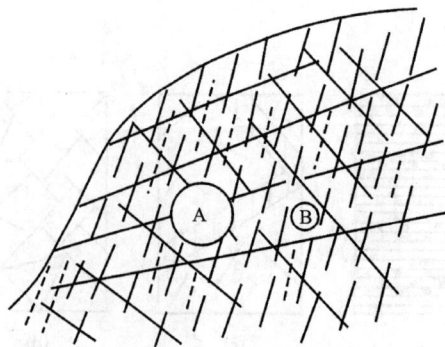

图 6 - 9　岩体结构类型与工程规模的关系

6.2　岩体的工程性质

岩体的工程性质主要包括岩体的变形性质和强度性质，还需要考虑岩体中天然应力状态。岩体工程特性与结构体（岩石）、结构面的工程性质密切相关，对于岩性较好的坚硬岩石组成的岩体，其工程性质主要取决于结构面的工程性质；对于岩性较差的弱软岩石组成的岩体，其工程性质一般受岩石工程性质控制。岩石工程性质如前章所述，本节在叙述结构面工程性质的基础上，分析岩体的工程性质。

6.2.1　结构面的工程性质

结构面的工程性质与前述结构面各项地质特征有密切关系。

1. 结构面的变形特征

结构面的变形包括结构面的法向变形和剪切变形。

（1）法向变形

通常指结构面在法向正应力（σ_n）压缩作用下的闭合变形。密闭结构面可视为无法向变形。大多数结构面均有一定的粗糙度，结构面两侧壁之间只有局部接触，或张开结构面中有一定程度充填物，它们都可能发生法向变形。前者是由于在法向应力作用下，结构面间由局部接触而产生弹性变形、压碎和张裂等逐步使接触面积扩大，发生法向变形（图 6 – 10）。

后者由于在法向正应力作用下，结构面间充填物被压密而发生法向变形（图 6 – 11），其极限值应为平均裂缝开度（或充填物厚度 e）。

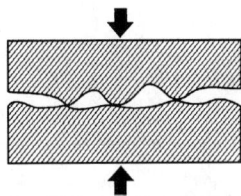

图 6 – 10　局部接触的粗糙结构面的法向变形

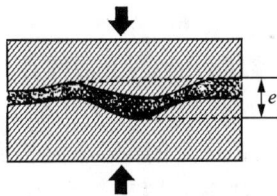

图 6 – 11　有充填的张开结构面的法向变形

法向变形量（V）与法向应力（σ_n）之间的关系一般是非线性的，图 6 – 12 所示为 σ_n – V 曲线的一般形式。通常可用法向刚度系数（K_n）表示 V 与 σ_n 的关系，如下式

$$K_n = \frac{\sigma_n}{\Delta V} \qquad (6-6)$$

从图 6 – 12 中可看出，K_n 不是常数，随 σ_n 增大而增大，当 K_n 达到极大值时，$V = V_{max}$。

（2）剪切变形

通常指在一定法向应力作用下，结构面承受剪切应力（τ），发生两侧壁的相对位移变形。

结构面剪切变形特性通常用试验所得剪应力（τ）与相

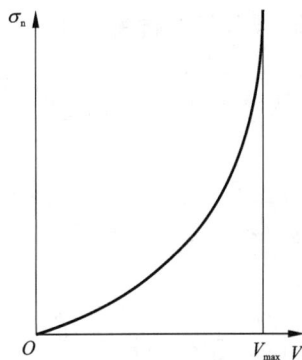

图 6 – 12　结构面法向变形特征

应的剪切位移(u)的关系曲线表示(图6-13,图6-14)。$\tau-u$曲线有Ⅰ和Ⅱ两种基本形态。

1)Ⅰ型曲线

该曲线反映了未充填或充填少量粉碎屑物的粗糙结构面剪切变形特性。其特点是:OA段接近直线,有一个峰值抗剪强度τ_p,破坏后达到一残余抗剪强度τ_r。

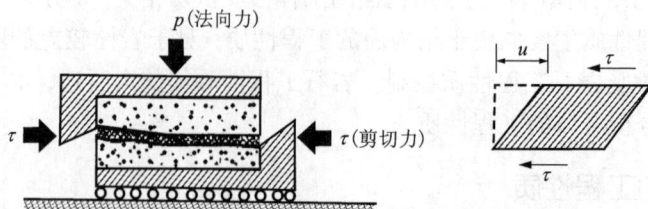

图6-13 在一定法向正应力下的剪切变形

若抗剪切刚度系数(或称刚度模量)K_s表示剪切变形特性,则$K_s=\tau/\Delta u$,OA段可近似为一常数,是弹性变形阶段;AB段K_s逐渐变小,为塑性变形阶段;BC段K_s为负值,即τ值减小而u值继续增大,为破坏后应力降低变形阶段;C点以后,τ值基本稳定在τ_r,而变形继续发展,此时的τ_r实际上表示了残余抗剪强度。

2)Ⅱ型曲线

该曲线反映了结构面间含有较厚黏土物质的剪切变形特性。其特点:τ_p不明显,τ_p与τ_r较接近。实际上与黏土变形规律相似,整条曲线都属于塑性变形形式,K_s值由初始值逐渐减小直到零为止。

实际试验所得的$\tau-u$曲线往往变化很大,这主要是因为影响试验结果的因素很多,这些因素有:法向正应力的大小;结构面的粗糙度;充填物大小、成分及厚度,受力状态及变形限制条件;受剪面积的大小等。因此,剪切试验结果应注明主要影响因素的试验条件。

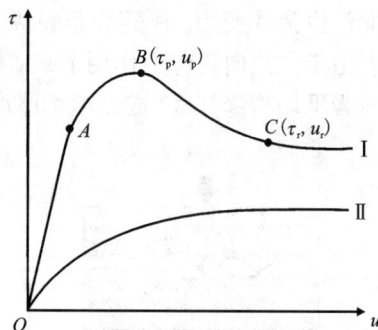

图6-14 剪切应力(τ)-剪切位移(u)曲线

2. 结构面的抗剪强度

在讨论结构面粗糙度特征及变形特征时,已涉及结构面抗剪强度的概念。根据库仑强度理论,抗剪强度基本表达式为

$$\tau=\sigma_n\tan\varphi+c \tag{6-7}$$

由上述表达式可见,抗剪强度由摩擦阻力及黏聚力两部分组成。前者随着σ_n增大而增大,用摩擦角φ或摩擦系数$f(f=\tan\varphi)$表示;后者取决于结构面壁岩石的性质,用黏聚力c表示。

目前,主要用以下三种方法获得抗剪强度参数:

(1)室内直剪试验

通常是取样进行室内直剪试验(图6-13),可获得峰值抗剪强度及残余抗剪强度,也可得到一系列$\sigma_n-\tau$曲线。这种方法比现场试验省时、省力。但是,目前尚无定型的室内结构面抗剪强度试验设备，而是采用适合各自需要的剪切试验设备；其次，结构面试样的采取和加工存在一定困难。

（2）现场剪切试验

现场剪切试验也可获得原位结构面抗剪强度的各种参数和关系曲线。现场试验能较真实地反映客观实际；但现场试样制备、试验设备安装均较复杂，加上试验周期长、费用大，不能大量进行试验，许多中、小型工程不具备现场试验的条件。

（3）利用峰值抗剪强度公式计算

为了避免上述两种方法的缺点，国际岩石力学学会推荐巴顿（Barton）（1973）建议的简便方法，他提出的新的峰值抗剪强度公式为

$$\tau_{\mathrm{p}} = \sigma_{\mathrm{n}} \tan\left[JRC\, \lg\left(\frac{JCS}{\sigma_{\mathrm{n}}}\right) + \varphi_{\mathrm{r}} \right] \qquad (6-8)$$

式中：JRC 为结构面粗糙度系数。可将实测结构面粗糙度剖面与图 6-15 所示标准粗糙度剖面及 JRC 值对比，

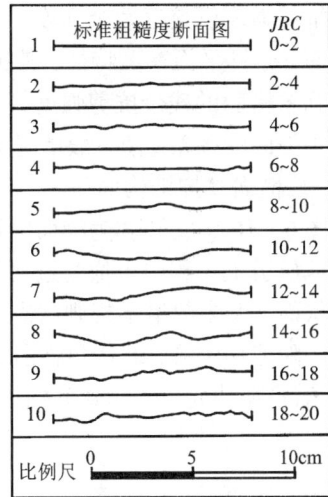

图 6-15　粗糙度断面及其相应的 JRC 值

从而确定实测结构面的 JRC 值；JCS 为结构面壁抗压强度。通常用回弹仪测得回弹值，经查表或换算得到 JCS 值；φ_{r} 为残余摩擦角，取决于结构面壁的风化程度和岩石种类。对于未经风化的岩石，φ_{r} 一般在 25°～35°之间，常用值为 30°；结构面壁强烈风化又无黏土充填时，φ_{r} 值可下降到 15°左右。

巴顿的方法是通过比较简便的手段获得 φ_{r}、JRC 及 JCS 三项指标，用公式算出抗剪强度，从而避免了必须通过各种室内外剪切试验求得 φ 和 c 的困难。

结构面抗剪强度是定量评价岩体稳定性的重要参数，不同结构面的不同地质特征集中地反映在它们具有不同的抗剪强度上。对于那些抗剪强度较低、易于发生软化、泥化、溶蚀、潜蚀的结构面，被称为软弱结构面。这类结构面一般延伸较远，岩壁面较平整光滑，且充填有一定厚度的软弱物质，其 f 值多在 0.5 以下，c 值也较小，遇水作用 f 值可降至 0.2 以下。软弱结构面是岩体中最薄弱的部分，是岩体变形破坏的主要因素。当软弱结构面产状对工程处于不利位置时，则控制着岩体的稳定性。

3. 结构面的破坏机制

结构面的破坏机制与结构面特征密切相关，对于连续性较好的结构面（带），按其抗剪性能可分为平面摩擦、糙面摩擦和转动（滚动）摩擦三类。

图 6-16 是三种不同摩擦特征结构面的强度曲线。

（1）平面摩擦结构面

图 6-16 中①表现为平面摩擦特征的结构面，通常为地质历史过程中曾经遭受过剪切滑动、随后又未胶结的结构面，如层

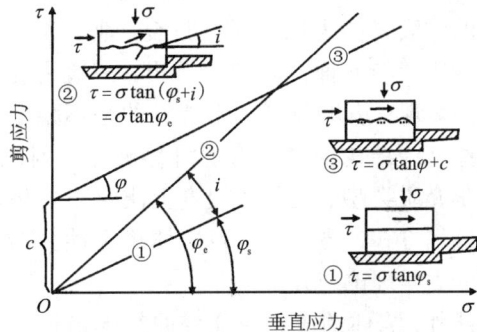

图 6-16　岩体应力-应变曲线类型

间错动面、扭性断裂面、滑动面等。这类结构面在其形成过程中，随剪切滑动的发展，结构面的抗剪强度已接近残余强度；某些充填有足够厚的塑性夹泥致使隙面成为不起控制作用的结构面，亦具平面摩擦特征，其抗剪强度由夹泥的性能所决定。对于这类结构面，一旦剪应力达到结构面的残余抗剪强度，或外力作用方向与结构面法线方向间夹角 α（称倾斜角）等于或大于平面摩擦角 φ_s（一般情况下相当于残余摩擦角 φ_r）时，$S = \sigma\tan\varphi_s$ 则剪切滑动发生。

（2）糙面摩擦结构面

图 6-16 中②和③为糙面摩擦的结构面的破坏强度线。其中，②类摩擦特征的结构面通常为地质历史过程中未遭受过明显剪切的结构面，如张性断裂面、原生波状面等；③类为天然起伏面，大多数呈不规则状态。剪切起始阶段，一些陡度大而形体窄小的凸起体将首先被剪断。随剪切进展，起伏角将由那些宽缓且在相应法向应力条件下不会被剪断的凸起体的平均坡角（i）所决定，表达式分别为

$$S = \sigma\tan(\varphi + i)$$
$$S = \sigma\tan\varphi + c$$

6.2.2 岩体的力学特性

1. 岩体的应力-应变曲线

岩体受力变形破坏规律，既不同于岩石，也不同于结构面，是一种比较复杂的机理。与岩石受力变形破坏相比，同类岩石组成的岩体变形更大，强度更低。岩体的应力-应变曲线形态主要取决于岩石和结构面的工程性质，以及岩体结构类型；同时，外部荷载的大小也有较大影响。

通常，可将岩体应力-应变曲线分为四种形态（图 6-17）。

由以上应力-应变曲线形态可以看出，坚硬完整岩体接近于弹性体，其破坏方式多为脆性断裂。软弱完整岩体、散体结构岩体则接近于塑性体，其破坏方式多为整性剪坏。大多数块状、层状及碎裂岩体表现为复杂的弹塑性体，并具有一定黏滞性，而不能用单一的弹性体或塑性体来表示，岩体破坏方式也较复杂。通常在地下工程施工过程中，发生岩爆现象的一般岩体表现为脆性断裂；地下硐室开挖过程中若边墙与底面向临空面鼓出，一般为岩体塑性破坏的表现；边坡与围岩中常见的是不稳定结构体沿某些软弱结构面发生剪切滑移破坏。因此，岩体的力学介质类型，在很大程度上决定了岩体不同的变形破坏方式，要求在进行岩体稳定性分析时采用不同的力学理论与方法。

此外，岩体的应力-应变曲线形态还与外部荷载、大小有关。当荷载足够大时，坚硬完整岩体的直线形曲线多数可变为下凹形曲线；坚硬裂隙岩体的上凹形曲线，多数可变成"S"形曲线。

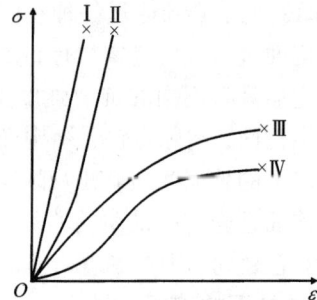

图 6-17 岩体应力-应变曲线类型

I—直线形曲线，属坚硬岩石组成的完整岩体的特征；

II—上凹形转直线形曲线，属坚硬岩石组成的裂隙岩体的特征；

III—下凹形曲线，属软弱岩石组成的完整岩体的特征；

IV—"S"形（上凹转下凹）曲线，属软弱岩石组成的裂隙岩体的特征

岩体变形的另一个显著特征是各向异性，特别是在层理、片理比较发育的岩体中，若垂直层理面、片理面加荷，其结构面容易受压密闭，岩体易于变形，从而常得到上凹形或"S"形曲线，测得的变形模量常小于平行结构面加荷载的变形模量值，$E_{/\!/}/E_{\perp}$ 常在 $1.1 \sim 1.3$ 之间。多数情况下测得的单轴抗压强度值存在 $\sigma_{c/\!/} > \sigma_{c\perp}$。目前，岩体变形和强度各向异性的机理仍需进一步研究。

岩体变形破坏规律除用 $\sigma - \varepsilon$ 曲线表示外，也常用荷载 – 变形（$p - u$）曲线表示。

2. 岩体的变形模量

岩体的变形模量和抗剪强度是岩体两个最重要的力学性质指标。一般情况下，重大工程建筑物施加于岩体上的荷载远达不到岩体的极限抗压强度值，往往是岩体的变形成为工程设计的重要控制因素。因此，岩体变形模量更为人们所关注。

岩体的力学性质指标，不能单靠实验室试验方法确定，大比例尺现场试验是重要工程项目设计中最主要的依据。岩体变形模量通常是通过现场岩体变形试验测得。目前常用的现场变形试验有承压板试验、压力洞室试验、钻孔液压变形试验及动力法试验等。

目前常采用承压板试验，既可在地基土表面，也可在小型隧洞或试验平洞内测定岩体变形特性。压力洞室试验多在隧洞设计中使用，特别在高压水力隧洞中用得最多。

钻孔变形试验，是利用各种钻孔膨胀装置，对一定长度钻孔壁施加均匀压力，同时测量孔径变形，并计算岩体的变形参数。钻孔变形试验在那些无法用试验洞或其他方法接近的或者试验面积有限时采用。但钻孔试验法涉及岩石体积很小，一般要求在多处进行试验，以便取得一定范围内岩体变形特性的代表性数据。

以上三种试验均属于静力试验，而动力试验则包括地震试验、声波试验和超声波试验等方法。

动力法基本原理是通过测定岩体中各种弹性波的纵波速度（v_p）和横波速度（v_s），来确定动弹性常数（动弹模量 E_d 和动泊松比 μ_d）。动力法测试原理是依据弹性理论，而岩石并非理想弹性体，因此测出的动弹模量普遍大于静弹模量（E_s）。岩石越软弱，结构面越发育，E_d/E_s 比值越大，一般为 $1.0 \sim 5.0$，岩体质量很差时，该比值可达 20 倍。表 $6 - 3$ 列出了某些实测岩体动、静弹模量及其比值。

表 6 – 3　某些岩体实测动、静弹模量及其比值一览表

岩体	E_d/GPa	E_s/GPa	E_d/E_s
花岗岩体	$33.0 \sim 65.0$	$25.0 \sim 40.0$	$1.32 \sim 1.63$
砂岩体	$20.6 \sim 44.0$	$3.8 \sim 7.0$	$5.42 \sim 6.29$
中粒砂岩体	$2.3 \sim 14.0$	$1.0 \sim 2.8$	$2.30 \sim 5.00$
细粒砂岩体	$20.9 \sim 36.5$	$1.3 \sim 3.6$	$10.14 \sim 16.08$
页岩体	$6.75 \sim 7.14$	$0.66 \sim 5.00$	$1.43 \sim 10.23$
石灰岩体	$31.6 \sim 54.8$	$3.93 \sim 39.6$	$1.38 \sim 8.04$
石英片岩体	$66.0 \sim 89.0$	$24.0 \sim 47.0$	$1.89 \sim 2.75$

由于现场岩体变形试验，规定了试验面积内应包含一定数量结构面，且加荷面积比室内岩块试验大得多，因此现场试验所得变形参数值均小于室内岩块变形参数值，只有钻孔变形

试验中测得的高值接近室内试验值。表 6 - 4 列出了某些岩体现场试验所得弹性模量(E_e)、变形模量(E)及室内岩块试验所得变形模量(E_0)。

表 6 - 4 某些岩体现场试验 E_e、E 及室内岩块试验 E_0 一览表

岩性	岩体地质特征	承压面积 /m²	压力 /MPa	E_e /GPa	E /GPa	E_0 /GPa
玄武岩	坚硬致密完整		5.95	38.2	11.2	
	节理多，但坚硬	0.103	5.95	9.75 ~ 15.68	3.35 ~ 3.86	
	断层影响带		5.15	3.75	1.21	
	全风化呈碎块状	0.5 × 0.5	0.60	0.924 ~ 1.280	0.350 ~ 0.596	
	土状断层泥	0.1018	0.923 ~ 5.21	0.038 ~ 0.457	0.008 ~ 0.054	
片麻花岗岩	坚硬，节理不发育		1.2	19.3		74.3
	坚硬，节理发育，多张开，泥质充填	1.1 × 1.1		11.4		71.8
	构造破碎带，岩性软弱，风化严重			2.0		12.5
石灰岩	新鲜完整			57.0	46.0	88.9
	新鲜完整，但有爆破裂隙	0.5 × 0.5		46.0	34.0	88.9
	断层影响带，风化破碎，黏土充填			23.0	15.0	
黏土岩	裂隙较发育		1.9	0.24	0.19	
	裂隙发育的砂质黏土岩		2.0	0.63	0.23	

3. 岩体的抗剪强度

岩体强度包括岩体的单轴抗压强度、抗拉强度、抗剪强度、三轴强度等。其中应用最多的是抗剪强度，边坡、洞室及地基岩体稳定性多与岩体的抗剪强度密切相关。现场直接剪切强度试验有斜推法和平推法两种。

图 6 - 18 所示为斜推法岩体抗剪指标试验。在现场切出方柱形岩体，底部受剪面积 2500 cm²，最小边长不小于 50 cm，高度不小于 50 cm。四周套上安全保护罩，罩底预留剪切缝 d，$d = 0.5 ~ 2$ cm。在设备安装时，要注意使斜推力和垂直力的合力通过剪切面中心，通过剪切缝中部 $d/2$ 处。

斜向千斤顶轴线与预定剪切面多成 15°夹角。试验方法与室内直剪试验相似。根据试验资料可以得到不同正应力下的剪应力 - 剪切位移关系曲线，从而得到不同法向应力下的抗剪强度和残余抗剪强度值。表 6 - 5 给出了国内若干岩体现场抗剪断试验的结果。

4. 岩体破坏的类型

根据岩体破坏机制可将岩体破坏划分为压缩(剪性)破坏、张拉(张性)破坏和弯折破坏。

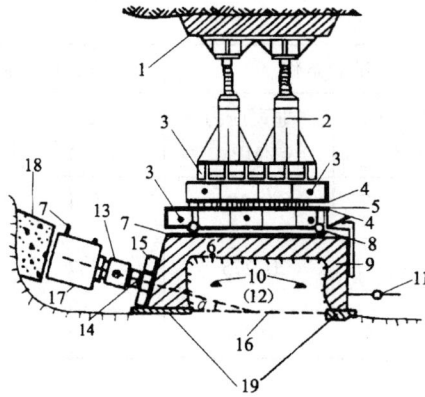

图 6 - 18　斜推法岩体抗剪指标试验

1—砂浆垫层；2—传力柱；3—传力横梁；4、15—钢垫板；5—滚轴排；6、10、11—位移计；7—接液压泵；8—液压钢枕；9—钢筋混凝土罩；12—试体；13—测力计；14—球座；16—剪切面；17—千斤顶；18—混凝土后座；19—膨胀性垫料

　　目前在实际工程中，岩体破坏主要以压缩（剪性）破坏为主。依据破裂面是否迁沿已有结构面特征，可将压缩剪性破坏细分为剪切滑移破坏、剪断破坏和塑性破坏。

表 6 - 5　国内若干岩体现场抗剪断试验结果一览表

岩性	地质特征	试验条件		抗剪强度		附注
		剪断面积 /m^2	垂直应力 /MPa	φ /(°)	c /MPa	
石英闪长岩	微风化	0.5×0.5		60.9	1.1	同一地点的资料
	弱风化			56.5~61.3	2.0~2.2	
	强风化			57.0	2.0	
	断层角砾岩带			59.5	2.1	
石灰岩	中厚层致密块状，裂隙多闭合	0.4×0.6	0.15	65.8	1.83	四个不同地点的资料
	断层破碎带			5.20	3.9	
	致密厚层、裂隙发育	0.5×0.5	0.106	61.9	0.725	
	岩性不均一，层面为泥质灰岩		0.106	38.3	0.08	
砂岩	轻微风化	0.5×0.5		61.1	2.88	同一地点的资料
	中等风化			49.2	2.42	
	强烈风化			49.0	0.011	

岩性	地质特征	试验条件		抗剪强度		附注
		剪断面积 /m²	垂直应力 /MPa	φ /(°)	c /MPa	
炭质页岩	新鲜完整	0.35×0.7	0.10	52.4	2.10	同一地点，不同时期，不同方法的资料
	断层影响带，较为破碎	0.7×0.7	0.275	47.7	0.90	
	轻微风化	1.02×0.52	0.26	43.2	1.80	

6.2.3 岩体中的地应力状态

1. 概述

（1）初始应力（天然地应力）

国内外大量工程实践和试验资料表明：岩体中任何一点都受到力的作用，处于受力状态。在工程施工之前岩体中已经存在的应力，称为初始应力。

岩体是在天然应力状态下长期、复杂的地质作用过程的产物，岩体的初始应力场则是多种不同成因、不同时期应力场的叠加综合的结果。岩体中的初始应力可能来自岩体自重应力、构造变质作用、沉积作用、固结作用、脱水作用、温度作用等所引起的应力，这些应力都属于初始应力。其中最主要的是重力和构造应力造成的。

初始应力大小、分布及变化情况有很大差别（表6－6），显然，它们与岩体工程，特别是地下工程的受力状态及稳定性有密切关系。图6－19表示不同初始应力状态对隧道变形破坏的影响。如我国金川矿，在埋深450 m的环境中，由于水平应力为垂直应力的两倍，最大水平应力高达18～19.5 MPa，而巷道轴向与最大水平应力垂直，造成洞壁发生裂缝，洞顶破坏，破坏形状与图6－19（b）相似。由于巷道两侧壁岩体挤向巷内，三个月后，使巷道从宽3 m变成宽仅几十厘米。表6－6罗列了国内一些大型工程岩体实测的初始应力结果。

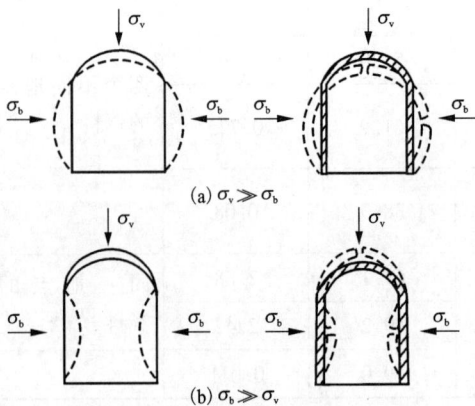

图6－19 隧道受力变形破坏

（σ_v—垂直应力，σ_H—水平应力）

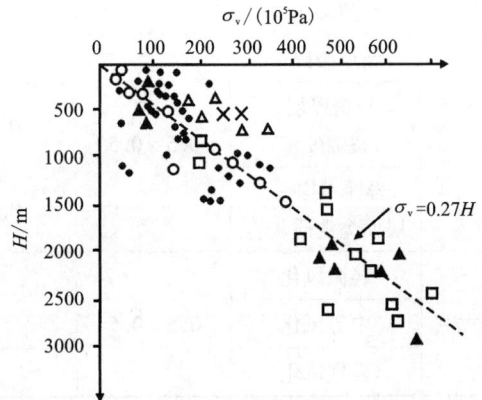

图6－20 垂直应力分量与深度的关系

（E. T. 布朗和 E. 霍克，1978）

（2）次生应力

在工程施工过程及完工后，初始应力发生变化，引起应力重新分布，可称为次生应力。因此，不仅要研究工程施工可能引起的次生应力变化，也必须充分重视岩体中初始应力场的研究。

2. 岩体中天然应力的某些特征

岩体中存在着天然应力，必然会对工程建筑物稳定性起着重要的影响，这已被越来越多的工程实践和现场实测数据所证明。但是对岩体中天然应力的大小、分布规律等特征的研究还很不够。一方面是由于天然应力状态的复杂性，另一方面是由于开展研究的时间不够长，现场应力测试技术尚存在局限性。因此，广泛深入地继续开展岩体天然应力状态的研究工作势在必行。现对已有的一些成果作简要介绍（表 6-6）。

表 6-6 国内一些工程岩体实测初始应力一览表

工程名称	岩性	深度 /m	主应力 /MPa	主应力方向	主应力比值 $\sigma_1:\sigma_2:\sigma_3$
二滩坝址	正长岩	200	$\sigma_1 = 22.2$	N30°E∠20°	1:0.67:0.59
			$\sigma_2 = 15.2$	N22°W∠20°	
			$\sigma_3 = 4.4$	N20°W∠-60°	
金川矿区	超基性岩	450	$\sigma_1 = 19.2$	N17°E∠-12°	1:0.68:0.20
			$\sigma_2 = 12.9$	N61°W∠32°	
			$\sigma_3 = 11.4$	EW∠54°	
三峡坝址	花岗岩	250	$\sigma_H = 20.5$	—	$\sigma_H:\sigma_V = 1:0.52$
			$\sigma_V = 10.7$		
锡矿山	石灰岩	250	$\sigma_1 = 15.8$	N35°W∠60°	1:0.76:0.53
			$\sigma_2 = 12.1$	N69°W∠26°	
			$\sigma_3 = 8.4$	N29°W∠15°	
西洱河一级电站	片麻岩	200	$\sigma_1 = 6.3$	NS	1:0.68:0.44
			$\sigma_2 = 4.3$	铅直	
			$\sigma_3 = 2.8$	EW	
葛洲坝坝址	红砂岩	30	$\sigma_1 = 5.6$	N30°E	1:0.71
			$\sigma_3 = 4.0$	N60°W	
小浪底坝址	红砂岩	100	$\sigma_1 = 3.6$	N25°E∠-51°	1:0.78:0.28
			$\sigma_2 = 2.8$	N14°E∠38°	
			$\sigma_3 = 1.0$	N72°W∠-5°	

（1）天然应力的一般特征

根据国内外的实测资料，目前最大测深已超过 3000 m，但大部分测点位于地下 1000 m

深度范围之内。我国测点最深的是 500 多米，一般
在 200 m 深度以内。

　　从所取得的数据看，天然应力随深度增大而增
大。图 6 – 20 表明天然应力的垂直分量 σ_v 随深度 H
增大而增大的情况。图 6 – 21 中 AB 线表示天然应力
水平分量总和 $(\sigma_1 + \sigma_2)$ 随深度 H 增大而增大的
情况。

　　岩体中天然应力，主要是由上覆岩体自重应力
及岩体中构造应力引起的。自重应力在岩体中的分
布一般认为可以按静水压力理论考虑，即

$$\sigma_v = \sigma_H = \gamma H \qquad (6 – 9)$$

式中：σ_v 为垂直应力；σ_H 为水平应力；γ 为上覆岩
层重度；H 为埋藏深度。

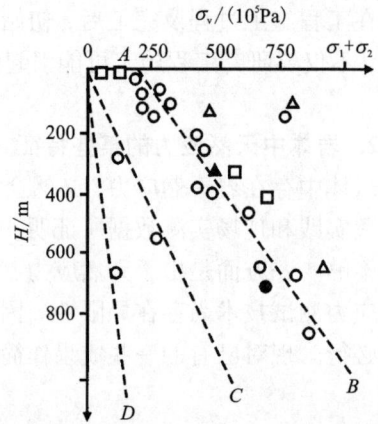

图 6 – 21　水平应力分量总和与深度关系
（据 E.T.布朗，图中五种点号代表不同国家和
工点的所测资料）

　　但由于岩体有一定强度，在埋深不大的情况下，
按弹性理论考虑更适当些，即

$$\sigma_v = \gamma H \qquad (6 – 10)$$

$$\sigma_H = \frac{\mu}{1 - \mu} \cdot \gamma H \qquad (6 – 11)$$

式中：μ 为泊松比。可见，当 H 增大，或岩石软弱时，$\sigma_v \approx \sigma_H$，接近静水压力条件。

　　构造应力极为复杂，对岩体稳定影响较大。目前主要通过地质力学方法对构造体系进行
分析，认为垂直于构造线（如断层线、褶曲轴线等）方向是最大主应力方向，构造应力一般为
压应力，且水平分量一般大于垂直分量。构造应力场多出现在新构造运动较强烈的地区，并
非所有岩体中都存在构造应力。构造应力的大小主要通过现场实测和数值分析得到。

　　（2）垂直应力的某些特征

　　世界上大部分垂直应力的资料表明，从地面下几十米处到 2700 m 左右的范围内，垂直应
力大体上等于按岩石平均容重为 2.7 kN/m³ 计算出来的重力，即 $\sigma_v - 0.027H$（σ_v 的单位为
MPa，H 的单位为 m），σ_v 值相对于平均值线的分散度小于 5%。个别油矿井中，σ_v 实测值比
γH 大 1.5 ~ 2.0 倍。

　　根据我国的统计资料，σ_v 为 0.8 ~ 1.2γH 的仅占 13.7%，$\sigma_v < 0.8\gamma H$ 的占 17.37%，
$\sigma_v > 1.2\gamma H$ 的占 69%。我国测点深度最浅的只有几米，最深 500 多米，大多数为 100 m、
200 m。以上分析表明，σ_v 不一定都能用 γH 来表示。在未经过强烈构造运动、岩层产状比
较平缓的条件下，基本等于 γH。而构造运动强烈、岩层产状复杂的地区，σ_v 可能不等于 γH，
多数情况下 σ_v 比 γH 大，有时可比 γH 大几倍，甚至十几倍。

　　（3）水平应力的某些特征

　　由自重应力引起的侧限水平应力与构造应力的水平分量叠加成的水平应力多为压应力，
拉应力甚少，且多为局部性质。

　　实测资料表明，多数地区水平应力 σ_H 大于垂直应力 σ_v（图 6 – 21 中 AB、OC 及 OD 三条
线）。若以 σ_{H1} 及 σ_{H2} 分别表示最大及最小水平应力，则一般情况下 $\sigma_{H1} > \sigma_{H2} > \sigma_v$（表 6 – 6）。

　　大量资料表明，$H < 500$ m 时，σ_H 明显大于垂直应力 σ_v，$H > 1000$ m 时，σ_H 逐渐趋于垂

直应力 σ_v。但是在单薄山体、谷坡附近及未受构造变形及现代构造应力作用的岩体中，也会出现 $\sigma_H < \sigma_v$ 或 $\sigma_{H2} < \sigma_{H1} < \sigma_v$ 的情况，甚至可能有 $\sigma_H = 0$ 的情况。

根据水平应力的大小，对相当于 $H = 100 \sim 200$ m 条件下的大型地下工程的初始应力进行划分，可分为三个等级：

①高构造应力区：$\sigma_H > 15$ MPa，相当于 $\sigma_H \geqslant 3\gamma H$ 的情况。

②一般应力区：$\sigma_H = 5 \sim 15$ MPa，相当于 $\gamma H < \sigma_H < 3\gamma H$ 的情况。

③低应力区：$\sigma_H < 5$ MPa，相当于 $\sigma_H < \gamma H$ 的情况。

从目前国内外实测资料看，大部分地区属于一般构造应力区，有少数属高构造应力区。

水平应力有强烈的方向性，这也表明现代构造应力是其主要成分。根据我国华北地区应力测量资料，最大水平应力 σ_{H1} 与最小水平应力 σ_{H2} 之比为 $1.28 \sim 5.26$，大小相差明显。而最大主应力 σ_{H1} 的方向都是 NWW，接近东西方向，这与华北地区地壳活动有关，如唐山地震构造断裂带总体走向为 NNE，与所测最大主应力方向接近垂直。

6.3　岩体稳定性评价

6.3.1　岩体稳定性及影响岩体稳定性的因素

1. 岩体的稳定性评价

岩体指与工程活动有关的那部分地质体，或者说那部分地壳。如果在工程施工和运营期间，岩体发生了不能容许的变形和破坏就称为岩体失稳，反之则是稳定的。对于岩体在工程施工和运营期间发生的变形和破坏特性分析，称为岩体稳定性分析。

各类工程有不同的结构特点和用途，对岩体的稳定性也有不同的要求。例如拱桥基础对地基岩体的变形要求十分严格，而简支架桥基础则容许一定数量的地基岩体均匀压缩下沉变形；但是，不均匀地基岩体下沉变形对一般工程建筑物来说则是不容许的；还有，在水库边坡上发生一些规模不大的滑坡与崩塌是容许的，而铁路路堑边坡则不容许发生这样的边坡岩体滑动与崩塌。不同的地下工程如铁路或地铁隧道、地下电站厂房、地下储油库等，在施工及运营期间对地下洞室围岩稳定性有不同要求。

研究工程岩体发生失稳的条件及变形破坏的规律，分析可能的有害变形或者可能出现的病害并提出相应的防治对策，即称为岩体稳定性评价。

岩体稳定问题是工程地质学研究的最主要内容，所有野外勘测、室内外试验及各种理论研究都围绕这个中心问题展开。回顾工程地质科学发展的历史，主要存在着两种倾向：一种是以成因地质学为基础，强调野外地质调查，描述工程场地的工程地质条件，进行定性的工程地质分析、分区、分带；另一种是以材料力学为基础，强调严密的力学试验与数学计算，提供一些定量指标。前者虽可对工程的地质环境给出详尽的定性描述，但满足不了严密的工程设计施工所需的定量要求；后者给出了需要的定量指标，但由于缺少对地质环境的认识，给出的参数往往离现场实际情况相差甚远。多年来的工程实践经过无数成功经验与失败教训的总结，越来越多的人认识到，传统的工程地质学与岩石力学必须取长补短、相互结合，才能对当代大型现代化高精度工程建设中的岩体稳定问题的解决作出贡献，推动工程地质学和岩石力学向前发展。

　　岩体工程地质力学是我国工程地质界在上述认识的基础上，通过几十年的努力，目前基本上已形成了一门以研究岩体稳定性为主要任务的新学科——岩体工程地质力学。岩体工程地质力学认为，岩体稳定问题主要是一个岩体结构问题。应力状态也很重要，但它的作用还是要通过岩体结构的力学效应表现出来。岩体结构是在长期地质历史中，经过岩石建造、构造变形和次生蜕变形成的一种地质结构，因此，必须在地质力学背景研究的基础上认识岩体结构。为了做好岩体稳定性评价，必须引进数学力学分析方法和物理力学测试技术。在岩体结构分析中，要考虑应力状态和荷载所起的作用，在力学分析中必须将受力分析与岩体结构相结合、分析方法与岩体结构特性相适应。这种采用地质分析与力学机制分析并重、定性评价与定量评价相结合的工程地质问题分析与评价的技术途径，反映了现代工程地质学在地质学与土力学、岩体力学等结合的基础上，广泛吸收数学、力学的最新成就，充分运用现代测试技术与现代计算技术，沿多学科交叉与综合的途径发展的趋势，已经广泛应用于地下工程围岩稳定性评价和边坡稳定性评价工程实践中，受到了现场有关部门的欢迎。

2. 影响岩体稳定性的因素

　　岩体的稳定性主要取决于岩体的结构特征，但除此之外，还有众多因素也都对岩体稳定性有影响。可以把影响岩体稳定性的因素归纳为以下四个方面：

　　(1)岩体所在位置周围区域地质环境的稳定性

　　岩体所在位置周围地质环境的稳定性对该环境内的岩体稳定性有宏观控制作用。地质环境的稳定性包括区域稳定性、山体稳定性和地面稳定性。

　　1)区域稳定性

　　区域稳定性主要指该地区地壳的构造活动性，特别是新构造运动的强烈程度和由构造断裂引起的地震活动性。有的地区断裂活动比较微弱，地震少而烈度低，地壳稳定性较好，从区域稳定性来评价应属于稳定地区，对建筑物危害较小。而一些地区如新构造运动强烈，表现为地壳上升或下降，甚至新近沉积物也发生褶皱与断裂、发生强烈地震等，则地壳处于不稳定状态，在这种地区修筑工程则岩体稳定难于保证。由于地震活动对工程建设的危害比一般的构造活动更大，因此地震活动性是区域稳定性评价的主要内容之一。

　　2)山体稳定性

　　山体稳定性对工程岩体的稳定性有直接的影响。例如，某段铁路线穿过某处山体以长隧道通过，仅就隧道围岩岩体的稳定性而言可能是非常良好的，但整个山体是一巨大断层上盘，河流从底部冲刷，使整个山体沿断层软弱面向河流方向滑动，山体失稳从而造成穿过该山体的全部铁路工程报废。山体滑动是山体失稳最常见的现象，由于山体失稳导致整个工程废弃的实例在国内外都是很多的。此外，组成山体的岩石的强弱、构造破碎和风化程度、地下水对整个山体的侵蚀破坏等，均是进行山体稳定性评价的重要因素。

　　3)地面稳定性问题

　　地面稳定性问题主要是地表大面积下沉、开裂及陷落等现象。大面积地面下沉常常是由于人类不合理的工程活动所致，例如采矿、抽水、采油、采天然气等活动造成的。随着人类地下采掘活动的规模越来越大，地面稳定性问题也日益突出。在地面失稳地区进行工程建设必须弄清地面失稳对工程岩体稳定性的影响。

　　总之，在工程建设中，首先要解决岩体地质环境稳定性问题，力求在选址阶段对区域、山体、地面的稳定性问题有正确的认识，避免把一些重大工程置于不稳定的地质环境之中。

（2）岩体本身的特征和岩体中地下水的作用

岩体本身的特征和岩体中地下水的作用是决定岩体是否稳定的内在因素，是岩体稳定性评价最重要的根据。

岩体本身的工程性质特征包括：结构体和结构面的特征以及岩体结构特征，其中最重要的是岩体结构类型和软弱结构面的工程性质，这些内容前面已有论述。岩体中的地下水一般都会对岩体稳定起不利影响，绝大多数岩体失稳都不同程度地与地下水有关。地下水对岩体发生着各种物理、化学作用，如软化、冻胀、溶解、动水压力等作用，都会使岩体强度降低、变形增大，从而导致岩体稳定性降低。这方面的基本概念也已在有关章节中作了介绍。

（3）岩体中初始应力状态及所受的工程荷载

岩体中初始应力状态及所受工程荷载是决定工程岩体是否稳定的主要外部因素，是进行岩体稳定性评价的重要边界条件。初始应力是天然生成的，工程荷载则是后来人类工程活动施加的。通常在充分考虑了地质环境稳定性基础上所选定的工程位置，在天然状态下岩体一般是稳定的。但是，工程活动使岩体承受了新的工程荷载，改变了岩体中初始应力状态，在这种情况下岩体能否继续保持稳定是岩体稳定性评价所要解决的基本问题。

（4）工程施工及运营管理的水平

岩体稳定性还与工程施工及运营管理水平有密切关系。缺乏足够根据而随意地改变设计、不合理的施工顺序和施工方法，特别是支护工作不及时、缺乏科学的工程管理手段等都可能导致岩体失稳。

6.3.2　岩体稳定性评价方法

岩体稳定性评价方法的研究发展很快，目前应用比较广泛的有地质分析法、力学计算法和试验研究法。各种方法各有其优缺点和应用条件，应尽可能采取多种方法结合使用，互相检验和补充，并在工程应用中不断完善。

1. 地质分析法

地质分析法是传统的工程地质学的研究方法，它是岩体稳定性评价的基本方法。用这种方法得到的定性分析成果，是进一步定量分析岩体稳定性的基础和指导性资料。具体包括地质调查分析法和工程地质比拟法。

（1）地质调查分析法

地质调查分析法是从现场工程地质勘测着手，对测绘和勘探以及必要的试验观测资料进行工程地质分析，从而判断岩体的稳定性。其优点是对影响岩体稳定性的各种因素考虑得比较全面，据以分析问题的各种资料都是实地勘测所得，比较符合现场岩体实际情况。但定性分析偏多而定量分析少。近年来，地质力学在岩体稳定性评价中的广泛应用推动了岩体稳定性定量评价。

岩体地质力学包括三个方面：①根据破裂结构面的力学性质评价结构面的工程性质，如从结构面抗剪强度来看，张性结构面较剪性结构面大；变形模量则是压性面大于扭性面，扭性面大于张性面。②应用构造体系理论确定结构面的组合、结构体的形式等。③根据构造配套恢复区域构造应力场，为了解岩体中的天然应力状态指明方向。

（2）工程地质比拟法

　　根据对天然岩体的稳定性及已建工程岩体的稳定性进行大量的统计分析，对待建工程岩体的各种相应条件进行对比，从而确定待建工程岩体稳定性的方法，此方法称为工程地质比拟法。通常，在大量统计研究的基础上，各工程部门根据本部门的需要，制订出一系列数据表，为不同地质条件下保持岩体稳定提出了可供参考使用的重要参数数据，例如边坡的坡度、高度；地下硐室的形状、衬砌厚度和支护要求；地基容许承载力等。由于表中给出的各种地质条件有限，待建工程岩体的地质条件又很难与表中规定的条件完全相同，所以，表列数据只能作为重要的参考资料。

　　例如，在软弱基座产状水平的坡体中，上覆坚硬岩层的拉裂起始于与软弱面的接触面特征。坡体前缘可出现局部坠落，并发展为块状滑坡。当上覆岩层也具有一定塑性时，被下伏呈塑流状的软岩载驮着向临空方向滑移，并在其后缘产生拉裂造成陷落进一步发展为滑坡。其演变过程可总结为图 6－22，结合现场调研情况我们便可以判定坡体所处的稳定状态。

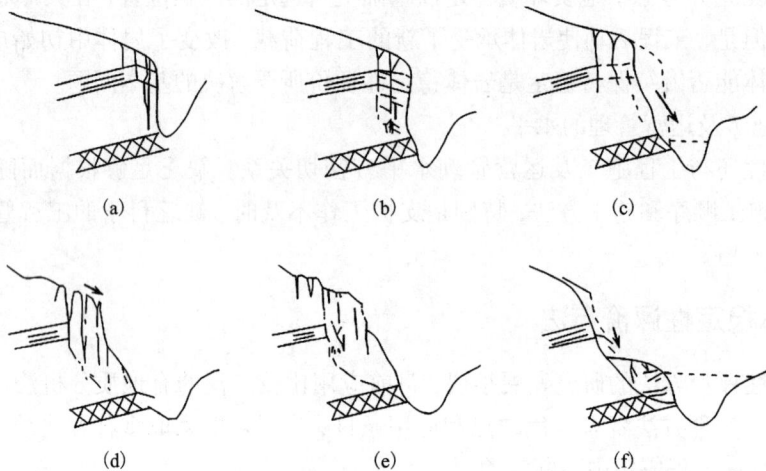

图 6－22　软弱基座陡崖塑流—拉裂演化过程示意图
(a)卸荷回弹拉裂；(b)前缘塑流—拉裂；(c)前缘倾倒崩落；
(d)深部塑流—拉裂；(e)转化为蠕滑—拉裂；(f)崩滑

　　通过分析软弱基座缓倾坡内的陡崖变形过程，对照现场变形处于哪个阶段，相应地便可确定边坡体稳定状态及未来的发展趋势。

2. 力学计算法

　　一般采用图解分析与结构受力计算相结合的方法。力学计算是岩体稳定性定量评价的主要方法之一，虽然用于岩体稳定分析还缺乏严密、系统的理论，但却代表着岩体稳定性评价方法的一个重要发展方向。当前较常用的方法有两种：赤平极射投影图解法和数值计算法。

　　(1)赤平极射投影图解法

　　用赤平极射投影图解和实体比例投影图解确定岩体中各种结构面的组合关系，并求得可能失稳块体的位置、产状、形状和大小，可能的失稳形式。然后根据极限平衡理论，计算可能失稳块体在可能失稳方向上的安全系数(K)(K 为抗失稳力与失稳力之比)。$K > 1$ 为稳定，$K < 1$ 为失稳，$K = 1$ 为极限平衡状态。

　　(2)数值计算法

数值计算法涉及复杂环境条件和复杂介质体系的力学问题，无法用现成的数学力学理论作确切的描述，数值计算理论为解决这些问题提供了可能的手段。其中，有限单元法用于岩体稳定性评价，是把被分析的岩体理想化为连续介质力学问题，先要将岩土体离散化，即把连续的弹性体变换成一个由有限多个有限大小的构件所组成的离散的结构物，这些有限大小的构件就称为单元，单元由节点相互联结。对于平面问题，单元的形状常用的有三角形和四边形。每一单元所受的荷载都按静力等效原则移置到节点上，成为节点荷载，于是连续体内各部分的应力及变形就可通过节点相互传递。显然，岩层面、断层面等结构面都应当是单元间的分界面。在此每个单元都是相互独立的构件，可以具有不同的物理特性，既方便处理岩体非均质的问题，又可得到整个岩体的力学平衡关系，为复杂介质体系的研究提供了极大的方便。通过计算，可以得到位移分布图、主应力分布图、等应力线图等，可以清楚地看出应力集中区、拉应力分布区等可能的不稳定区域。

此外，还有考虑大变形的离散单元法、边界元法。这些方法不仅可以解决模拟连续的弹塑性岩体，还可以解决块状、断层等不连续岩体的稳定性评价问题，甚至还可用来分析流变问题等。

3. 试验研究方法

试验研究方法主要指模型试验法和模拟试验法。其中模型试验法侧重于机制方面的试验，而模拟试验则是在现场原型调研基础上，利用相似理论人工制造的模型和受力条件去模仿实际的工程岩体原型及实际的受力条件，通过室内模型模拟试验观察人工模型的稳定性来评价实际岩体的稳定性。该法要求满足几何相似、边界条件相似、物理参数相似等，方法有相似材料模型试验和光弹模拟试验。模拟试验是在相似理论的基础上，用人工制造的模型和受力条件去模仿实际工程岩体及实际受力条件，通过室内模拟试验观察模型的稳定性来评价实际岩体的稳定性。这种方法，由于在模型制作和试验过程中能够考虑岩体的各种地质条件和受力状态，并使之与实际情况尽量接近，所以它是一种比较直观的方法，有时能够解决理论分析中尚不能解决的问题。目前限于试验条件的要求，试验研究还不十分普及，但国内外重大工程岩体稳定性评价工作都已把它列为一项重要的研究内容。

6.4 工程部门应用的某些经验数据

以工程地质比拟法为基础，在总结了大量工程实践中的经验后，工业民用建筑、铁路等部门在自己的工程技术规范中提出了评价岩质桥基和隧道围岩的方法，对岩质边坡设计也提出了一些经验数据。

6.4.1 地基承载力

岩石地基承载力（σ）的确定必须考虑构造因素和地下水长期软化对承载力降低的影响，一般情况下可比照表 6-7 和表 6-8 确定。对于风化岩层应根据风化程度的情况，比照碎石类土和砂类土情况予以确定。

表 6 – 7　铁路建筑物岩石地基的基本承载力(MPa)

节理发育程度 节理间距 岩石名称	节理不发育或较发育 >40	节理发育 20 ~ 40	节理很发育 2 ~ 20
硬质岩	>3.0	2.0 ~ 3.0	1.5 ~ 2.0
软质岩	1.5 ~ 3.0	1.0 ~ 1.5	0.8 ~ 1.0
极软岩	0.8 ~ 1.2	0.6 ~ 1.0	0.4 ~ 0.8

注: 对于复杂的岩层(如溶洞、断层、软弱夹层、易溶岩石等) 则应个别研究确定; 裂隙张开或有泥质充填应取低值。

表 6 – 8　工业与民用建筑岩石地基容许承载力(MPa)

岩石类别	风化程度		
	强风化	中等风化	微风化
硬质岩石	0.5 ~ 1.0	1.5 ~ 2.5	≥4.0
软质岩石	0.2 ~ 0.5	0.7 ~ 1.2	1.5 ~ 2.0

注: 对于微风化的硬质岩石, 其容许承载力如取≥4.0 MPa 时, 应另行研究确定。

6.4.2　隧道围岩分类

1. 《工程岩体分级标准》中的围岩分级

隧道围岩指隧道(或坑道) 周围一定范围内, 对隧道或坑道稳定性能产生影响的岩土体。围岩级别影响着隧道结构的安全、生产安全、成本和工程进度。在详测阶段和施工设计阶段, 特别是施工期必须进行定性与定量相结合的分级, 并应根据勘测测试资料和开挖揭露的岩体进行观察量测, 对初步分级进行检验和修正, 确定围岩的详细分级。

围岩分级的确定方法原来规范采用以定性为主, 新规范则采用定性与定量分析相结合的方法。按照国标《工程岩体分级标准》(GB/T 50218—2014) 采用二级分级法: 首先, 按岩体的基本质量指标 BQ 进行初步分级; 然后, 针对各类工程岩体的特点, 考虑其他影响因素如天然应力、地下水和结构面方位等对 BQ 进行修正, 再按修正后的[BQ]进行详细分级。

(1) 围岩初步分级

围岩基本质量指标 BQ 公式为

$$BQ = 90 + 3R_c + 250K_v \qquad (6-12)$$

式中: R_c 为岩块饱和单轴抗压强度, MPa; K_v 为岩体的完整性系数, 可用声波试验资料按下式确定

$$K_v = \left(\frac{v_{mp}}{v_{rp}} \right)^2 \qquad (6-13)$$

式中: v_{mp} 为岩体纵波速度; v_{rp} 为岩块纵波速度。

当无声波试验资料时, 也可用岩体单位体积内结构面条数(J_v), 可查表 6 – 9 求得。

表 6 – 9　结构面条数(J_v) 与完整性系数(K_v)对照表

$J_v/($ 条 · m$^{-3})$	<3	3 ~ 10	10 ~ 20	20 ~ 35	>35
K_v	>0.75	0.75 ~ 0.55	0.55 ~ 0.35	0.35 ~ 0.15	<0.15

岩体的基本质量指标主要考虑组成岩体岩石的坚硬程度和岩体完整性。按 BQ 值和岩体质量定性特征将岩体划分为 5 级，见表 6 – 10。

表 6 – 10　岩体质量分级

基本质量级别	岩体质量的定性特征	岩体基本质量指标(BQ)
I	坚硬岩，岩体完整	> 550
II	坚硬岩，岩体较完整；较坚硬岩，岩体完整	550 ~ 451
III	坚硬岩，岩体较破碎；较坚硬岩或软、硬岩互层，岩体较完整；较软岩，岩体完整	450 ~ 351
IV	坚硬岩，岩体破碎；较坚硬岩，岩体较破碎—破碎；较软岩或软硬岩互层，且以软岩为主，岩体较完整—较破碎；软岩，岩体完整—较完整	350 ~ 251
V	较软岩，岩体破碎；软岩，岩体较破碎—破碎；全部极软岩及全部极破碎岩	< 250

注：表中岩石坚硬程度按表 4 – 7 划分。

(2)围岩级别的修正

当地下洞室围岩处于高天然应力区或围岩中有不利于岩体稳定的软弱结构面和地下水时，对岩体 BQ 值应进行修正得到修正值$[BQ]$，然后参照表 6 – 10 进行围岩分级。

修正值$[BQ]$按下式计算

$$[BQ] = BQ - 100(K_1 + K_2 + K_3) \qquad (6 - 14)$$

式中：K_1 为地下水影响修正系数，按表 6 – 11 确定；K_2 为主要软弱面产状影响修正系数，按表 6 – 12 确定；K_3 为天然应力影响修正系数，按表 6 – 13 确定。

表 6 – 11　地下水影响修正系数(K_1)表

	BQ	> 450	450 ~ 350	350 ~ 250	< 25
地下水状态	潮湿或点滴状出水	0	0.1	0.2 ~ 0.3	0.4 ~ 0.6
	淋雨状或涌流状出水，水压 ≤0.1 MPa，或单位水量 < 10 L/min	0.1	0.2 ~ 0.3	0.4 ~ 0.6	0.7 ~ 0.9
	淋雨状或涌流状出水，水压 > 0.1 MPa，或单位水量 > 10 L/min	0.2	0.4 ~ 0.6	0.7 ~ 0.9	1.0

表 6 – 12　主要软弱结构面产状影响修正系数(K_2)表

结构面产状及其与洞轴线的组合关系	结构面走向与洞轴线夹角 $\alpha < 30°$，倾角 $\beta = 30° ~ 75°$	结构面走向与洞轴线夹角 $\alpha > 60°$，倾角 $\beta > 75°$	其他组合
K_2	0.4 ~ 0.5	0 ~ 0.2	0.2 ~ 0.4

表 6-13 天然应力影响修正系数(K_3)表

	BQ	>550	550~450	450~350	350~250	<250
天然应力状态	极高应力区	1.0	1.0	1.0~1.5	1.0~1.5	1.0
	高应力区	0.5	0.5	0.5	0.5~1.0	0.5~1.0

注：极高应力指 $\sigma_{cw}/\sigma_{max} < 4$，高应力指 $\sigma_{cw}/\sigma_{max} = 4~7$；$\sigma_{max}$ 为垂直洞轴线方向平面内的最大天然应力。

2. 公路隧道设计规范(JTG D70—2004)中的公路隧道围岩分级

区别于老规范，新规范关于围岩级别划分的主要依据为：岩石坚硬性(岩石等级划分)、围岩结构特征和完整状态、围岩开挖后的稳定状态及围岩弹性纵波速度等。围岩级别与围岩稳定性的关系见表 6-14。

3. 铁路隧道设计规范(TB 10003—2005)中的铁路隧道围岩分级

围岩基本分级仍然以岩石坚硬程度和岩体完整程度两个因素进行分级，围岩基本分级见表 6-15。

表 6-14 公路隧道围岩分级(表)

围岩级别(新规范)	I	II	III	IV	V	VI
稳定性	最好					最差

表 6-15 围岩基本分级

级别	岩体特征	土体特征	围岩弹性纵波速度/(km·s^{-1})
I	极硬岩，岩体完整	—	>4.5
II	极硬岩，岩体较完整；硬岩，岩体完整	—	3.5~4.5
III	极硬岩，岩体较破碎；硬岩或软硬岩互层，岩体较完整；较软岩，岩体完整	—	2.5~4.0
IV	极硬岩，岩体破碎；硬岩，岩体较破碎或破碎；较软岩或软硬岩互层，且以软岩为主，岩体较完整或较破碎；软岩，岩体完整或较完整	具压密或成岩作用的黏性土、粉土及砂类土，一般钙质、铁质胶结的碎(卵)石土、大块石土、(Q_1，Q_2)黄土	1.5~3.0
V	软岩，岩体破碎至极破碎；全部极软岩及全部极破碎岩(包括受构造影响严重的破碎带)	一般第四系坚硬、硬塑黏性土，稍密及以上、稍湿、潮湿的碎(卵)石土、圆砾土、角砾土、粉土及(Q_3，Q_4)黄土	1.0~2.0
VI	受构造影响很严重呈碎石、角砾及粉末、泥土状的断层带	软塑状黏性土、饱和的粉土、砂类土等	<1.0 (饱和状态的土 <1.5)

然后，结合隧道工程的特点，考虑地下水状态、初始地应力状态等必要的因素进行修正，

得到施工阶段围岩分级，以便准确地指导现场施工。

围岩级别判定时的几点注意事项。

①要及时发现设计是否与施工现场一致，不能盲目按设计施工，如有变化应按规定程序处理。

②认真观察描述掌子面状态，为详细地确定围岩分级提供依据。

③不推荐其他评价方法。

④规范地使用工程术语。

⑤发现围岩级别有变化，需立即拍照，标明位置并及时反映情况或作应急处理。

⑥软、硬岩需有强度数据。

⑦围岩级别与类别对照表是一种大致的对应关系，应用中可能会存在一些问题，特别是对于Ⅲ～Ⅴ级划分并不完全对应，应开展专项研究。

⑧应按隧道开挖的实际自稳能力作为检验围岩定级正确与否的标志。

━━━━━━━━　**重点与难点**　━━━━━━━━

重点：岩体结构类型；岩体结构面类型和特征；结构面强度特征；岩体工程性质及岩体中天然应力分布特点；隧道围岩分类。

难点：结构面强度特性；岩体中天然应力分布特点。

━━━━━━━━　**思考与练习**　━━━━━━━━

1. 何谓岩体？岩体与岩石有何不同？

2. 何谓岩体结构面？结构面是如何分类的？岩体中结构面的存在对工程建筑会产生怎样的影响？

3. 何谓软弱夹层？软弱夹层的存在对工程建筑会产生怎样的影响？

4. 为什么要重视对软弱夹层和泥化软弱夹层结构面的研究？

5. 各种成因类型结构面中的软弱夹层都包括哪些？

6. 何谓岩体结构体？岩体结构体的类型有哪些？

7. 岩体结构可以划分为哪些类型？简述不同结构类型岩体的工程地质性质？

8. 何谓天然地应力？简述天然地应力对工程建设的意义。

9. 岩体的稳定性分析主要有哪些方法？各自有何特点？

10. 影响岩体稳定性的因素主要有哪些？

11. 简述隧道围岩分类方法。

第 7 章

不良地质作用

山区是各种地质作用盛行的地区，这些作用直接影响到山区铁路、公路与民用建筑、公路及工业民用等工程建筑物的稳定，可以造成很大的危害。铁路、公路及民用建筑部门将这些危害工程建设的自然地质作用统称为不良地质作用，由此造成的危害称为病害。通常主要遇到的有滑坡、崩塌、岩堆、泥石流和岩溶等不良地质作用。

7.1 滑坡

滑坡是一定自然条件下斜坡上部分岩土体，在重力作用下，由于自然及人为等因素的影响，沿一定的软弱面或滑动带，整体表现为缓慢的、个别快速的以水平位移为主的变形现象，民间俗称"地滑""龙爬"或"垮山"。滑坡常发生在铁路、公路等基础工程建设的路堑开挖中或不良斜坡地段，已给国民经济和人民生命财产造成了巨大损失，被世界各国所关注，并在 1990 年《国际减轻自然灾害十年》中被列为八大灾害之一（图 7 - 1）。我国是一个多山国家，地

图 7 - 1 滑坡灾害

「2014 年 3 月 24 日美国华盛顿州 Oso 发生的滑坡灾害造成 8 人死亡和 108 人失踪。滑坡体堵塞了高速公路和河流（stillaguamish river）（资料来源于 CNN, 2014 - 03 - 24）」

质条件复杂，滑坡灾害尤为严重，给我国各行各业，如交通运输、厂矿、水库电站、水利设施、城乡建设等造成了巨大的经济损失和灾害。我国在过去数十年中整治了数以千计的滑坡，同时也花费了巨资。例如宝天铁路整治滑坡等灾害的投资达到每千米平均 169 万元，超过新建该线的投资；仅 1980 年成昆铁路铁西车站滑坡治理费用就高达 2300 万元。我国每年施工的抗滑桩超过上万根，投资达数亿元。还有，1981 年宝成线北段暴雨成灾，引起大量的滑坡、泥石流，整段路基被毁，桥梁冲垮，中断行车数月，一些地段不得不作局部改建，损失巨大，抢建工程历时四年之久才结束。

然而，在山区修建铁路、公路及民用建筑，要完全避免通过滑坡地区是不可能的。这就要求在勘测设计阶段，勘测人员对线路通过地区作精密细致的调查，查明已经出现的滑坡和施工时可能引起的滑坡，认真分析滑坡滑动的原因，预测滑坡发生、发展的过程，做到事先识别滑坡，防患于未然。对已有的滑坡，做好监测工作，制订整治措施，确保铁路、公路及民

用建筑运输的安全。1985 年 6 月 12 日长江西陵峡新滩北岸，发生 $3 \times 10^7 \mathrm{m}^3$ 的大滑坡，由于预报及时、准确，事先做好了撤离工作，避免了伤亡。还有，1995 年 1 月 31 日的甘肃永靖县黄茨滑坡（$6 \times 10^6 \mathrm{m}^3$），由于滑坡发生前的准确预报，使数千人的村镇无一人伤亡，预报技术达到了世界领先水平。

7.1.1　坡体变形破坏的机理与类型

1. 滑坡形成机理

坡体在一定的应力状态下将发生不同规模的变形，甚至进入破坏阶段。从变形到破坏，或形成滑坡必定要经历一个较长时间的变形过程。一般大型滑坡滑动面形成不像均质土层中小型滑坡的弧形滑面那样一次性贯通，而要经过很长时间的变形期或孕育期逐步贯通，或者变形发展到突然失稳破坏有一个很长的发展演变期。一般情况下，坡体后缘首先出现拉裂缝，并逐渐加宽和向深部延伸，同时在前缘由于剪应力集中而产生缓慢的蠕动剪切滑移，并形成蠕滑面。这两种不同性质的破裂面均不断向坡体内部发展、延伸，使得位于坡体中部的锁固段不断变窄、长度不断变短，锁固段的剪应力集中程度因而也不断集中变大，一旦锁固段抗剪强度小于不断增大的剪应力，锁固段就会被突然剪断，形成贯通的滑动面，出现坡体突然整体性失稳并快速下滑，这即是大型滑坡在这一特殊地质体的发展演化过程（图 7 - 2）。

滑坡形成机理分析也是研究变形演化发展到失稳破坏的这一过程。坡体的变形破坏一般可以分为卸荷回弹和蠕变两个过程。

卸荷回弹是由坡体内积存的弹性应变能释放而产生的，在高地应力区尤为明显，表现为向坡体临空方向回弹膨胀，造成岩体原有结构的松动；同时，在残余地应力及部分集中应力作用下，产生一系列新的表生结构面（图 7 - 3）。

图 7 - 2　滑坡形成示意图

蠕变指在坡体应力（以自重为主）长期作用下发生的一种缓慢而持续的变形，此变形包含某些局部破裂，其规模甚至可以发展至大的断裂带。坡体随着蠕变的不断发展而不断松弛，表部裂缝不断扩大，潜在滑动面逐步贯通。

2. 坡体变形破坏的类型

坡体在演变过程中，一旦出现与临空方向贯通的破裂面，并使其分割体以一定的加速度脱离母体时，则坡体进入破坏阶段。关于对斜坡破坏的分类，国内外已有许多不同的方法。国外常将斜坡岩、土体顺坡向下运动的一切现象，统称为滑动。

国际工程地质协会（IAEG）滑坡委员会建议（D. M. Cruden，1989）采用 Varnes 滑坡分类（D. Varnes，1978）作为国际标准方案。该分类综合考虑了斜坡的物质组成和运动方式。按物质组成分为岩质和土质斜坡。按运动方式划分为崩落（塌）、倾倒、滑动（落）侧向扩离和流动等五种基本类型。此外，还可组合成多种复合类型，如崩塌 - 碎屑流、滑坡 - 泥石流等。

国内则主要将坡体变形破坏分为滑坡和崩塌两种形式，就坡体破坏机制而言，崩塌以拉断破坏为主，滑坡以剪切破坏为主，而泥石流则作为一种与坡体变形破坏有关的地质现象（后面章节论述）。

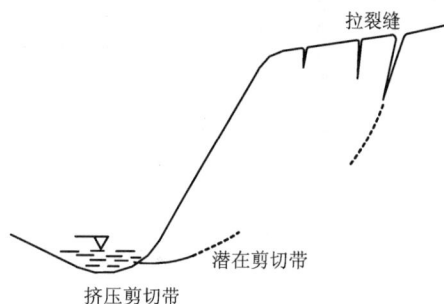

类型		图示
应力分异破裂面	拉裂面	
	压制拉裂面	
	剪裂面	
差异回弹破裂面	拉裂面	
	剪裂面	

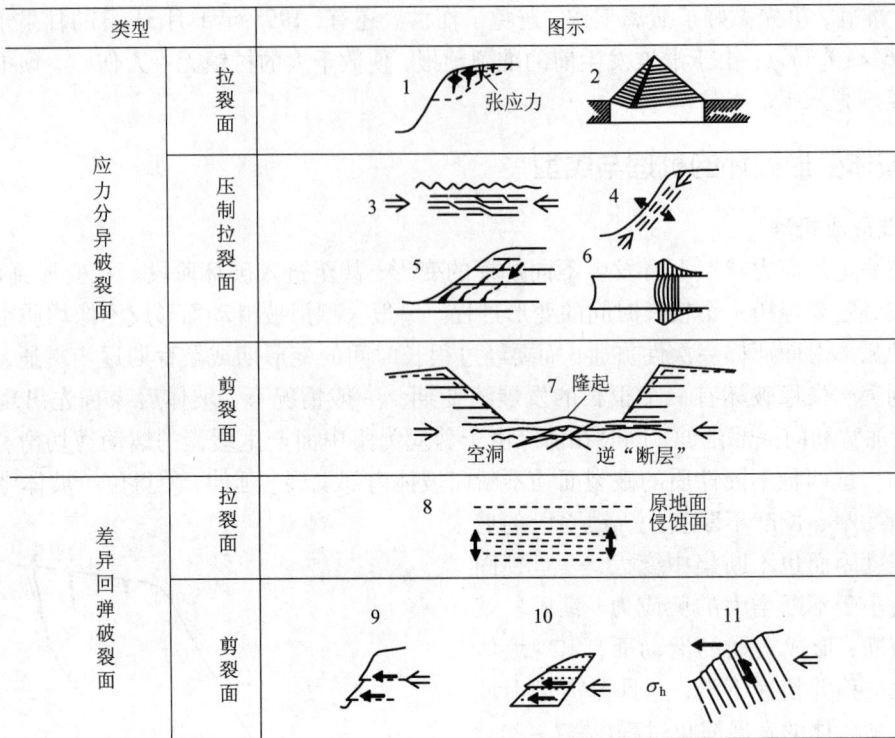

图 7 - 3　岩体中卸荷回弹结构面类型示意图

　　国内将斜坡岩、土体沿一定的软弱面或软弱带整体向下滑动者称为滑坡。为了识别滑坡和防治，一般可将滑坡定义为：在一定条件下的坡体由于河流冲刷、人工切坡、地下水活动或地震、强降雨等因素影响或激发，导致部分土体或岩体在重力作用下沿着一定的软弱面或带整体的缓慢或高速、间歇性或瞬间性地以水平位移为主的运动现象。一般滑坡在滑动过程中，常常在地面留下一系列的滑动特征，这些形态特征可以作为判断滑坡是否存在的可靠标志，具体如环状后壁、台阶、垅状前缘等滑坡要素。

7.1.2　滑坡体外貌特征

　　通常一个发育完全的、比较典型的滑坡，具有下列形态特征(图 7 -4)。

1. 滑坡体

　　脱离斜坡向下滑动的那部分土体叫作滑坡体。滑坡体上的岩、土虽然经过滑动，但仍大体上保持原有的层位关系和节理、构造特点。滑坡体的体积大小不等，小的仅十几立方米至几十立方米，大型滑坡可达几百万立方米至几千万立方米，甚至有的可达数亿立方米。

2. 滑坡床和滑坡周界

　　滑动面以下稳定不动的岩体称为滑坡床。平面上滑坡体与周围稳定不动岩土体的分界线称滑坡周界。

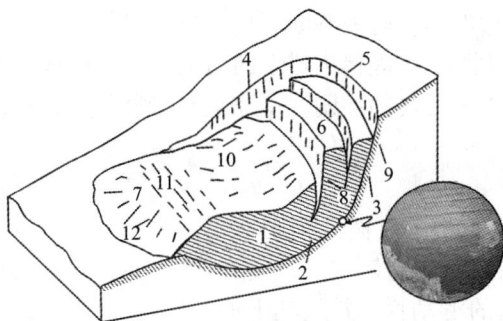

图 7 – 4　滑坡形态特征

1—滑坡体；2—滑动面；3—滑坡床；4—滑坡周界；5—滑坡壁；6—滑坡台阶；
7—滑坡舌；8—张裂隙；9—主裂隙；10—剪裂隙；11—鼓胀裂隙；12—扇形裂隙

3. 滑动面

滑坡体滑动时与其下不动部分之间形成了一个分界面，滑坡体沿着这个面下滑，此面就是滑动面。有些滑坡有明显的滑动面，有滑坡可以有几个滑动面，也有些滑坡没有明显的滑动面，只是在滑坡床以上有一层数厘米至数米的软塑状的岩、土体，其叫作滑动带。

由于组成滑坡的物质成分不同，滑动面可以是各不相同的，但大多数滑动面是由黏土夹层或其他较弱岩层所构成的，如页岩、泥岩、千枚岩、片岩等。滑动时产生的强烈摩擦，往往使滑动面光亮如镜，有时能见到清晰的滑动擦痕。

滑坡勘探的一项重要工作就是寻找滑动面，确定滑动面的位置，为经济、合理地设计挡墙、抗滑桩等防护工程提供依据。

4. 滑坡壁

滑坡体后缘与不滑动部分断开处形成高数十厘米至数十米的陡壁叫作滑坡壁。实际上，滑坡壁就是滑动面在滑体上部地面上出露的部分。

5. 滑坡台阶

滑坡体上因多次滑坡或者滑体各部分滑动速率的差异，常形成阶梯状的地面叫作滑坡台阶。在两个台阶相连处可以形成反坡地形，该处因排水不利常积水成湿地或海子。

6. 滑坡裂隙

滑坡体各部分向下滑动速度不同，受力不匀，可以形成一系列不同性质的裂隙。在滑体后缘受拉力作用形成平行后缘滑坡壁的弧形拉张裂隙，通常把拉张裂隙的最外一条，即与滑坡壁重合的裂隙称作滑坡主裂隙。

滑体两侧受边缘未滑动部分的牵引，可以形成与滑坡壁成锐角的剪切裂隙。

滑体的前缘由于岩土体的黏滞性和摩擦形成的阻力，滑体隆起形成滑坡鼓丘，在滑坡鼓丘附近出现张开的膨胀裂隙，其方向垂直滑动方向。

滑坡的最前缘如舌状向前伸出的部分叫作滑坡舌。滑坡在前缘向两侧扩散时，形成张开的平行滑动方向的张开裂隙，在滑坡舌部呈放射状。

上述滑坡形态特征，有些形态发育较为明显，有些形态发育不完整就不明显。通常，利用滑坡体上各种地貌、地物特征，如在滑坡体上房屋开裂甚至倒塌，滑坡体上的马刀树和醉汉林现象，滑坡周界处双沟同源现象，滑坡体表面坡度比周围未滑动斜坡坡度变缓等,可判断坡体是否发生过滑动。野外判断斜坡上是否滑动,必须综合多种形态特征,若仅仅根据一两个形态特征作判断,可能得出错误的结论。一般刚滑动不久的滑坡体滑坡形态明显,而形成很久的老滑坡由于流水的冲刷、人为改造,则滑坡形态逐渐变得模糊。

7.1.3 滑坡形成条件

滑坡发生受坡体岩石类型、斜坡几何形状、水的活动、人为因素等多种因素的影响。只要在坡体内部形成了一个贯通的滑动面,并且其上面的下滑力超过抗滑力就会滑动。为了说明滑坡发生的条件,以图7-5斜坡的受力情况进行分析。

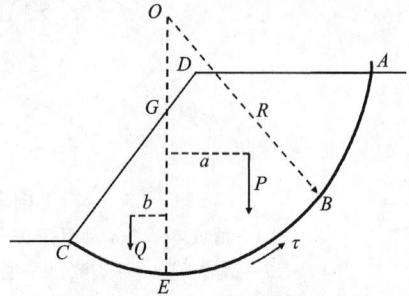

图7-5 斜坡的受力情况分析

假设可能发生滑动的滑动面 ABEC 为圆柱面,滑动面圆心为 O,自 O 点作垂线 OE 将斜坡分为两部分,右侧 ABEGD 部分在自重 P 的作用下,将沿着滑动面往下滑动,是斜坡体滑动的一部分。左侧 ECG 位于坡脚,自重为 Q,起着抗滑动的作用,是抗滑部分。作用在斜坡上的力矩有

$$P \cdot a - Q \cdot b - \sum \tau R = 0 \tag{7-1}$$

$$P \cdot a = Q \cdot b + \sum \tau R \tag{7-2}$$

设

$$K = \frac{Q \cdot b + \sum \tau R}{P \cdot a} \tag{7-3}$$

式中:P 为 ABEGD 部分自重,对于 O 点的力臂为 a;Q 为 ECG 部分自重,对于 O 点的力臂为 b;τ 为作用在单位滑动面上的抗剪力,至 O 点的力臂为 R;$\sum \tau$ 为沿 ABEC 整个滑动面的抗剪力之和。

由静力平衡条件可知,所有作用在斜坡面上的力,对于任意一点的力矩之和应等于零,(图7-5中所有力对于 O 点的力矩),则 K 为稳定系数。

由公式(7-3)可知,$K > 1.0$ 时,即抗滑力矩大于滑动力矩,斜坡处于稳定状态;$K < 1.0$ 时,斜坡发生滑动;$K = 1.0$ 时,斜坡处于临界状态。

当斜坡体内某一部位的下滑力超过抗滑力时,发生局部的岩土体剪切破坏,其宏观表现是地面出现裂缝,只有这种破坏延伸、扩展到整个斜坡体内形成一个上、下贯通的破裂面时坡体方可能沿此面滑动。如果在斜坡上部开始发生局部破坏,然后再向下发展则形成推动式滑坡,反之,破坏发生在斜坡前部,逐渐向上扩展,则形成牵引式滑坡。

滑坡发生条件受岩石类型、斜坡几何形状、水的活动和人为等多种因素影响。

(1)岩石类型

斜坡的岩石组成有坚硬岩石、软质岩石和土。其中坚硬岩石如致密坚硬的花岗岩、石英岩和石灰岩等;软质岩土如页岩、泥岩、千枚岩及各种成因的第四纪松散沉积物。由于软质岩土抗剪强度低,多含黏土矿物,遇水易于软化、可塑,强度降低,滑坡多沿着第四纪松散沉积物与基岩的接触面滑动。

(2)斜坡几何形状

斜坡内应力直接受其外形控制,一旦改变其外形(坡度、坡高等),其内应力必然发生调整。许多坡体因河流冲刷坡脚,或人工开挖坡脚常导致滑坡发生,尤其是坡脚形成压应力集中的部位,而在坡面、坡顶则易于形成拉应力的集中。

（3）水的活动

滑坡的发生大多与地下水密切相关。大气降水、地表水下渗，导致坡体岩土容重增大、滑带土强度降低，甚至产生动水压力促使坡体下滑。

（4）人为因素

施工阶段，开挖路堑，堆土筑堤，也常造成滑坡。这主要由于切坡不当，或土石方压重而改变斜坡体的原始平衡条件。如据川黔线资料，施工前赶水至贵阳段 51 个地质不良工点中滑坡只有 3 处，施工后滑坡达到 70 处。这些滑坡绝大多数是施工期间发生的，说明人为因素对滑坡的产生有很大的影响。

此外，地震也诱发大量的滑坡。如 1973 年四川炉霍大地震，沿鲜水河谷发生 133 处滑坡。地震使斜坡岩体结构受反复振动作用而破坏，抗剪强度降低，沿着岩土体已有软弱面或新产生的软弱面发生滑坡。一般认为，在 5～6 级以上的地震就可能引起滑坡。列车振动有时也能促使斜坡滑动，1952 年宝天线上一列火车刚通过滑坡地区，斜坡上便产生了滑动。

7.1.4　滑坡分类

自然界滑坡数量繁多，发育在各种不同的斜坡上，组成的岩石类型又不尽相同，滑动时表现出各不相同的特点。为了更好地认识和治理滑坡，对滑坡作用的各种环境和现象特征及形成滑坡的各种因素进行概括，以反映出各类滑坡的特征及其发生发展的规律，从而有效地预防滑坡的发生，或在滑坡产生之后有效地治理或减小其危害，这就是滑坡分类的目的。

滑坡的分类方案很多，依据分类的原则、指标和目的不同而不同。常用的主要有以下几种分类。

1. 按滑动面与岩层构造特征分类

（1）均质滑坡

多发生在均质土体，极度破碎及强烈风化的岩体中，滑动面不受岩体中已有结构面控制，而是决定于斜坡内部应力状态和岩土的抗剪强度关系。滑动面常近似为一圆弧面（图 7-6）。

（2）顺层滑坡

这类滑坡是顺着岩层面或软弱结构面发生滑动。多发生在岩层走向与斜坡走向一致，倾角小于坡角，倾向坡外的条件下。也可沿着坡积物与基岩接触面发生。顺层滑坡在岩质边坡中较常见，有时岩层倾角仅 10°左右即可滑动（图 7-7）。

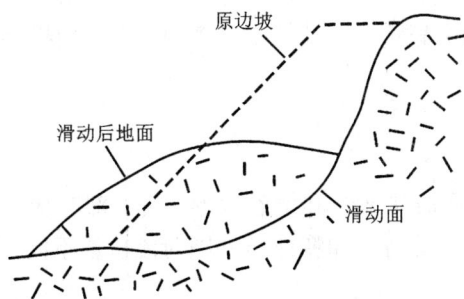

图 7-6　均质滑坡

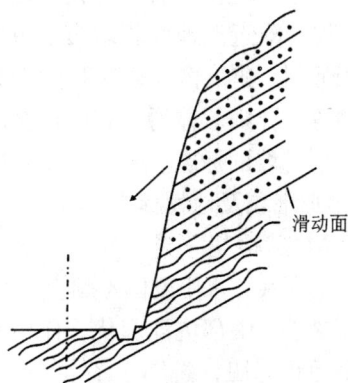

图 7-7　顺层滑坡

(3)切层滑坡

滑动面切割岩层面,沿着断裂面、节理面等软弱结构面组成的面滑动。如湘黔铁路镇远车站大罗汉山滑坡就是切层滑坡。滑动面为垂直或斜交岩层面的节理面(图7-8)。

2. 按滑坡力学特征分类

(1)推动式滑坡

滑体下部由于受到河流冲刷等作用先失去平衡发生滑动,逐渐向上发展,使上部滑体受到牵引而随后发生滑动。

(2)牵引式滑坡

滑体上部由于受到荷载等作用先发生局部破坏,上部滑动面局部贯通,向下挤压下部岩土体,最后形成整体滑动。

图 7-8　切层滑坡

推动式滑坡一般用刷方减重的办法处理、牵引式多采用支挡结构整治。

3. 其他分类

(1)按组成滑体的物质分类

滑坡可分为黏性土滑坡、黄土滑坡、碎石土滑坡、堆填土滑坡、堆积土滑坡、破碎岩石滑坡和岩石滑坡。

(2)根据滑坡的物质组成与地质构造的关系分类

滑坡可分为覆盖层滑坡、基岩滑坡和特殊滑坡等。

(3)依据滑坡体厚度分类

滑坡可分为浅层、中层、深层、超深层滑坡等。通常浅层滑坡 <5 m;中层滑坡为 5～20 m;深层滑坡为 20～50 m;极深层滑坡 >50 m。

(4)据滑坡规模分类

目前主要依据滑坡体的体积进行分类,滑坡主要可分为小型、中型、大型、超大型等。

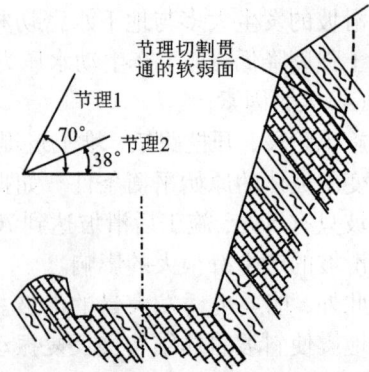

7.1.5　滑坡的野外识别

斜坡在滑动之前常有一些先兆现象,如地下水位发生显著变化,干涸的泉水重新出水并且混浊、坡脚附近湿地面积增多及范围扩大;斜坡上部不断下陷、外围出现弧形裂缝、坡面树木逐渐倾斜、建筑物开裂变形;斜坡前缘土石零星掉落、坡脚附近土石被挤紧并出现大量鼓张裂缝等。伴随坡体滑动之后也会出现一系列的变异现象。这些变异现象,为我们提供了在野外识别滑坡的标志。其中主要有以下几种。

1. 地形地貌及地物标志

(1)圈椅状地貌

滑坡的存在,常使坡体不顺直、不圆滑而造成圈椅状地形和槽谷地形,其上部有陡壁及弧形拉张裂缝,中部坑洼起伏,有一级或多级台阶,其高程和特征与外围河流阶地不同,两侧可见羽毛状剪切裂缝。

(2)河床凹岸反向河中突出

下部有鼓丘,呈舌状向外突出,有时甚至侵占部分河床,表面多鼓张扇形裂缝。

（3）双沟同源现象

滑坡两侧常形成沟谷，呈现双沟同源现象（图 7 - 9）。

（4）树木歪倒

有时滑坡体上部存在积水洼地，喜水植物茂盛，有"醉汉林"或"马刀树"（图 7 - 10）和建筑物开裂、倾斜等现象。"醉汉林"主要发生在滑坡刚滑动不久，树木倾斜呈醉汉状；"马刀树"则发生在滑动停止时间较长时，树干上部垂直地面生长形成为"马刀树"。

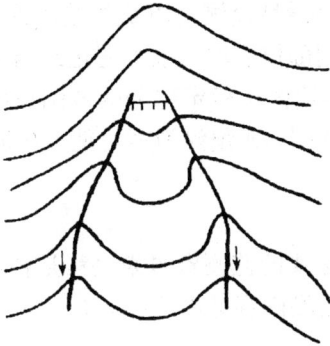

图 7 - 9　双沟同源现象

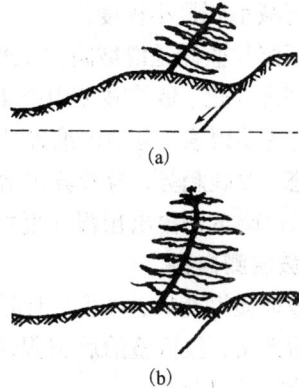

图 7 - 10　"醉汉林"（a）和"马刀树"（b）

2. 地层构造标志

一般软弱岩层如页岩、泥岩、千枚岩和坡洪积松散堆积层、黄土等，易发生滑坡。坡体地层属于软弱岩层或软硬相间岩层，可以形成良好的聚水条件，加上斜坡较陡，就有可能产生滑坡。如坡面松散堆积层下面为致密泥页岩地层，则易于产生滑坡；如斜坡上的岩层发育有层理或有不整合面，或节理裂隙面的倾斜角大到某一限度时，则可能形成滑坡滑动面。

断层、褶皱发育地区，新构造运动强烈地区易发生坡体失稳。通常构造不连续，如裂隙不连贯、发生错动等，都可能是滑坡存在的标志。

岩土体扰动或变得松散，即当滑坡发生时，滑坡范围内的地层整体性常因滑动而破坏，出现岩层松动、层理紊乱现象、层位不连续等；或者岩层层序重叠或层位标高出现特殊变化；岩层产状发生明显的变化。

3. 水文地质标志

沟谷交汇的陡坡下部或地下水露头多的斜坡地带，常发育着滑坡群。在地下水露头较多的斜坡地带，多产生浅层小滑坡，这种小坡体滑动含水层与周界以外的水力联系错断，形成了单独的含水体系，有时发生潜水位不规则和流向紊乱的现象，斜坡下部常有成排的泉水溢出。同时在滑坡周界裂缝的两侧，坡面洼地和舌部常有喜水植物茂盛生长。

4. 裂缝或变形标志

对于边坡出现变形迹象，如山体裂缝，或者位于滑坡体上的建筑物墙壁、地基基础或者田垄出现变形或拉裂现象，或者滑坡体前部构筑物受到滑坡滑动挤压产生的变形等。

上述各种变异现象，均可能是坡体滑动过的产物，它们之间有着不可分割的联系。因此，在实践中必须综合考虑几个方面的标志互相验证，才能准确无误，绝不能根据某一标志就轻率地作出结论。

7.1.6　滑坡的监测预报

我国滑坡灾害频发,特别是西部地区地壳长期处于上隆过程中,地震活动频繁,地形复杂多变、河流切割剧烈,地质构造复杂,岩土体破碎,加之西南地区降水量和强度较大,西北地区植被极不发育,因而滑坡发育强烈,有必要对滑坡可能发生的区域及重点滑坡地段开展滑坡监测预报,以便确定是否需要对滑坡采取治理工程或避开措施,达到对滑坡的防与治,将滑坡灾害减小到最小程度。

滑坡观测和监测是滑坡防治工作中重要的一环,通过滑坡监测可以从滑坡位移变化、滑带土含水情况变化、坡体破坏中产生的声音变化或在不同部位滑坡的推力变化来判断滑坡性质、滑动的主要因素、滑动带准确位置等,从而准确判断坡体不稳定部分的范围和可能滑动的空间形态、发展趋势,为滑坡防治的设计和施工提供依据;或预测滑坡可能发生剧滑破坏的时间,以便能事先提出预报和报警。

1. 滑坡监测内容

在滑坡地质勘查后,许多滑坡治理工作均需要根据必要的监测资料来决策是否整治、采取何种整治方案,包括整治后工程效果的评价。对应的监测内容见表7-1。

通过监测可以分析:

①滑坡周界的变化及其发展过程。

②滑动带(面)的层数及每层活动的情况。

③滑坡条、块的划分及其活动情况。

④滑坡的主轴位置及各部分滑动的方向。

⑤滑坡滑动与各种作用因素的关系,滑动产生的主要原因及作用大小。

⑥滑坡体内牵引段、主滑段和抗滑地段的划分,滑体各部分组成及推力传递关系。

⑦滑坡滑动的空间范围的预测和滑坡发生时间的预报。

⑧滑坡防治工程措施的效果。

目前国内外滑坡监测大多局限于上述内容的一部分,主要是针对剧滑破坏的时间开展的监测预报。

表7-1　滑坡监测内容一览表

滑坡监测项目		监测内容
滑坡体变形监测	地表变形监测	①地表裂缝、建筑物裂缝;②地表三维位移变化;③地面鼓胀、沉降、坍塌
	地下变形监测	①滑动面位置、滑动面位移速度;②地下位移、倾斜变化、裂缝变化
相关因素监测		①地表水:自然水沟、河、湖、库水位;②地下水:钻孔、井水、泉水;③孔隙水压力;④地声、地应力、应变、地温;⑤动物异常
诱发因素监测		①降水及气象:降雨量、降雪量;②地震及爆破作业;③人为活动;④生产、生活用水

2. 滑坡位移监测方法

根据以上监测内容,滑坡位移监测主要包括对滑坡体表面位移及深部位移的监测。从监测方法上大致可分为五大类型:宏观简易地质监测法、大地精密测量法、GPS 法、仪器仪表监测法、综合自动遥测法。具体监测方法见表 7 - 2。

表 7 - 2 滑坡位移监测方法、仪器仪表及其适用性一览表

内容		技术方法	仪器	特点	适用性
滑坡体	地表位移	大地测量法	经纬仪、水准仪、测距仪	投入快、精度高,直观、安全	适用于滑坡不同变形阶段的测量,但受气候、地形影响较大
		GPS 法	GPS 接受机	投入快、精度高、易于操作且不受地形限制,但成本高	适用于滑坡体不同变形阶段地表三维位移监测
		测缝法	伸缩计、测缝计、位移计等	人工自测、简单直观,资料可靠,但精度低、速度慢	适用于裂缝两侧岩土体张开、位错、升降等变化,但受地形影响
	地下深部位移	测斜法	测斜仪、多点倒锤仪	精度高、受外界干扰小,资料可靠,但成本高、测程有限	适用于滑坡体变形初期,测试钻孔、竖井内滑坡体不同深度的变形特征、确定滑动面位置
		声发射测试法	AE 声发射仪	机测精度高,但受环境如潮湿等影响	适用于岩质坚硬滑坡体初期变形,确定滑动面位置
		沉降法	下沉仪、收敛仪、水准仪等	精度高、机测直观可靠,但受环境如潮湿等影响	适用于平硐滑坡体相对滑床的下沉变化及裂缝沿轴向位移的监测

滑坡地表位移监测依据实际需要可采取简易观测、建网观测和长期监测。

滑坡深部变形监测主要采用测斜仪和声发射监测仪监测。通过监测可以得到:

①地表位移是由坡体内部哪一层滑带滑动所形成。

②滑动方向、滑面倾角和间歇性等。

③从滑体相对变形迹象中判断出滑坡所处的变形阶段。

这里仅介绍一下测斜仪的工作原理。

测斜仪的工作原理是将测斜管埋设在预定的钻孔中,由填料固定,探头(包括探测器及导轮)在测管内上下沿相互垂直的导槽移动。当坡体变形发生倾斜时,测斜管亦随之倾斜,定时量测测斜管倾斜的倾角,即可求得每段倾斜管的倾斜量,从而可得到孔壁在全深范围内倾斜的倾角变化曲线,取得孔内位移动态,从而判断滑带位置、滑移量及滑移方向。

测斜仪由滑动式探头、手提式数字指示器、连接电缆、测斜管、旋转式探测仪五部分组成。一般利用勘探钻孔,在埋设的测斜管内用滑动式探头沿管上、下逐段连续地测量测斜管的倾斜,由每段倾斜量求出活动中滑带的部位及其位移,特别有利于监测具多层滑带的滑坡。当测斜管与钻孔孔壁之间的填料沉实、量测值稳定后便可作为初始值。同时用旋转探测仪标定当时两对导槽的方向值,其测斜原理及管口总水平位移量的计算见图 7 - 11。其中倾斜量(Δ)

$$\Delta = l \cdot \sin\Delta\theta \tag{7-4}$$

式中：l 为两测点间的距离；$\Delta\theta$ 为每段倾角的增量。

对比不同时间测斜管内相应部位的读数变化和随深度的累计变化值，可得到测斜管内挠度（位移）值和管口的总水平位移量（D）

$$D = \sum l \cdot \sin\Delta\theta \qquad (7-5)$$

图 7-12 为陕西铜川铝厂 18# 钻孔处孔内位移变化情况。先测出位移变化曲线，再计算出相应的挠度（位移量）曲线。如测斜管导槽埋设方向与滑动方向一致（另一组则垂直），往往其中一个方向的挠度（位移）曲线明显，而另一方向变动小，能取得这一效果最佳；否则，A，B 两方向的矢量合成者才是反映真实位移的方向和位移量。

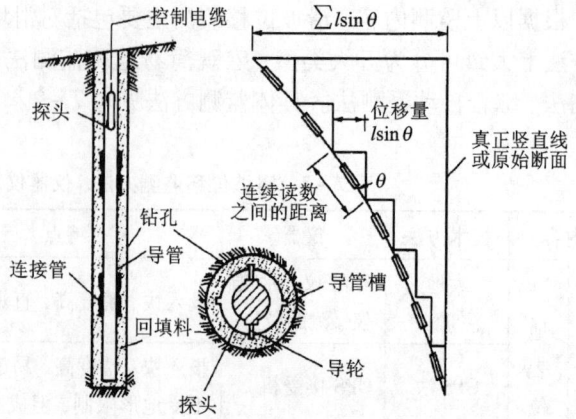

图 7-11　测斜管口总水平位移量的计算

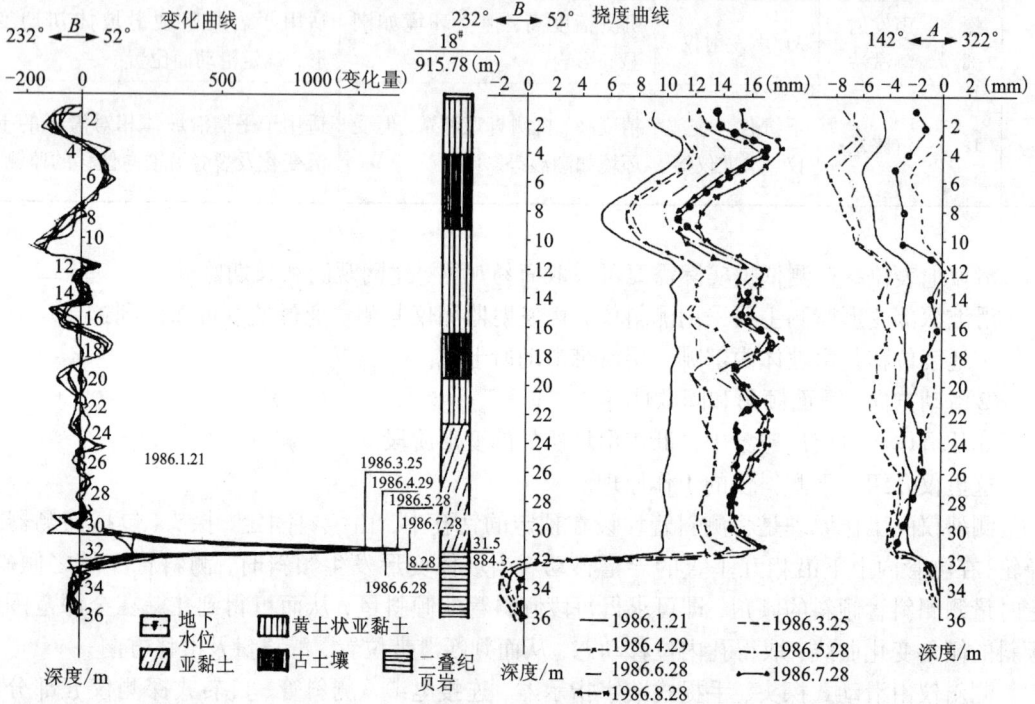

图 7-12　铜川铝厂滑坡 18#深孔位移变化曲线图（据铁科院西北所）

结合钻孔地质资料可知滑带在孔口下 31～32 m，滑面则在二叠系页岩顶面（孔口下 31.5 m）、标高 884.3 m 处。孔口下 8 m 及 19 m 的位移挠度变化大，是滑体在滑动中位于两层古土壤处的岩性不同于上下黄土状亚黏土所致。其余则是在土质滑体内或因管周填料密实程度的差别，或因各土层的强度不一致而造成的。一般滑体岩土强度大，在导管四周填料挤紧后受限制下不易产生局部变形。

随着科学技术的不断进步，滑坡位移监测已采用自动化程度高的远距离遥控监测系统，包括滑坡位移无线遥测技术、TDR 技术或空间技术卫星遥测 GPS 系统，具有自动采集、存储、网络传输及绘制出各种变化曲线、图表等功能，为滑坡预测预报提供了广阔的应用前景。

7.1.7　滑坡防治措施

防治滑坡的原则是针对引起斜坡发生滑动的各种因素，采取一系列的工程措施来抵挡和消除引起滑动的因素，防止滑坡继续滑动。

整治滑坡前，一定要进行详细的工程地质调查，分析造成滑动的原因，然后针对主要问题采取相应的治理措施。一般说来，滑坡的发生、发展有个过程，如能在滑动初期立即整治，就比较容易，工程量小，收效快；滑坡发展时间越长越严重，整治也越困难。因此，整治滑坡要及时，一次根治，不留后患。

滑坡很少由一种因素引起，常常是多种因素综合作用的结果，需要采用综合措施进行治理。目前常用的整治措施有三类：

①排除或减轻水对滑坡的危害，即排除滑坡地区的地表水、地下水和防止水对坡脚的冲刷。

②改变滑坡体外形，降低滑坡重心和修建支挡建筑物增大抗滑力，即增加滑坡的重力平衡条件。

③改变滑动带土石性质，提高抗剪强度。

1. 排水

前面曾经强调指出，滑坡滑动与水有密切关系。因此，排除滑坡范围内、外的地表水和地下水，防止水渗入滑坡体内是十分重要的。

对滑体以外的地表水要截流旁引，不使水流入滑坡内。为此在滑体以外一定范围修筑环形截水沟。

对滑体以内的地表水，要防止其渗入滑体，尽快地把地表水汇集起来引出滑体。要尽可能利用滑体上的自然沟谷修筑树枝状排水系统将水迅速引出滑体(图 7 – 13)。

滑体内的地下水通常是由滑体外围水源补给的，排除地下水首先要截断滑坡体外流入的地下水。截水盲沟是很有效的一种措施，这种盲沟多修筑在滑坡可能发展的范围以外的稳定地段中，呈环状或折线状布置，与地下水流向正交。截水盲沟由集水和排水两部分构成，如图 7 – 14 所示。

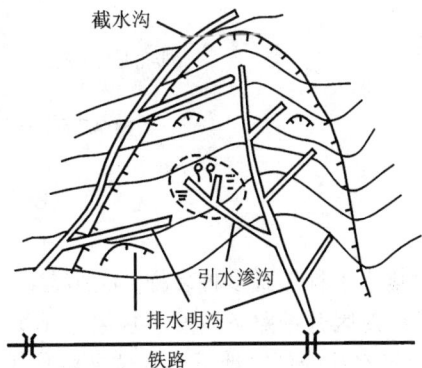

图 7 – 13　滑坡体上排水系统

为了使迎水面既接受上部来水，又不使泥沙流入沟内，在沟顶面用不同粒径的沙砾石作成反滤层或用预制的渗水混凝土块砌筑，而背水面为了防止水透过盲沟又渗入滑体，用黏土或浆砌片石把下沟壁作成隔渗层。为了防止地表水、泥沙进入沟内堵塞填料，在沟顶上方也设隔渗层。渗沟汇集的地下水从沟底排出。较深的盲沟，为了维修和疏通的需要，排水孔断面应大些，在直线段每隔30～50 m 处和盲沟的转折点、变坡点处设置检查井。对滑体内的地下水以疏干、引排为原则。一般采用兼有排水与支撑作用的支撑盲沟(图7－15)。

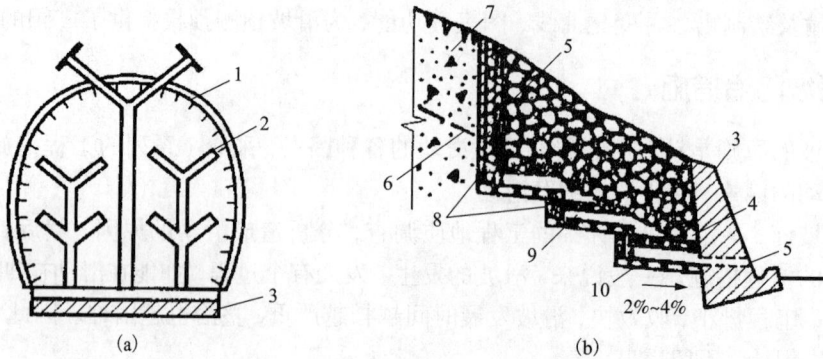

图7－14　支撑盲沟与挡土墙联合结构

(a)平面图；(b)纵断面图

1—截水天沟；2—支撑盲沟；3—挡土墙；4—干砌块石；5—泄水孔；
6—滑动面位置；7—粗砂、砾石反滤层；8—有孔混凝土盖板；9—浆砌片石；10—纵向盲沟

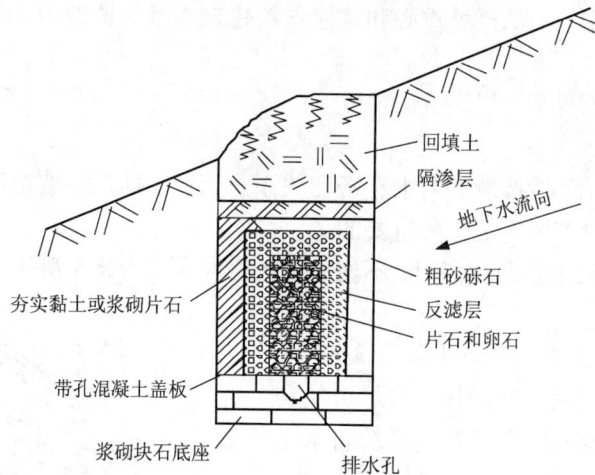

图7－15　截水盲沟构造

排水工程形式多种多样，应结合滑坡工点具体条件灵活运用。如20 世纪60 年代修建成昆铁路时因开挖路堑诱发了甘洛车站1 号滑坡(体积约6.3×10⁶ m³)，后经勘查分析采用了43 口排水孔降低了地下水水位便治住了滑坡，迄今几十年一直保持稳定，是整治工程与滑坡地质体密切结合的一个典型成功范例。

2. 刷方减重、修建支挡建筑物

(1)刷方减重

当滑坡上部滑动推力较大时，可采用刷方减轻重力，即把滑坡上部土体清除掉，如滑坡体前缘有弃土条件时，可将上部减重的土体堆在坡前起反压作用。据计算，若将滑动土体的40% 从坡顶转移到坡脚，斜坡稳定性可增加10% 。刷方减重法施工方便、技术简单，虽然工

作量大，仍是滑坡整治中常被采用的方法。当边坡过高不宜采用刷方减重时，可以把边坡修成台阶式以增加稳定性。

（2）修建支挡建筑物

支挡建筑物的结构、种类很多，一些新颖、轻便的支挡结构物已得到发展、推广。

1）抗滑挡土墙

抗滑挡土墙应用最广泛。采用挡土墙整治滑坡时，必须查明滑坡性质、滑动面的层数和位置，依据计算滑坡推力来设计其尺寸。挡土墙的基础应设在滑动面以下稳定岩层上，墙后设置排水沟（图 7-16）。

挡土墙基础应置于老土层或稳定的土层中，注意施工开挖采用马口式开挖。

2）抗滑桩和锚固工程

抗滑桩和锚固加固是近年来发展的一种新颖支挡建筑物，适用于中、深层滑坡工点。抗滑桩由单排布置成柱排或互相间隔的形式（图 7-17）。桩基础应深入岩层或稳定的土层中，锚固深度视岩、土性质，滑动推力、拉前被动上压力等而定。

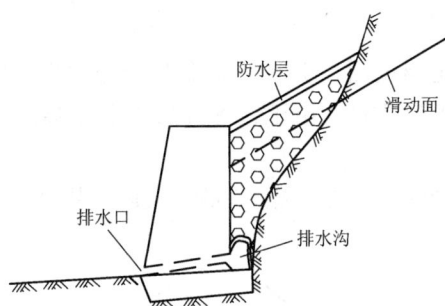

图 7-16　抗滑挡墙

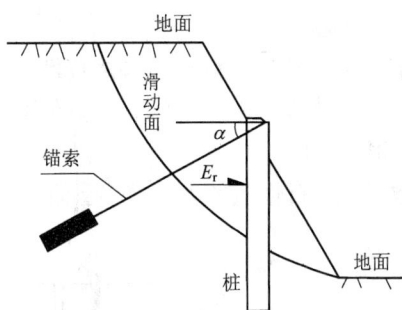

图 7-17　滑坡抗滑桩工程纵断面图

通过将预应力钢筋或钢绞线锚固在滑面下的基岩内，与设在地表的承压板连接并施加预张拉力，可将滑体锚固成夹层状结构。有时与抗滑桩联合使用形成预应力锚索对抗滑桩。

（3）明洞

滑坡地区一般不宜修建明洞，在经过必要的地质勘探和各种可能的方案比较后，也可用明洞作为抗滑主体结构，并辅以其他工程措施的综合整治办法，如成昆铁路阿底滑坡，施工时开挖路堑导致老滑坡复活，后将路堑改成抗滑明洞通过滑坡区（图 7-18）。

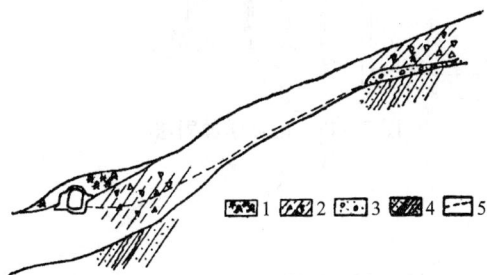

图 7-18　阿底滑坡断面

1—填筑土；2—洪积、坡积砂黏土夹碎、块石；
3—冲积砂卵石层；4—砂页岩互层；5—推测滑动面

3. 改变滑动带土性质

用物理化学方法改变滑动带土、石性质来提高滑坡的稳定性，是治理滑坡的有效措施。下面简要介绍灌浆法、电渗排水和电化学加固法、焙烧法。

（1）灌浆法

用水泥浆或化学浆液注入岩、土的裂隙、孔隙中，将岩、土体胶结成整体使之提高强度。水泥浆液不易注入，故很少采用。

化学灌浆材料应用较多的是水玻璃（硅酸钠浆液，$Na_2O \cdot nSiO_2$），首先通过钻孔压入水玻璃，然后再压入氯化钙溶液，两种浆液起化学反应产生硅胶，将土颗粒胶结起来，成为紧密完整的不透水体。其化学反应式如下

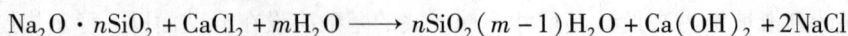

$$Na_2O \cdot nSiO_2 + CaCl_2 + mH_2O \longrightarrow nSiO_2(m-1)H_2O + Ca(OH)_2 + 2NaCl$$

由于水玻璃的流动性小，只适用于加固砂性土。

（2）电渗排水和电化学加固法

电渗排水是利用电渗透原理，在饱水的黏土中插入两个电极，通以直流电。在电流的作用下，土中水向阴极汇聚，由阴极金属过滤管中排出，达到疏干、加固土体的目的。

电化学加固法是用滤水铁管作阳极，铁棒作阴极，从铁管中灌入药品（水玻璃、氯化钙），通以直流电，电流使土中水分从阳极移向阴极，药品随水移动，进入土中细微孔隙，起加固作用（图7-19）。

（3）焙烧法

焙烧法是利用导洞在坡脚焙烧滑带土，达到一定温度后，使土变得像砖一样坚实。为了使焙烧的土体成拱形，导洞平面要布置成曲线形（图7-20）。由于这种方法工序复杂，成本较高，很少采用。

改良土、石性质的方法较多，但是由于技术上和经济上的原因，在我国实际应用较少。

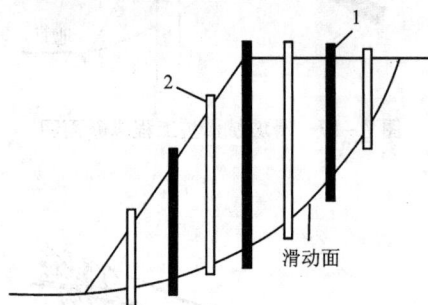

图7-19 电化学加固法

1—铁棒；2—铁管

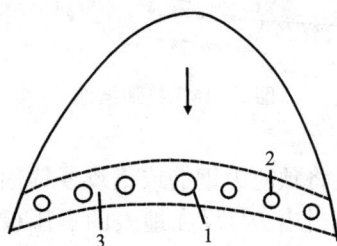

图7-20 焙烧导洞

1—中心烟道；2—垂直风道；3—焙烧导洞

7.2 崩塌及岩堆

7.2.1 崩塌

1. 崩塌落石的概念

（1）崩塌的定义

崩塌指斜坡上的岩体受重力的影响，突然脱离母体崩落的现象。崩落过程中岩块翻滚、跳跃、互相撞击、破碎，最后堆积在坡脚。

（2）崩塌的规模

崩塌的规模相差十分悬殊，小型崩塌仅几立方米至十几立方米，大型崩塌可达几百立方米至几千立方米，甚至几万立方米至几十万立方米，称为山崩。1967年四川雅砻江一崩塌，落下的岩块约 $6.8 \times 10^7 \, m^3$，在河谷中堆起175 m高的石堤，江水断流达9天。

个别岩块从坡顶岩体上脱落下来，称为落石。稳定的斜坡上受风化作用影响，岩体表面很小范围内经常不断地有小块的岩片、岩屑分离下来，称为剥落。

崩塌现象都发生在山区，是山区铁路常见的病害之一，严重威胁行车安全。据成昆线不完全统计，沿线崩塌、落石工点约500余处。勘测设计阶段，对崩塌、落石地段曾进行过多次研究，采取了相应的工程措施，但通车后仍然时有危害，有的地段比较严重。为此，接长、增建的明洞有445 m，问题仍未完全解决，可见崩塌、落石的严重性。

2. 崩塌形成条件

（1）地形条件

崩塌多发生在地形起伏差较大的高原斜坡地区，一般坡度大于55°，高度大于30 m，处于高陡斜坡上的岩体。

在风化作用、构造作用等地质作用下岩体破碎，块体间互相联结力减弱，岩体处于极不稳定状态。一旦在坡脚开挖路堑，形成陡峻的边坡，便破坏了斜坡岩体的平衡状态，岩体中应力要重新调整。当引起崩塌的岩体重力分量超过了阻止崩塌的抗力时，就会产生崩塌。

（2）构造条件

岩体内由于构造作用和非构造成因存在着多种节理、裂隙和软弱夹层等结构面，对崩塌的形成起着极大的影响。

结构面将岩体分割成没有联结或联结十分微弱的不连续体，为产生崩塌创造了条件。结构面的倾斜方向与崩塌的产生有着十分密切的关系，当结构面处于最不利位置时，容易发生崩塌。

在边坡岩体内，有一组倾向相背的高角度结构面和一组倾向路堑的结构面，崩塌体就沿着两组结构面贯穿，沿着最不利位置崩落（图7-21）。

与斜坡斜交的两组结构面和斜坡面共同形成一个倾向线路的锲形体，沿着两组结构面的交线方向容易发生崩塌（图7-22）。

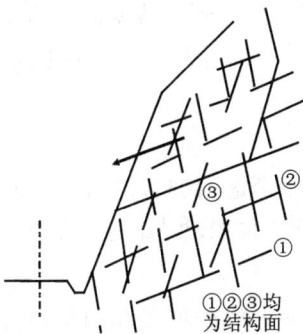

图7-21　结构面贯通形成崩塌

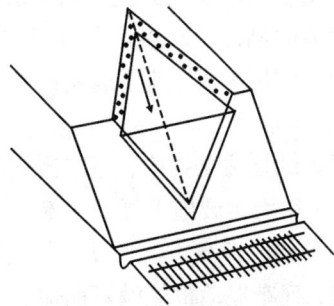

图7-22　沿两组结构面崩塌

当岩层倾向坡内，倾角大于45°，小于自然坡度，且有一组倾向坡外的结构面存在时，容易发生崩塌(图7-23)。

此外，斜坡内部虽然没有节理、裂隙等分割性的结构面，但附近有断层破碎带、软弱夹层等差异性结构面存在时，也能产生崩塌(图7-24)。

(3)岩石性质

斜坡的形态和坡度在一定程度上受岩石性质的控制。陡峻斜坡地区出露的均为抗风化能力强的硬质岩石，而易风化的软岩则形成低缓的斜坡，因此崩塌多发生在硬岩石组成的高陡斜坡地段，而在软弱岩石组成的低缓斜坡地区少见。当斜坡上出露的岩体为硬岩、软岩相间成层时，在同样的条件下，软岩遭受风化后坡面向后退缩，硬岩突出在悬空而崩塌(图7-25)。

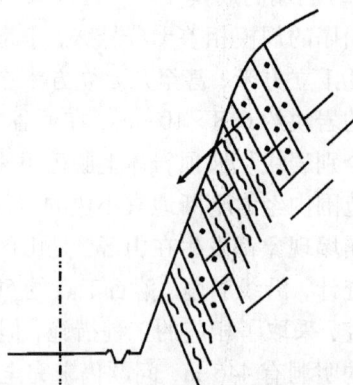

图7-23 结构面引起崩塌

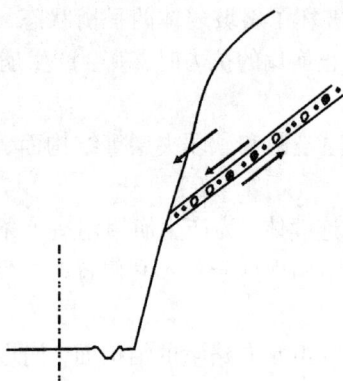

图7-24 断层破碎带引起崩塌

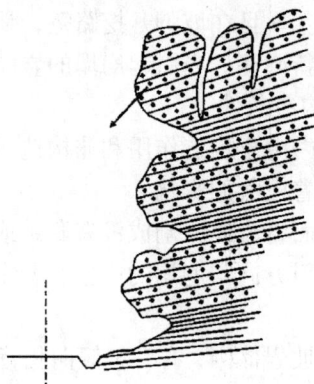

图7-25 软硬岩因风化差异引起崩塌

(4)水

水是促使崩塌发生的极其重要的因素。绝大多数崩塌发生在雨季或暴雨之后不久，这便是极为明显的例证。水渗入岩石裂隙，增加了岩石的容重，降低了强度，在渗透水流的动水压力等因素作用下，加速了崩塌的发生。

(5)人为因素

在崩塌的形成条件中，还应当指出人为因素的作用。不考虑斜坡岩体结构特征的任意挖方，盲目采用大爆破施工等，破坏了岩体原有的结构，造成岩体松动，结构面张开，形成了崩塌的有利条件。新线施工中发生的崩塌常与此有关。

有时，列车振动也能触发崩塌，京广线永济桥至乐昌的大崩塌就是在列车通过后两、三分钟发生的。

3. 防治崩塌的措施

为确保铁路行车安全，对铁路通过崩塌地区必须采用各种工程措施，防止崩塌的发生，或使崩落物不危及线路。提出具体措施前，对崩塌的形成条件应作详细的调查，了解崩塌发生的原因，针对问题采取相应措施，常用的工程措施有：①清除危岩和排水；②镶补、支护；③拦挡；④锚固及注浆；⑤柔性防护；⑥绕避。

（1）清除危岩和排水

清除斜坡上可能发生坠落的危岩和行将失稳的孤石以及严重风化、丧失强度的岩体，防患于未然。在有崩塌险情的岩体上方修筑截水沟，防止地表水渗入，清除崩塌的触发因素。

（2）镶补、支护

对岩体中张开的节理、裂隙，为防止其扩展，加速岩体崩塌，可以用片石填塞，水泥沙浆镶补、勾缝。对于突出在悬崖外的"探头石"或底部失去支撑的危石，用废钢轨或浆砌片石垛支撑（图 6 – 26）。在斜坡较高、坡面陡立的地段采用支护墙，既防岩石风化又起支撑作用（图 7 – 27）。

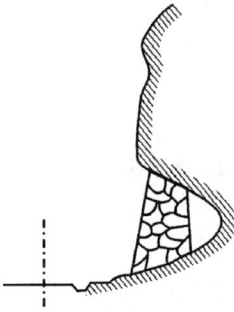

图 7 – 26　支护垛

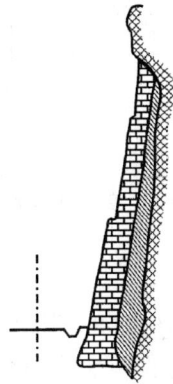

图 7 – 27　支护墙

（3）拦挡

对于规模较小者，可在山坡上或路基旁设拦石墙（图 7 – 28）；对于规模较大，发生频繁的崩塌，可以修建明洞或采用拦护网防护（图 7 – 29）。

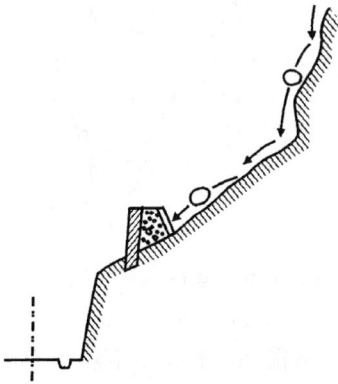

图 7 – 28　挡石墙

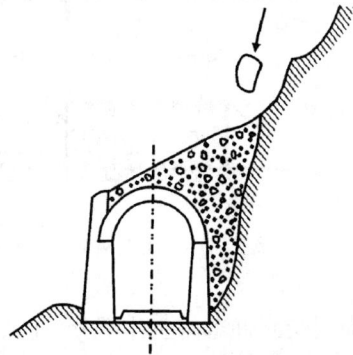

图 7 – 29　防崩塌明洞

（4）锚固及注浆

锚固技术是采用普通（预应力）锚杆、锚索、锚钉进行危岩治理的技术类型。常用的锚固技术有预应力锚杆、非预应力锚杆、自钻式预应力锚杆及预应力锚索（图7-30）。

注浆主要针对危岩体中破裂面较多、岩体比较破碎的情况，为了增强危岩体的整体性，宜进行灌浆处理。灌浆孔宜陡倾，倾角不大于45°并在裂缝前后一定宽度（一般深3~5 m）内按照梅花桩型布设。灌浆孔应尽可能穿越较多的掩体裂隙面尤其主控结构面。对于顶部裂缝通过灌浆可增强岩石完整性和岩体强度，提高岩体安全系数（图7-31）。

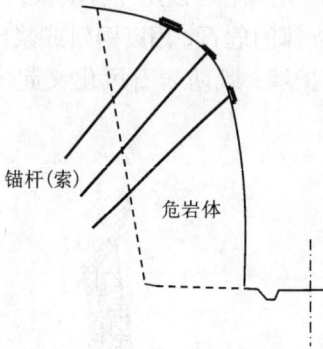

图7-30 锚杆加固示意图

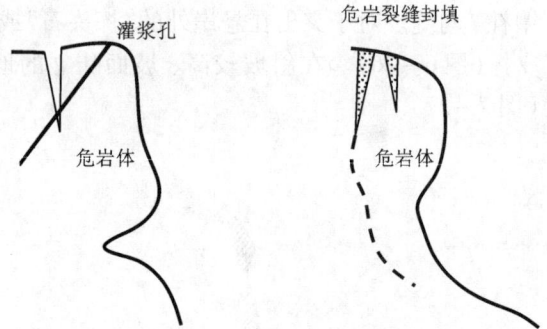

图7-31 灌浆技术在处理崩塌危体中的应用

（5）柔性防护

这类支挡结构物并不阻止灾害发生，而是阻止可能造成的危害（被动防护）。如设置于斜坡上一定部位处的刚性拦石格栅或柔性钢绳网，可以拦截或阻滞顺坡滚落的块石，从而使保护对象免遭破坏。栅栏可以阻止直径达0.6 m的滚落块石，在欧洲高山、高陡坡崩塌、落石严重的地区应用较广泛。该系统由钢绳网、固定系统（拉锚和支撑绳）、减压环和钢柱四部分组成（图7-32，图7-33）。

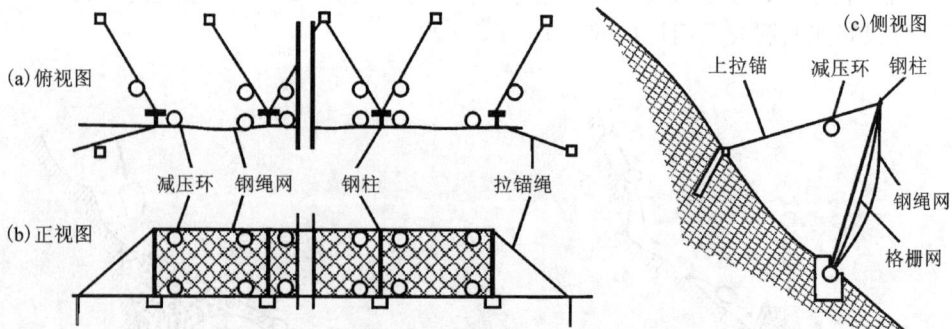

图7-32 钢绳网崩塌落石拦挡系统俯视（a）、前视（b）和剖面（c）示意图

钢绳网受到冲击的主体部分，它有很高的强度和弹性内能吸收能力，能将落石的冲击力传递到支撑绳再传到拉锚绳最终到锚杆。在绳的特定位置设有摩擦式减压环，通过塑性位移吸收能量，是一种消能原件，可对系统起过载保护作用。钢柱是直立支撑，它与基座间的可

动连接确保它受到直接冲击时地脚螺栓免遭破坏，锚杆将拉绳锚固在岩石地基中并将剩余冲击荷载均布地传递到地基之中。

（6）绕避

对于规模巨大、工程上难于处理的大型崩塌地段，为确保线路运营安全，应予绕避。如成昆线原猴子岩隧道进口前地段，玄武岩沿柱状节理形成较大的崩塌，其治理较为困难，有必要将线路内移以隧道通过。

图 7 - 33　钢绳网崩塌落石拦挡系统现场照片

7.2.2　岩堆

1. 岩堆的定义与特征

（1）岩堆的定义

岩堆指斜坡岩体主要在物理风化作用下形成的岩石碎屑，由重力搬迁到坡脚平缓地带堆积成的锥状体。岩堆内部多为较大的碎石、块石错乱叠置而成，细颗粒的泥沙较少，碎屑物之间没有胶结或稍有胶结，结构松散，处于一触即溃的极不稳定状态。

（2）岩堆特征

岩堆体是依傍斜坡坡脚堆积而成的碎屑物。所以岩堆表面的坡度与岩堆组成物的天然休止角大致相近。休止角是散粒体物质在自然状态下保持稳定的极限坡角。它的大小与组成物的形状、粒径大小、岩石性质等有关。表面粗糙的、棱角状的大岩块，休止角就大，一般在 30°～40°。

岩堆多分布在坡脚下，岩堆底部斜靠在倾斜的基岩面上，从纵剖面看，岩堆顶部纵坡大于底部，极易滑移（图 7 - 34）。一旦岩堆体下部稍有外力作用，接近天然休止角的岩堆就有可能沿基底接触面滑移。铁路勘察阶段，如果把岩堆体误认为岩体，将

图 7 - 34　岩堆剖面图

线路或隧道洞门设置在岩堆体中，施工时才发现，就会使工程陷于进退维谷境地。因此，在山区铁路工程地质勘察中，必须对岩堆进行认真的调查研究。

岩堆大部分分布在近期构造运动强烈上升，物理风化盛行的地区。我国西南成昆线通过大渡河、牛口河峡谷区，两岸坡脚处岩堆接连分布，斜坡上时有岩块滚落下来，岩堆大都处于发展增长阶段。岩堆的发展和停止，主要取决于岩堆物质的供应来源。斜坡上方物质供应丰富时，处于正在发展阶段，来源枯竭时则停止发展。

2. 岩堆的防治

当铁路必须通过岩堆地区时，为了防止岩堆的活动，常采用各种工程措施。

线路通过趋于停止发展或已经停止发展的岩堆时，尽量采用少填少挖或上、下设档的办法通过。在线路以路堤通过岩堆时，图 7 - 35 所示的线路 I 的位置最为不利，有可能引起岩堆的活动，线路 III 位于岩堆体下部，可以增加岩堆的稳定性。

在陡斜的岩堆坡面上填筑路堤，为防止沿路基基底的滑动或岩堆顺下卧基岩面滑动，在

岩堆不厚的情况下,可采用在路基外侧设路肩堤,把墙基嵌入基岩内的方法,稳定岩堆,防止滑移(图 7 - 36)。

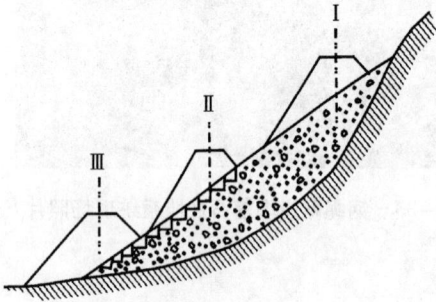

图 7 - 35 路堤通过岩堆不同部位

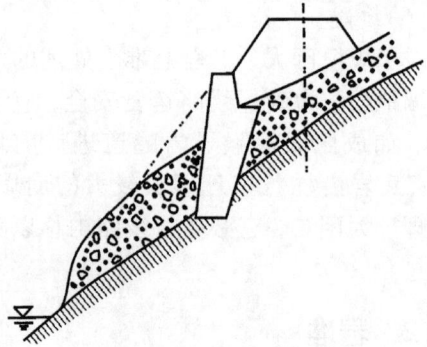

图 7 - 36 岩堆上路堤

在以路堑通过岩堆时,线路Ⅲ易引起岩堆上部剩余部分向下滑移,线路Ⅰ的位置较好,线路Ⅱ次之(图 7 - 37)。

若边坡切断整个岩堆体,路基面不完全在岩堆内,有一部分落在基岩内(图 7 - 38),两者承载力不同,可能发生不均匀沉陷,施工时可将路基面的岩堆部分挖除,换填坚硬的石块,换填深度视岩堆的密度而定。另一方面,也要考虑到外侧岩堆部分受列车动荷载作用后,是否会产生滑动,必要时可在下方修建挡墙加以支挡。

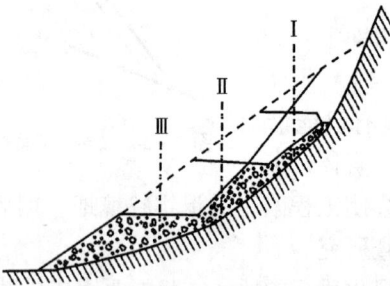

图 7 - 37 路堑通过岩堆

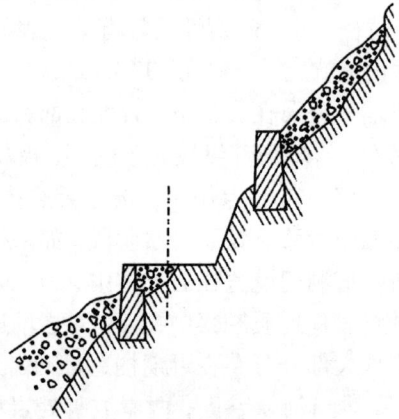

图 7 - 38 路基面不完全在岩堆上

在线路通过岩堆时,在有地表水或地下水活动时,一般还必须采取拦截地表水,排除岩堆体内的地下水措施。对于规模较大、正在发展中的岩堆,防治困难,最好绕避。

7.3 泥石流

7.3.1 泥石流及其分布

1. 泥石流的定义

泥石流是一种含有大量泥沙石块等固体物质、突然爆发的、具有很大破坏力的特殊洪流。泥石流是山区常见的一种自然灾害现象，通常在暴雨或积雪迅速融化时爆发。爆发时大地震动，山谷雷鸣，浑浊的泥石流流体，仗着陡峻的山势，沿着深涧峡谷，短时间内以很高的流速冲出山外，至沟口平缓地段堆积下来。泥石流爆发时，短时间内从沟里冲出数十万至数百万立方米泥沙石块，来势凶猛，破坏力强，能摧毁村镇，掩埋农田、道路、桥梁，甚至堵塞江、河，形成湖泊，给山区人民带来严重危害，也是山区铁路、公路的主要病害之一。

2. 泥石流的分布情况

在半干旱和温带山区，以北回归线至北纬 50°间山区最活跃，如阿尔卑斯山—喜马拉雅山系，其次是拉丁美洲、大洋洲和非洲某些山区。法国、奥地利、瑞士、意大利等国和苏联、中亚地区都是泥石流频繁活动的地区。据有关资料介绍，奥地利有泥石流沟 4200 条。瑞士环境保险局统计资料表明：1971—1978 年泥石流造成的损失为 2.31 亿瑞士法郎。1970 年秘鲁泥石流使 5 万人丧生，80 万人无家可归。

我国地域广阔，山区面积达 70%，是世界上泥石流发育的国家之一。泥石流主要分布在西南、西北和华北山区。如云南东川地区，金沙江中、下游沿岸和四川西昌地区都是泥石流分布集中、活动频繁地区。甘肃东南部山区、秦岭山区、黄土高原也是泥石流泛滥成灾的地带。据初步统计，甘肃全省 82 个县（市），有 40 多个县内有泥石流发育，分布范围约 $7 \times 10^5 \text{ km}^2$，占全省面积的 15%。泥石流对铁路运营的危害也很普遍，如我国山区铁路中已发现 1000 余条泥石流沟，主要分布在西南、西北铁路各线，其中成昆铁路沿线分布数量最多，全线共有泥石流沟 305 条，云南东川矿区铁路支线分布密度最大，危害最严重，在 53 km范围内有 86 条，平均 1 km 有 1.6 条。例如 1981 年 7 月 9 日成昆线利子依达沟爆发泥石流，流速高达 13.2 m/s，冲毁两座桥梁，2 号桥墩剪断，442 次列车遇难，是我国铁路史上最大的泥石流灾害。此外，泥石流的淤埋危害也很严重，如东川铁路原以桥梁跨越通过老干沟，但由于泥石流淤积，桥下净空减小，桥被淤埋变成路基，最后被迫改为明洞。

7.3.2 泥石流形成条件

含有大量固体物质是泥石流与一般山洪急流不同之处。泥石流的形成必须具有三个基本条件：丰富的松散固体物质、足够的突然性水源和陡峻的地形条件，有时人为因素对某些泥石流的发生也有不容忽视的影响。

1. 松散的固体物质

泥石流活动频繁、分布集中的地区都是地质构造复杂、断裂褶皱发育、新构造运动和地震强烈的地区。地表岩层破碎、崩塌、滑坡等不良地质现象屡见不鲜，为泥石流准备了丰富的固体物质来源。如云南东川地区的泥石流沟群，主要是沿着小江深大断裂带发育的，西昌安宁河谷地堑式断裂带集中分布着 30 多条泥石流沟，成昆铁路南段有 2/3 的泥石流位于元谋—绿汁江深大断裂带附近。甘肃武都地区的泥石流与白龙江断裂褶皱带有关。

新构造运动和地震是近代地壳活动的表现，强烈的地震使岩层碎裂，山体丧失稳定，引起崩坍、滑坡，给泥石流提供了丰富的物质来源，使泥石流更为活跃。1850 年西昌发生 7.5 级强地震，安宁河中段泥石流频频发生。东川泥石流，在历史上于 1733 年、1833 年两次强地震后，将泥石流的发生、发展引入到活动高潮期。1966 年强震，又一次促使泥石流活动加剧。地震活动还直接为泥石流提供固体物质。东川老干沟泥石流，1963 年固体物质储量只有 4×10^6 m³，经 1966 年大地震后，至 1977 年增加到 1.45×10^7 m³。

新构造运动可引起泥石流沟床纵坡的相应变化，从而起到加速或抑制泥石流活动的作用。在新构造运动强烈的地区，由于山地的急剧上升，各地相应地强烈下切，造成河谷相对高差越来越大、纵坡急陡，这种地形对泥石流的发展是十分有利的。

泥石流的固体物质多少，在某种程度上与该泥石流流域内不良地质现象的发育程度与规模有关。例如黑沙河泥石流沟内，不良地质现象多达 205 处，分布面积为流域面积 15.7 km² 的 15%，一次能提供的固体物质可达 1×10^7 m³，是一条危害很大的泥石流沟。

地层岩性不同，为泥石流提供的固体物质成分也不同，而泥石流的流态性质与所供给的固体物质成分有关。例如泥石流地区分布的岩层是大量容易风化的含黏土和粉土的岩层，如页岩、泥岩、板岩、千枚岩及黄土等，形成的泥石流多为黏性的。如云南东川蒋家沟、西昌黑沙河、甘肃武都柳湾沟等都是以黏性泥石流和黏性泥流为主的泥石流沟。如果泥石流区的岩层是含黏土、粉土细粒物质少的，如石灰岩、玄武岩大理岩、石英岩和砾岩，则形成的泥石流多为稀性的或者是水石流，如陕西华山北麓的泥石流。

2. 水源条件

水是泥石流的组成部分和搬运介质，是触发泥石流的必要条件。

由于自然地理环境和气候条件不同，泥石流的水源有暴雨、冰雪融化水、水库溃决等形式。我国广大山地形成泥石流的主要水源是暴雨。在季风影响下，我国大部分地区降雨量集中在 5~9 月的雨季，雨季降雨量占年降雨量的 60% 以上，有的地区达 90% 以上。突发性的暴雨为泥石流的形成提供了动力条件。如东川老干沟 1963 年 9 月 18 日夜间，一小时内降雨 55.2 mm，爆发了近 50 年一遇的泥石流。

有时，暴雨强度并不太大，受前期连续降雨的影响，雨水充分渗入岩、土体内，处于饱和状态引起泥石流。如成昆线二滩泥石流，1976 年曾连续两次发生泥石流，第一次在 6 月 29 日，有效降雨 55.1 mm，10 min 雨强达 12.2 mm，因前期降雨，泥石流的规模和强度都不大。第二次在 7 月 3 日，有效降雨 86.7 mm，10 min 雨强为 11.8 mm，由于有前期降雨的影响，爆发了近 50 年一遇的泥石流。

此外，高寒山区冰川积雪的强烈消融亦能为泥石流提供大量水源。如西藏东南部山区的泥石流主要为春季积雪融化引起的。

3. 地形条件

泥石流沟流域的地形条件要求有利于水的汇聚和赋予泥石流巨大的动能。这就要求产生泥石流地区，其上游有一个面积很大、坡度很陡便于流水汇集的汇水区，多为三面环山、一面出口的瓢形谷地。山坡坡度多为 30°~60°，坡面植被稀少，岩层风化强烈，山坡上储存大量固体物质，又有利于集中水流。

中游多为狭窄而幽深的狭谷，谷壁陡峻，坡度为 20°~40°，沟床狭窄，坡降很大，来自上游广大汇水面积内汇集起来的泥石流以很高的速度向下游奔泻。

泥石流沟的下游，一般位于山口以外的大河谷地两侧，地形开阔，平坦，是泥石流停积的场所。

为此，泥石流沟谷可以划分为形成区、流通区和堆积区。典型的泥石流沟有三个分区，见图7 - 39。

（1）形成区

形成区一般分布在泥石流沟的上游或中游。它又可分为汇水动力区及固体物质供给区两部分，汇水区是承受暴雨或冰雪融化水的场所，也是供给泥石流充分水源的地方；固体物质供给区是为泥石流储备与提供大量泥沙石块松散固体物质的地段，这

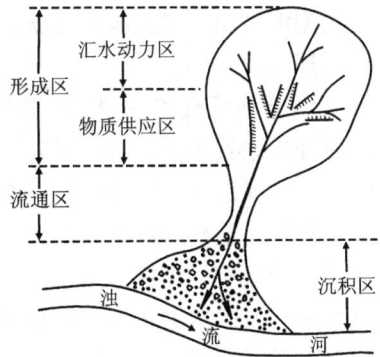

图 7 - 39　典型的泥石流沟

里山体裸露、风化严重，分布着大面积的崩塌、滑坡等不良地质现象产物，水土流失现象十分严重。

（2）流通区

流通区位于泥石流沟的中、下游地段，泥石流在重力和水动力作用下，沿着陡峻峡谷前阻后拥，穿峡而过。

（3）堆积区（沉积区）

堆积区位于沟的下游，一般都在山口以外，地形开阔，泥石流在此扩散停积，形成扇形或锥形地形。

随着人类工程活动的加剧，一些不合理的经济活动促使了泥石流的发生、发展或加剧。如无节制地砍伐森林，开垦陡坡，破坏了植被，使山体裸露；开矿、采石、筑路中任意堆放弃渣，都直接、间接地为泥石流提供了物质条件。

7.3.3　泥石流的分类

关于泥石流的分类，目前主要有以下几种。

1. 按泥石流的流态特征分类

按照流态特征，泥石流分为黏性泥石流和稀性泥石流。黏性泥石流指含大量黏性土的泥石流或泥流。其特征是黏性大，固体物质占 40% ~ 60%，最高达 80%。其中的水不是搬运介质，而是组成物质，稠度大，石块呈悬浮状态，爆发突然，持续时间亦短，破坏力大。

稀性泥石流则以水为主要成分，黏性土含量少，固体物质占 10% ~ 40%，有很大分散性。水为搬运介质，石块以滚动或跃移方式前进，具有强烈的下切作用。其堆积物在堆积区呈扇状散流，停积后似"石海"。

2. 按泥石流的物质组成分类

按照物质组成，泥石流分为泥流、泥石流和水石流。泥石流主要由大量黏性土和粒径不等的砂粒、石块组成；而泥流则以黏性土为主，含少量砂粒、石块，黏度大、呈稠泥状；水石流则主要由水和大小不等的砂粒、石块组成。

3. 按泥石流的流域形态分类

按照流域形态，泥石流分为沟谷型泥石流和山坡型泥石流。沟谷型泥石流指流域呈现狭

长条形，其形成区多为河流上游的沟谷，固体物质来源较分散，沟谷中有时常年有水，故水源较丰富，流通区与堆积区往往不能明显区分出。

山坡型泥石流一般流域呈斗状，其面积一般小于 $1000\ m^2$，无明显流通区，形成区与堆积区直接相连。

4. 按泥石流所处的地貌条件分类

按所处的地貌条件，泥石流分为峡谷型泥石流和宽谷型泥石流。峡谷型泥石流多发生在峡谷地段，多为中小型泥石流和山坡型泥石流，流域地形陡峻、河谷较短窄、纵坡陡或变化大的沟谷地段。而宽谷型泥石流则发生在宽谷地段或山前地带，多为大中型沟谷泥石流，流域比较开阔、支沟发育且纵坡陡或变化大的河谷地段。

图 7 - 40　格栅坝

7.3.4　泥石流的防治措施

防治泥石流的目的是控制泥石流的发生，减少危害程度，主要工程措施有下列三类。

1. 拦挡措施

拦挡泥石流的工程建筑物主要是修筑各种形式的拦挡坝，拦截泥石流的固体物质，使沟床纵坡变缓，减小泥石流的流速和规模，同时，固定泥石流沟床，防止下切和谷坡坍塌。坝体不高，可以单独砌筑，也可建成坝群。为了能够截留固体物质，排出水流，坝体可以修成栅状、格子状(图 7 - 40，图 7 - 41)。

图 7 - 41　舟曲三眼峪沟泥石流灾害治理工程
　　　　　——竣工后的小眼峪 6#格栅坝

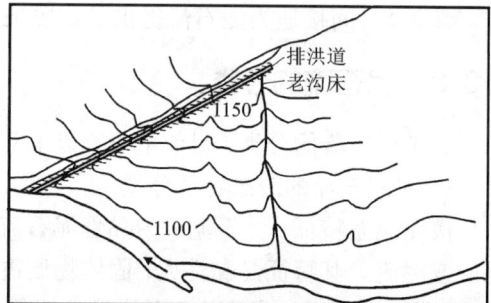

图 7 - 42　排洪道与大河呈锐角交接平面图

(资料源于 http://www.geoeky.com/zqxw/1371.htm)

2. 排导措施

泥石流流出山口后，漫流改道，冲刷淤埋破坏性极大。采用的防治措施主要是建排导工程，如排导沟、急流槽、导流堤，使泥石流沿一定方向通畅地排泄。

①排洪道。排导泥石流的工程建筑物。一般布置成直线，如因条件限制，必须改变方向时，弯道半径应比洪水渠道大。排洪道出口与大河交接处应成锐角，便于大河带走泥石流的

固体物质，排洪道口标高应高出大河河水位，避免河水顶托，排洪道出口淤埋（图 7 - 42，图 7 - 43）。

②导流堤。在可能受到泥石流危害的建筑物地区修筑导流堤，把泥石流引到规定方向排泄，确保建筑物安全，导流堤必须从泥石流出山口处筑起。

3. 水土保持措施

泥石流是一种极度严重的水土流失现象，开展水土保持工作是防治泥石流的根本。主要工作有：平整山坡、植树造林。因为水土保持工作须长时间才能见效，往往与工程措施配合使用。

4. 跨越措施

对于泥石流发育地区的铁路或公路选线，若平面线型较差，沟口两侧存在滑坡可能、或者堆积扇逐年有向下延伸可能（图 7 - 44），则可采用跨越方案。选线具体方案有 I ~ IV 种，其中：

①方案 I。线路通过泥石流沟口的流通区，以单孔高桥通过。流通区沟床稳定，冲刷、淤积相对最小，最稳定、最少工程措施的方案。总体平面线型较好，沟口两侧有发生滑坡的可能。

②方案 II。线路沿泥石流洪积扇外缘通过。这里冲刷、淤积均较弱，线路较顺，但存在堆积扇逐年向下延伸，路基遭水毁可能。

③方案 III。线路在堆积区中部通过。这里沟床变迁不定，泥沙石块冲刷、淤积严重，难以克服排导沟逐年淤积问题。

④方案 IV。需架两座桥，造价高，主要针对泥石流规模较大，上述三个方案均不可行时，可采用过河绕避方案。

通过对比，可以看出，最优方案是方案 I，采用桥涵等通过，线路平顺、等级高。

图 7 - 43　舟曲三眼峪沟泥石流灾害治理工程
——即将竣工的三眼峪排导渠

（资料源于 http://www.geoeky.com/zqtp/839_2.htm）

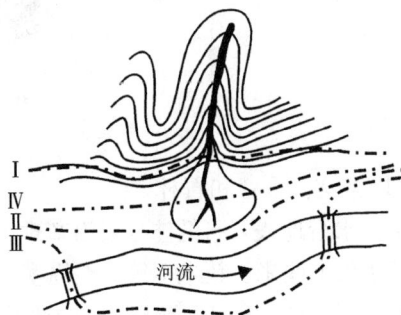

图 7 - 44　线路通过的 4 种方案对比图

I —从堆积扇顶部通过；II —从堆积扇外缘通过；
III —跨河绕越通过；IV —从堆积扇中部通过

7.4　岩溶和土洞

岩溶指可溶性岩石，在地表水和地下水长期的作用下，形成的各种独特的地貌现象的总称。岩溶又称为喀斯特。土洞一般特指存在于岩溶地区可溶岩层之上的第四纪覆盖层中发育的空洞,是地表水和地下水对土层的冲蚀、掏空的结果。

岩溶和土洞会给工程建设带来一系列的工程地质问题,如地基塌陷、水库渗漏、隧道突水等。因此,在这些地区进行工程活动,必须要掌握其发育规律和形成机理,采取有效的预防措施。

7.4.1 岩溶的地貌特征

岩溶是由于地表水或地下水对可溶性岩石侵蚀而产生的一系列地质现象。岩溶主要是可溶性岩石与水长期作用的产物。岩溶在国外又被称为喀斯特现象。原南斯拉夫与意大利交界处的狄纳尔里克山西北部的一处高原名为喀斯特高原,那里是石灰岩区域,发育着各种奇特的溶蚀和侵蚀作用所形成的地形地貌,喀斯特一词即得名于此并为国际所通用。可溶性岩石有碳酸盐类(包括石灰岩、硅质灰岩和泥灰岩)、硫酸盐类(包括石膏、芒硝)、卤盐类(岩盐、钾盐)。就溶解度而言,卤盐高于硫酸盐,硫酸盐高于碳酸盐。在自然界中,卤盐类与硫酸盐类岩石少见,其分布远不如碳酸盐类普遍。因此,在工程上主要考虑碳酸盐类。我国岩溶地貌分布十分广泛,主要分布在云贵高原,广西、广东丘陵地带,四川盆地边缘,湖南、湖北西部以及山西、山东、河北的山地等。

岩溶形态是岩石被溶蚀过程的地质表现,它可分为地表岩溶形态和地下岩溶形态。常见的岩溶形态有溶洞、溶沟(槽)、孤峰、石林、石芽、漏斗、落水洞、溶蚀洼地、溶蚀谷地、溶蚀平原、暗河、钟乳石、石柱、石笋和天生桥等(图 7 - 45)。

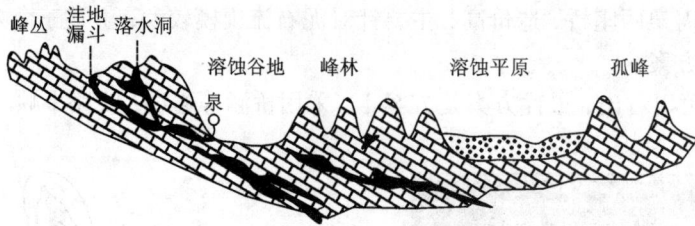

图 7 - 45 岩溶形态示意图

(1)溶沟、石芽和石林

地表水沿地表岩石低洼处或沿节理溶蚀和冲刷,在可溶性岩石表面形成的沟槽称溶沟。其宽深可由数十厘米至数米不等。在纵横交错的沟槽之间,残留凸起的芽状岩石称为石芽。若溶沟继续向下溶蚀,石芽逐渐高大,沟坡近于直立,且发育成群,远观像石芽林,称为石林。

(2)漏斗

漏斗是地表水的溶蚀和冲刷并伴随塌陷作用而在地表形成的漏斗状形态。漏斗的大小不一,近地表处直径可达上百米,漏斗深度一般为数米。漏斗常成群地沿一定方向分布,常沿构造破碎带方向排列。漏斗底部常有裂隙通道,通常为落水洞的深处,使地表水能直接引入深部的岩溶化岩体中。

(3)溶蚀洼地

溶蚀洼地是由许多的漏斗不断扩大汇合而成。平面上呈圆形或椭圆形,直径由数米到数百米。溶蚀洼地周围常有溶蚀残丘、峰丛、峰林,底部有漏斗和落水洞。

（4）坡立谷和溶蚀平原

坡立谷是一种大型的封闭洼地，也称溶蚀盆地。面积由几平方千米到数百平方千米，坡立谷再发展而成溶蚀平原。在坡立谷或溶蚀平原内经常有湖泊、沼泽和湿地等。底部经常有残积洪积层或河流冲积层覆盖。

（5）落水洞和竖井

落水洞和竖井皆是地表通向地下深处的通道，其下部多与溶洞或暗河连通。它是岩层裂隙受流水溶蚀、冲刷扩大或坍塌而成。常出现在漏斗、槽谷、溶蚀洼地和坡立谷的底部，或河床的边部，呈串珠状排列。

（6）溶洞

溶洞是由地下水长期溶蚀、冲刷和塌陷作用而形成的近于水平方向发育的岩溶形态。溶洞早期是作为岩溶水的通道，因而其延伸和形态多变，溶洞内常有支洞，有钟乳石、石笋和石柱等岩溶产物（图 7－46）。这些岩溶沉积物是由于洞内的滴水为重碳酸钙水，因环境改变释出 CO_2，使碳酸钙沉淀而成。

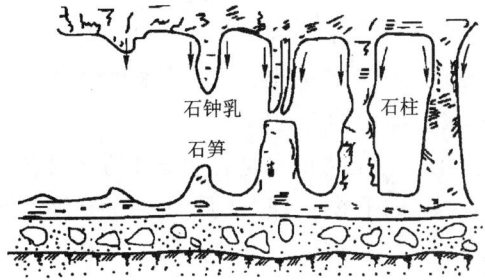

图 7－46　石钟乳、石笋和石柱生长示意图

（7）暗河

暗河是地下岩溶水汇集和排泄的主要通道。部分暗河常与地面的沟槽、漏斗和落水洞相通，暗河的水源经常是通过地面的岩溶沟槽和漏斗经落水洞流入暗河内。因此可以根据这些地表岩溶形态分布位置，概略地判断暗河的发展和延伸（图 7－47）。

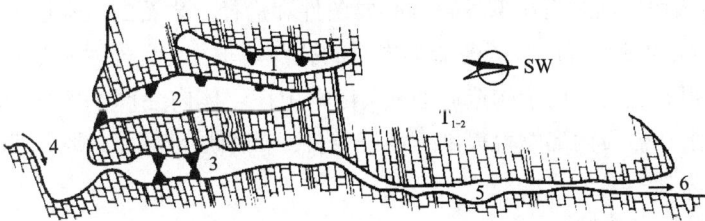

图 7－47　江苏宜兴善卷洞纵剖面示意图

1—上洞（云雾大场）；2—中洞（狮象大场）；3—下洞；4—地下河进口（飞瀑）；
5—地下河（水洞）；6—地下河出口（豁然开朗）；T_{1-2}—青龙群薄层灰岩

（8）天生桥

天生桥是溶洞或暗河洞道塌陷直达地表而局部洞道顶板不发生塌陷形成的一个横跨水流的石桥，称其天生桥。天生桥常为地表跨过槽谷或河流的通道。

7.4.2　岩溶形成条件及发育的基本规律

1. 岩溶形成条件

岩溶的发育与岩石可溶性、地下水的活动、气候条件、地质构造及地形等有关。前两项是形成岩溶的必要条件，若可溶性岩层具有裂隙，能透水，且位于地下水的侵蚀基准面以上，而地下水又具有化学溶蚀能力时，就能形成岩溶现象。岩溶发育的基本条件可概括为以下四点。

（1）岩石是可溶的

岩石的可溶性是岩溶发育的内因和基础。自然界中，可溶性岩石有碳酸盐岩类（主要指石灰岩、白云岩、大理岩等）、硫酸盐类岩石（如石膏、芒硝等）和卤盐类岩石（如石盐）。这三种岩石中，碳酸盐类岩石分布最广，因此在碳酸盐类岩石分布地区岩溶发育最典型、最普遍。

碳酸盐类岩石的成分和结构是影响岩溶发育的重要因素。岩石中所含方解石越多，含白云石及杂质越少，则越易溶蚀。岩石可溶性大小顺序为：石灰岩 > 白云石灰岩 > 灰质白云岩 > 白云岩 > 硅质灰岩 > 泥灰岩。另外，岩石结构的差异也是影响溶蚀强度大小的重要因素，其溶蚀程度是随颗粒大小、骨架的紧密程度、孔隙率的大小而变化。

（2）有溶蚀能力的水

有溶蚀能力的水是岩溶发育的外因和条件。水的溶蚀能力取决于水中侵蚀性 CO_2 或其他酸类（如硝酸、硫酸）的含量。含有侵蚀性 CO_2 的水对石灰岩的溶蚀作用过程的化学反应式为

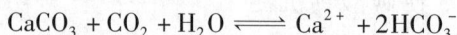

$$CaCO_3 + CO_2 + H_2O \rightleftharpoons Ca^{2+} + 2HCO_3^-$$

该反应式是可逆的，即当水中含有一定数量的 HCO_3^- 时，则要有相应数量的游离 CO_2 与其平衡。当水中游离 CO_2 含量增多时，反应式将向右进行，即发生 $CaCO_3$ 的溶蚀。这部分 CO_2 称为侵蚀性 CO_2。因此，水中侵蚀性 CO_2 的含量越多，水的溶蚀能力越强。水中 CO_2 主要来自土壤层，土壤层中亿万个微生物制造了大量的 CO_2。

（3）可溶岩具有透水性

这是保证岩溶作用向岩石内部发育的必要条件和途径。岩石的透水性主要取决于岩石原生孔隙和构造裂隙的发育程度。碳酸盐类岩石的孔隙率很小，且连通性很差，若仅靠孔隙透水，岩溶发育则很难进行。由于构造运动、风化作用在岩体内会产生各种构造裂隙，这就给地表水下蚀、岩溶在岩石内部发育提供了良好条件。如断层破碎带、风化带、岩层的层理面处，岩溶发育尤为强烈。

（4）水流是循环交替的

这是岩溶不断发育的根本保证。在可溶性岩石地区，如果岩溶水补给充分，循环、交替强烈，不断提供新的侵蚀性 CO_2，岩溶作用就会不断进行，而且岩体中的渗透通道越来越大，水流的冲刷、侵蚀能力也越来越强；相反，如果地下水流动缓慢，或处于静止状态，则岩溶发育迟缓，甚至处于停滞阶段。

2. 岩溶发育的基本规律

（1）岩溶与岩性的关系

岩石成分、成层条件和组织结构等直接影响岩溶的发育程度和速度。一般来说，硫酸盐类岩层、氯化类岩层岩溶发育速度较快；碳酸盐类岩层则发育速度较慢。质纯层厚的岩层，岩溶发育强烈，且形态齐全、规模较大，含泥质或其他杂质的岩层，岩溶发育较弱。结晶颗粒粗大的岩石岩溶较为发育；结晶颗粒细小的岩石，岩溶发育较弱。

（2）岩溶与地质构造的关系

1）节理裂隙

裂隙的发育程度和延伸方向通常决定岩溶的发育程度和发展方向。在节理裂隙的交叉处或密集带，岩溶最易发育。

2）断层

沿断裂带是岩溶显著发育地段。沿断裂带常分布有漏斗、竖井、落水洞、溶洞、暗河等。一般情况下，正断层处岩溶较发育，逆断层处较差。

3）褶皱

褶皱轴部一般岩溶较发育。单斜地层，岩溶一般顺层面发育。在不对称褶曲中，陡的一翼较缓的一翼发育。

4）岩层产状

产状倾斜或陡倾斜的岩层，一般岩溶发育较强烈；水平或缓倾斜的岩层、上覆或下伏非可溶岩层，岩溶发育较弱。

5）接触带

岩溶往往沿可溶岩与非可溶岩的接触带发育。

（3）岩溶与新构造运动的关系

地壳强烈上升地区，岩溶以垂直方向发育为主；地壳相对稳定的地区，岩溶以水平发育为主；地壳下降地区，既有水平发育又有垂直发育，岩溶较为复杂。

（4）岩溶与地形的关系

地形陡峻、岩石裸露的斜坡上，岩溶多呈溶沟、溶槽、石芽等地表形态；地形平缓处，岩溶多以漏斗、落水洞、竖井、塌陷洼地、溶洞等形态为主。

（5）地表水体与岩层产状的关系对岩溶发育的影响

层面反向水体或与水体斜交时，岩溶易于发育，层面顺向水体时，岩溶不易发育。

（6）岩溶与气候的关系

在大气降水丰富、气候潮湿地区，地下水能经常得到补给，水的来源充沛，岩溶易于发育。

7.4.3　土洞

土洞的形成主要是潜蚀作用的结果。潜蚀指地表水或地下水对土体进行溶蚀或冲刷的作用。潜蚀分为机械潜蚀和溶滤潜蚀。如果土体内不含有可溶成分，则地下水流仅将细小颗粒从土体中带走，这种作用称为机械潜蚀；如果土体内含有可溶性成分，像黄土中含有碳酸盐、硫酸盐等物质，地下水流先将这些可溶成分溶解，然后将细小颗粒冲刷带走，这种潜蚀称为溶滤潜蚀。土洞按其形成原因，可分为以下两种。

1. 地表水形成的土洞

这类土洞是地表水沿土层中裂隙或生物硐穴下渗过程中逐渐冲蚀、掏空而形成的土洞。土层中的裂隙和硐穴为地表水渗入土层提供了通道，如果土层底部有排泄水流和土粒的良好通道，则这些地区土洞发育强烈。如上覆土层的岩溶地区，土层底部岩溶的发育是排泄水流的良好通道，水不断向下潜蚀，逐渐在土体内部形成了一条不规则的渗水通道，在水力作用下，不断将崩散的土粒带走，产生土洞，直至顶板破坏，形成地表塌陷。

2. 地下水形成的土洞

这类土洞与岩溶水的活动有关，分布于岩溶地区基岩面与上覆土层的接触带上（图7-48）。由于此接触带上覆有一层饱水程度较高的软塑流动状态的软土层，而在基岩表面有溶沟、裂隙、溶洞等发育，使基岩的透水性很强。当地下水在岩溶基岩面附近活动时，水位的升降可使软土层软化，并产生潜蚀和冲刷作用，将软土中的土粒带走而形成土洞。当土洞不断扩大，其顶板不能负担上部压力时，则发生下沉或塌落，使地表呈现蝶形、盆形、深槽状和竖井状的洼地。

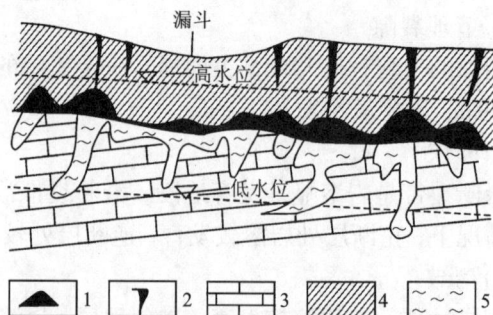

图7-48 土洞的分布和发育示意图

1—土洞；2—裂隙；3—石灰岩；4—黏性土；5—软土或稀泥

7.4.4 岩溶和土洞工程问题及其治理措施

1. 岩溶与土洞的工程地质问题

岩溶和土洞会给工程建设活动带来一系列不利的影响，其表现有三个方面。

（1）岩溶地区的渗漏问题

在岩溶地区修建水库，往往由于地表与地下、库区与邻谷、低地的岩溶形态等相通，致使水漏失严重，甚至难以成库蓄水。水库渗漏还常给周围地区造成危害，如引起地下水位抬升（破坏建筑、造成土地盐渍化和沼泽化、形成冷浸田等）、地表积水、形成岩溶暗河等，造成的经济损失很大。在我国，水库渗漏问题以广西、贵州、山西等岩溶发育区最为严重。

（2）地基的稳定性问题

岩溶的存在使地基岩土体强度降低，增大了岩石的透水性；另外，因石芽、溶沟、溶槽的存在，使基岩参差不平，起伏不均匀，这就造成了地基的不均匀沉陷，或桩基的不可靠支撑而导致上部结构的破坏（图7-49）。洞穴顶板的坍塌，会导致基础悬空，结构开裂，因此地基中若存在浅层溶洞和土洞，则必须评价洞穴顶板的稳定性。

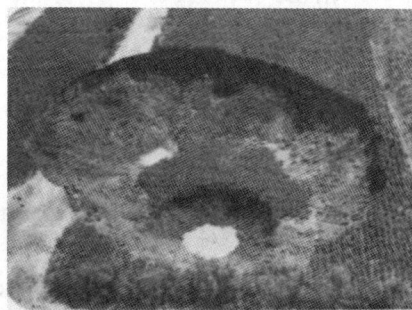

图7-49 岩溶引起的地面塌陷

在岩溶与土洞地区作地基稳定分析时应考虑以下三个方面：

①溶洞和土洞分布密度和发育情况。建筑物场地和地基的选择，应避开溶洞和土洞分布很密且溶洞或土洞的发育处，在地下水交接最积极的循环带内，以及洞径较大、顶板薄、裂隙发育的地带。

②溶洞和土洞的埋深对地基稳定性的影响。一般认为溶洞，特别是土洞，如埋置很浅，则溶洞的顶板可能不稳定，甚至会发生地表塌落。

③抽水对土洞和溶洞顶板稳定的影响。一般认为，在有溶洞或土洞的场地，特别是土洞大片分布区，如果进行地下水的抽取，由于地下水位大幅度下降，使保持多年的水位均衡遭到急剧破坏，会大大减弱地下水对土层的浮托力；此外，又由于抽水时加大了地下水的循环，动水压力会破坏一些土洞顶板的平衡。因而，引起一些土洞顶板的破坏和地表塌陷。

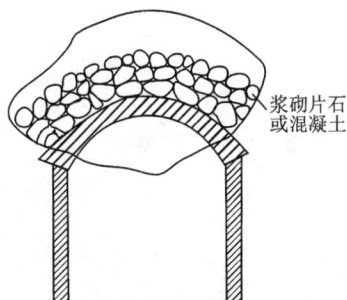

图 7-50　隧道拱顶溶洞回填

（3）地下硐室围岩稳定性和涌水问题

在地下工程中，如果硐室附近有较大硐穴、暗河存在时，则可引起塌陷或基础悬空、突水等，并伴随涌泥、涌砂等现象，造成生命财产的损失。

2. 岩溶与土洞地基的治理措施

在岩溶地区进行工程活动时，首先应设法避开有危险的岩溶和土洞区，实在不能避开时再考虑采取工程措施。

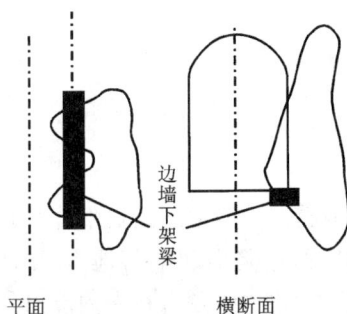

图 7-51　隧道边墙下洞处理

（1）挖填

挖填，即挖除溶洞或土洞中的软弱充填物，回填以碎石、块石或混凝土，并分层夯实，以达到改良地基的效果（图 7-50）。

（2）疏导

为降低地下水的水位及水压力，对岩溶水宜以疏导为主，不宜堵塞；对自然降水和其他地表水应防止下渗，采取截排水措施，将水引到它处排泄。

（3）跨盖

当洞埋藏较深或洞顶板不稳定时，可采用跨盖方案（图 7-51）。如采用长梁式基础、桁架式基础或刚性大平板等方案跨越。但梁板的支撑点必须放置在较完整的岩石上或可靠的持力层上，并注意其承载能力和稳定性。

（4）灌浆

对于埋藏较深，不可能采用挖填、跨盖的措施处理的溶洞或土洞，溶洞可采用水泥、水泥黏土混合物灌浆于岩溶裂隙中（图 7-52）；对于土洞，可在洞体范围内的顶板上打孔灌砂或沙砾，应注意灌满、灌实。

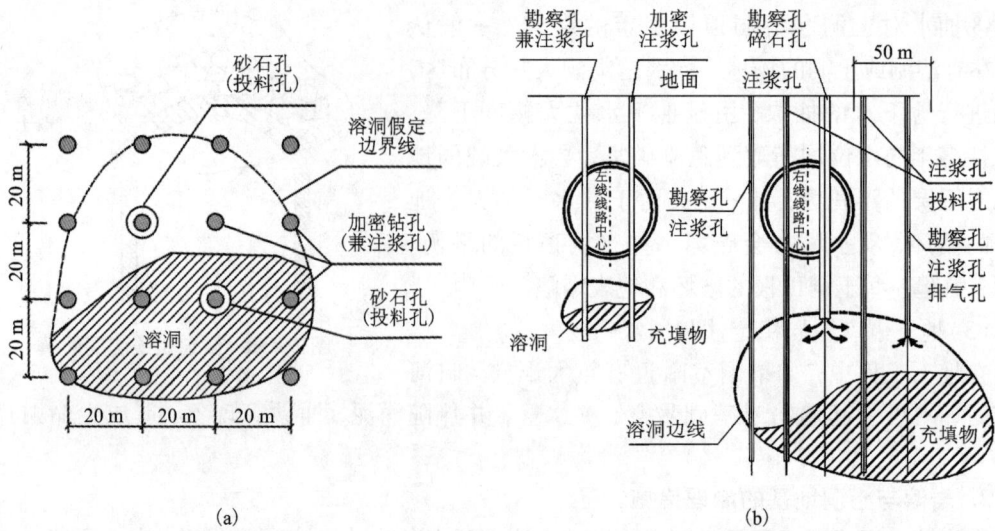

图 7 – 52   溶洞灌浆钻孔施工平面(a)和剖面图(b)
——以广州地铁 2 号线远景站为例

7.5 地震

7.5.1 地震概述

大地发生突然的震动，称为地震。一般地震指自然作用产生的震动，如火山喷发可引起火山地震，地下溶洞或地下采空区的塌陷引起陷落地震，山崩、陨石坠落等也可引起地震。绝大多数地震是由地壳运动造成的，它主要是岩石圈内能量积累和释放的一种地质作用。地球上差不多天天都有地震，一年以数百万次计。但其中绝大部分是人们觉察不出来的无感地震，而为人所感到的有感地震约为 5 万次，其中能造成严重灾害的大地震平均每年为 10～20 次。

1. 地震发生的特征

我国是一个地震多发的国家，早在夏朝就有了最早的地震记录。新中国成立后的 1976 年的唐山大地震以及 2008 年的汶川大地震都造成了大量的人员伤亡和经济损失。从若干地震发生的过程不难总结出地震有发生时间短但震动延续周期较长的特征。一次地震中往往有前震(即最初发生的小震动)、主震(即紧接着前震发生的激烈震动)、余震(即主震后发生的大量小地震)三个阶段。有时余震可以延续数月甚至数年。此外，地震发生的不规律性也是令地震预测较难准确的原因。

2. 震源和震中

地下发生地震的地方叫作震源(图 7 – 53)。震源在地面上的垂直投影叫作震中。从震中到震源的距离叫作震源深度。地震按震源深度可以分为浅源地震(深度 0～70 km)、中源地震(深度 70～100 km)、深源地震(深度超过 300 km)。目前已知最深地震为 720 km(1934 年 6 月 29 日发生于印度尼西亚苏拉威西岛东边的 6.9 级地震)。震源不仅仅限于地壳和岩石圈的范围，有些位于地幔的范围内。不过，大多数地震属于浅源地震，约占地震总数的 72.5%，所释放的能量占地震总能量的 85%；破坏性最大的地震震源深度多在 10～20 km。中源地震发震次数较少，占地震总数的 23.5%，释放能量约占总能量的 12%。深源地震仅占地震总数的 4%，释放能量只占总能量的 3% 左右。中深源地震有的尽管震级很大，但危害较小。

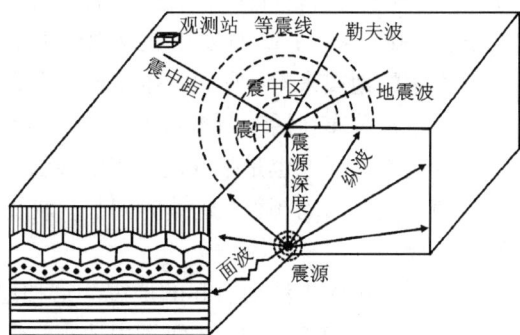

图 7 - 53　地震术语示意图

3. 地震波

地震时震源释放的应变能以弹性波的形式向四面八方传播，这就是地震波。地震波使地震具有巨大的破坏力，也使人们得以研究地球内部。地震波包括两种在介质内部传播的体波和两种限于界面附近传播的面波。

（1）体波

体波有纵波与横波两种类型。纵波（P 波）是由震源传出的压缩波，质点的震动方向与波的前进方向一致，一疏一密向前推进，所以又称疏密波，它周期短、振幅小。其传播速度是所有波当中最快的一个，震动的破坏力较小。横波（S 波）是由震源传出的剪切波，质点的震动方向与波的前进方向垂直，传播时介质体积不变，但形状改变，它周期较长、振幅较大。其传播速度较小，为纵波速度的 0.5～0.6 倍，但其震动的破坏力较大。

（2）面波

面波（L 波）是体波达到界面后激发的次生波，只是沿着地球表面或地球内的边界传播。面波向地面以下迅速消失。面波随着震源深度的增加而迅速减弱，震源越深面波越不发育。

一般情况下，横波和面波到达时震动最强烈。建筑物破坏通常是由横波和面波造成的。

7.5.2　地震成因类型

引起地震的原因很多，据此可分为构造地震、火山地震和冲击地震，人类活动也可以导致发生地震，称为诱发地震，如水库地震。

1. 构造地震

构造地震是由构造变动，特别是断裂活动所产生的地震。全球绝大多数地震是构造地震，约占地震总数的 90%。

在地壳及上地幔中，由于物质不断运动，经常产生一种互相挤压和推动岩石的巨大力量，即地应力。地应力作用未超过岩石弹性极限时，岩石产生弹性变形，并把能量积蓄起来；当地应力作用超过地壳内某处岩石强度极限时，就会发生破裂，或使原有的破碎带重新活动，所积蓄的能量突然急剧地释放出来，其中一部分以弹性波（地震波）的形式向四周传播出来，当地震波传到地面时，地面就震动起来，这就是地震。

世界上许多著名的大地震都属于构造地震。1906 年美国旧金山大地震（8.3 级）与圣·安德列斯大断裂活动有关。1923 年日本关东大地震（8.3 级）与穿过相模湾的 NW—SE 向的断裂活动有关。1960 年 5 月 21 日至 6 月 22 日在智利发生一系列强震（3 次 8 级以上的地震，10 余次 7 级以上的地震），都发生在南北长达 1400 km 的秘鲁海沟断裂带上。1970 年 1 月 5 日云南通海地震（7.7 级），是曲江断裂重新活动造成的。1973 年 2 月四川甘孜、炉霍地震

（7.9级），是鲜水河断裂重新活动造成的，地震后在地面形成一条走向NW310°、长100 km余的地裂缝。2008年5月12日发生在汶川的大地震（8.0级）与龙门山构造带活动有关。

从已发生的地震来看，它的发生跟已经存在的活动构造（特别是活断层）有密切关系，许多强震的震中都分布在活动断裂带上。如果从全球范围来看，地震带的分布与板块边界密切相关。这些边界实际上也是张性的、挤压性的或水平错开的一些断裂构造。

构造地震具有活动频繁、延续时间长、波及范围广、破坏性强等特点。

2. 火山地震

火山地震指由火山活动引起的地震。这种地震可以是直接由火山爆发引起地震；也可能是因火山活动引起构造变动，从而发生地震；或者是因构造变动引起火山喷发，从而导致地震。因此，火山地震与构造地震常常有密切关系。

火山地震为数不多，约占总数的7%。震源深度不大，一般不超过10 km。有些地震发生在火山附近，震源深度为1~10 km，其发生与火山喷发活动没有直接的或明确的关系，但与地下岩浆或气体状态变化所产生的地应力分布的变化有关，这种地震称为A型火山地震。还有些地震集中发生在活火山口附近的狭小范围内，震源深度浅于1 km，影响范围很小，称为B型火山地震。有时地下岩浆冲至接近地面，但未喷出地表，也可以产生地震，称为潜火山地震。现代火山带如意大利、日本、菲律宾、印度尼西亚、堪察加半岛等最容易发生火山地震。

3. 冲击地震

冲击地震因山崩、滑坡等原因引起，或因碳酸盐岩地区岩层受地下水长期溶蚀形成许多地下溶洞，洞顶塌落引起，后者又称塌陷地震。此类地震为数很少，约占地震总数的3%。震源很浅，影响范围小，震级也不大。1935年广西百寿县曾发生塌陷地震，崩塌面积约为$4 \times 10^4 \text{ m}^2$，地面崩落成深潭，声闻数十里，附近屋瓦震动。又如，1972年3月在山西大同西部煤矿采空区，大面积顶板塌落引起了地震，其最大震级为3.4级，震中区建筑物有轻微破坏。

4. 水库地震

有些地方原来没有或很少发生地震，后来由于修了水库，经常发生地震，称为水库地震。这种地震与水的作用有关，当然也与一定的构造和地层条件有关，而水的作用只是一种诱发因素。如广东河源新丰江水库，自1959年蓄水后，在库区周围地震频度逐渐增加，于1962年3月19日发生了一次6.4级地震，震中烈度达到8度，是已知最大水库地震之一。截至1972年，该区共记录了近26万次地震。又如，著名的埃及阿斯旺水库，坝高110 m，库容达$1.65 \times 10^8 \text{ m}^3$，1960年正式开工，1964年截流蓄水，1968年正式投入运行。此地区在建库前历史上无地震，从1980年起出现小震、微震，于1981年11月在坝址西南60 km库区发生了5.6级地震；同一地点于1982年又发生了5级和4.6级地震。

此外，因深井注水、地下抽水等也可触发地震。如美国科罗拉多州有一座落基山军工厂，为处理废水凿了一口3614 m的深井，用高压注水于地下，于1962年发生频繁的地震。以后停止注水，地震活动减弱；恢复注水，地震又有所增加。

上述地震，特别是水库地震的成因引起人们极大关注。一般认为，在一定的有利于发震的地质构造条件（如有活动断层、密集或交叉的断裂存在，或在升降差异运动的过渡部位等）下，水库蓄水可诱发地震。除去人为因素诱发地震外，某些自然因素如太阳黑子活动期，阴历的朔、望期等，也容易诱发地震。各种地震触发机理有待于人们去深入研究。

7.5.3　地震分布

地球上差不多天天有地震，但其分布并不平衡，而是具有一定的时空分布规律。

1. 地震的时间分布规律

根据历史地震资料，在全世界，一个地区或一个地震带，在一段时间内表现为多震的活跃期，在另外一段时间内则表现为少震的平静期。这种活跃期和平静期交替出现的现象，叫作地震的周期性或地震的间歇性。全世界范围内，20 世纪 40 年代是 7 级以上大地震次数最多、最活跃的时期。

在一个地震带内，又往往表现出自己特有的周期性。如在环太平洋地震带北带，1915—1933 年共 19 年间，发生了一系列 7.8 级以上的浅源地震；1934—1951 年共 18 年间，在整个断裂带上都比较平静；1952—1969 年这 18 年间，地震增多，进入一个新的活跃期。

具体到一个活动断裂带或地震带，活跃期和平静期交替出现的情况也很明显。如在甘肃河西走廊断裂带，1920—1954 年的 25 年内，先后发生了海原、古浪、昌马、山丹、民勤等多次 7 级以上的地震，但此后却一直保持相对的平静。又如陕西渭河地堑，881（唐广明二年）—1486 年（明成化二十二年）的 606 年间，未见破坏性地震记载，此后到 1570 年间，地震转入活跃期，1556 年（明嘉靖三十四年）1 月 23 日发生了空前的 8 级大地震（震中在今华县）；1570 年以后又趋向平静，极少发生 5 级以上的地震。再如，1679 年三河、平谷大地震和1976 年唐山大地震，同属燕山地震带，时间相隔 297 年，存在 300 年左右的准周期性。

这种地震活动的周期性现象，是一个地震带的应变积累和释放的全过程的表现。也有人认为，这种活跃期与平静期交替出现，是震源机制黏滑和蠕动交替进行的一种反映。

2. 地震的空间分布规律

地震震中分布集中的地带，称为地震带。从世界范围看，有些地区没有或很少有地震，有些地区则地震频繁而强烈。地震带往往与活动性很强的地质构造带一致。按世界震中分布规律，大体可以划分为以下几个地震带（图 7-54）。

（1）环太平洋地震带

全世界约 80% 的浅源地震，90% 的中源地震和几乎全部深源地震都发生在这一带。所释放的地震能量约占全世界地震总能量的 80%，但其面积仅占世界地震总面积的一半。

此地震带，在太平洋西部大抵从阿留申群岛，向西沿堪察加半岛、千岛群岛，至日本诸岛、琉球群岛，至我国台湾岛，过菲律宾群岛、伊里安岛，南至新西兰为止。在太平洋东部，大致从阿拉斯加西岸，向南经加利福尼亚、墨西哥（在中美有一分支，称为加勒比或安德烈斯环）、秘鲁，沿智利至南美的极南端。这一带也是著名的火山带，它与中、新生带褶皱带和新构造强烈活动带是一致的。

（2）地中海—喜马拉雅地震带

这是一条横跨欧亚大陆，并包括非洲北部，大致呈东西方向的地震带，总长约 15000 km，宽度各地不一，在大陆部常有较大的宽度，并有分支现象。除太平洋地震带外，几乎其余的较大浅源地震和中源地震都发生在这一带。释放能量占全世界地震释放总能量的 15%。

此地震带西起葡萄牙、西班牙和北非海岸，东去经意大利、希腊、土耳其、伊朗至帕米尔北边，进入我国西北和西南地区；南边沿喜马拉雅山山麓和印度北部，又经苏门答腊、爪哇至伊里安，与环太平洋带相接。这一带也有许多火山分布。

（3）大洋中脊（海岭）地震带

①大西洋中脊（海岭）地震带自斯匹次卑尔根岛经冰岛向南沿亚速尔群岛、圣保罗岛等至南桑德韦奇群岛、色维尔岛，沿大西洋中脊分布，向东与印度洋南部分叉的海岭地震带相连。

②印度洋海岭地震带由亚丁湾开始，沿阿拉伯—印度海岭，南延至中印度洋海岭；向北在地中海与地中海—南亚地震带相连；向南到南印度洋分为两支，东支向东南经澳大利亚南部，在新西兰与环太平洋带相接；西支向西南绕过非洲南部与大西洋中脊地震带相接。

③东太平洋中隆地震带从中美加拉帕戈斯群岛起向南至复活节岛一带，分为东西二支，东支向东南在智利南部与环太平洋地震带相接；西支向西南在新西兰以南与环太平洋地震带和印度洋海岭地震带相连。以上三带皆以浅源地震为主。

（4）大陆断裂谷地震带

分布于一些区域性断裂带或地堑构造带，主要有东非大断裂带、红海地堑、亚丁湾及死海、贝加尔湖以及太平洋夏威夷群岛等。此带主要为浅源地震。

3. 中国地震活动的分布及地震地质的基本特征

中国位于世界两大地震带——环太平洋地震带与欧亚地震带的交汇部位，受太平洋板块、印度板块和菲律宾海板块的挤压，地震断裂带十分发育。我国的地震活动，具有分布广、频度高、强度大和震源浅的特点。中国主要地震区与活动构造带关系密切。除台湾东部、西藏南部和吉林东部的地震属板块接缝带地震外，其余广大地域地震均属板内地震，而且绝大多数强震都发生在稳定断块边缘的一些规模巨大的区域性深大断裂带上或断陷盆地之内。中国地震主要分布在台湾地区、西南地区、西北地区、华北地区、东南沿海地区和23条地震带上（图7-54）。

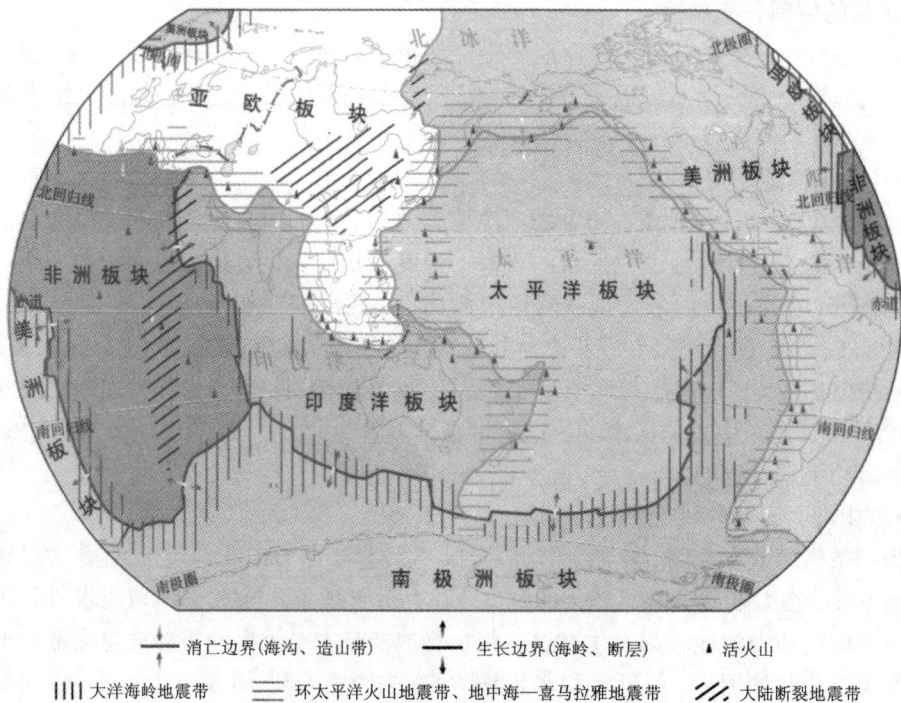

图 7-54 全球地震带分布图

7.5.4　地震震级与地震烈度

地震强度用震级和烈度来表示。

1. 地震震级

震级表示地震本身大小的等级划分，它与地震释放出来的能量大小相关。震级是根据地震仪记录的地震波最大振幅经过计算求出的，它是一个没有量纲的数值。震级与地震能量有关，能量越大，震级就越大。震级标准，最先是由美国地震学家里克特提出来的，所以又称里氏震级。由于每次地震所积蓄的能量是有一定限度的，所以地震的震级也不会无限大。一次地震只有一个震级。震级(M)和震源释放出的总能量(E)之间的关系如表 7 – 3。

震级间能量成 30 倍左右比例。一次 7 级地震所释放出的能量(2.0×10^{15}J)相当于 30 个两万吨级原子弹爆炸释放的能量。按照震级大小，可以把地震划分为超微震、微震、弱震、强震和大地震。

①超微震：震级小于 1 的地震，人们不能感觉，只能用仪器测出。

②微震：震级大于 1 小于 3 的地震，人们也不能感觉，只有靠仪器测出。

③弱震：又称小震，震级大于 3 小于 5 的地震，人们可以感觉到，但一般不会造成破坏。

④强震：又称中震，震级大于 5 小于 7 的地震，可以造成不同程度的破坏。

⑤大地震：指 7 级及其以上的地震，常造成极大的破坏。

表 7 – 3　震级(M)和震源释放出的总能量(E)之间的关系对照表

M	$E/$J	M	$E/$J	M	$E/$J	M	$E/$J
1	2.0×10^{6}	4	6.3×10^{10}	7	2.0×10^{15}	8.9	1.4×10^{18}
2	6.3×10^{7}	5	2.0×10^{12}	8	6.3×10^{16}		
3	2.0×10^{9}	6	6.3×10^{13}	8.5	3.6×10^{17}		

2. 地震烈度

地震对地表和建筑物等破坏强弱的程度，称为地震烈度。一次地震只有一个震级，如海城—营口地震(1975 年)是 7.3 级，唐山地震(1976 年)是 7.8 级。但同一次地震对不同地区的破坏程度不同，地震烈度也不一样。图 7 – 56 所示为汶川 8.0 级地震烈度分布图。如同一个炸弹，其所含炸药量相当于震级，炸弹爆炸后对不同地点的破坏程度有大有小，相当于地震烈度。地震烈度是根据人的感觉、家具及物品震动的情况、房屋及建筑物受破坏的程度和地面的破坏现象等进行划分的。根据地面建筑物受破坏程度和影响程度，我国把地震烈度分为十二度，每一烈度均有相应的地震加速度、地震系数以及相应的地震情况，以作为确定地震烈度的标准，它的内容大致如表 7 – 4 所列。

影响地震烈度的因素很多，首先是地震等级(震级)，其次为震源深度、震中距、土壤和地质条件、建筑物的性能、震源机制、地貌和地下水位等。

一般说来，在其他条件相同的情况下，震级越大，震中烈度也越大，地震影响波及的范围也越广。如果震级相同，则震源越浅，对地表的破坏性越大。如 1960 年 2 月 29 日在摩洛哥加迪尔发生一次只有 5.8 级的地震，但震源深度仅为 2 ~ 3 km，而震中烈度竟然达到Ⅸ度，

中国地震带分布图

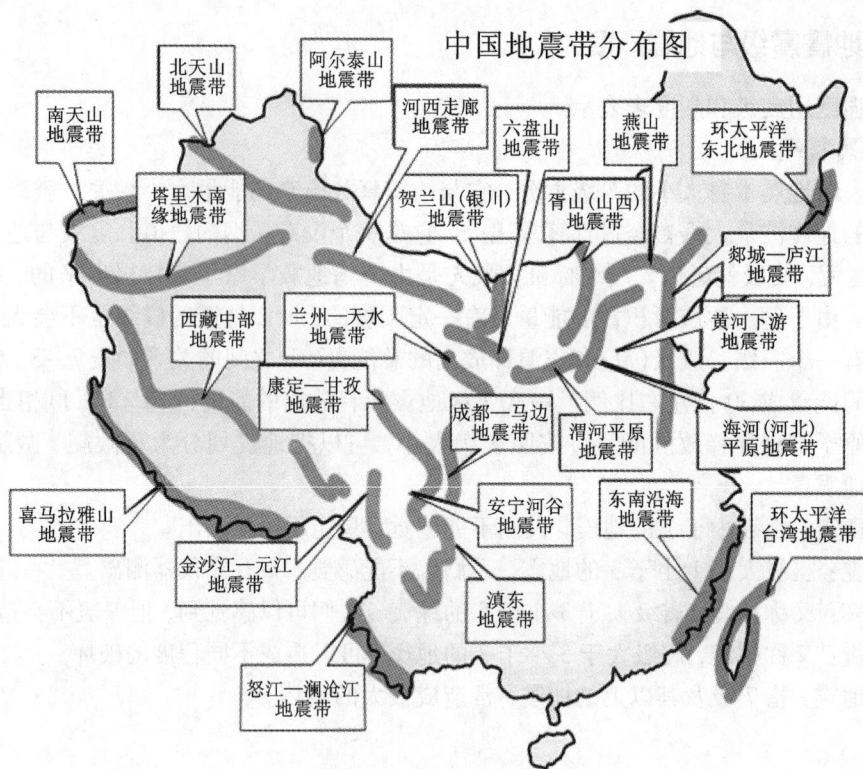

图 7-55　中国地震带分布图

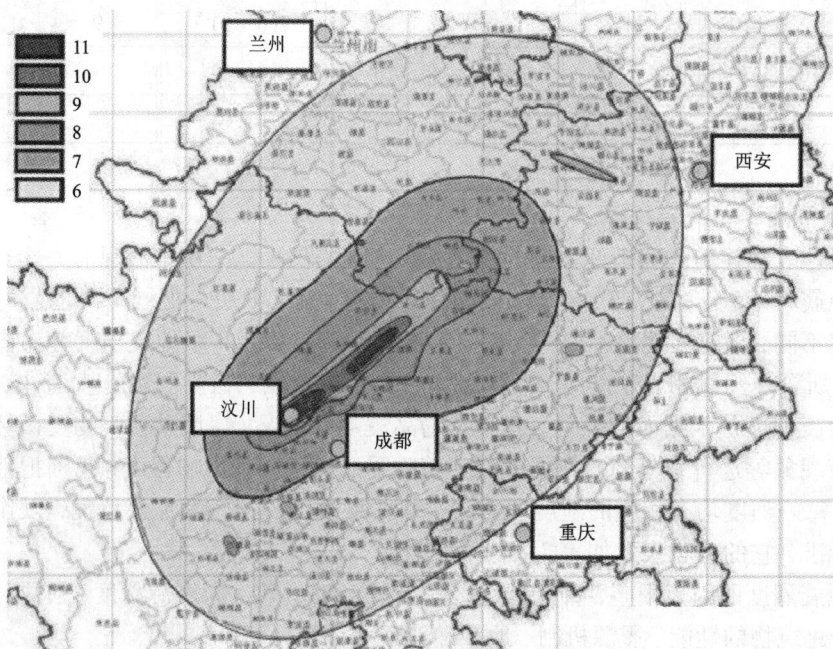

图 7-56　中国汶川 8.0 级地震烈度分布图

（资料来源：中国地震局）

造成十分严重的破坏。深源地震常常震级很大，而烈度往往很小。表 7 - 5 说明震中烈度与震级和震源深度(浅源地震)的关系。

地震烈度的大小与震中距有很大关系。如 1975 年 2 月海城地震(7.3 级)，震中烈度为Ⅸ度，在沈阳减为Ⅵ度，北京为Ⅳ度，在长江以南则不受任何影响。震中距相同，由于地质构造、房屋及建筑物结构以及其他条件不同，也往往出现不同的地震烈度。例如，地质基础坚实，烈度就相应小些；地质基础薄弱，或有断层、古河道通过，烈度就相应提高。1976 年 7 月 28 日唐山地震，玉田、丰润距离震中只有几十千米，但破坏程度较轻；而距唐山较远的平谷、通县、大兴的某些地方，反倒遭到较重的破坏。以北京平谷县将军关为例，那里正好有一条断层通过，坐落于断层上的民房有很多倒塌。基于上述原因，在高烈度区中会出现小范围的低烈度区(称为"安全岛")；在低烈度区中也会出现小范围的高烈度区。这些异常现象统称为地震烈度异常。根据地震资料准确地划出"安全岛"的范围，对于建设规划有着重要的现实意义。

表 7 - 4　中国地震烈度表(1980)

烈度	人的感觉	对建筑物的影响	其他现象
Ⅰ	无感		
Ⅱ	室内个别静止的人有感		
Ⅲ	室内个别静止的人有感	门、窗轻微作响	悬挂物微动
Ⅳ	室内多数人有感，室外少数人有感，少数人惊醒	门、窗作响	悬挂物明显摆动，器皿作响
Ⅴ	室内普遍有感，室外多数人有感，多数人惊醒	门窗、屋顶、屋架颤动，灰土掉落，抹灰出现微细裂缝	不稳定器物翻倒
Ⅵ	惊慌失措、仓皇出逃	损坏：个别砖瓦掉落，墙体微细裂缝	河岸和松散土上出现裂缝，饱和砂土出现喷砂冒水，地面上有的砖烟囱轻度裂缝、掉土
Ⅶ	大多数人仓皇出逃	轻度破坏：局部破坏、开裂，但不影响使用	河崖出现坍方、喷砂冒水现象，松软土裂缝较多，大多数砖烟囱中等破坏
Ⅷ	摇晃颠簸，行走困难	中等破坏：结构受损，需要修理	干硬土上有裂缝，大多数烟囱严重破坏
Ⅸ	坐立不稳，行走的人可能摔跤	严重破坏，墙体龟裂，局部倒塌，修复困难	干硬土上许多地方出现裂缝，基岩上可能出现裂缝，滑坡、坍方常见，砖烟囱倒塌
Ⅹ	骑自行车的人会摔倒，处于不稳状态的人会摔出几尺远，有抛起感	大部分倒塌，不堪修复	山崩和地震断裂出现，基岩上的拱桥破坏，大多数烟囱从根部破坏或倒塌
Ⅺ		毁灭	地震断裂延续很长，山崩常见，拱桥破坏
Ⅻ			地面剧烈变化，山河改观

表 7 – 5　震中烈度与震级和震源深度的关系

震源深度/km	5	10	15	20	25
震级 2	3.5	2.5	2	1.5	1
3	5	4	3.5	3	2.5
4	6.5	5.5	5	4.5	4
5	8	7	6.5	6	5.5
6	9.5	8.5	8	7.5	7
7	11	10	9.5	9	8.5
8	12	11.5	11	10.5	10

　　房屋建筑的地基坚固程度、设计好坏、抗震结构以及施工质量等,都会影响到破坏程度。如唐山市某工厂的一座三层宿舍楼(处于 X 度烈度区),在周围建筑物普遍倒塌的情况下,由于地基牢固、设计好,而完好无损。由此可见,重灾区中有轻灾,轻灾区中有重灾,地震烈度的大小往往是由许多因素决定的。

　　震级与烈度虽然都是地震的强烈程度指标,但烈度对工程抗震来说具有更为密切的关系。为了表示某一次地震的影响程度或总结震害与抗震经验,需要根据地震烈度标准来确定某一地区的地震烈度;同样,为了对地震区的工程结构进行抗震设计,也要求研究预测某一地区在今后一定时期的地区烈度,来作为强度验算与选择抗震措施的依据。

　　(1)基本烈度

　　基本烈度指在今后一定时期内,某一地区在一般场地条件下可能遭遇的最大地震烈度。基本烈度所指的地区,并不是某一具体工程场地,而指一较大范围,如一个区、一个县或更广泛的地区,因此基本烈度又常常称为区域烈度。

　　鉴定和划分各地区地震烈度大小的工作,称为烈度区域划分,简称烈度区划。烈度区划不应只以历史地震资料为依据,而应采取地震地质与历史地质资料相结合的方法,进行综合分析,深入研究活动构造体系与地震的关系,才能较准确地进行。各地基本烈度定得准确与否,与该地工程建设的关系甚为密切。如烈度定得过高,提高设计标准,会造成人力和物力上的浪费,定得过低,会降低设计标准,一旦发生较大地震,必然造成重大损失。

　　(2)场地烈度

　　场地烈度提供的是地区内普遍遭遇的烈度,具体场地的地震烈度与地区内的平均烈度常常是有些差别的。对许多地层的调查研究表明,在烈度高的地区内可以包含有烈度较低的部分,而在烈度低的地区内也可以包含有烈度较高的部分,也就是常在地震灾害报道中出现"重灾区里有轻灾区,轻灾区里有重灾区"的情况。一般认为,这种局部地区烈度上的差别,主要是受局部地质构造、地基条件以及地形变化等因素控制。通常把这些局部性的控制因素称为小区域因素或场地条件。

　　根据场地条件调整后的烈度,在工程上称为场地烈度。通过专门的工程地质、水文地质工作,查明场地条件,确定场地烈度,对工程设计有重要的意义:①有可能避重就轻,选择对抗震有利的地段布设路线和桥位;②使设计所采用的烈度更切合实际情况,避免偏高偏低。

（3）设计烈度

在场地烈度的基础上，考虑工程的重要性、抗震性和修复的难易程度，根据规范进一步调整，得到设计烈度，亦称设防烈度。设防烈度指国家审定的一个地区抗震设计实际采用的地震烈度，一般情况下，可采用基本烈度。

《抗震规范》将抗震设防烈度定为 6~9 度，并规定 6 度区建筑以加强结构措施为主，一般不进行抗震验算；设防烈度为 10 度地区的抗震设计宜按有关专门规定执行。

7.5.5　常见震害及防震原则

1. 常见震害

地震时，由于土质因素使震害加重的现象主要有：地基的震动液化、软土的震陷、滑坡及地裂。

（1）地基的液化

地基土的液化主要发生在饱和的粉砂、细砂和粉土中，其外观现象是：地表开裂、喷砂、冒水，从而引起滑坡和地基失效，引起上部建筑物下陷、浮起、倾斜、开裂等震害现象。产生液化的原因是由于在地震的短暂时间内，孔隙水压力骤然上升并来不及消散，有效应力降低至零，土体呈现出近乎液体的状态，强度完全丧失，即所谓液化。

（2）软土的震陷

地震时，地面产生巨大的附加下沉，称为震陷，此种现象往往发生在松砂或饱和软黏土和淤泥质土层中。

产生震陷的原因有多种：①松砂的震密；②排水不良的饱和粉、细砂和粉土，由于震动液化而产生喷砂冒水，从而引起地面下陷；③淤泥质软黏土在震动荷载作用下，土中应力增加，同时土的结构受到扰动，强度下降，使已有的塑性区进一步扩展，土体向两侧挤出而引起震陷。

土的震陷不仅使建筑物产生过大的沉降，而且产生较大的差异沉降和倾斜，影响建筑物的安全与使用。

（3）地震滑坡和地裂

地震导致滑坡的原因，简单地可以这样认识：一方面是地震时边坡受到了附加惯性力，加大了下滑力；另一方面是土体受震趋密使孔隙水压力升高，有效应力降低，减小了阻滑力。地质调查表明，凡发生过滑坡的地区，地层中几乎都夹有砂层。在均质黏土中，尚未有过关于地震滑坡的实例。

地震时往往出现地裂。地裂有两种，一种是构造性地裂。这种地裂虽与发震构造有密切关系，但它并不是深部基岩构造断裂直接延伸至地表形成的，而是较厚覆盖土层内部的错动。另一种是重力式地裂。它是由于斜坡滑坡或上覆土层沿倾斜下卧层层面滑动而引起的地面张裂。这种地裂在河岸、古河道旁以及半挖半填场地最容易出现。

2. 防震原则

（1）建筑场地的选择

在地震区确定场地与地基的地震效应，必须进行工程地质勘察，从地震作用的角度将建筑场地划分为对抗震有利、不利和危险地段。这些不同地段的地震效应及防震措施有很大差异。进行工程地质勘察工作时，查明场地地基的工程地质和水文地质条件对建筑物抗震的影响，当设计烈度为 7 度或 7 度以上，且场地内有饱和砂土或粒径大于 0.05 mm 的颗粒占总重 4% 以上的饱和黏土时，应判定地震作用下有无液化的可能性；当设计烈度为 8 度或 8 度以上且建筑物的岩石地基中或其邻近有构造断裂时，应配合地震部门判定是否属于发展断裂（发震断层）。总之，勘探工作的重点在于查明对建筑物抗震有影响的土层性质、分布范围和地下水的埋藏深度。勘探孔的深度可根据场地设计烈度及建筑物的重要性确定，一般为 15 ~ 20 m。利用工程地质勘察成果，综合考虑地形地貌、岩土性质、断裂以及地下水埋藏条件等因素，即可划分对建筑物抗震有利、不利和危险等地段。

①对建筑物抗震有利的地段：地形平坦或地貌单一的平缓地；场地土属Ⅰ类或坚实均匀的Ⅱ类；地下水埋藏较深等地段。这些地段，地震时影响较小，应尽量选择作为建筑场地和地基。

②对建筑物抗震不利的地段：一般为非岩质（包括胶结不良的第三系）陡坡、带状突出的山脊、高耸孤立的山丘、多种地貌交接部位、断层河谷交叉处、河岸和边坡坡缘及小河曲轴心附近；地基持力层在平面分布上有软硬不均地段（如古河道、断层破碎带、暗埋的塘浜沟谷及半填半挖地基等）；场地土属Ⅲ类、可溶化的土层；发震断裂与非发震断裂交汇地段；小倾角发震断裂带上盘；地下水埋藏较浅或具有承压水地段。这些地段，地震时影响大，建筑物易遭破坏，选择建筑场地和地基应尽量避开。

③对建筑物危险的地段：一般为发震断裂带及地震时可能引起山崩、地陷、滑坡等地段。这些地段，地震时可能造成灾害，不应进行建筑。

（2）地基持力层和基础方案的选择

地基持力层应以基岩或硬土为好，避免以高压缩性及液化土层作为持力层。若地表有此种土层，则应采用桩基础，支承于下部的硬基上，切忌采用摩擦桩。也可预先将松软、液化土层加固处理，并采用整体性和刚性较强的筏片基础和箱形基础，基础砌置深度要大些，以防止水平地震力作用时建筑物的倾倒。同一建筑物的基础，不宜跨越在性质显著不同或厚度变化很大的地基土上。同一建筑物不要并用几种不同形式的基础。

（3）建筑物结构形式和抗震措施

强震区的工业与民用建筑，其平立面形状以简单方正为好，否则应在转折处或层数变化处留抗震缝。尽量减轻结构重量，降低重心，加强整体性，并有足够的刚度和强度。

我国城乡广泛采用的木架结构和砖混承重墙结构房屋，抗震性能差。木架结构侧向刚度很差，地震时极易散架落顶。其抗震措施主要是在梁、柱交接的榫头处加支撑。砖混承重墙结构的整体性很差，地震时楼板极易从墙上脱落。其抗震措施，一是要提高砌墙灰浆的强度，二是要在每层楼间以拉接钢筋和圈梁等补强措施使楼板与墙体之间的整体性加强。

地震区的高层建筑及高耸的构筑物（如烟囱、水塔），应采用钢筋混凝土结构。目前国内外高层建筑广泛采用的框架结构、剪力墙结构和筒式结构，都具有较好的抗震性能。尤其是筒式结构，其侧向刚度、强度和整体性都很强。

重点与难点

重点：滑坡的形成条件及防治措施；崩塌的形成条件及防治对策；泥石流及其形成条件；岩溶及发育规律；地震震级和地震烈度；地震危害和防震措施。

难点：滑坡形成的条件及影响因素；地震震级和地震烈度的区分；岩溶发育规律及其工程意义。

思考与练习

1. 常见的不良地质现象有哪些？

2. 滑坡形成的条件有哪些？影响滑坡发生的因素有哪些？

3. 简述滑坡的主要要素有哪些？

4. 滑坡的主要分类方法有哪些？

5. 简述滑坡的防治措施有哪些？

6. 简述崩塌的形成条件及影响其发生的因素。

7. 防止崩塌发生的措施有哪些？

8. 何谓泥石流？泥石流的形成条件有哪些？

9. 简述泥石流的种类及其主要特征。

10. 简述泥石流的防治措施。

11. 何谓岩溶？岩溶有哪些主要形态？

12. 影响岩溶发生、发展的主要因素有哪些？

13. 简述岩溶发育的基本规律。

14. 何谓土洞？简述土洞形成的原因。土洞会给工程建设带来哪些不利影响？工程中有哪些防治措施？

15. 简述地震的成因。全球地震发育分布有哪些规律？

16. 何谓地震烈度和地震震级？震级和烈度之间的关系怎样？

17. 地震对工程建筑物的影响和破坏表现在哪些方面？

18. 在工程建筑抗震设计时，如何确定地震烈度？

19. 工程建设中如何采取措施来减轻地震危害？

第 8 章

工程地质勘察

8.1　工程地质勘察概述

工程地质勘察简称工程勘察(也称岩土工程勘察),是土木工程建设的基础工作。工程地质勘察必须符合国家、行业制订的现行有关标准和技术规范的规定。工程地质勘察的现行标准,除水利、铁道、公路、核电站工程执行相关的行业标准之外,一律执行国家《岩土工程勘察规范》(GB 50021—2001)(2009 版),以下简称《规范》。

8.1.1　工程地质勘察的任务和内容

工程地质勘察的目的是为了探明作为建筑物或构筑物工程场地、地基的稳定性与适宜性以及岩土材料的性状等问题,进行技术方案论证,解决并处理整个工程建设中涉及的岩土的利用、整治、改造问题,保证工程的正常使用。

工程地质勘察的主要任务是通过工程地质测绘与调查、勘探、室内试验、现场测试等方法,查明场地的工程地质条件,如场地地形地貌特征、地层条件、地质构造、水文地质条件、不良地质现象、岩土物理力学性质指标等。在此基础上,根据场地的工程地质条件并结合工程的具体特点和要求,进行工程地质分析评价,为基础工程、整治工程、土方工程提出设计方案。

8.1.2　工程地质勘察等级划分

岩土工程勘察等级划分的主要目的是为了勘察工作量的布置。显然,工程规模较大或较重要、场地地质条件以及岩土体分布和性状较复杂者,所投入的勘察工作量就较大。反之则较小。按规范规定,岩土工程勘察的等级,是由工程安全等级、场地和地基的复杂程度三项因素决定的。首先应分别对三项因素进行分级,在此基础上进行综合分析,以确定岩土工程勘察的等级。下面先分别论述三项因素等级划分的依据及具体规定,随后综合划分岩土工程勘察的等级。

1. 工程安全等级

工程安全等级是根据因工程岩土体或结构失稳破坏,导致建筑物破坏而造成生命财产损失、社会影响及修复可能性等后果的严重性来划分的。根据国家标准《建筑结构可靠度设计统一标准》(GB 50068—2001)的规定,将工程结构划分为三个安全等级,《规范》与之相应,也将工程安全等级划分为三级(表 8 – 1)。

对于不同类型的工程来说,应根据工程的规模和重要性具体划分。目前房屋建筑与构筑物的安全等级,已在国家标准《建筑地基基础设计规范》(GB 50007—2011)中明确规定。此外,各产业部门和地方根据本部门(地方)建筑物的特殊要求和经验,在颁布的有关技术规范中也划分了适用于本部门(地方)的工程安全等级,一般均划分为三级(表8-2)。

目前,地下洞室、深基坑开挖、大面积岩土处理等尚无工程安全等级的具体规定,可根据实际情况划分。大型沉井和沉箱、超长桩基和墩基、有特殊要求的精密设备和超高压设备、有特殊要求的深基坑开挖和支护工程、大型竖井和平洞、大型基础托换和补强工程,以及其他难度大、破坏后果严重的工程,以列为一级安全等级为宜。

表 8-1　工程安全等级

安全等级	破坏后果	工程类型
一级	很严重	重要工程
二级	严重	一般工程
三级	不严重	次要工程

表 8-2　房屋建筑与构筑物安全等级

安全等级	破坏后果	建筑类型
一级	很严重	重要的工业与民用建筑;20 层以上的高层建筑;体型复杂的 14 层以上的高层建筑;对地基变形有特殊要求的建筑;单桩承受的荷载在 4000 kN 以上的建筑
二级	严重	一般的工业与民用建筑
三级	不严重	次要的建筑

2. 场地复杂程度等级

场地复杂程度是由建筑抗震稳定性、不良地质现象发育情况、地质环境破坏程度和地形地貌条件四个条件衡量的,也划分为三个等级(表8-3)。

表 8-3　场地复杂程度等级

等级	一级	二级	三级
建筑抗震稳定性	危险	不利	有利(或地震设防烈度≤6 度)
不良地质现象发育情况	强烈发育	一般发育	不发育
地质环境破坏程度	已经或可能强烈破坏	已经或可能受到一般破坏	基本未受破坏
地形地貌条件	复杂	较复杂	简单

注:一、二级场地各条件中只要符合其中任一条件者即可。

（1）建筑抗震稳定性

按国家标准《建筑抗震设计规范》（GB 50011—2010）规定，选择建筑场地时，对建筑抗震稳定性地段的划分规定为：

①危险地段：地震时可能发生滑坡、崩塌、地陷、地裂、泥石流及发震断裂带上可能发生地表位错的部位。

②不利地段：软弱土和液化土，条状突出的山嘴，高耸孤立的山丘，非岩质的陡坡、河岸和斜坡边缘，平面分布上成因、岩性和性状明显不均匀的土层（如古河道、断层破碎带、暗埋的塘浜沟谷及半填半挖地基）等。

③有利地段：岩石和坚硬土或开阔平坦、密实均匀的中硬土等。

上述规定中，场地土的类型按表8-4划分。

（2）不良地质现象发育情况

不良地质现象泛指由地球外动力作用引起的，对工程建设不利的各种地质现象。它们分布于场地内及其附近地段，主要影响场地稳定性，也对地基基础、边坡和地下洞室等具体的岩土工程有不利影响。强烈发育指由于不良地质现象发育招致建筑场地极不稳定，直接威胁工程设施的安全。例如，山区崩塌、滑坡和泥石流的发生，会酿成地质灾害，破坏甚至摧毁整个工程建筑物。岩溶地区溶洞和土洞的存在，所造成的地面变形甚至塌陷，对工程设施的安全也会构成直接威胁。"一般发育"指虽有不良地质现象分布，但并不十分强烈，对工程设施安全的影响不严重；或者说对工程安全可能有潜在的威胁。

表8-4 场地土的类型划分

场地土类型	土层剪切波速/(m·s⁻¹)	岩土名称和性状
坚硬场地土	$v_s > 500$	稳定的岩石，密实的碎石土
中硬场地土	$500 \geq v_{sm} > 250$	中密、稍密的碎石土，密实、中密的砾、粗、中砂，$f_k > 200$ 的黏性土和粉土
中软场地土	$250 \geq v_{sm} > 140$	稍密的砾、粗、中砂，除松散外的细、粉砂，$f_k \leq 200$ 的黏性土和粉土，$f_k \geq 130$ 的填土
软弱场地土	$v_{sm} \leq 140$	淤泥和淤泥质土，松散的砂，新近代沉积的黏性土和粉土，$f_k < 130$ 的填土

注：①v_s、v_{sm}分别为土层的剪切波速和平均剪切波速，后者取地面以下15 m且不深于场地覆盖层厚度范围内各土层的剪切波速，按土层厚度加权的平均值计；②f_k为地基土静承载力标准值(kPa)。

（3）地质环境破坏程度

由于人类的工程经济活动导致地质环境的干扰破坏是多种多样的。例如，采掘固体矿产资源引起的地下采空；抽取地下液体（地下水、石油）引起的地面沉降、地面塌陷和地裂缝；修建水库引起的边岸再造、浸没、土壤沼泽化；排除废液引起的岩土的化学污染等。地质环境破坏对岩土工程实践的负影响是不容忽视的，往往对场地稳定性构成威胁。地质环境的强烈破坏指由于地质环境的破坏，已对工程安全构成直接威胁，如矿山浅层采空导致明显的地面变形、横跨地裂缝等。一般破坏指已有或将有地质环境的干扰破坏，但并不强烈，对工程安全的影响不严重。

（4）地形地貌条件

地形地貌条件主要指的是地形起伏和地貌单元（尤其是微地貌单元）的变化情况。一般地说，山区和丘陵区场地地形起伏大，工程布局较困难，挖填土石方量较大，土层分布较薄且下伏基岩面高低不平。地貌单元分布较复杂，一个建筑场地可能跨越多个地貌单元，因此地形地貌条件复杂。平原场地地形平坦，地貌单元均一，土层厚度大且结构简单，因此地形地貌条件简单。

3．地基复杂程度等级

地基复杂程度划分为三级。

（1）一级地基

符合下列条件之一者即为一级地基：

①岩土种类多，性质变化大，地下水对工程影响大，且需特殊处理；

②多年冻土及湿陷、膨胀、盐渍、污染严重的特殊性岩土，对工程影响大，需作专门处理的；变化复杂，同一场地上存在多种的或强烈程度不同的特殊性岩土也属之。

（2）二级地基

符合下列条件之一者即为二级地基：

①岩土种类较多，性质变化较大，地下水对工程有不利影响；

②除规定之外的特殊性岩土。

（3）三级地基

①岩土种类单一，性质变化不大，地下水对工程无影响；

②无特殊性岩土。

4．岩土工程勘察等级

根据工程安全重要性等级、场地复杂程度等级和地基复杂程度等级，可按下列条件划分岩土工程勘察等级。

①甲级：在工程重要性、场地复杂程度和地基复杂程度等级中，有一项或多项为一级。

②乙级：除勘察等级为甲级和丙级以外的勘察项目。

③丙级：工程重要性、场地复杂程度和地基复杂程度等级均为三级。

注：建筑在岩质地基上的一级工程，当场地复杂程度等级和地基复杂程度等级均为三级时，岩土工程勘察等级可定为乙级。

8.2　工程地质勘察阶段的划分

为保证工程建筑物自规划设计到施工和使用全过程达到安全、经济、适用的标准，使建筑物场地，建筑物结构、规模、类型与地质环境与场地工程地质条件相适应，任何工程的规划设计过程必须遵照循序渐进的原则，即科学地划分为若干阶段进行。工程地质勘测过程是对客观工程地质条件和地质环境的认识过程。按照由区域到场地，由地表到地下，由一般调查到专门性问题的研究，由定性到定量评价的原则进行。

8.2.1 工程地质勘察阶段的划分

我国实行四阶段体制,与国际通用体制相同,即规划阶段、初步设计、技术设计、施工设计与施工。

不同部门工程地质勘察阶段的划分名称各不相同:铁道部门分为草测、初测、详测、定测;水电部门分为规划、可行性研究、初步设计、技施设计与运行;城建部门分为总体规划、详细规划、初步设计、技术设计、施工设计与施工。

规划阶段的任务:区域开发技术、经济论证,比较选择第一期工程开发地段,定性概略评价。

初步设计的任务:场地方案比较,选场址,定性、定量评价。

技术设计的任务:选定建筑物位置、类型、尺寸,定量评价。

施工设计与施工:给出施工详图,补充验证已有资料。

8.2.2 各工程勘察阶段的任务和要求

1. 可行性研究勘察(选址勘察)

搜集、分析已有资料,进行现场踏勘,工程地质测绘,少量勘探工作,对场址稳定性和适宜性作出岩土工程评价,进行技术经济论证和方案比较。

2. 初步勘察

建筑地段稳定性的岩土工程评价,为确定建筑物总平面布置、主要建筑物地基基础方案、对不良地质现象的防治工程方案进行论证。

3. 详细勘察

对地基基础设计、地基处理与加固、不良地质现象的防治工程进行岩土工程计算与评价,满足施工图设计的要求。

4. 施工勘察

施工勘察不作为一个固定阶段,视工程的实际需要而定,对条件复杂或有特殊施工要求的重大工程地基,需进行施工勘察。施工勘察包括施工阶段的勘察、施工后一些必要的勘察工作、检验地基加固效果。

由于地质情况的复杂性,很多问题在设计阶段是无法很好地解决的。因此,在工程施工阶段利用工程开挖,继续查明地质问题不仅是工程地质勘察的一个组成部分,而且,对检验、修正前期成果,总结提高工程地质勘察水平也是一项十分重要的工作。

一般的工业与民用建筑和中小型单项工程建筑物占地面积不大,建筑经验丰富,且一般都对建筑在地形平坦、地貌和岩层结构单一、岩性均匀、压缩性变化不大、无不良地质现象、地下水对地基基础无不良影响的场地,因此可以简化勘察阶段,采用一次性勘察,但应以能够提高必要的数据、作出充分而有效的设计论证为原则。

8.3 工程地质勘察方法

8.3.1 工程地质调查测绘

工程地质调查测绘是岩土工程勘察的基础工作,一般在勘察的初期阶段进行。这一方法的本质是运用地质、工程地质理论，对与工程建设有关的各种地质现象进行观察和描述，初步查明拟建场地或各建筑地段的工程地质条件，为勘探、测试工作等其他勘察方法提供依据。

对于工程地质条件诸要素，采用不同的颜色、符号，按照精度要求标绘在一定比例尺的地形图上，并结合勘探、测试和其他勘察工作的资料，编制成工程地质图。这一重要的勘察成果可对场地或各建筑地段的稳定性和适宜性作出评价。

工程地质测绘是认识场地工程地质条件最经济、最有效的方法，高质量的测绘工作能相当准确地推断地下地质情况，起到有效地指导其他勘察方法的作用。

1. 概述

①岩石出露或地貌、地质条件较复杂的场地应进行工程地质测绘。对地形平坦、地质条件简单且较狭小的场地，可采用调查代替工程地质测绘。

②工程地质测绘和调查宜在可行性研究或初步勘察阶段进行。在可行性研究阶段搜集资料时，宜包括航空相片、卫星相片的解译结果。在详细勘察阶段可对某些专门地质问题做补充调查。

③工程地质测绘和调查的范围，应包括场地及其附近地段。测绘的比例尺和精度应符合下列要求。

a. 测绘的比例尺：可行性研究勘察可选用（1∶5000）～（1∶50000）；初步勘察可选用（1∶2000）～（1∶10000）；详细勘察可选用（1∶500）～（1∶2000）；条件复杂时，比例尺可适当放大。

b. 对工程有重要影响的地质单元体（滑坡、断层、软弱夹层、洞穴等），可扩大其比例尺来表示。

c. 地质界线和地质观测点的测绘精度，在图上不应低于 3 mm。

④地质观测点的布置、密度和定位应满足下列要求。

a. 在地质构造线、地层接触线、岩性分界线、标准层位和每个地质单元体应有地质观测点。

b. 地质观测点的密度应根据场地的地貌、地质条件、成图比例尺和工程要求等确定，并应具代表性。

c. 地质观测点应充分利用天然和已有的人工露头，当露头少时，应根据具体情况布置一定数量的探坑或探槽。

d. 地质观测点的定位应根据精度要求选用适当方法，地质构造线、地层接触线、岩性分界线、软弱夹层、地下水露头和不良地质作用等特殊地质观测点，宜用仪器定位。

2. 工程地质测绘和调查的内容

①查明地形、地貌特征及其与地层、构造、不良地质作用的关系，划分地貌单元。

②查明岩土的年代、成因、性质、厚度和分布；对岩层应鉴定其风化程度，对土层应区分新近沉积土、各种特殊性土。

③查明岩体结构类型，结构面（尤其是软弱结构面）的产状和性质，岩、土接触面和软弱夹层的特性等，新构造活动的形迹及其与地震活动的关系。

④查明地下水的类型、补给来源、排泄条件，井泉位置，含水层的岩性特征、埋藏深度、水位变化、污染情况及其与地表水体的关系。

⑤搜集气象、水文、植被、土的标准冻结深度等资料；调查最高洪水位及其发生时间、淹没范围。

⑥查明岩溶、土洞、滑坡、崩塌、泥石流、冲沟、地面沉降、断裂、地震震害、地裂缝、岸边冲刷等不良地质作用的形成、分布、形态、规模、发育程度及其对工程建设的影响。

⑦调查人类活动对场地稳定性的影响，包括人工洞穴、地下采空、大挖大填、抽水排水和水库诱发地震等。

⑧调查建筑物的变形并收集相关工程经验。

3. 工程地质测绘和调查的成果资料

宜包括实际材料图、综合工程地质图、工程地质分区图、综合地质柱状图、工程地质剖面图以及各种素描图、照片和文字说明等。

8.3.2　工程地质勘探

当地表缺乏足够的、良好的露头，不能对地下一定深度内的地质情况作出有充足根据的判断时，就需要进行适当的地质勘探工作。因此，勘探工作必须在详细调查测绘的基础上进行，用勘探工作成果补充、检验和修改调查测绘工作的成果。

工程地质勘探方法包括物探、钻探和坑探等。每种方法各有其优缺点和适用条件，并且可利用勘探工程取样进行原位测试和监测。应根据不同工程对勘探目的、勘探深度的要求、勘探地点的地质条件，以及现有的技术和设备能力，合理地选用勘探方法。应开展综合勘探，互相验证，互相补充，提高质量。

1. 岩土工程勘探的特点

①勘探范围取决于场地评价和工程影响所涉及的空间，除了深埋隧道和为了解专门地质问题而进行的勘探外，通常限定于地表以下较浅的深度范围内。

②除了深入岩体的地下工程和某些特殊工程外，大多数工程都坐落于第四系土层或基岩风化壳上。为了工程安全、经济和正常使用，对这一部分地质体的研究应特别详细。例如，应按土体的成分、结构和工程性质详细划分土层，尤其是软弱土层需给予特别的注意。风化岩体要根据其风化特性进行风化壳垂直分带。

③为了准确查明岩土的物理力学性质，在勘探过程中必须注意保持岩土的天然结构和天然湿度，尽量减少人为的扰动破坏。为此需要采用一些特殊的勘探技术。

④为了实现地质、水文地质、岩土工程性质的综合研究，以及与现场试验、监测等紧密结合，要求岩土工程勘探发挥综合效益，对勘探工程的结构、布置和施工顺序也有特殊的要求。

2. 一般规定

①当须查明岩土的性质和分布，采取岩土试样或进行原位测试时，可采用钻探、井探、槽探、洞探和地球物理勘探等。勘探方法的选取应符合勘察目的和岩土的特性。

②布置勘探工作时应考虑勘探对工程自然环境的影响，防止对地下管线、地下工程和自然环境的破坏。钻孔、探井和探槽完工后应妥善回填。

③采用静力触探、动力触探作为勘探手段时，应与钻探等其他勘探方法配合使用。

④进行钻探、井探、槽探和洞探时，应采取有效措施，确保施工安全。

3. 钻探

钻探是直接勘探手段之一，能可靠地了解地下地质情况，在岩土工程勘察中是必不可少的且最为广泛使用的勘探手段。可根据地层类别和勘察要求选用不同的钻探方法。

①钻探方法，可根据岩土类别和勘察要求按表 8 - 5 选用。

表 8 - 5　钻探方法的适用范围

钻探方法		钻进地层					勘察要求	
		黏性土	粉土	砂土	碎石土	岩石	直观鉴别采取不扰动试样	直观鉴别采取扰动试样钻进地层勘察要求
回转	螺旋钻探、	+ +	+	+	-	-	+ +	+ +
	无岩芯钻探、	+ +	+ +	+ +	+	+ +	-	-
	岩芯钻探	+ +	+ +	+ +	+	+ +	+ +	+ +
冲击	冲击钻探、	-	-	+ +	+ +	-	-	-
	锤击钻探	+	+ +	+ +	+	-	+ +	+ +
振动钻探		+ +	+ +	+ +	+	-	+	+
冲洗钻探		+	+ +	+ +	-	-	-	-

注：+ +：适用；+：部分适用；-：不适用。

②勘探浅部土层，可采用下列钻探方法：

a. 小口径麻花钻(或提土钻)钻进；

b. 小口径勺形钻钻进；

c. 洛阳铲钻进。

③钻探口径和钻具规格应符合现行国家标准的规定。成孔口径应满足取样、测试和钻进工艺的要求。

④钻探应符合下列规定：

a. 钻进深度和岩土分层深度的量测精度不应低于 ±5 cm；

b. 应严格控制非连续取芯钻进的回次进尺，使分层精度符合要求；

c. 对鉴别地层天然湿度的钻孔，在地下水位以上应进行干钻；当必须加水或使用循环液时，应采用双层岩芯管钻进；

d. 岩芯钻探的岩芯采取率，对完整和较完整岩体不应低于 80%，较破碎和破碎岩体不应低于 65%，对需重点查明的部位(滑动带、软弱夹层等)应采用双层岩芯管连续取芯；

e. 当需确定岩石质量指标(RQD)时，应采用 75 mm 口径(N 型)双层岩芯管和金刚石钻头；

f. 定向钻进的钻孔应分段进行孔斜测量；倾角和方位的量测精度应分别为 ±0.1 度和 3.0 度。

⑤钻探操作的具体方法，应按现行标准《建筑工程地质钻探技术标准》(JGJ 87—92)执行。

⑥钻孔的记录和编录，应符合下列要求：

　　a. 野外记录应由经过专业训练的人员承担。记录应真实及时，按钻进回次逐段填写，严禁事后追记。

　　b. 钻探现场可采用肉眼鉴别和手触方法，有条件或勘察工作有明确要求时，可采用微型贯入仪等定量化、标准化的方法。

　　c. 钻探成果可用钻孔野外柱状图或分层记录表示。岩土芯样可根据工程要求保存一定期限或长期保存，也可拍摄岩芯、土芯彩照纳入勘察成果资料。

　　钻孔观测与编录是钻进过程的详细文字记载，也是岩土工程钻探最基本的原始资料。因此，在钻进过程中必须认真、细致地做好观测与编录工作，以全面、准确地反映钻探工程的第一手地质资料。

　　钻孔观测与编录的内容包括对岩芯的描述、地层名称、岩性名称、分层深度、岩土性质等方面。

　　不同类型的岩土，其岩性描述内容包括以下。

　　碎石土：颗粒级配，粗颗粒形状，母岩成分，风化程度，是否起骨架作用，充填物的成分、性质、充填程度，密实度，层理特征。

　　砂类土：颜色，颗粒级配，颗粒形状和矿物成分，湿度，密实度，层理特征。

　　粉土和黏性土：颜色，稠度状态，包含物，致密程度，层理特征。

　　岩石：颜色、矿物成分、结构和构造、风化程度及风化表现形式，划分风化带；坚硬程度，节理、裂隙发育情况，裂隙面特征及充填胶结情况，裂隙倾角、间距，进行裂隙统计。必要时作岩芯素描。

　　作为文字记录的辅助资料是岩土芯样。岩土芯样不仅对原始记录的检查核对是必要的，而且对施工开挖过程的资料核对，发生纠纷时的取证、仲裁也有重要的价值。因此，应在一段时间内妥善保存。目前已有一些工程勘察单位用岩芯的彩色照片代替实物。全断面取芯的土层钻孔还可制作土芯纵断面的揭片，便于长期保存。

　　通过对岩芯的各种统计，可获得岩芯采取率、岩芯获得率和岩石质量指标等定量指标。岩芯采取率指所取岩芯的总长度占本回次进尺的百分比。总长度包括比较完整的岩芯和破碎的碎块、碎屑和碎粉物质。岩芯获得率指比较完整的岩芯长度占本回次进尺的百分比，它不计入不成形的破碎物质。

　　岩石质量指标指在取出的岩芯中，只选取长度大于 10 cm 的柱状岩芯长度占本回次进尺的百分比。岩石质量指标是岩体分类和评价地下洞室围岩质量的重要指标，该指标只有在统一标准的钻进操作条件下才具有可比性。按照国际通用标准，应采用直径 75 mm（N 型）双层岩芯管金刚石钻头的钻具。

　　4. 坑探、槽探和洞探

　　①当钻探方法难以准确查明地下情况时，可采用探坑、探井和探槽等方法。在实际工作中，具体采用哪种坑探方法，应根据勘察要求选用。在坝址、地下工程、大型边坡等勘察中，当须详细查明深部岩层性质、构造特征时，可采用竖井或平洞。

　　②探井的深度不宜超过地下水位。竖井和平洞的深度、长度、断面按工程要求确定。

　　③对探井、探槽和探洞除文字描述记录外，尚应以剖面图、展示图等反映井、槽、洞壁和底部的岩性、地层分界、构造特征、取样和原位试验位置、并辅以代表性部位的彩色照片。

坑探、槽探及洞探如图 8 - 1 所示。

图 8 - 1　坑探(a)、槽探(b)及洞探(c)

5. 岩土试样的采取

（1）土试样质量等级

土试样质量应根据试验目的按表 8 - 6 分为四个等级。

表 8 - 6　土试样质量等级

级别	扰动程度	试验内容
Ⅰ	不扰动	土类定名、含水量、密度、强度试验、固结试验
Ⅱ	轻微扰动	土类定名、含水量、密度
Ⅲ	显著扰动	土类定名、含水量
Ⅳ	完全扰动	土类定名

注：①不扰动指原位应力状态虽已改变，但土的结构、密度和含水量变化很小，能满足室内试验各项要求；②除地基基础设计等级为甲级的工程外，在工程技术要求允许的情况下可用Ⅱ级土试样进行强度和固结试验，但宜先对土试样受扰动程度作抽样鉴定，判定用于试验的适宜性，并结合地区经验使用试验成果。

（2）试样采取的工具和方法

试样采取的工具和方法叮按照表 8 - 7 选择。

（3）取土器的技术规格

取土器的技术规格应按相关规范执行。

（4）钻孔中采取砂样的要求

在钻孔中采取Ⅰ、Ⅱ级砂样时，应满足下列要求：

①在软土、砂土中宜采用泥浆护壁；如使用套管，应保持管内水位等于或稍高于地下水位，取样位置应低于套管底三倍孔径的距离。

②采用冲洗、冲击、振动等方式钻进时，应在预计取样位置 1 m 以上改用回转钻进。

③下放取土器前应仔细清孔，清除扰动土，孔底残留浮土厚度不应大于取土器废土段长度（活塞取土器除外）。

④采取土试样宜用快速静力连续压入法。

⑤具体操作方法应按现行标准《原状土取样技术标准》(JGJ 89) 执行。

（5）在钻孔中采取土试样的要求

在钻孔中采取Ⅰ、Ⅱ级土试样时，应满足下列要求：

①在软土、砂土中宜采用泥浆护壁；如使用套管，应保持管内水位等于或稍高于地下水位，取样位置应低于套管底三倍孔径的距离。

②采用冲洗、冲击、振动等方式钻进时，应在预计取样位置 1 m 以上改用回转钻进。

③下放取土器前应仔细清孔，清除扰动土，孔底残留浮土厚度不应大于取土器废土段长度（活塞取土器除外）。

④采取土试样宜用快速静力连续压入法。

⑤具体操作方法应按现行标准《原状土取样技术标准》（JGJ 89）执行。

表 8-7 不同等级土试样的取样工具和方法

土试样质量等级	取样工具和方法		适用土类										
			黏性土					粉土	砂土				砾砂、碎石土、软岩
			流塑	软塑	可塑	硬塑	坚硬		粉砂	细砂	中砂	粗砂	
I	薄壁取土器	固定活塞	+ +	+ +	+	−		+	+	−	−	−	−
		水压固定活塞	+ +	+ +	+	−		+	+	−	−	−	−
		自由活塞	−	+	+ +			+	+	−	−	−	−
		敞口	+	+	+	−		+	+	−	−	−	−
	回转取土器	单动三重管	−	+	+ +	+ +	+	+ +	+ +	+ +	−	−	−
		双动三重管	−	−		+	+ +				+ +	+ +	+
	探井（槽）中刻取块状土样		+ +	+ +	+ +	+ +	+ +	+ +	+ +	+ +	+ +	+ +	+ +
II	壁取土器	水压固定活塞	+ +	+ +	+	−		+	+	−	−	−	−
		自由活塞	+	+ +	+ +			+	+	−	−	−	−
		敞口	+ +	+ +	+ +	−		+	+	−	−	−	−
	回转取土器	单动三重管	−	+	+ +	+ +	+		+ +	+ +	−	−	−
		双动三重管	−	−	−	+	+ +	−			+ +	+ +	+
III	厚壁敞口取土器		+ +	+ +	+ +	+ +	+ +	+ +	+ +	+ +	+ +	+ +	+ +
	标准贯入器		+ +	+ +	+ +	+ +	+ +	+ +	+ +	+ +	+ +	+ +	−
	螺纹钻头		+ +	+ +	+ +	+ +	+ +	+	−	−	−	−	−
	岩芯钻头		+ +	+ +	+ +	+ +	+ +	+ +	+ +	+ +	+ +	+ +	+ +
IV	标准贯入器		+ +	+ +	+ +	+ +	+ +	+ +	+ +	+ +	+ +	+ +	−
	螺纹钻头		+ +	+ +	+ +	+ +	+ +	+	−	−	−	−	−
	岩芯钻头		+ +	+ +	+ +	+ +	+ +	+ +	+ +	+ +	+ +	+ +	+ +

注： + +：适用； +：部分适用； −：不适用。

（6）土试样密封

I、II、III 级土试样应妥善密封，防止湿度变化，严防曝晒或冰冻。在运输中应避免振动，保存时间不宜超过三周。对易于振动液化和水分离析的土试样宜就近进行试验。

（7）岩石试样

岩石试样可利用钻探岩芯制作或在探井、探槽、竖井和平洞中刻取。采取的毛样尺寸应满足试块加工的要求。在特殊情况下，试样形状、尺寸和方向由岩体力学试验设计确定。

6. 地球物理勘探

物探是一种间接的勘探手段，它的优点是比钻探和坑探轻便、经济而迅速，能够及时解决工程地质测绘中难于推断而又急待了解的地下地质情况，所以常常与测绘工作配合使用。它又可作为钻探和坑探的先行或辅助手段。但是，物探成果判释往往具多解性，方法的使用又受地形条件等的限制，其成果需用勘探工程来验证。

①岩土工程勘察中，可在下列方面采用地球物理勘探。

a. 作为钻探的先行手段，了解隐蔽的地质界线、界面或异常点；

b. 在钻孔之间增加地球物理勘探点，为钻探成果的内插、外推提供依据；

c. 作为原位测试手段，测定岩土体的波速、动弹性模量、动剪切模量、卓越周期、电阻率、放射性辐射参数、土对金属的腐蚀性等；

②应用地球物理勘探方法时应具备下列条件：

a. 被探测对象与周围介质之间有明显的物理性质差异；

b. 被探测对象具有一定的埋藏深度和规模，且地球物理异常有足够的强度；

c. 能抑制干扰，区分有用信号和干扰信号；

d. 在有代表性地段进行方法的有效性试验。

③地球物理勘探，应根据探测对象的埋深、规模及其与周围介质的物性差异，选择有效的方法。

④地球物理勘探成果判释时，应考虑其多解性，区分有用信息与干扰信号。需要时应采用多种方法探测，进行综合判释，并应有已知物探参数或一定数量的钻孔验证。

8.3.3 工程地质测试及长期观测

1. 概述

在岩土工程勘察过程中，为了取得工程设计所需要的反映地基岩土体物理、力学、水理性质指标，以及含水层参数等定量指标，要求对上述性质进行准确的测试工作，包括室内实验与原位测试。这种测试仅靠勘探中采取岩土样品在实验室内进行实验往往是不够的。

实验室一般使用小尺寸试件，不能完全准确地反映天然状态下的岩土性质，特别是对难于采取原状结构样品的岩土体。因而有必要在现场进行试验，测定岩土体在原位状态下的力学性质及其他指标，以弥补实验室测试的不足。野外试验亦称现场试验、就地试验、原位测试。许多试验方法是随着对岩土体的深入研究而发展起来的。

原位测试与室内试验相比，各有优缺点。原位测试的优点：试样不脱离原来的环境，基本上在原位应力条件下进行试验；所测定的岩土体尺寸大，能反映宏观结构对岩土性质的影响，代表性好；试验周期较短，效率高；尤其对难以采样的岩土层仍能通过试验评定其工程性质。原位测试的缺点：试验时的应力路径难以控制；边界条件也较复杂；有些试验耗费人力、物力较多，不可能大量进行。室内试验的优点：试验条件比较容易控制（边界条件明确，应力应变条件可以控制等）；可以大量取样。室内试验的主要缺点：试样尺寸小，不能反映宏观结构和非均质性对岩土性质的影响，代表性差；试样不可能真正保持原状，而且有些岩土也很难取得原状试样。

以下主要介绍原位测试方法。

(1)原位测试的目的

①在岩土体处于天然状态下，利用原地切割的较大尺寸的试件进行各种测试取得可靠的岩土体物理、力学、水理性质指标。

②对于某些因无法采取原状样品进行室内实验的岩土体的测试。如裂隙化岩石、液态黏性土(低液限黏土、淤泥)、沙砾。

③完成或实现室内无法测定的实验内容。如地下洞室围岩应力、岩体裂隙的连通性、透水性、含水层的渗透性等。

④为施工(基坑开挖、地基处理)提供可靠的数据。

(2)原位测试的分类

①岩土力学性质的野外测定

a. 土体力学性质试验：载荷试验、旁压试验、静(动)触探试验、十字板剪切试验。

b. 岩体力学性质试验：岩体变形静力法试验、声波测试(动力法)试验、岩体抗剪试验、点荷载强度试验、回弹锤测试、便携式弱面剪切试验。

②岩体应力测定

测定岩体天然应力状态下及工程开挖过程中应力的变化，如地下洞室开挖。

③水文地质试验

该试验包括钻孔压水试验(裂隙岩体)、抽水试验(中、强富水性含水层)、注水试验(干、松散透水层)、岩溶裂隙连通试验等。

④改善土、石性能的试验

该试验为地基改良和加固处理提供依据，如灌浆试验、桩基试验等。

(3)原位测试的新进展

近年来我国岩土工程原位测试与现场监控技术有长足进步，在长期实践过程中，在测试仪器和方法，理论分析，成果应用等方面积累了丰富的经验。主要发展如下：

①土体原位测试中，旁压试验仪器的改进，静力触探技术的发展。

②岩体变形试验中，采用大面积($d=1.0$ m)中心孔柔性承压板法和钻孔弹模计(可测100 m 厚度内岩体变形)。

③岩体剪切试验中，发展了现场三轴试验技术。研究岩体三维状态下的变形、破坏机制及强度特征，并相应发展了三维数值模拟与物理模型相结合进行岩体强度预测。

④岩体应力测试技术，在测试元件和套钻技术(应力解除法)上有很多发展。水电部门进行了声发射法(刻槽)和应力解除法的对比研究，取得进展。声波法可用于测定岩体历史上受过最大地应力值，而应力解除法是测定现存应力值。

⑤钻孔压水实验方法，由原来的前苏联压水试验体系向国际通用压水试验方法改进，采用 Lugeon 单位体制。此外，还研究了一些特殊的压水试验方法，如多孔压水试验、压气试验等。

(4)土体原位测试的优缺点

土体原位测试一般指在岩土工程勘察现场，在不扰动或基本不扰动土层的情况下对土层进行测试，以获得所测土层的物理力学性质指标及划分土层的一种土工勘测技术。它是一项自成体系的试验科学，在岩土工程勘察中占有重要位置。这是因为它与钻探、取样、室内试验的传统方法比较起来，具有下列明显优点：

①可在拟建工程场地进行测试，不要取样，避免了因钻探取样所带来的一系列困难和问题，如原状土样扰动问题等。

②原位测试所涉及的土尺寸较室内试验样品要大得多，因而更能反映土的宏观结构（如裂隙等）对土的性质的影响。

（5）土体原位测试技术的种类

土体原位测试方法很多，可以归纳为下列两类：

①土层剖面测试法。它主要包括静力触探、动力触探、扁铲松侧胀仪试验及波速法等。土层剖面测试法具有可连续进行、快速经济的优点。

②专门测试法。它主要包括载荷试验、旁压试验、标准贯入实验、抽水和注水试验、十字板剪切试验等。土的专门测试法可得到土层中关键部位土的各种工程性质指标，精度高，测试成果可直接供设计部门使用。其精度超过室内试验的成果。

2. 载荷试验

载荷试验可用于测定承压板下应力主要影响范围内岩土的承载力和变形特性。浅层平板载荷试验适用于浅层地基土，深层平板载荷试验适用于埋深等于或大于 3 m 和地下水位以上的地基土；螺旋板载荷试验适用于深层地基土或地下水位以下的地基土。

载荷试验应布置在有代表性的地点，每个场地不宜少于 3 个，当场地内岩土体不均时，应适当增加。浅层平板载荷试验应布置在基础底面标高处。

（1）载荷试验的技术要求

①浅层平板载荷试验的试坑宽度或直径不应小于承压板宽度或直径的 3 倍；深层平板载荷试验的试井直径应等于承压板直径；当试井直径大于承压板直径时，紧靠承压板周围土的高度不应小于承压板直径；

②试坑或试井底的岩土应避免扰动，保持其原状结构和天然湿度，并在承压板下铺设不超过 20 mm 的砂垫层找平，尽快安装试验设备；螺旋板头入土时，应按每转一圈下入一个螺距进行操作，减少对土的扰动；

③载荷试验宜采用圆形刚性承压板，根据土的软硬或岩体裂隙密度选用合适的尺寸；土的浅层平板载荷试验承压板面积不应小于 0.25 m²，对软土和粒径较大的填土不应小于 0.5 m²；土的深层平板载荷试验承压板面积宜选用 0.5 m²；岩石载荷试验承压板的面积不宜小于 0.07 m²。

④载荷试验加荷方式应采用分级维持荷载沉降相对稳定法（常规慢速法）；有地区经验时，可采用分级加荷沉降非稳定法（快速法）或等沉速率法；加荷等级宜取 10 ~ 12 级，并不应少于 8 级，荷载量测精度不应低于最大荷载的 ±1%。

⑤承压板的沉降可采用百分表或电测位移计量测，其精度不应低于 ± 0.01 mm。

⑥对慢速法，当试验对象为土体时，每级荷载施加后，间隔 5 min、5 min、10 min、15 min、15 min 测读一次沉降，以后间隔 30 min 测读一次沉降，当连读两小时每小时沉降量小于等于 0.1 mm 时，可认为沉降已达相对稳定标准，施加下一级荷载。

当试验对象是岩体时，间隔 1 min、2 min、2 min、5 min 测读一次沉降，以后每隔 10 min 测读一次，当连续三次读数差小于等于 0.01 mm 时，可认为沉降已达相对稳定标准，施加下一级荷载。

⑦当出现下列情况之一时，可终止试验：

a. 承压板周边的土出现明显侧向挤出，周边岩土出现明显隆起或径向裂缝持续发展；

b. 本级荷载的沉降量大于前级荷载沉降量的 5 倍，荷载与沉降曲线出现明显陡降；

c. 在某级荷载下 24 h 沉降速率不能达到相对稳定标准；

d. 总沉降量与承压板直径(或宽度)之比超过 0.06。

(2)载荷试验成果

根据载荷试验成果分析要求，应绘制荷载 p 与沉降 s 曲线，必要时绘制各级荷载下沉降 s 与时间 t 或时间对数 $\lg t$ 曲线。如图 8-2 所示，应根据 p-s 曲线拐点，必要时结合 s-$\lg t$ 曲线特征，确定比例界限压力和极限压力。当 p-s 呈缓变曲线时，可取对应于某一相对沉降值(即 s/d，d 为承压板直径)的压力评定地基土承载力。

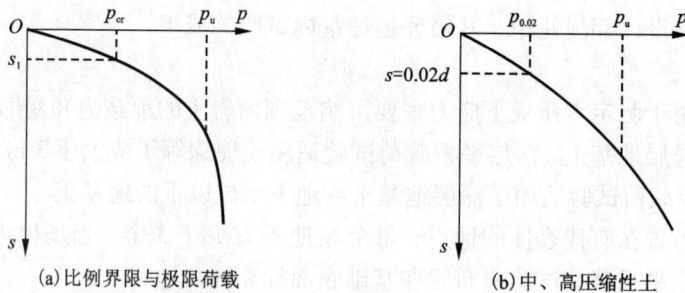

(a)比例界限与极限荷载　　　　(b)中、高压缩性土

图 8-2　荷载试验的 p-s 曲线

(3)土的变形模量

应根据 p-s 曲线的初始直线段，可按均质各向同性半无限弹性介质的弹性理论计算。

浅层平板载荷试验的变形模量(E_0)(MPa)，可按下式计算

$$E_0 = I_0(1 - \mu^2)\frac{p \cdot d}{s} \tag{8-1}$$

深层平板载荷试验和螺旋板载荷试验的变形模量 E_0(MPa)，可按下式计算

$$E_0 = \omega\frac{p \cdot d}{s} \tag{8-2}$$

式中：I_0 为刚性承压板的形状系数，圆形承压板取 0.785，方形承压板取 0.886；μ 为土的泊松比(碎石土取 0.27，砂土取 0.30，粉土取 0.35，粉质黏土取 0.38，黏土取 0.42)；d 为承压板直径或边长，m；p 为 p-s 曲线线性段的压力，kPa；s 为与 p 对应的沉降，mm；ω 为与试验深度和土类有关的系数，可按表 8-8 选用。

(4)基准基床系数

基准基床系数 K_v 可根据承压板边长为 30 cm 的平板载荷试验按下式计算

$$K_v = \frac{p}{s} \tag{8-3}$$

表 8 - 8　深层载荷试验计算系数 ω

d/z　　土类	碎石土	砂土	粉土	粉质黏土	黏土
0.30	0.477	0.489	0.491	0.515	0.524
0.25	0.469	0.480	0.482	0.506	0.514
0.20	0.460	0.471	0.474	0.497	0.505
0.15	0.444	0.454	0.457	0.479	0.487
0.10	0.435	0.446	0.448	0.470	0.478
0.05	0.427	0.437	0.439	0.461	0.468
0.01	0.418	0.429	0.431	0.452	0.459

注：d/z 为承压板直径和承压板底面深度之比。

3. 静力触探试验

静力触探试验适用于软土、一般黏性土、粉土、砂土和含少量碎石的土。常见的静力触探仪包括液压装置、动力装置及数据采集装置，如图 8 - 3 所示。

静力触探可根据工程需要采用单桥探头[图 8 -4(a)]、双桥探头[图 8 -4(b)]或带孔隙水压力量测的单、双桥探头，可测定比贯入阻力(p_s)、锥尖阻力(q_c)、侧壁摩阻力(f_s)和贯入时的孔隙水压力(u)。

图 8 - 3　静力触探仪

(1) 静力触探试验的技术要求：

①探头圆锥锥底截面积应采用 10 cm² 或 15 cm²，单桥探头侧壁高度应分别采用 57 mm 或 70 mm，双桥探头侧壁面积应采用 150 ~ 300 cm²，锥尖锥角应为 60°。

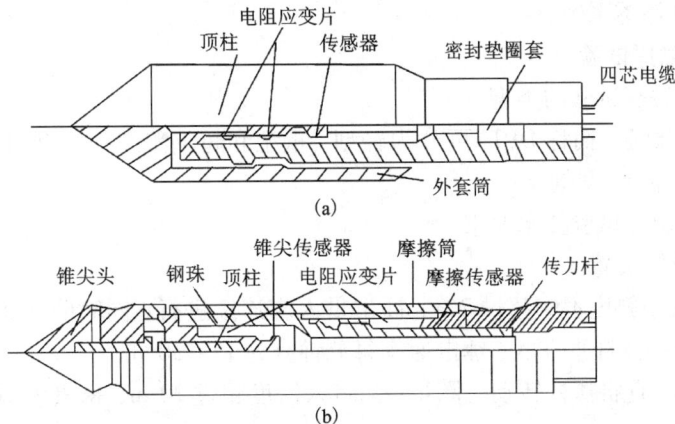

图 8 - 4　静力触探单桥探头结构(a)和双桥探头结构(b)

②探头应匀速垂直压入土中，贯入速率为 1.2 m/min。

③探头测力传感器应连同仪器、电缆进行定期标定，室内探头标定测力传感器的非线性误差、重复性误差、滞后误差、温度漂移、归零误差均应小于 1%FS，现场试验归零误差应小于 3%，绝缘电阻不小于 500 MΩ。

④深度记录的误差不应大于触探深度的 ±1%。

⑤当贯入深度超过 30 m，或穿过厚层软土后再贯入硬土层时，应采取措施防止孔斜或断杆，也可配置测斜探头，量测触探孔的偏斜角，校正土层界线的深度。

⑥孔压探头在贯入前，应在室内保证探头应变腔为已排除气泡的液体所饱和，并在现场采取措施保持探头的饱和状态，直至探头进入地下水位以下的土层为止；在孔压静探试验过程中不得上提探头。

⑦当在预定深度进行孔压消散试验时，应量测停止贯入后不同时间的孔压值，其计时间隔由密而疏合理控制；试验过程不得松动探杆。

（2）静力触探试验成果

①绘制各种贯入曲线。单桥和双桥探头应绘制 $p_s - z$ 曲线、$q_c - z$ 曲线、$f_s - z$ 曲线、$R_f - z$ 曲线、孔压探头尚应绘制 $u_i - z$ 线、$q_t - z$ 曲线、$f_t - z$ 曲线、$B_q - z$ 曲线和孔压消散曲线：$u_t - \lg t$ 曲线。其中：R_f 为摩阻比；u_i 为孔压探头贯入土中量测的孔隙水压力（即初始孔压）；q_t 为真锥头阻力（经孔压修正）；f_t 为真侧壁摩阻力（经孔压修正）；B_q 为静探孔压系数，$B_q = \dfrac{u_t - u_0}{q_t - \sigma_{v0}}$；$u_0$ 为试验深度处静水压力，kPa；σ_{v0} 为试验深度处总上覆压力，kPa；u_t 为孔压消散过程时刻 t 的孔隙水压力。

②根据贯入曲线的线形特征，结合相邻钻孔资料和地区经验，划分土层和判定土类；计算各土层静力触探有关试验数据的平均值，或对数据进行统计分析，提供静力触探数据的空间变化规律。

（3）静力触探资料应用

根据静力触探资料，利用地区经验，可进行力学分层，估算土的塑性状态或密实度、强度、压缩性、地基承载力、单桩承载力、沉桩阻力、进行液化判别等。根据孔压消散曲线可估算土的固结系数和渗透系数。

4. 圆锥动力触探试验

（1）圆锥动力触探试验的类型

圆锥动力触探试验（简称 DPT）可分为轻型、重型和超重型三种类型（图 8 - 5），其规格和适用土类应符合表 8 - 9 规定。

（2）圆锥动力触探试验技术要求

①采用自动落锤装置。

②触探杆最大偏斜度不应超过 2%，锤击贯入应连续进行；同时防止锤击偏心、探杆倾斜和侧向晃动，保持探杆垂直度；锤击速率每分钟宜为 15 ~ 30 击。

③每贯入 1 m，宜将探杆转动一圈半；当贯入深度超过 10 m，每贯入 20 cm 宜转动探杆一次。

④对轻型动力触探当 $N_{10} > 100$ 或贯入 15 cm 锤击数超过 50 时，可停止试验；对重型动力触探，当连续三次 $N_{63.5} > 50$ 时，可停止试验或改用超重型动力触探。

表 8 – 9　圆锥动力触探类型

类型		轻型	重型	超重型
落锤	锤的质量/kg	10	63.5	120
	落距/cm	50	76	100
探头	直径/mm	40	74	74
	锥角/(°)	60	60	60
探杆直径/mm		25	42	50~60
指标		贯入 30cm 的读数 N_{10}	贯入 10 cm 的读数 $N_{63.5}$	贯入 10 cm 的读数 N_{120}
主要适用岩土		浅部的填土、砂土、粉土、黏性土	砂土、中密以下的碎石土、极软岩	密实和很密的碎石土、软岩、极软岩

（3）圆锥动力触探试验成果

①单孔连续圆锥动力触探试验应绘制锤击数与贯入深度关系曲线。

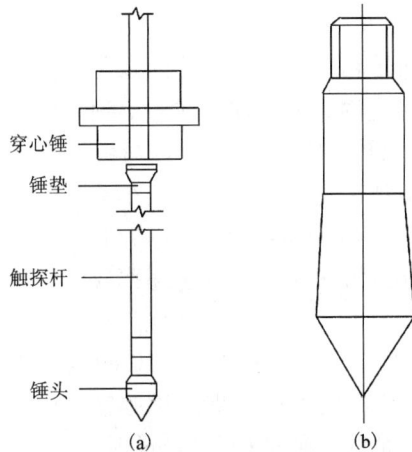

图 8 – 5　轻型动力触探（a）和重型、超重型动力触探（b）

②计算单孔分层贯入指标平均值时，应剔除临界深度以内的数值、超前和滞后影响范围内的异常值。

③根据各孔分层的贯入指标平均值，用厚度加权平均法计算场地分层贯入指标平均值和变异系数。

（4）圆锥动力触探试验的应用

根据圆锥动力触探试验指标和地区经验，可进行力学分层，评定土的均匀性和物理性质（状态、密实度）、土的强度、变形参数、地基承载力、单桩承载力、查明土洞、滑动面、软硬土层界面，检测地基处理效果等。应用试验成果时是否修正或如何修正，应根据建立统计关系时的具体情况确定。

5. 标准贯入试验

标准贯入试验(简称 SPT)适用于砂土、粉土和一般黏性土,标准贯入实验设备见图 8-6,设备规格见表 8-10。

表 8-10 标准贯入试验设备规格

落锤		锤的质量/kg	63.5
		落距/cm	76
贯入器	对开管	长度/mm	>500
		外径/mm	51
		内径/mm	35
	管靴	长度/mm	50~76
		刃口角度/(°)	18~20
		刃口单刃厚度/mm	2.5

(1)标准贯入试验的技术要求

①标准贯入试验孔采用回转钻进,并保持孔内水位略高于地下水位。当孔壁不稳定时,可用泥浆护壁,钻至试验标高以上 15 cm 处,清除孔底残土后再进行试验。

②采用自动脱钩的自由落锤法进行锤击,并减小导向杆与锤间的摩阻力,避免锤击时的偏心和侧向晃动,保持贯入器、探杆、导向杆联接后的垂直度,锤击速率应小于 30 击/min。

③贯入器打入土中 15 cm 后,开始记录每打入 10 cm 的锤击数,累计打入 30 cm 的锤击数为标准贯入试验锤击数 N。当锤击数已达 50 击,而贯入深度未达 30 cm 时,可记录 50 击的实际贯入深度,按下式换算成相当于 30 cm 的标准贯入试验锤击数 N,并终止试验。

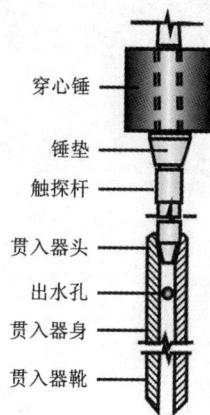

图 8-6 标准贯入实验设备简图

穿心锤
锤垫
触探杆
贯入器头
出水孔
贯入器身
贯入器靴

$$N = 30 \times \frac{50}{\Delta S} \tag{8-4}$$

式中: ΔS 为 50 击时的贯入度, cm。

(2)标准贯入试验成果

标准贯入击数 N 可直接标在工程地质剖面图上,也可绘制单孔标准贯入击数 N 与深度关系曲线或直方图。统计分层标贯击数平均值时,应剔除异常值。

(3)标准贯入试验应用

根据标准贯入击数 N 值,可对砂土、粉土、黏性土的物理状态,土的强度、变形参数、地基承载力、单桩承载力,砂土和粉土的液化,成桩的可能性等做出评价。应用 N 值时是否修正和如何修正,应根据建立统计关系时的具体情况确定。

6. 十字板剪切试验

十字板剪切试验可用于测定饱和软黏性土($\varphi \approx 0$)的不排水抗剪强度和灵敏度。十字板剪切试验点的布置，对均质土竖向间距可为 1 m，对非均质或夹薄层粉细砂的软黏性土，宜先作静力触探，结合土层变化，选择软黏土进行试验。常见的十字板剪切仪及探头如图 8 - 7 和图 8 - 8 所示。

图 8 - 7　十字板剪切仪的上面部分(a)及十字板探头(b)

（1）十字板剪切试验的主要技术要求

①十字板板头形状宜为矩形，径高比 1:2，板厚宜为 2 ~ 3 mm。

②十字板头插入钻孔底的深度不应小于钻孔或套管直径的 3 ~ 5 倍。

③十字板插入至试验深度后，至少应静止 2 ~ 3 min，方可开始试验。

④扭转剪切速率宜采用($1° ~ 2°$)/10 s，并应在测得峰值强度后继续测记 1 min。

⑤在峰值强度或稳定值测试完后，顺扭转方向连续转动 6 圈后，测定重塑土的不排水抗剪强度。

⑥对开口钢环十字板剪切仪，应修正轴杆与土间的摩阻力的影响。

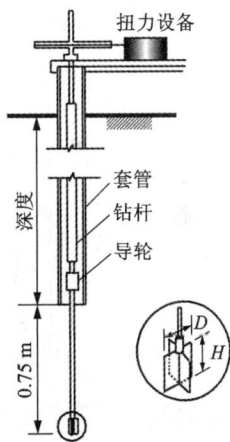

图 8 - 8　十字板剪切仪

（2）十字板剪切试验成果

①计算各试验点土的不排水抗剪峰值强度、残余强度、重塑土强度和灵敏度。

②绘制单孔十字板剪切试验土的不排水抗剪峰值强度、残余强度、重塑土强度和灵敏度随深度的变化曲线，需要时绘制抗剪强度与扭转角度的关系曲线。

③根据土层条件和地区经验，对实测的十字板不排水抗剪强度进行修正。

（3）十字板剪切试验成果应用

根据该成果和地区经验，可确定地基承载力、单桩承载力、计算边坡稳定，判定软黏性土的固结历史。

7. 旁压试验

旁压试验适用于黏性土、粉土、砂土、碎石土、残积土、极软岩和软岩等。旁压试验应在

有代表性的位置和深度进行，旁压器的量测腔应在同一
土层内。图 8 - 9 所示为 PY - 3 型预钻式旁压仪。

试验点的垂直间距应根据地层条件和工程要求确
定，但不宜小于 1 m，试验孔与已有钻孔的水平距离不
宜小于 1 m。旁压试验装置如图 8 - 10 所示。

（1）旁压试验的技术要求

①预钻式旁压试验应保证成孔质量，钻孔直径与旁
压器直径应良好配合，防止孔壁坍塌；自钻式旁压试验
的自钻钻头、钻头转速、钻进速率、刃口距离、泥浆压
力和流量等应符合有关规定。

②加荷等级可采用预期临塑压力的 1/5 ~ 1/7，初始
阶段加荷等级可取小值，必要时，可作卸荷再加荷试
验，测定再加荷旁压模量。

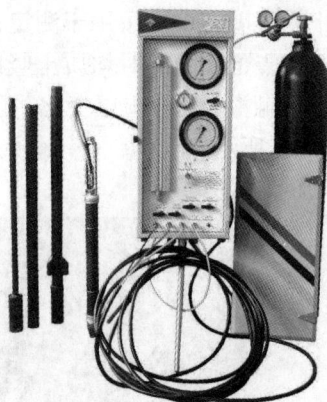

图 8 - 9　PY - 3 预钻式旁压仪

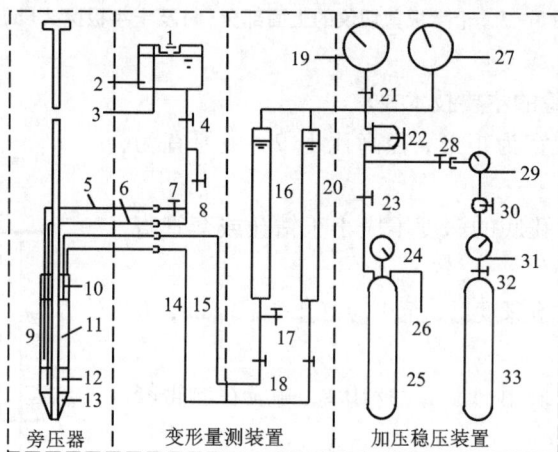

图 8 - 10　旁压仪结构框图

1—安全阀；2—水箱；3—水箱加压；4—注水阀；5—注水管2；6—注水管1；7—中腔注水；8—排水阀；
9—旁压器；10—上腔；11—中腔；12—下腔；13—导水管；14—导压管；15—导压管；16—量管；
17—调零阀；18—测压阀；19—600 kPa 压力表；20—辅管；21—低压表阀；22—调压器；23—手动加压阀；
24—2500 kPa 压力表；25—贮气罐；26—手动加压；27—1600 kPa 压力表；28—氮气加压阀；
29—2500 kPa 压力表；30—减压阀；31—25000 kPa 压力表；32—氮气源阀；33—高压氮气源；34—辅管阀

3）每级压力应维持 1 min 或 2 min 后再施加下一级压力，维持 1 min 时，加荷后 15 s、
30 s、60 s 测读变形量，维持 2 min 时，加荷后 15 s、30 s、60 s、120 s 测读变形量。

4）当量测腔的扩张体积相当于量测腔的固有体积时，或压力达到仪器的容许最大压力
时，应终止试验。

（2）旁压试验成果

1）对各级压力和相应的扩张体积（或换算为半径增量）分别进行约束力和体积的修正后，
绘制压力与体积曲线，需要时可作蠕变曲线。

2）根据压力与体积曲线，结合蠕变曲线确定初始压力、临塑压力和极限压力。

3)根据压力与体积曲线的直线段斜率,按下式计算旁压模量

$$E_m = 2(1 + \mu)\left(V_c + \frac{V_0 + V_f}{2}\right)\frac{\Delta p}{\Delta V} \qquad (8-5)$$

式中:E_m 为旁压模量,kPa;μ 为泊松比,按式经验取值;V_c 为旁压器量测腔初始固有体积,cm^3;V_0 为与初始压力 p_0 对应的体积,cm^3;V_f 为与临塑压力 p_f 对应的体积,cm^3;$\Delta p/\Delta V$ 为旁压曲线直线段的斜率,kPa/cm^3。

(3)旁压试验应用

根据初始压力、临塑压力、极限压力和旁压模量,结合地区经验可评定地基承载力和变形参数。根据自钻式旁压试验的旁压曲线还可测求土的原位水平应力、静止侧压力系数、不排水抗剪强度等。

8. 扁铲侧胀试验

扁铲侧胀试验(简称 DMT)适用于软土、一般黏性土、粉土、黄土和松散至中密的砂土。

(1)扁铲侧胀试验技术要求

①扁铲侧胀试验探头长为 230～240 mm、宽为 94～96 mm、厚为 14～16 mm、探头前缘刃角为 12°～16°,探头侧面钢膜片的直径 60 mm。

②每孔试验前后均应进行探头率定,取试验前后的平均值为修正值;膜片的合格标准为:率定时膨胀至 0.05 mm 的气压实测值 $\Delta A = 5～25$ kPa;率定时膨胀至 1.10 mm 的气压实测值 $\Delta B = 10～110$ kPa。

③试验时,应以静力匀速将探头贯入土中,贯入速率宜为 2 cm/s;试验点间距可取 20～50 cm。

④探头达到预定深度后,应匀速加压和减压测定膜片膨胀至 0.05 mm、1.10 mm 和回到 0.05 mm 的压力 A、B、C 值。

⑤扁铲侧胀消散试验,应在需测试的深度进行,测读时间间隔可取 1 min、2 min、4 min、8 min、15 min、30 min、90 min,以后每 90 min 测读一次,直至消散结束。

(2)扁铲侧胀试验成果

①对试验的实测数据进行膜片刚度修正

$$p_0 = 1.05(A - z_m + \Delta A) - 0.05(B - z_m + \Delta B) \qquad (8-6)$$
$$p_1 = B - z_m - \Delta B \qquad (8-7)$$
$$p_2 = C - z_m + \Delta A \qquad (8-8)$$

式中:p_0 为膜片向土中膨胀之前的接触压力,kPa;p_1 为膜片膨胀至 1.10 mm 时的压力,kPa;p_2 为膜片回到 0.05 mm 时的终止压力,kPa;z_m 为调零前的压力表初读数,kPa。

②根据 p_0、p_1 和 p_2,计算下列指标

$$E_D = 34.7(p_1 - p_0) \qquad (8-9)$$
$$K_D = (p_0 - u_0)/\sigma_{v0} \qquad (8-10)$$
$$I_D = (p_1 - p_0)/(p_0 - u_0) \qquad (8-11)$$
$$U_D = (p_2 - u_0)/(p_0 - u_0) \qquad (8-12)$$

式中:E_D 为侧胀模量,kPa;K_D 为侧胀水平应力指数;I_D 为侧胀土性指数;U_D 为侧胀孔压指数;u_0 为试验深度处的静水压力,kPa;σ_{v0} 为试验深度处土的有效上覆压力,kPa。

③绘制 E_D、I_D、K_D 和 U_D 与深度的关系曲线。

（3）扁铲侧胀试验应用

根据扁铲侧胀试验指标和地区经验，可判别土类，确定黏性土的状态，静止侧压力系数、水平基床系数等。

9. 波速测试

波速测试适用于测定各类岩土体的压缩波、剪切波或瑞利波的波速，可根据任务要求，采用单孔法、跨孔法或面波法。

（1）单孔法波速测试的技术要求

①测试孔应垂直。

②将三分量检波器固定在孔内预定深度处并紧贴孔壁。

③可采用地面激振或孔内激振。

④应结合土层布置测点，测点的垂直间距宜取 $1 \sim 3$ m，层位变化处加密，并宜自下而上逐点测试。

（2）跨孔法波速测试的技术要求

①振源孔和测试孔应布置在一条直线上。

②测试孔的孔距在土层中宜取 $2 \sim 5$ m，在岩层中宜取 $8 \sim 15$ m，测点垂直间距宜取 $1 \sim 2$ m；近地表测点宜布置在 0.4 倍孔距的深度处，震源和检波器应置于同一地层的相同标高处。

③当测试深度大于 15 m 时，应进行激振孔和测试孔倾斜度和倾斜方位的量测，测点间距宜取 1 m。

（3）面波法

面波法波速测试可采用瞬态法或稳态法，宜采用低频检波器，道间距可根据场地条件通过试验确定。

（4）波速测试成果分析

波速测试成果分析应包括下列内容：

①在波形记录上识别压缩波和剪切波的初至时间。

②计算由振源到达测点的距离。

③根据波的传播时间和距离确定波速。

④计算岩土小应变的动弹性模量、动剪切模量和动泊松比。

8.3.4 现场检验与监测及其他高新技术方法

现场检验与监测是构成岩土工程系统的一个重要环节，大量工作在施工和运营期间进行；但是这项工作一般需要在高级勘察阶段开始实施，所以又被列为一种勘察方法，主要目的在于保证工程质量和安全，提高工程效益。

现场检验的含义，包括施工阶段对先前岩土工程勘察成果的验证核查以及岩土工程施工监理和质量控制。现场监测则主要包含施工作用和各类荷载对岩土反应性状的监测、施工和运营中的结构物监测和对环境影响的监测等方面。

检验与监测所获取的资料，可以反求出某些工程技术参数，并以此为依据及时修正设计，使之在技术和经济方面优化。此项工作主要是在施工期间进行，但对有特殊要求的工程以及一些对工程有重要影响的不良地质现象，应在建筑物竣工运营期间继续进行。

随着科学技术的飞速发展，在岩土工程勘察领域中不断引进高新技术。例如，工程地质综合分析、工程地质测绘制图和不良地质现象监测中遥感（RS）、地理信息系统（GIS）和全球卫星定位系统（GPS）即"3S"技术的引进；勘探工作中地质雷达和地球物理层成像技术（CT）的应用等。

8.3.5　工程地质勘察报告的编制

勘察报告是岩土工程勘察的总结性文件，一般由文字报告和所附图表组成。此项工作是在岩土工程勘察过程中所形成的各种原始资料编录的基础上进行的。为了保证勘察报告的质量，原始资料必须真实、系统、完整，因此，对岩土工程分析所依据的一切原始资料，均应及时整编和检查。

1. 报告的基本内容

岩土工程勘察报告的内容，应根据任务要求、勘察阶段、地质条件、工程特点等情况确定。鉴于岩土工程勘察的类型、规模各不相同，目的要求、工程特点和自然地质条件等差别很大，因此只能提出报告基本内容。

（1）报告的内容

①委托单位、场地位置、工作简况，勘察的目的、要求和任务，以往的勘察工作及已有资料情况。

②勘察方法及勘察工作量布置，包括各项勘察工作的数量布置及依据，工程地质测绘、勘探、取样、室内试验、原位测试等方法的必要说明。

③场地工程地质条件分析，包括地形地貌、地层岩性、地质构造、水文地质和不良地质现象等内容，对场地稳定性和适宜性作出评价。

④岩土参数的分析与选用，包括各项岩土性质指标的测试成果及其可靠性和适宜性，评价其变异性，提出其标准值。

⑤工程施工和运营期间可能发生的岩土工程问题的预测及监控、预防措施的建议。

⑥根据地质和岩土条件、工程结构特点及场地环境情况，提出地基基础方案、不良地质现象整治方案、开挖和边坡加固方案等岩土利用、整治和改造方案的建议，并进行技术经济论证。

⑦对建筑结构设计和监测工作的建议，工程施工和使用期间应注意的问题，下一步岩土工程勘察工作的建议等。

（2）报告的内容结构

工程地质报告书既是工程地质勘察资料的综合、总结，具有一定科学价值，又是工程设计的地质依据，应明确回答工程设计所提出的问题，并应便于工程设计部门的应用。报告书正文应简明扼要，但足以说明工作地区工程地质条件的特点，并对工程场地作出明确的工程地质评价（定性、定量）。报告由正文、附图、附件三部分组成。

①绪论说明勘察工作任务，要解决的问题，采用的方法及取得的成果，并应附实际材料图及其他图表。

②通论阐明工程地质条件、区域地质环境，论述重点在于阐明工程的可行性。通论在规划、初勘阶段中占有重要地位，随勘察阶段的深入，通论比重减少。

③专论是报告书的中心，重点内容着重于工程地质问题的分析评价。对工程方案提出建设性论证意见，对地基改良提出合理措施。专论的深度和内容与勘察阶段有关。

④结论在论证基础上,对各种具体问题作出简要、明确的回答。

2. 报告应附的图表

(1)报告应附图表类型

勘察报告应附必要的图表,主要包括以下几种:

①场地工程地质图(附勘察工程布置),图 8-11 为某铁路桥的勘察点布置图(部分)。

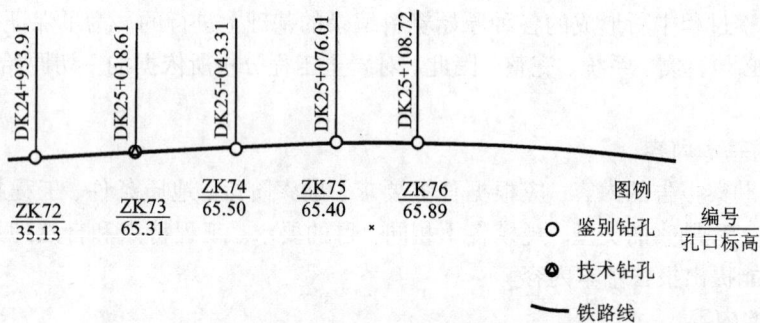

图 8-11 某特大铁路桥勘察点布置图

勘察编号	20150303	勘察阶段	详勘
工程名称	××特大桥工程地质勘察平面图	勘察日期	20150303
工程地点	江苏盐城市	比例尺	1:200

②工程地质柱状图、剖面图或立体投影图。图 8-11 的剖面图如图 8-12 所示,柱状图如图 8-13 所示。

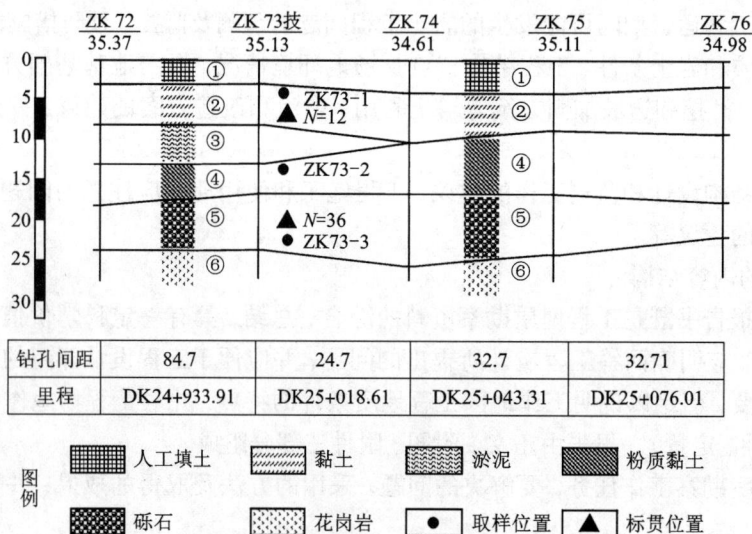

钻孔间距	84.7	24.7	32.7	32.71
里程	DK24+933.91	DK25+018.61	DK25+043.31	DK25+076.01

图 8-12 某特大铁路桥地质剖面图

③室内试验和原位测试成果图表。

④岩土利用、整治、改造方案的有关图表。

钻 孔 柱 状 图
新建铁路 xx工程 定测

工点名称：XX特大桥			钻探单位：XX工程勘察院			
钻孔编号	Z72	钻孔位置	DK24+971.92		钻孔深度	.00　m
地面高程	35.37　m	施钻方法	合金泥浆	钻孔 X	491006.84	开工日期 2014.7.15
孔口高程	35.37　m	钻机类别	XY-100	坐标 Y	3789201.18	完工日期 2014.7.18

地层编号	成因时代	层底标高	层底深度	层厚	岩层剖面比例尺 1:400	岩性描述	取样位置 m	标贯实测击数	稳定水位
①	Q₄ᵃˡ	32.08	3.05	3.05		粉土:黄褐色,稍湿,稍密,夹粉质黏土薄层,表层0.5m为素填土,含植物根系,0.5~1.0m,1.5~3.4m与粉土呈互层状。		=5.0 =7.0 =7.0 =8.0	(1)30.37 2014.7
②	Q₄ᵃˡ	27.1	8.03	4.98		黏土:黄褐色,软塑,8.6m以下硬塑,切面光滑,有光泽,干强度及韧性中等,见少量铁锰质结核,其中10.8~12.9m含大量姜石,粒径2~20mm。	(土)原1	=9.0 =12.0 =14.0 =18.0	

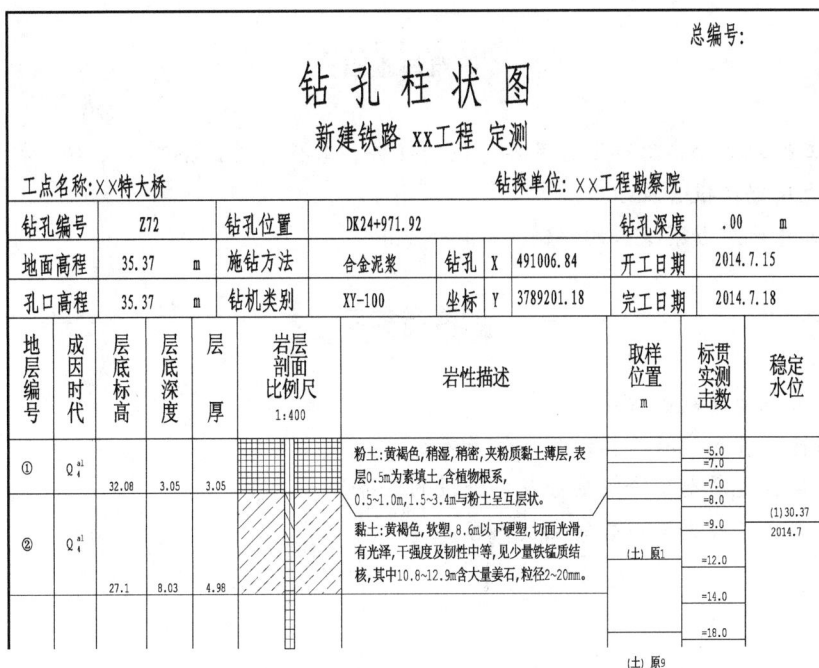

图 8-13　某特大铁路桥地质柱状图(部分)

⑤岩土工程计算简图及计算成果图表。

(2)工程地质图

为了确切地反映某一地区的工程地质勘察成果,单用叙述的方式是不够的,必须有图件配合。为了将某一工程地区内的工程地质条件和问题,确切而直观地反映出来,最好的方法是编制工程地质图。

工程地质图是工程地质工作全部成果的综合表达,工程地质图的质量标志着编图者对工程地质问题的预测水平,工程地质图是工程地质学家(技术人员)提供给规划、设计、施工和运行人员直接应用的主要资料,它对工程的布局、选址、设计及工程进展起到决定性的影响。工程地质图一般包括平面图、剖面图、切面图、柱状图和立体图,并附有岩土物理力学性质、水理性质等定量指标。工程地质图除为规划设计使用外,还可为下一阶段的工程地质勘察工作的布置指出方向。

3. 单项报告

除上述综合性岩土工程勘察报告外,也可根据任务要求提交单项报告,主要有:

①岩土工程测试报告。
②岩土工程检验或监测报告。
③岩土工程事故调查与分析报告。
④岩土利用、整治或改造方案报告。
⑤专门岩土工程问题的技术咨询报告。

最后需要指出的是,勘察报告的内容可根据岩土工程勘察等级酌情简化或加强。例如,对三级岩土工程勘察可适当简化,以图表为主,辅以必要的文字说明;而对一级岩土工程勘察除编写综合性勘察报告外,还可对专门性的岩土工程问题提交研究报告或监测报告。

重点与难点

重点：工程地质勘察阶段划分及各阶段的任务，工程地质勘察等级划分，常用地质勘察方法，工程地质勘察报告及组成。

难点：工程地质勘察报告的编制。

思考与练习

1. 简述工程地质勘探方法。
2. 何谓标准贯入实验？其适用条件是什么？
3. 简述工程地质勘察阶段划分及各阶段的任务。
4. 简述岩土工程勘察报告的主要内容。

附　录

附录1　工程地质学室内实验课指导书

工程地质学是地质学的一个分支,实践性很强。教学内容中涉及的矿物、岩石和地质构造等基础地质部分,对于没有地质学基础的学生来讲,往往感到理论较抽象和难以理解。因此,增加实验课,让学生有机会认识常见的矿物和岩石标本,加强学生的感性认识很有必要。同时,开设阅读地质图实验课,既能让学生加深理解课堂教学内容,又能培养学生综合分析问题的能力。除了工程地质野外实习外,本教材建议在授课时至少增加三次室内实验课。为此,编写了实验指导书作为附录附在教材后面,以利于同学课后复习、理解和消化课堂教学内容。

本教材设计了三次室内实验课(6学时):认识矿物、认识岩石和阅读地质图。每个实验课包括如下内容:①目的与要求;②实验用具;③实验内容和方法;④课堂作业。在附录中附了一些实验报告的格式和地质图,供实习参考使用。

工程地质课因受学时所限,这三次实验课的实习内容都非常多,认识常见的矿物和岩石,并能阅读地质图,对学生来讲不是一件容易的事情,极富有挑战性。为此,给同学们提出以下建议和要求:

①在实验课前,一定要复习教材并预习指导书中的有关内容,做到心中有底。

②在实验期间,认真观察标本,用科学的态度,认真、细致地观察和记录;有问题,多提问、多讨论,实事求是,完成实验报告。

③对照实验结果和教材有关内容加以复习和掌握。

④严格遵守实验室的规章制度,爱护标本和实验用具。

实习一　认识矿物

一、目的与要求

①理解矿物概念。

②观察并理解矿物的晶体形态(单晶和聚晶)、颜色、条痕、硬度、解理、断口、光泽等主要物理性质,掌握常见矿物的主要鉴定特征。

③认识常见的主要造岩矿物。

二、实验用具

1. 矿物实习标本

橄榄石、辉石、角闪石、黑云母、石英、钾长石、斜长石、白云母、方解石、白云石、石膏、黄铁矿、黄铜矿、方铅矿、磁铁矿、褐铁矿、鲕状(肾状)赤铁矿、绿泥石、石榴子石、高岭土、绿泥石、萤石和滑石等。

2. 参观标本

石英晶簇(柱体)、辉锑矿晶簇(柱体)、刚玉晶体(六方双锥)、绿柱石(六方柱)、蓝晶石(柱体)、石膏燕尾双晶、正长石卡式双晶、石棉(纤维状)、蛇纹石(纤维状)、石榴子石晶体(菱形十二面体)、黄铁矿晶体(立方体,有聚形生长纹)、辉钼矿(片状)、石墨(片状)、方解石或冰洲石(菱面体)、孔雀石(结核同心环状)、玛瑙(纹层状)等。

3. 工具

小刀、无釉瓷板、10×放大镜、条形或"U"形磁铁、5%~10%稀盐酸。

三、实习内容

1. 矿物晶体形态

(1)单体形态

按照矿物晶体在三维空间的相对发育程度,将矿物晶体形态划分为一向延展、二向延展和三向等长延展三种。

一向延展:如毛发状(石棉、蛇纹石等)、柱状(石英、绿柱石等)。

二向延展:如片状(黑云母、白云母、绿泥石)、板状(钾长石、斜长石)。

三向等长延展:如立方体(黄铁矿、方铅矿)、菱形十二面体(石榴子石)。

(2)集合体形态

显晶质集合体:柱状集合体(如辉石、角闪石)、纤维状集合体(如石棉、蛇纹石、石膏)、片状集合体(如黑云母、白云母、绿泥石)、粒状集合体(如橄榄石、石榴石、方铅矿、萤石)、晶簇(如石英、辉锑矿)。

隐晶质集合体:多为形象性的特殊名称。如结核状(孔雀石)、鲕状和肾状(赤铁矿)、块状(磁铁矿)、钟乳状(方解石)、土状(高岭土)、蜂窝状(褐铁矿)、纹层状(玛瑙)。

(3)矿物晶体表面特征

晶面条纹:聚形纹及生长线,如黄铁矿表面的互相垂直的聚形生长纹,石英的晶面横纹、辉锑矿、电气石的柱面纵纹等;双晶纹,如斜长石、刚玉的聚片双晶纹。

2. 矿物的主要物理性质

(1)颜色

观察矿物应观察其新鲜面的颜色,如白色(高岭土、方解石、萤石)、乳白色(石英)、灰色、灰白色(斜长石)、绿色(橄榄石、萤石)、黑色(角闪石、黑云母、石榴石)、灰绿色(绿泥石)、深绿色(辉石)、孔雀绿(孔雀石)、肉红色(钾长石)、紫色(萤石)、蓝灰色(绿柱石、石棉)、褐黄色(褐铁矿)、褐红色(赤铁矿)、铜黄色(黄铁矿、黄铜矿)、浅黄色(硫磺)、黄色(雌黄)、红色(雄黄)、铅灰色(方铅矿)、铁黑色(磁铁矿)等。

(2)条痕

观察矿物粉末的颜色,如白色(方解石、萤石、孔雀石)、灰色(方铅矿)、褐黄色(褐铁矿)、褐红色(赤铁矿)、黑色(黄铁矿、黄铜矿)。条痕对于金属矿物的鉴定非常有用,因为条痕色有时与矿物本身的颜色不一致,如黄铜矿、黄铁矿的条痕是黑色的。另外,条痕色比较稳定,以消除矿物的假色,减弱了它色,如赤铁矿可呈钢灰色、铁黑色、樱红色,但其条痕始终为樱红色。

（3）硬度

熟记摩氏硬度计的标准硬度矿物。日常鉴定矿物的硬度一般采用手边的工具测定硬度，常利用指甲（2.5±）、小刀（5.5±）、铜匙（3.5±）、玻璃（6）、石英（7）等为硬度标准，与已知矿物刻划矿物表面来大概确定矿物的硬度范围。室内也可根据与摩氏硬度计的标准矿物相互刻划来确定。硬度<指甲为软矿物，硬度>小刀为硬矿物，介于二者之间为中等硬度矿物。

注意：采用刻划法确定矿物硬度时，要在新鲜的光滑面上均匀用力去刻划。风化面及含杂质较多的面上测试出来的硬度不准确，往往偏低。

（4）解理

学会识别解理的等级和解理组数（即几个方向）是不容易的。根据解理的发育程度，将解理分成下列五级：极完全解理（如云母、石墨等）、完全解理（如方解石、方铅矿、萤石等）、中等解理（如普通辉石、长石等）、不完全解理和极不完全解理（如石英、石榴子石等）。

注意：①解理主要是通过解理面表现出来的，为平整的反光面。因此要对着光线明亮的方向反复转动来观察。②解理面的平整程度及大小反映了解理的等级（完全程度），极完全和完全解理的解理面平整且贯穿整个晶体，中等解理常表现为阶梯状的解理和断口的集合，若具两组完全或中等解理则二解理面的相邻出现，常表现为阶梯状，尽管高低不平，但同一方向（一组）的解理仍同时反光。

（5）断口

按照形态，矿物断口有贝壳状（石英、黄铁矿）、锯齿状（自然铜）、参差状（磷灰石）、土状（高岭石）。

（6）透明度

根据矿物在专门磨制的岩石薄片（厚度约为0.03 mm）中透明的程度，可将矿物分为透明矿物（如石英、长石等）、半透明矿物（如闪锌矿、辰砂等）和不透明矿物（如黄铁矿、磁铁矿等）。

（7）光泽

矿物光泽一般分为金属光泽和非金属光泽，非金属光泽又细分为半金属光泽、金刚光泽和玻璃光泽。

金属光泽：如黄铁矿、黄铜矿、方铅矿等。

半金属光泽：如辰砂、黑色闪锌矿、磁铁矿、赤铁矿、黑钨矿等。

金刚光泽：如金刚石、浅色闪锌矿等。

玻璃光泽：如水晶、钾长石、方解石等。

特殊光泽：如丝绢光泽（纤维状石膏、石棉）、珍珠光泽（如云母、石膏）、油脂光泽（如石英、石榴子石、磷灰石）、沥青光泽（磁铁矿、沥青铀矿）和土状光泽（如高岭石、褐铁矿等集合体）、蜡状光泽（蛇纹石、叶蜡石等）等。

（8）密度

矿物密度分为轻（<2.5 g/cm³）、中（2.5~4.0 g/cm³）、重（>4.0 g/cm³）三级密度，一般以手掂来估计。应注意标本大小及杂质等会影响判断结果，所以要逐步积累经验学会熟练估计密度等级。

（9）其他的物理性质

如矿物的弹性和挠性、脆性和延展性、磁性等。

四、课堂作业

按照附表 1 的要求，认真观察矿物晶形及其主要物理性质，学会认识和鉴定矿物，完成课堂作业。

实习二 认识常见的岩石

一、目的要求

①掌握岩浆岩、变质岩和沉积岩的矿物成分、结构、构造等基本特征。

②学会肉眼鉴定岩浆岩、变质岩和沉积岩的方法。

③认识常见的主要岩浆岩、变质岩和沉积岩的岩石类型。

④实习前要求同学认真预习理论课中有关岩石的组成、结构构造及其主要岩石类型特征，通过手标本及其标签上的岩石名称，反复观察，认识常见的岩石类型。

二、实验用具

1. 岩石标本

（1）岩浆岩标本

橄榄岩、辉长岩、辉绿岩、玄武岩、闪长岩、安山岩、花岗岩、花岗斑岩、流纹岩、正长岩、正长斑岩、粗面岩和黑曜岩等。

（2）变质岩标本

板岩、千枚岩、片岩、片麻岩、大理岩、石英岩、蛇纹岩、角岩、矽卡岩、混合岩、麻粒岩、变粒岩、碎裂岩等。

（3）沉积岩标本

砾岩、角砾岩、砂岩（粗粒砂岩、中粒砂岩和细粒砂岩）、粉砂岩、页岩、泥岩、石灰岩和白云岩等。

2. 工具

小刀、无釉瓷板、10×放大镜、条形或"U"形磁铁、5%~10%稀盐酸。

三、实习内容与方法

1. 沉积岩

（1）碎屑成分

岩石碎屑成分和矿物成分（长石、石英、方解石、白云母、黏土矿物、石膏），胶结物成分常见钙质、铁质、硅质和石膏等。

（2）岩石结构

首先，观察碎屑大小，一般沉积岩结构分为碎屑结构、泥质结构、结晶结构及生物结构。其中，碎屑结构按照碎屑颗粒粒径的大小，可分为砾状结构（>2 mm）、砂状结构（2~0.05 mm）、粉砂状结构（0.05~0.005 mm）。

其次，观察碎屑物的分选性，即碎屑颗粒粗细的均匀程度。根据分选性良好、中等、差等了解碎屑物堆积时的水动力状态。

最后，观察碎屑物的磨圆度，碎屑磨圆度分为圆状、次圆状、次棱角状、棱角状等四级。

根据磨圆度的程度了解碎屑物的搬运距离。一般磨圆度好,反映搬运的距离长,反之搬运距离短。

（3）岩石构造

主要为层理构造和层面构造。由于手标本比较少,受岩层厚度的影响,一般不容易观察到砾岩、砂岩、泥岩、石灰岩和白云岩等手标本上的层理构造,但在页岩、粉砂岩或者泥质灰岩手标本上容易观察到较明显的层理构造。层面构造有时可以在手标本上见到石盐假晶,其他层面构造不易观察到,但可以从展览柜中看到泥裂、波痕等标本。

2. 岩浆岩

（1）矿物成分

主要矿物为石英、钾长石、斜长石、黑云母、角闪石、辉石和橄榄石等。

（2）岩石结构

按结晶程度,分为全晶质结构、半晶质结构和非晶质结构(又称为玻璃质结构)。

按矿物颗粒大小,可分为等粒结构和不等粒结构。其中,等粒结构按颗粒大小进一步分为粗粒结构($d > 5$ mm)、中粒结构($5 \sim 2$ mm)、细粒结构($2 \sim 0.2$ mm)和微粒结构($d < 0.2$ mm)。不等粒结构分为斑状结构和似斑状结构。

（3）岩石构造

常见的构造有块状构造、流纹状构造、气孔状构造和杏仁状构造。

岩浆岩的结构和构造反映其形成的环境,是岩浆岩分类和鉴定的重要标志。

3. 变质岩

（1）矿物成分

变质岩的物质成分十分复杂,它既有原岩成分,又有变质过程中新产生的成分。除常见的造岩矿物(即石英、长石、云母、角闪石、辉石)外,变质岩中经常出现的特征变质矿物有红柱石、蓝晶石、矽线石、硬绿泥石、堇青石、十字石、石榴石、绿泥石、阳起石、透闪石和蛇纹石等。

（2）岩石结构

一般分为变余结构和变晶结构。其中,变余结构指变质程度较低,变质不完全,而残余原岩的部分矿物和结构。如原岩为岩浆岩,常见的变余构造有变余斑状结构、变余辉绿结构、变余花岗结构、变余火山碎屑结构等。观察变余结构,要宏观和微观相结合,标本和薄片反复对照。如原岩为沉积岩,常见的变余构造有:变余碎屑结构、变余泥质结构等。

观察变晶结构,注意等粒变晶结构和不等粒变晶结构。对于等粒变晶结构,矿物的结晶程度、颗粒大小相近或相同,如果以粒状矿物为主,称为粒状变晶结构,如果以片状矿物为主则称为鳞片状变晶结构,如果以纤柱状矿物为主,称纤状变晶结构;对于不等粒变晶结构,称为斑状变晶结构。

（3）岩石构造

分为变余构造和变成构造。变余构造是变质程度较浅的变质岩可能会残留的构造。如原岩为火成岩,常见的变余构造有变余气孔构造、变余杏仁构造等;原岩为沉积岩,常见的变余构造为变余层理构造、变余结核、变余波纹、变余递变层理和变余斜层理等。

变成构造是变质作用过程中形成的构造，如果有定向排列可统称为片理构造，例如片岩、片麻岩等；如果无定向排列且均匀分布时，称块状构造，例如石英岩、大理岩等。

按照变质程度，片理构造可分为以下几种。

①斑点构造：岩石中某些组分集中称为或疏或密的斑点，斑点成圆形或不规则状，直径常为数毫米，成分为炭质、硅质、铁质、云母或红柱石等。基质为隐晶质。

②板状构造：只能在片理面上看到具有微弱定向排列的绢云母片。

③千枚状构造：同上，但片理发育程度稍高于板状构造，有较强的丝绢光泽，表现为似薄片状且呈弯曲的揉皱状。

④片状构造：肉眼能分辨出它们的矿物颗粒，而且定向性强，岩石在整体上易分裂，尤其呈片状构造者。岩石中的片状矿物或长条状矿物在定向压力作用下可发生位置转动而定向排列，或者粒状矿物在定向压力作用下被压扁拉长，产生形态改变，从而定向排列，或者矿物在平行于压力方向上溶解，而在垂直于压力的方向上生长，溶解与生长同时发生。

⑤片麻状构造：组成岩石的矿物以长石为主的粒状矿物分布于平行排列的片状、柱状矿物中，构成片麻状构造。

⑥其他构造：块状构造，眼球状构造，条带状构造，肠状构造等。

四、课堂作业

按照附表 2 的要求，认真观察沉积岩、岩浆岩和变质岩的矿物成分、结构和构造，完成课堂作业。

实验三　阅读地质图

一、目的要求

学习地质图的基本知识；初步掌握阅读地质图的方法。

二、实验用具

1. 实验地质图

长山地区 1:25000 地质图（附图 1）。

2. 工具

铅笔、直尺或三角尺、量角器等。

三、实验内容与方法

1. 地质图的一般知识及读图步骤见教材相关内容

2. 阅读地形图要点

地质图是在地形图上绘制的，掌握地形的特征对分析地质构造起着重要作用。阅读地形图应从水系特征着手，结合等高线的高程，分析区内山区、丘陵和平原的分布。了解相对高程与绝对高程；根据等高线的形态特征了解山头、鞍部、洼地、山谷和山脊等的分布；根据等高线平距和等高线稀密分布特征，了解地形的陡、缓；再结合地貌、地物符号了解该区水系类型、居民点的分布、交通情况等，从而掌握全区的自然地理和经济地理概况。

3. 阅读地质图要点

首先阅读图例、地层柱状图和剖面图，不仅能够了解区内地层、岩体、褶皱和断层的出露情况及其彼此之间的接触关系，而且还可以了解剖面上的褶皱类型和断层的性质。

　　然后，阅读图幅内的地层、岩体出露情况及彼此之间的接触关系，判断褶皱类型和断层性质。

　　(1)判断地层层的出露情况及其地层的产状

　　观察地层层的倾斜情况：一是直接从图中标志的产状可以了解地层的走向、倾向和倾角等，清楚知道地层是水平的、倾斜的还是直立的；然后，根据相邻地层的走向、倾向、倾角、地质界线和形成时代，确定地层之间的接触关系，进而判断是否存在褶皱和断裂。二是根据地层或断层的地质界线与等高线之间的关系，判断地层的产状。

　　对于水平地层，其露头线与地形等高线平行或重合。

　　对于垂直地层，其露头线切割地形等高线，表现为一条直线。

　　对于倾斜地层的判断，情况比较复杂，其露头界线与等高线斜交，并随等高线弯曲而弯曲，形成"U"形曲线，其弯曲程度与地层倾角大小成反比，"U"形顶点的指向则与地层的倾向、倾角与山坡的坡向、坡角及其间的相互关系有关。如地层的倾角越小，地质界线越弯曲；相反，倾角越大，则弯曲越小。由于地形坡度及地层产状的不同，倾斜地层在地质图上的弯曲尖端方向也不同，并且具一定的规律，称为倾斜地层的"V"字形法则。简述如下：

　　①当地层倾向与山坡坡向相反时，在河谷处，地层露头线所成的"V"字形尖端指向上游；在山脊处，"V"字形尖端指向下游。

　　②当地层倾向与山坡坡向一致，如地层倾角大于地面坡度时，则在河谷处，"V"字形的尖端指向下游；在山脊处，"V"字形尖端指向上游。

　　③当地层倾向与地面坡向一致，但地层倾角小于地面坡角时，在河谷处"V"字形尖端指向上游。

　　(2)判读地层与地层、地层与岩体的接触关系

　　在地质图上可从图例、地层柱状图和剖面图中判读地层、岩体的接触关系。

　　①整合、平行不整合接触：上、下地层地质界线互相平行，其间无地层缺失者为整合接触。地层间缺失某时代地层者即为平行不整合接触。

　　②角度不整合接触：较新地层盖在较老的不同层位地层上。具体表现：较新地层的下界面地质界线与较老地层的一个或几个地质界线相接触，前者明显地切断后者。判读时也可参看地层柱状图。角度不整合反映了重大地质事件，在地质图上通常用特有的符号加以表示。

　　③侵入接触：岩体的边界线切断一条或数条地层界线。当存在与侵入有关的接触变质现象时，地质图上常用一定的花纹表示出来。在某一时代地层出露较宽而岩体较小时，往往只见岩体边界线在该地层分布区内呈封闭状态；在这种情况下需要根据岩体附近是否存在接触变质现象来进行判断。

　　④沉积接触：岩体的边界线为晚于某形成时期的较新地层的界线所切断；岩体与该地层的接触带附近不见接触变质花纹标志。

　　喷出岩一般放在地层内，作为与某相当时代的地层统一处理。岩床、岩脉常单独圈出来，其中，岩床地质界线也与地层界线相平行。对于喷出岩和包括岩床在内的各种侵入岩体，往往在地质图面上或者剖面图上用规定的花纹或颜色表示出来，在读图时应注意辨认其岩性、岩相与时代。

（3）判读地质图中是否存在褶皱及判断其类型

判断褶皱存在的依据是图中不同时代的地层对称重复出现。

①根据地段产状和地质界线的分布，了解区内地层的分布情况。

②垂直地质界线观察，从老地层出露处着手，沿其倾向或反其倾向穿越，了解不同时代地层的分布规律；从新、老地层的相对位置，确定向斜和背斜的核部、翼部的所在位置和组成地层及全区褶皱的数目。

③根据各褶皱构造两翼地层倾角大小、出露宽度，并参考地质剖面图，判别轴面位置、轴向及单个与组合的横剖面形态。

④根据两翼地层平面分布形态，判别各褶皱枢纽的产状及倾伏向；再按各褶皱轴的位置，判别褶皱的平面组合方式。

⑤在以上基础上，给褶皱命名并分析其形成时代。地质图上的地质构造与空间位置有密切联系，故命名时应以地名＋褶皱类型，如青岩顶向斜、羊山背斜等。

⑥观察褶皱与其他地质体间的关系，如果发现地层被岩体、断层所切断或被不整合面所覆盖，应沿地层走向追索，推断被切断或被覆盖地层的归属，以便恢复褶皱的原来面貌。

（4）判读地质图中的断层

在地质图上，一般以特殊符号表示断层的存在及其性质。如以红色实线表示实测（虚线表示推测）断层的位置与长度；在大、中比例尺地质图上还用特定的符号表示断层类型及其产状。

当图上未标明断层性质时，可通过以下观察加以判断。断层存在的依据是不同时代地层的非对称重复或缺失；或沿地层走向突然中断。

①观察断层线与褶皱轴线（或地层界线）间的关系。如果两者分别近于垂直、平行或斜交时，应分别属于横（倾向）断层、纵（走向）断层或斜向断层。

②观察断层线的形态及其与地形等高线的关系。确定断层面陡、缓及倾斜方向，其方法与前面介绍的相同。

③判断断层两盘运动方向的影响因素较多，如断层发生位置的地质条件（是在单斜地层还是在褶皱构造中，是背斜还是向斜，是在翼部还是在核部）；断层性质属纵断层或横断层，地层产状属正常还是倒转；以及断层面与地层产状的关系等等。可从如下方面考虑：在一般情况下走向断层不论发生在单斜地层、背斜或向斜中，其老地层出露的一盘都为上升盘；但当断层面倾向与地层倾向一致且断层倾角小于地层倾角或地层倒转时，则相反。当横断层切断褶皱时，如果断层两盘核部出露同一时代的地层，则背斜核部变宽（或向斜核邻变窄）的断盘为上升盘；但当断层两盘褶皱的核部出露不同时代的地层时，则无论是背斜或向斜，其核部是老地层的一盘都为上升盘。当地质界线被横断层或斜断层切断并位移时，如断层面两侧地层出露宽度一致，则为平移断层。此外，还应参考地质剖面图上断层的表现，借以判别断层两盘的相对运动方向。

综合上述，根据断层命名原则，分别给各断层命名并分析其相互关系和形成时代。

四、课堂作业

阅读长山地区地质图（附图1）。

附表 1　实验一　认识矿物

班级　　　　　　　　　　姓名

编号	矿物名称	化学分子式	晶体/集合体形态	颜色	条痕	光泽	硬度	解理（或断口）	密度	其他性质
	橄榄石									
	辉石									
	角闪石									
	黑云母									
	石英									
	钾长石									
	斜长石									
	白云母									
	方解石									
	白云石									
	石膏									
	黄铁矿									
	黄铜矿									
	方铅矿									
	磁铁矿									
	褐铁矿									
	鲕状赤铁矿									
	肾状赤铁矿									
	绿泥石									
	石榴子石									
	滑石									
	高岭石									
	蛇纹石									
	孔雀石									
	石棉									

附表 2 实验二 认识岩石

1. 岩浆岩类岩石的鉴定特征

班级　　　　　　　姓名

编号	岩石名称	颜色	矿物成分	结构	构造	岩石产状	岩石分类	工程性质
	橄榄岩							
	辉长岩							
	辉绿岩							
	闪长岩							
	花岗岩							
	花岗斑岩							
	闪长玢岩							
	正长岩							
	玄武岩							
	安山岩							
	流纹岩							
	粗面岩							

备注：岩石产状指深成侵入岩、浅成侵入岩或喷出岩；岩石分类指按照岩石中矿物含量及其组合分出酸性岩、中性岩、基性岩或超基性岩。工程性质可从岩石矿物组合、结构构造等方面讨论岩石强度、是否易风化等，下同。

2. 沉积岩类岩石的鉴定特征

班级　　　　　　　姓名

编号	岩石名称	颜色	物质组成		结构	构造	工程性质
			碎屑	胶结物			
	砾岩						
	粗砂岩						
	细砂岩						
	粉砂岩						
	页岩						
	泥岩						
	石灰岩						
	白云岩						
	火山角砾岩						
	凝灰岩						
	角砾岩						

3. 变质岩类岩石的鉴定特征

班级　　　　　　　　姓名

编号	岩石名称	颜色	矿物成分	结构	构造	工程性质
	板岩					
	千枚岩					
	片岩					
	片麻岩					
	大理岩					
	石英岩					
	麻粒岩					
	变粒岩					
	混合岩					
	矽卡岩					

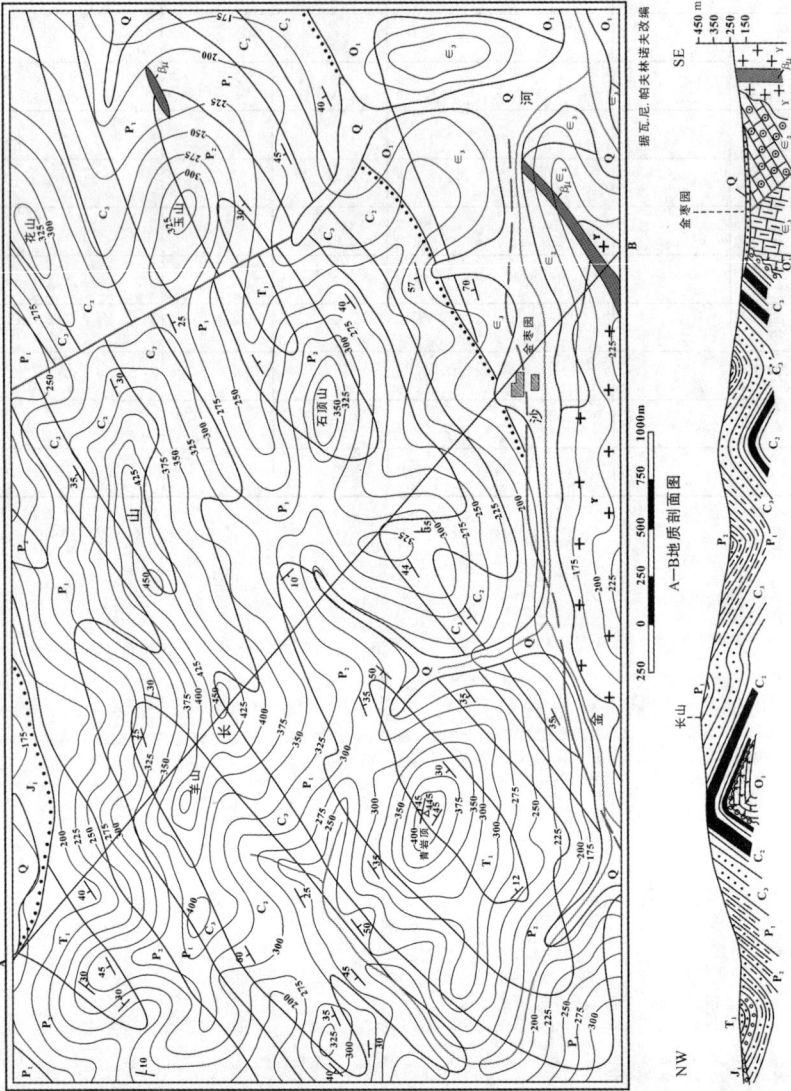

长山地区地质图
比例尺1：25000

地层综合柱状图
比例尺1：10000

A—B地质剖面图

附图1　长山地区地质图

据瓦尼·帕夫林诺夫改编

附录2 专业词汇中英文对照

埃迪卡拉动物群(Ediacaran fauna)

安山岩(andesite)

暗河(underground river)

暗色矿物(dark-colored mineral)

暗色麻粒岩(melanogranulite)

奥陶纪(Ordovician period)

巴顿(Barton)

包气带泉(vadose spring)

白垩纪(Cretaceous period)

白云岩(dolomite)

斑点状构造(spotted structure)

斑晶(phenocryst)

斑状结构(porphyritic texture)

搬运作用(transportation)

板岩(slate)

板状构造(slaty structure)

半金属光泽(submetallic luster)

半晶质结构(sub crystalline texture)

饱和吸水率(saturaed water-absorptiuity)

饱水系数(saturation coefficient)

暴龙(霸王龙)(tyrannosaurus)

背斜(anticlinorium)

背斜褶曲(anticline)

被子植物(angiosperm)

被子植物时代(age of angiosperm)

崩解性(slaking)

崩落(塌)(falls)

崩塌(collapse)

比例尺(scale)

比例极限强度(proportional limit strength)

密度(specific gravity)

笔石(graptolite)

边坡岩体(slope rock mass)

扁铲侧胀试验(the flate dilatometer test,缩写DMT)

变成构造(metamorphic structure)

变晶结构(crystalloblastic texture)

变粒岩(leptynite)

变形模量(deformation modulus)

变余构造(palimpsest structure)

变余结构(palimpsest texture)

变质岩(metamorphic rock)

变质作用(metamorphism)

标准贯入试验(standard penetration test,缩写SPT)

标准化石(index fossil)

冰雹印痕(hail imprint)

冰劈作用(ice wedging)

波痕(wavemark)

波速测试(velocity testing)

玻璃质结构(glassyexture)

剥离作用(exfoliation)

剥蚀面(denudation surface)

泊松比(Poisson's ratio)

补给(recharge)

哺乳动物(mammals)

哺乳动物时代(age of mammals)

不等粒结构(inequigranular exture)

不对称褶皱(asymmetrical fold)

不可逆律(law of irreversibility)

不整合接触(unconformity)

擦痕(slickensides)

残积层(eluvium)

残积土(residual soil)

残积物(saprolite)

残留结构(relict structure)

残余强度(residual strength)

槽探(trenching)

草原古马(Mery-chippus)

侧蚀作用(vertical erosion, lateral erosion)

侧向扩离(1ateral spreads)

层(bed)

层理构造(stratification structure)

层面(bedding plane)

层面构造(feature of bedding surface)

层状结构(stratified structure)

差异风化(differential weathering)

产状要素(elements of attitude)

场地复杂程度(site complexity)

场地烈度(site intensity)

超基性岩(ultrabasic rock or ultramafic tock)

超酸性岩(ultraacid rock)

超微震(ultramicro-earthquake)

沉积接触(sedimentary)

沉积岩(sedimentary rock)

沉积作用(sedimentation, deposition)

承压水(confined water)

承压水等水压线图(isopiestic line map of confined water)

承压水头(artesian head, confined head)

澄江动物群(Changjiang fauna)

持水度(specific retention)

赤平极射投影图解(stereographic projection method)

冲沟(gully)

冲击变质作用(shock metamorphism)

冲击地震(impact earthquake)

冲积层(alluvium)

初始应力(primary stress)

垂直运动(vertical movement)

磁性(magnetism)

次生节理 (secondary joint)

次生结构面(secondary structural plane)

次生应力(secondary stress)

达西定律(Darcy's law)

大地构造图(tectonic map)

大地震(violent earthquake)

大规模绝灭(mass extinction)

大理岩(marble)

大气降水(atmospheric precipitation)

代(era)

单粒结构(single-grained structure)

单斜构造(monocline, dipping structure)

单轴(uniaxial)

单轴极限抗压强度(uniaxial ultimate comptensile strength)

弹性(elasticity)

弹性模量(Elastic Modulus)

导流堤(diversion dike)

倒石锥(debris cone)

倒转褶曲(overturned fold)

等粒结构(equigranular exture)

地层(stratum)

地层层序法(law of stratigraphy)

地层综合柱状图(stratigraphic column)

地核(Core)

地基复杂程度(the foundation complexity level)

地基岩体(foundation rock mass)

地壳(Crust)

地壳运动(crustal movement)

地垒(horst)

地幔(Mantle)

地面沉降(land subsidence, surface subsidence)

地面稳定性(surface stability)

地堑(graben)

地下水(groundwater, underground water)

地下水排泄(groundwater discharge)

地形(topography)

地震(earthquake)

地震波(earthquake wave)

地震带(scismic zone)

地震断层(earthquake fault)

地震烈度(seismic intensity)

地震仪(seismograph)

地震震级(earthquake magnitude)

地质分析法(geological analysis)

地质构造(geological structures)

地质力学(geomechanics)

地质罗盘(geological compass)

地质年代(geological age)

地质年代表(geological time scale)

地质年代单位(geochronological unit)

地质剖面图(geological cross section)

地质调查分析法(geological survey and analysis)

地质图(geological map)

递变层理(graded bedding)

第四纪地质图(quaternary geological map)

叠层石(stromatolite)

叠复原理(law of superposition)

叠瓦状构造(imbricate structure)

东亚构造体制(East Asian tectonic system)

动力变质作用(dynamic metamorphism)

冻土(frozen earth)

冻胀(frost heave)

洞探(exploratory tunneling)

短轴褶皱(brachy-axis fold)

段(member)

断层(fault)

断层角砾岩(fault breccia)

断层面(fault surface)

断层泥(fault gouge)

断层三角面(triangular facet)

断层线(fault line)

断层崖(fault scarp)

断距(displacement)

断口(fracture)

断裂构造(fracturing structure)

断盘(fault wall)

断陷盆地(faulted basin)

堆积阶地(aggradation terrace)

对称褶皱(symmetrical fold)

盾皮鱼类(placodermi)

鲕状灰岩(oolitic limestone)

二叠纪(Permian period)

发光性(luminescence)

法向变形(normal deformation)

翻卷褶曲(flexural fold)

放射性(radioactivity)

放射状岩墙(radial dyke)

非构造节理(non-tectonic joints)

非金属光泽(nonmetallic luster)

非晶质结构(aphanitic texture)

腓特烈·摩斯(Friedrich Mohs)

粉粒(silt)

粉砂岩(siltstone)

粉砂状结构(silty texture)

粉土(silt)

风成砂(eolian sands)

风化带(weathering zone)

风化壳(weathering crust)

风化作用(weathering)

风积土(eolian soil/deposit)

峰丛(peak cluster)

峰林(peak forest)

峰值强度(peak strength)

蜂窝状结构(honeycomb cellualr structrue)。

阜平运动(Fuping orogeny)

复向斜(synclinorium)

副变质岩(para metamorphic rock)

富铝型风化壳(alumina-rich type of weathering crust)

橄榄石(olivine)

橄榄岩(peridotite)

冈瓦纳古陆(Gondwana land)

高岭石(kaolinite)

格子构造(lattice structure)

隔水层(aquiclude)

给水度(specific yield)

根劈作用(root wedging)

工程的安全等级(engineering safety level)

工程地质比拟法(engineering geological analogy method)

工程地质测绘(engineering geological mapping)

工程地质勘察(engineering geological investigation)

工程地质条件(engineering geological condition)

工程地质图(map of engineering geology)

工程地质问题(engineering geological problem)

工程地质学(engineering geology)

工程动力地质学(engineering dynamic geology)

工程荷载(engineering load)

工程施工(engineering construction)

工程岩体(engineering rock mass)

工程岩土学(science of engineering rock and soil)

共轭节理(conjugate joints)

构造(structure)

构造地震(tectonic earthquake)

构造地质图(structure geological map)

构造地质学方法(law of tectonics)

构造节理(tectonic joints)

构造结构面(tectonic structure plane)

构造盆地(structural basin)

构造岩(tectonite)

古登堡面(Gutenberg discontinuity)

古乳齿象(Palaeomastodon)

古生代(Paleozoic era)

古生物(paleontology)

古生物学法(law of palaeontology)

古太平洋板块(Paleo Pacific plate)

古亚洲洋(Paleoasian ocean)

固体颗粒(solid particle)

管涌(piping)

光泽(luster)

硅灰石(wollastonite)

硅铝型风化壳(siallitic type of weathering crust)

剪切裂隙(shear crack)

碱性岩(alkalic rock)

剑齿虎，斯剑虎或刃齿虎(Smilodon)

交错层理(cross bedding)

交代残留结构(metasomatic relict texture)

交代假象结构(metasomatic pseudomorph texture)

交代结构(metasomatic texture)

胶结物(cement)

角度不整合接触(angular unconformity or structural unconformity)

角砾岩(breecia)

角闪石(hornblende)

角闪岩(amphibolite)

角岩(hornfels)

阶(stage)

阶步(step)

阶梯状断层(step faults)

接触变质作用(contact metamorphism)

接触交代变质作用(contact metasomatic metamorphism)

接触泉(contact spring)

接触式胶结(contact cementation)

接图表(index map)

节理(Joint)

节理玫瑰花图(rosette joint diagram)

节理组(joint set)

结构(texture)

结构面(structural plane)

结构面的密集程度(density of structural plane)

结构面间距(spacing of structural planes)

结构体(structural element)

结核(concretion)

结晶灰岩(crystalline limestone)

结晶结构(crystalline texture)

解理(cleavage)

解理面(cleavage plane)

界(erathem)

金伯利岩(kimberlite)

金属光泽(metallic luster)

堇青石(cordierite)

晋宁运动(Jinning movement)

晶胞(unit cell)

径流(runoff)

静力触探试验(static penetration test)

巨虫时代(age of giant insects)

巨型昆虫(giant insects)

蕨类(fern)

蕨类植物时代(age of ferns)

均质滑坡(homogeneous soil landslide)

勘探(prospecting, exploration)

康拉德面(Conrad discontinuity)

抗冻性(frost-resistance)

抗滑挡土墙(anti-sliding retaining wall)

抗滑桩(anti-sliding pile)

抗剪强度(shear strength)

抗拉强度(tensile strength)

抗压强度(compresive strength)

科达树(cordaites)

颗粒密度(particle density)

克拉克值(Clarke value)

坑探(pitting)

空隙(void)

空隙率(void content)

孔隙(pore)

孔隙比(void ratio)

孔隙度(porosity)

孔隙率(percent of void)

孔隙式胶结(porous cementation)

孔子鸟(Confuciusornis)

恐龙(dinosaur)

块状构造(massive structure)

块状结构(massive textune, blocky structure)

矿产分布图(mineral distributive map)

矿化度(degree of mineralization)

矿泉水(mineral water)

矿物(mineral)

矿物的硬度(hardness)

矿物集合体(mineral aggregate)

矿物组分(mineral composition)

拉张裂隙(tension crack)

蓝晶石(kyanite)

蓝藻(blue-green algae)

里氏震级(Richter scale)

力学计算(mechanical calculation)

砾岩(conglomerate)

砾状结构(gravelly texture)

粒度(grain size)

粒状变晶结构(granoblastic texture)

粒组(grain grade)

两栖类动物 (amphibian)

裂隙(crack, fracture)

裂隙式喷发(fissure eruption)

裂隙系数(fissure coefficient)

淋滤作用(eluviation)

磷光(phosphorescence)

鳞片变晶结构(lepidoblastic texture)

鳞片剥落作用(sheeting)

流动(flow)

流劈理(flow cleavage)

流沙(quicksand)

流纹岩(rhyolite)

流纹状构造(rhyotaxitic strusture)

榴辉岩(eclogite)

漏斗(corroded funnel)

路堑(cut)

裸蕨植物时代(age of psilophyte)

裸子植物(gymnosperms)

裸子植物(psilophyte)

落水洞(sinkhole)

吕梁运动(Lüliang movement)

铝土岩(allite, bauxitic rock)

绿辉石(omphacite)

绿泥石(chlorite)

麻粒岩(granulite)

脉体(vein material)

毛细水(capillary water)

毛细性(capillarity)

锚杆(anchoring rod)

蒙脱石(montmorillonite)

糜棱结构(mylonitic texture)

糜棱岩(mylonite)

面波(surface wave)

面连续性系数(surface continuity coefficient)

模拟试验法(simulation test method)

模型试验法(model test method)

摩擦镜面(mirror surface)

摩氏硬度计(Mohs scale of mineral hardness)

莫霍面(Moho discontinuity)

母岩(mother rock)

挠性(flexibility)

泥灰岩(marlite)

泥裂(mud crack)

泥盆纪(Devonian period)

泥石流(mud-rock flow)

泥岩(mudstone)

泥质结构(clayey texture)

逆冲断层(thrust fault)

逆断层(reverse fault)

逆掩断层(overthrust fault)

年代地层单位(chronostratigraphic unit)

碾掩断层(ground fault)

牛轭湖(oxbow lakes)

爬行类(reptiles)

排洪道(floodway)

盘古大陆(Pangaea)

旁压试验(lateral loading test)

喷出岩(extrusive rock)

膨润土(bentonite)

膨胀土(expansive soil)

膨胀性(expansivity)

碰撞带(collision belt)

劈理(cleavage)

片麻岩(gneiss)

片麻状构造(gneissic structure)

片岩(schist)

片状构造(schistose structure)

平行不整合接触(parallel unconformity)

平卧褶曲(recumbent fold)

平移断层(strike-slip fault)

坡积土(colluvial soil)

坡立谷(polje)

破火山口(caldera)

破劈理(fracture cleavage)

普通地质图(general geological map)

瀑布(waterfall)

期(age)

气候条件(climatic condition)

气孔状构造(vesicular strusture)

气液变质作用(pneumatolytic hydrothermal metamorphism)

千枚岩(phyllite)

千枚状构造(phyllitic structure)

潜蚀(suffosion, pipe erosion)

潜水(phreatic water)

潜水面(water table)
浅成岩(hypabyssal rock)
浅粒岩(leptite)
浅色矿物(1ight-colored mineral)
浅色麻粒岩(leucogranulite)
浅源地震(hallow-focus earthquake)
强度(strength)
强度损失率(decrease rate of strength)
强震(strong earthquake)
切层滑坡(insequent landslide)
侵入接触(intrusive contact)
侵入岩(intrusive rock)
侵蚀基准面或侵蚀基面(basis level of erosion)
侵蚀阶地(erosion terrace)
侵蚀作用(erosion)
倾倒(topples)
倾伏褶皱(plunging fold)
倾角(dip angle)
倾向(dip)
倾向节理(dip joint)
倾斜构造(inclined structure)
倾斜褶曲(inclined fold)
穹窿(dome)
球状风化(spherical weathering)
区域变质作用(regional metamorphism)
区域工程地质学(regional engineering geology)
区域环境地质图(regional environmental geological map)
区域稳定性(regional stability)
屈服极限(yield strength)
全晶质结构(crystalline)
泉(spring)
群(group)
热接触变质作用(thermal contact metamorphism)
热膨胀作用(thermalexpansion)
容水度(specific moisture capacity or water capacity)
溶洞(karst cave)
溶沟(karren)
溶解度(solubility)
溶解作用(dissolution)
溶蚀盆地(solution basin)
溶蚀平原(solution plain)
溶蚀洼地(solution depression)

溶隙(solution crack)
熔岩(lava)
熔岩被(lava sheet)
熔岩高原(lava plateau)
熔岩瀑布(lava cascade)
熔岩锥(lava cone)
融沉(thaw collapse, thaw settlement)
蠕变断层或蠕滑断层(stable sliding fault)
软骨鱼纲(chondrichthyes)
软化系数(softening coefficient)
软化性(softening)
软流层，软流圈(Asthenosphere)
软弱夹层(weak intercalated layer)
弱结合水(weak binding water)
弱震(weak earthquake)
三叠纪(Triassic period)
三角洲(delta)
三维立体地质图(three-dimensional geological map)
三相土(tri-phase soil)
三叶虫(trilobita)
三叶虫时代(age of trilobita)
散体状结构(loose structure)
砂土(sand soil)
砂岩(sandstone)
砂状结构(sandy texture)
山体稳定性(mountain stability)
珊瑚(anthozoa)
闪长玢岩(diorite-porphyry)
闪长岩(diorite)
上层滞水(perched water)
上盘(hanging wall)
上升泉(ascending spring)
上新马(Pliohippus)
蛇曲(meander)
蛇纹石(serpentine)
蛇纹岩(serpentinite)
设防烈度(design intensity)
深成岩(plutonic rock)
深源地震(plutonic earthquake)
渗流速度(seepage velocity)
渗透固结(consolidation)
渗透系数(coefficient of permeability)
生物风化作用(biological weathering)

五台运动(Wutai orogeny)

物理风化作用(physical weathering)

物探(geophysical prospecting)

吸水率(water-absorptivity)

矽卡岩(skarn)

矽线石(sillimanite)

洗刷作用(wash effect)

喜马拉雅运动(Himalaya orogeny)

系(system)

峡谷(canyon)

下盘(footwall)

下降泉(depression spring)

下蚀作用(vertical erosion, down-cutting)

纤维变晶结构(nematoblastic texture)

显晶质结构(phaneritic texture)

显生宙(Phanerozoic Eon)

现场检验与监测(field inspection and monitoring)

现代马(equus)

线连续性系数(linear continuity coefficient)

线形褶皱(linear fold)

相对地质年代(relative geological age)

相对密度(relative density)

相关律(law of correlation)

向斜褶曲(syncline)

向源侵蚀(headward erosion)

斜层理(oblique bedding)

斜节理(diagonal joint)

斜向节理(diagonal joint)

斜长石(plagioclase)

卸荷作用(unloading)

新构造运动(neotectonics)

新生代(Cenozoic era)

杏仁状构造(amygaloidal strusture)

絮状结构(flocculent structure)

玄武岩(basalt)

压密极限强度(compaction ultimate strength)

压碎结构(crush texture)

压缩模量(compression modulus)

压缩性(compressibility)

延展性(ductility and malleability)

岩鞍(phacolith)

岩层(rock formation)

岩层产状(attitude of stratum)

岩床(sill)

岩堆(talus cone)

岩盖(laccoliths)

岩基(batholiths)

岩浆(magma)

岩浆活动(magmatic action)

岩浆岩(magmatite)

岩浆岩的产状(occurrence of igneous rocks)

岩浆岩的结构(texture of magmatite)

岩浆岩构造(strusture of magmatite)

岩浆作用(magmatism)

岩镰(harpolith)

岩盆(lopolith)

岩墙(dykes)

岩溶(Karst)

岩石(rock)

岩石密度(density of rock)

岩石地层单位(lithostratigraphic units)

岩石地基承载力(ground bearing capacity)

岩石风化程度(degree of rock weathering)

岩石圈垮塌(the collapse of the lithosphere)

岩石性质(rock property)

岩石质量指标(rock quality designation, 缩写 RQD)

岩体(rock mass)

岩体的完整性系数(intactness index of rock mass)

岩体结构(structure of rock mass)

岩屑(detritus)

岩性对比法(law of lithological correlation)

岩株(stocks, typhon)

盐风化作用(haloclasty, saltweathering)

盐晶体假象(salt pseudomorph)

盐类的结晶作用(saltcrystallization)

盐岩(salt rock)

盐渍土(salty soil)

颜色(colour)

眼球状构造(ocellar structure)

燕山运动(Yanshan movement)

扬子陆块(Yangtze continental block)

洋葱状风化(onion-skin weathering)

氧化作用(oxidation)

遥感影像(remote sensing image)

叶蜡石(pyrophyllite)

页岩(shale)

参考文献

［1］ Alane Kehew. Geology for Engineers and Environmental Scientist［M］. Prentice Hall, Englewood Cliffs, New Jersey, 1995

［2］ Attewell P. B., FarmerI. W. Principlesof Engineering Geology［M］. Chapmanand Hall, London（Wiley, NewYork）, 1976

［3］ Bell F. G. Engineering Geology and Geotechnics［M］. London：Newnes – Butterworths, 1980

［4］ Bell F. G. Enginnering Geology［M］. London：Blackwell Scientific Publications, 1983.

［5］ Heinrich. R., Thomas. L. W. Engineering Geology［M］. Publisher J. Wiley & sons, inc, 1914

［6］ Johnson R. B., De Graff J. V. Principles of Engineering Geology［M］. John Wiley, 1st, 1988

［7］ McLean A. C., Gribble C. D. Geology for Civil Engineers［M］（2th）. E & FN Spon, 1985

［8］ Moore C. A., Donaldson C. F. Quantifying soil microstructureusing fractals［J］. Géotechnique, 1995,（01）: 105 – 116

［9］ Redlich K. A., Terzaghi. K., Kampe. R. Ingenieurgeologie［M］. Berlin, Wien, Berlin, J. Springer, 1929

［10］ Penning W. Th, F. G. S., Engineering geology［M］. London, Bailliere, Tindall, and Cox, 1880

［11］ Wignall P. B., Sun Yd, David P. G. Bond., etal. Volcanism, Mass Extinction, and Carbon Isotope Fluctuations in the Middle Permian of China［J］. Science, 2009, 324（5931）: 1179 – 1182

［12］ Zaruba. Q., MenceV. Engineering Geology［M］. Elsevier, Jan, 1976

［13］ Саваренский Ф. П. Инженернаягеология［M］. – М.；Л.：ОНТИ, 1937

［14］ 陈洪江. 土木工程地质［M］. 北京：中国建筑工业出版社, 2005

［15］ 陈嘉鸥, 叶斌, 郭素杰等. 珠江三角洲软土 SEM 微结构定量研究［J］. 电子显微学报, 2001, 20（01）: 72 – 75

［16］ 陈希哲编. 土力学地基基础［M］. 第4版, 北京：清华大学出版社, 2004

［17］ 陈志新, 刘玉海, 倪万魁等. 大同地裂缝场地破坏程度分带与建筑物安全距离的确定［J］. 中国地质灾害与防治学报, 1994, 5（增刊）: 339 – 344

［18］ 段永侯. 中国地质灾害［M］. 北京：中国建筑工业出版社, 1993

［19］ 房后国, 肖树芳, 汪士锋. 天津海积软土结构强度及其对力学特性的影响［J］. 吉林大学学报（地球科学版）, 2002（01）: 73 – 76

［20］ 傅荣华. 雅砻江二滩电站金龙山斜坡的变形机制及其稳定性评价. 全国第三次工程地质大会论文选集（下卷）［C］, 1988

［21］ 高维明. 苏鲁皖地裂缝［J］. 地震战线, 1979（1）: 39 – 41

［22］ 龚晓南, 熊传祥, 项可祥. 黏土结构性对其力学性质的影响及形成原因分析［J］. 水利学报, 2000,（10）: 43 – 47

［23］ 谷德振. 岩体工程地质力学基础［M］. 北京：科学出版社, 1979（第1版）, 1983（第2版）

［24］ 韩庆德. 上海地面沉降精密水准的精度［J］. 上海国土资源, 1981,（04）: 71 – 78

［25］ 胡广韬. 试论环境工程地质学的内涵和外延［J］. 西安地质学院学报, 1993, 19（4）: 125 – 129

［26］ 胡厚田. 土木工程地质［M］. 北京：高等教育出版社, 2001

[27] 胡瑞林. 黏性土微结构定量模型及其工程地质特征研究[M]. 北京：地质出版社，1995

[28] 胡再强，沈珠江，谢定义. 非饱和黄土的结构性研究[J]. 岩石力学与工程学报，2000，(06)：775-779

[29] 建设部综合勘察研究设计院，中华人民共和国建设部. 岩土工程勘察规范(GB50021-2001)(2009年版)[M]. 北京：中国建筑工业出版社，2009

[30] 江娃利，聂宗笙. 河北省邯郸市地裂缝成因探讨[J]. 华北地震科学，1985，3(4)：68-73

[31] 匡有为. 高层建筑工程地质[M]. 武汉：中国地质大学出版社，1993

[32] 李斌. 公路工程地质学(第2版)[M]. 北京：人民交通出版社，1993

[33] 李隽蓬，谢强. 土木工程地质[M]. 成都：西南交通大学出版社，2001

[34] 李兰，王兰民，王峻. 黄土微观结构特征定量研究及其在工程地震中的应用[J]. 甘肃科学学报，2006(01)：120-1241.

[35] 李明朗. 中国沿海地面沉降及防治对策. 论沿海地区减灾与发展——全国沿海地区减灾与发展研讨会论文集[C]，1991

[36] 李朋武，高锐，管烨等. 古亚洲洋和古特提斯洋的闭合时代：论二叠纪末生物灭绝事件的构造起因[J]. 吉林大学学报(地球科学版)，2009，39(3)：521-527

[37] 李向全，胡瑞林，张莉. 软土固结过程中的微结构变化特征[J]. 地学前缘，2000(01)：147-152

[38] 李勇，韩龙武，许国琪. 青藏铁路多年冻土路基稳定性及防治措施研究[J]. 冰川冻土，2011，33(4)：880-883

[39] 李治平. 工程地质学[M]. 北京：人民交通出版社，2002

[40] 李智武，刘树根，罗玉宏等. 南大巴山前陆冲断带构造样式及变形机制分析[J]. 大地构造与成矿学，2006，30(3)：294-304

[41] 李智毅，唐辉明. 岩土工程勘察[M]. 武汉：中国地质大学出版社，2000

[42] 李中林，李子生. 土木工程地质学[M]. 广州：华南理工大学出版社，1999

[43] 刘传正. 环境工程地质学导论[M]. 北京：地质出版社，1995

[44] 刘国昌. 中国区域工程地质学[M]. 北京：中国工业出版社，1965

[45] 刘国昌. 中国区域工程地质学纲要[J]. 水文地质工程，1957，3(7)：3-15

[46] 刘永智，吴青柏，张建明等. 青藏高原多年冻土地区公路路基变形[J]. 冰川冻土，2002，24(1)：10-15

[47] 刘玉海，陈志新，倪万魁. 西安地裂缝与地面沉降致灾机理及防治对策研讨[J]. 中国地质灾害与防治学报，1994，S1：67-74

[48] 马巍，刘端，吴青柏. 青藏铁路冻土路基变形监测与分析[J]. 岩土力学，2008，29(3)：571-579

[49] 潘品蒸. 天津滨海区工程地质稳定性分析及其开发对策. 全国第三次工程地质大会论文选集(下卷)[C]，1988

[50] 齐丽云. 工程地质[M]. 北京：人民交通出版社，2002

[51] 沈珠江. 关于土力学发展前景的设想[J]. 岩土工程学报，1994(01)：110-111

[52] 施斌. 黏性土微观结构研究回顾与展望[J]. 工程地质学报，1996(01)：39-44

[53] 时伟，李伍平，陈启辉等. 土木工程地质[M]. 北京：科学出版社，2007

[54] 史如平. 土木工程地质学[M]. 南昌：江西高校出版社，1994

[55] 苏英，刘俊峰. 黄土的湿陷性与显微结构特征研究——以咸阳市区为例[J]. 宁夏大学学报(自然科学版)，2007，28(3)：282-28

[56] 索传郿，王德潜，刘祖植. 西安地裂缝地面沉降与防治对策[J]. 第四纪研究，2005，25(1)：23-28

[57] 铁道第二勘察设计院，中华人民共和国铁道部. 中华人民共和国行业标准. 铁路隧道设计规范(TB 10003—2005/J 449—2005)[M]. 北京：中国铁道出版社，2005

[58] 铁道第一勘察设计院，中华人民共和国铁道部. 中华人民共和国行业标准. 铁路工程地质勘察规范

（TB 10012—2001/J 124—2001）［M］. 北京：中国铁道出版社，2001

［59］铁道第一勘察设计院. 中华人民共和国铁道部. 中华人民共和国行业标准——铁路工程地质勘察规范（TB 10012—2007/J 124—2007）［M］. 北京：中国铁道出版社，2007

［60］王常明，肖树芳，夏玉斌. 海积软土固结变形的结构性模型研究［J］. 长春科技大学学报，2001（04）：363 - 367

［61］王景明，常丕兴. 汾渭地裂缝与地震活动［J］. 地震学报，1989，11（1）：57 - 67

［62］王景明. 渭河地震带地裂与地震活动的周期性［J］. 地震学报，1985，7（2）：190 - 201

［63］王兰民，邓津，黄媛等. 黄土震陷性的微观结构量化分析［J］. 岩石力学与工程学报，2007，26（1）：3025 - 3031

［64］王清，王凤艳，肖树芳. 土微结构特征的定量研究及其在工程中的应用［J］. 成都理工学院学报，2001（04）：148 - 153

［65］吴义祥. 工程黏性土微结构的定量评价［J］. 中国地质科学院院报，1991（23）：143 - 151

［66］吴紫汪，马巍，蒲毅彬. 冻土蠕变变形特征的细观分析［J］. 岩土工程学报，1997（3）：1 - 6

［67］西安地质学院. 大同机车工厂及临区地裂缝研究［M］. 西安：陕西科学技术出版社，1991

［68］谢仁海，渠天祥，钱光谟. 构造地质学（第2版）［M］. 北京：中国矿业大学出版社，2007

［69］许勇，张李超，李伍平等. 饱和软土微结构分形特征的试验研究［J］. 岩土力学，2007（增）：49 - 52

［70］严礼川. 上海地面沉降历史追述——兼谈"水在用，地必沉"的认识［J］. 上海地质，1980，01

［71］晏同珍. 西安地面沉降与地裂缝阶段预测［J］. 现代地质，1990，4（3）：101 - 108

［72］叶为民，钱丽鑫，陈宝. 高压实高庙子膨润土的微观结构特征［J］. 同济大学学报（自然科学版），2009（01）：31 - 36

［73］易学发. 西安市地面沉降及地裂缝成因的讨论［J］. 地震，1984（06）：50 - 54

［74］易学发. 西安铁炉庙地裂缝与地下水动态变化［J］. 西北地震学报，1981，3（4）：83 - 85

［75］原中华人民共和国电力工业部，中华人民共和国建设部. 中华人民共和国国家标准. 工程岩体试验方法标准（GB/T 50266—1999）［M］. 北京：中国建筑工业出版社，2000

［76］张诚厚，袁文明，戴济群. 软黏土的结构性及其对路基沉降的影响［J］. 岩土工程学报，1995，（05）：25 - 32

［77］张家明. 西安地裂缝研究［M］. 西安：西北大学出版社，1990

［78］张建明，刘端，齐吉琳. 青藏铁路冻土路基沉降变形预测［J］. 中国铁道科学，2007，28（3）：12 - 17

［79］张勤. 岩土工程地质学［M］. 南京：河海大学出版社，2000

［80］张咸恭，李智毅，郑达辉等. 专门工程地质学［M］. 北京：中国地质出版社，1988

［81］张咸恭，王思敬，张倬元等. 中国工程地质学［M］. 北京：科学出版社，2000

［82］张倬元，王士天，王兰生. 工程地质学原理［M］. 北京：地质出版社，2001

［83］赵越，陈斌，张拴宏等. 华北克拉通北缘及邻区前燕山期主要地质事件［J］. 中国地质，2010，37（4）：900 - 915

［84］赵振才，王辛. 西安市南郊地裂缝初探［J］. 地震，1981（4）：40 - 44

［85］郑明新. 滑坡时空预测预报的理论与实践［M］. 南京：河海大学出版社，2010

［86］郑顺炜. 四川雅砻江二滩水电站初步设计通过审查. 水力发电，1986（3）：33

［87］重庆交通科研设计院，中华人民共和国交通部. 中华人民共和国行业标准. 公路隧道设计规范（JTG D70—2004）［M］. 北京：人民交通出版社，2004

［88］周幼吾，郭东信. 我国多年冻土的主要特征［J］. 冰川冻土，1982，4（1）：1 - 19

［89］周云，李伍平，浣石等. 防灾减灾工程学［M］. 北京：中国建筑工业出版社，2007

［90］朱慕仁，张家明. 西安地裂缝及其工程地质意义［J］. 水文地质工程地质，1982（5）：23 - 25

［91］朱淑莲，张家明. 试论西安地裂缝的属性［J］. 地震地质，1986，8（3）：47 - 55

图书在版编目（CIP）数据

工程地质学／李伍平,郑明新,赵小平主编.
—长沙：中南大学出版社，2016.1（2021.7 重印）
ISBN 978-7-5487-2134-5

Ⅰ.工… Ⅱ.①李…②郑…③赵… Ⅲ.工程地质　Ⅳ.P642

中国版本图书馆 CIP 数据核字（2016）第 001938 号

工程地质学

李伍平　郑明新　赵小平　主编

□**责任编辑**　刘颖维
□**责任印制**　唐　曦
□**出版发行**　中南大学出版社
　　　　　　社址：长沙市麓山南路　　　　邮编：410083
　　　　　　发行科电话：0731-88876770　　传真：0731-88710482
□**印　　装**　长沙市宏发印刷有限公司

□**开　　本**　787 mm×1092 mm　1/16　□**印张** 20　□**字数** 504 千字
□**版　　次**　2016 年 1 月第 1 版　　□**印次**　2021 年 7 月第 3 次印刷
□**书　　号**　ISBN 978-7-5487-2134-5
□**定　　价**　46.00 元